Wolff | Gebel | Geller-Grimm – Die Raubfliegen Deutschlands

Danny Wolff | Markus Gebel | Fritz Geller-Grimm

Die Raubfliegen Deutschlands

Entdecken – Beobachten – Bestimmen

Quelle & Meyer Verlag Wiebelsheim

Die Angaben in diesem Buch sind von den Autoren und dem Verlag sorgfältig erwogen und geprüft, dennoch kann keine Garantie übernommen werden. Eine Haftung der Autoren bzw. des Verlags und seiner Beauftragten für Personen-, Sach- und Vermögensschäden ist ausgeschlossen.

Bibliografische Information der Deutschen Nationalbibliothek
Die Deutsche Nationalbibliothek verzeichnet diese Publikation in der Deutschen Nationalbibliografie; detaillierte bibliografische Daten sind im Internet über http://dnb.d-nb.de abrufbar.

Fotos: Markus Gebel (sofern nicht anders angegeben)
Umschlagabbildungen: Markus Gebel
Druck und Verarbeitung: Belvédère Print & Packaging b.v., Niederlande
Printed in Europe/Imprimé en Europe
ISBN 978-3-494-01733-4

Inhaltsverzeichnis

Vorwort des Erstautors

„Meine besonderen Lieblinge, die Raubfliegen ...“, „... es sind meine Lieblinge unter den Motiven ...“, „... eine Aufnahme von meinem Lieblingsmotiv, der Raubfliege ...“

Diese Zitate von verschiedenen Fotografinnen und Fotografen aus mehreren Internetforen belegen, dass sich – für mich zunächst doch etwas unerwartet – in den letzten Jahren eine neue Fangemeinde für die Raubfliegen gebildet hat. Naturfreunde und Naturfotografen treibt dabei meist weniger das wissenschaftliche Interesse des Entomologen an, sondern die Faszination an der Vielfalt der heimischen Arten und der Schönheit der Natur im Kleinen. Sicher ist es auch der „Jagdeifer“ auf der Fotopirsch, wenn es gilt, das begehrte Motiv möglichst günstig vor die Linse zu bekommen, bevor es die Flucht ergreift. Am Ende möchten die meisten Fotografen gerne wissen, welche Art sie ablichten konnten.

Mit der Zeit hat sich ein reger Kontakt und Informationsaustausch ergeben. Mit großer Bereitschaft haben mir bereits zahlreiche Fotografen ihre Daten zu Fundorten und -zeiten für meine wissenschaftlichen Auswertungen zur Verfügung gestellt. Im Gegenzug konnte ich in vielen Fällen bei der Bestimmung der abgebildeten Exemplare helfen. Die im Laufe einiger Jahre auf diese Weise zusammengetragenen Daten nehmen mittlerweile einen erheblichen Anteil der vorliegenden „aktuellen“ Raubfliegenbelege aus Deutschland ein – eine überaus wertvolle Unterstützung angesichts der geringen Anzahl der Asilidologen in unserem Land. Nicht zuletzt habe ich Raubfliegen durch diese Zusammenarbeit auch noch viel stärker unter ästhetischen Gesichtspunkten schätzen gelernt.

„Ist das etwas Besonderes?“, „Gibt es Verwechslungsarten?“. Diese und andere Fragen machten schon bald deutlich, dass es in Deutschland an einem modernen, kompakten, einerseits leicht verständlichen, andererseits aber auch fachlich fundierten Naturführer für die interessante Gruppe der Asiliden mangelte. Die in deutscher Sprache verfassten Bücher waren entweder veraltet und vergriffen oder zu wissenschaftlich ausgerichtet und dabei nicht ganz billig. Der hier vorgelegte Naturführer

Viele Raubfliegenarten finden sich in besonders reizvollen Landschaften wie hier am Südhang bei der Burg Gleichen in Thüringen, einem Fundort der sehr seltenen Marmorierten Raubfliege Tolmerus micans.

soll diese Lücke schließen und wird hoffentlich bei weiteren Naturfreunden, Naturfotografen oder Biologen das Interesse an den heimischen Raubfliegen wecken oder weiter stärken.

Wissenschaftliches Interesse – zumindest für mich als Erstautor ist damit die Motivation für die Beschäftigung gerade mit den Raubfliegen nur unzureichend beschrieben. Als „Kind" der Lüneburger Heide entfalteten für mich Sandheiden, Trockenrasen oder Hutewälder schon seit jungen Jahren einen ganz besonderen Reiz. Wie schön und erholsam sind Streifzüge durch offene oder halboffene, trockenwarme Landschaften, auf die die warmen Sonnenstrahlen meist ungehindert fallen. Wie bewegend ist es, von den oberen Hängen unserer großen Strom- und Flusstäler die Blicke über die jahrhundertealte, vielfältige Kulturlandschaft streifen zu lassen. Raubfliegen teilen offenbar diese meine Vorliebe.

Und wie leicht vergesse ich beim langsamen Anpirschen an die in einigen Metern Entfernung lauernde, ihrerseits äußerst wachsame Raubfliege so manchen beruflich bedingten Stress. Das „Jagdglück" erfordert volle Konzentration. Zu hastige Bewegungen, ein unglücklicher Schattenwurf – und schon wurde man vom Glück verlassen; umso größer die Freude, wenn am Ende die Fliege im Beobachtungsglas krabbelt und nach erfolgreicher Bestimmung wieder in die Freiheit entlassen werden kann. Anders als das „Jagdfieber" ist die Sammelleidenschaft hingegen gewichen und beschränkt sich zumeist auf das Notieren der Beobachtungsdaten. Da machen es einem die Raubfliegen leicht: Ihre Artenzahl in Deutschland ist überschaubar und sie sind meist so groß, dass sie nach gewisser Einübung mit einer Handlupe am lebenden Tier bestimmt werden können.

Ich habe das Glück, mit Markus Gebel und Fritz Geller-Grimm zwei Koautoren und Mitstreiter gefunden zu haben, die auf ihren Arbeitsfeldern Meister ihres Faches sind. M. Gebel macht nicht nur Makrofotos außergewöhnlicher Qualität, an denen die relevanten Bestimmungsmerkmale meist gut zu sehen sind. Er hat mit unermüdlichem Einsatz auch seltene und seltenste Raubfliegenarten in ganz Mitteleuropa an den wenigen oder einzigen konkret bekannten Fundorten aufgesucht (oft genug, um dann festzustellen, dass die Wind-, Temperatur- oder Niederschlagsverhältnisse kein Fotografieren zulassen), und dabei außerdem bisher unbekannte Vorkommen seltener Asiliden entdeckt. Eine ähnlich nahezu vollständige fotografische Dokumentation der heimischen Asilidenfauna lag bisher nicht vor. Von den in Deutschland etablierten bzw. wahrscheinlich etablierten Arten fehlt nur für die Östliche Habichtsfliege *Dioctria flavipennis* und den Großen Sandwicht *Stichopogon albofasciatus* ein ansprechendes und hinsichtlich der Bestimmung zweifelsfreies Foto. Konkrete aktuelle Fundorte dieser Arten sind aus Deutschland nicht bekannt (*St. albofasciatus*) oder ihre Populationen sind an den wenigen bekannten aktuellen Fundorten (*D. flavipennis*) so klein, dass mehrfach unternommene Fotoexkursionen bisher keinen Erfolg brachten. Die hier in den Artporträts von *Antiphrisson trifarius* und *St. albofasciatus* vorgestellten Fotos können nach derzeitiger Kenntnislage diesen Arten vorläufig zugeordnet werden, auch wenn eine Überprüfung anhand von Belegexemplaren nicht mehr möglich ist. Von der Östlichen Habichtsfliege ist uns auch kein ansprechendes Foto von anderen Fotografen bekannt geworden. In Absprache mit dem Verlag haben wir uns deshalb entschieden, das Erscheinen dieses Buches nicht weiter hinauszuzögern, in der Hoffnung, dass diese Lücke in einer möglichen zweiten Auflage geschlossen werden kann.

F. Geller-Grimm hat einen reich illustrierten Bestimmungsschlüssel erarbeitet, der alle in Deutschland bis heute nachgewiesenen Raubfliegenarten berücksichtigt. Dabei hat er den Schwerpunkt auf möglichst leicht erkennbare und nachvollziehbare Bestimmungsmerkmale gelegt. Bei sehr ähnlichen Arten ließ es sich jedoch nicht vermeiden, auch diffizilere Merkmale heranzuziehen, oftmals unter Verwendung der männlichen Genitalien. Derartige Merkmale lassen sich in der Regel im Gelände auch mithilfe einer Lupe nicht oder nur mit großer Erfahrung beurteilen, sodass die Bestimmung vieler Exemplare nur unter Verwendung eines Stereomikroskops zweifelsfrei möglich ist.

Damit versuchen die Autoren den schwierigen Spagat zwischen einem kompakten Naturführer, der auf leicht verständliche Weise auch Nicht-Entomologen in die Artengruppe der Raubfliegen einführt, und einem Fachbuch, das den aktuellen Kenntnisstand zum Artenspektrum, zur Bestimmung, zur Verbreitung und zu einigen wichtigen Aspekten der Biologie unserer heimischen Arten darstellt. Die teilweise noch unbefriedigende Datenlage zu vielen Arten hat den Autoren dabei „geholfen", den Umfang des Buches auf das mit dem Verlag Quelle & Meyer abgestimmte Maß zu beschränken und das Konzept für die steckbriefartigen Artporträts beizubehalten. Die unübersehbaren Kenntnislücken mögen hoffentlich viele Leserinnen und Leser aber auch dazu anregen, ihre eigenen interessanten Beobachtungen mit den Autoren zu teilen, damit aus vielen kleinen Mosaiksteinchen später ein größeres Mosaikbild entstehen kann.

Danny Wolff (Ebstorf)
Mai 2017

Danksagung

Trotz Arbeitsteilung im Autorenteam ist die Erarbeitung und Herausgabe eines Naturführers über eine Artengruppe mit nur so wenigen Bearbeitern wie bei den Raubfliegen nicht ohne die tatkräftige Unterstützung vieler weiterer Personen realisierbar. Wir bedanken uns bei allen, die uns auf unterschiedlichste Art und Weise, mal im Kleinen, mal im Großen, oft über viele Jahre ihre Hilfe bei diesem Buchprojekt haben zuteil werden lassen. Speziell gilt unser Dank:

Allen voran unseren Partnerinnen und Familien. Die Arbeit an diesem Buch erfolgte ausschließlich in der Freizeit der Autoren. So manche Wochen, Tage und Stunden wurden in das Projekt investiert und standen im Urlaub, an Wochenenden oder während des Feierabends nicht für gemeinsame Ausflüge, die Erholung oder auch nur für Gespräche zur Verfügung. Manch aufmunternde Worte unserer Partnerinnen haben uns geholfen, an dem Projekt weiterzuarbeiten und es abzuschließen, auch wenn phasenweise wegen beruflicher Anforderungen oder wegen anderer spannender „Konkurrenzprojekte" die Luft raus zu sein schien. Angela Di Matteo hat M. Gebel auf seinen „Fotosafaris" regelmäßig begleitet und in vielen Fällen die gesuchten Arten als Erste entdeckt. Manches hier gezeigte Foto wäre ohne ihre Unterstützung und ihr geschultes Auge nicht zustande gekommen.

Über viele Jahre haben andere Entomologen den Autoren Belegexemplare überlassen oder zur Nachbestimmung vorgelegt, Sonderdrucke übersandt, sich an fachlichen Diskussionen beteiligt, Hinweise auf aktuelle Vorkommen von seltenen Raubfliegen gegeben, die Autoren auf Exkursionen begleitet oder auf andere Weise dazu beigetragen, ein solides fachliches Fundament für diesen Naturführer zu schaffen. Es ist uns ein besonderes Bedürfnis, uns für diese Unterstützung bei allen zu bedanken, auch wenn nicht jeder hier namentlich im Einzelnen erwähnt werden kann. Umfangreichere Beiträge verdanken wir Günter Degen (Panketal), Dr. Torsten Dikow (Washington), Dieter Doczkal (München), Dr. Michael Drees (Hagen), Dr. Klaus von der Dunk (Hemhofen), Hans-Joachim Flügel (Knüllwald), Rolf Franke (Görlitz), Reinhard Gerken (Celle), Joachim Hable (Berching), Karsten Hannig (Waltrop), Hans-Joachim Jacobs (Ranzin), Prof. Dr. Matthias Jentzsch (Dresden), Mike Jessat (Altenburg), Tommy Kästner (Dresden), Lutz Lange (Itzehoe), Hans Leunig (Hannover), Paul-Walter Löhr (Mücke-Merla), Dr. Franz Malec (Kassel), Dr. Gisela Merkel-Wallner (Bad Kötzting), Gerd Reder (Flörsheim-Dalsheim), Michael Schäfer (Berlin), Wilfried Schulz (Wedemark), Dr. Axel Ssymank (Bonn), Dr. Jens-Hermann Stuke (Leer) und Dr. Michael von Tschirnhaus (Bielefeld). T. Kästner verdanken wir außerdem wertvolle Hinweise zu Manuskriptentwürfen der Lebensraumansprüche und Biologie der heimischen Arten.

Milan Hradský (Zásmuky) unterstützte F. Geller-Grimm und D. Wolff nicht nur in vielerlei Hinsicht auf ähnliche wertvolle Art, sondern gab auch den entscheidenden Hinweis auf die Identität der ersten von D. Wolff im Kyffhäuser gesammelten *Tolmerus micans*-Exemplare. Guy Tomasovic (Gembloux) verdanken wir die Bestimmung der beiden Belegexemplare von *Dysmachus hamulatus* und *Premochtherus aquitanus*.

Matthias Weitzel (Trier) und Gerd Reder (Flörsheim-Dalsheim) gestatteten die Veröffentlichung ihrer Funde von *Dysmachus hamulatus* und *Premochtherus aquitanus* bzw. von *Dysmachus bimucronatus*. In gleicher Weise erklärte sich Manfred Zapf (Gernsbach) mit der Publikation seiner Beobachtung (Belegfoto) von *Cerdistus erythrurus* einverstanden.

Viele Naturfotografinnen und Naturfotografen haben in den letzten Jahren ihre Funddaten zur Verfügung gestellt und durch ihre fotografischen Dokumentationen die Kenntnisse zur Biologie und zum Verhalten erweitert. Wichtige Internetforen waren (in alphabetischer Reihenfolge) unter anderem www.diptera.info, www.entomologie.de, www.fotocommunity.de, insektenfotos.de/forum, nafoku.de/forum, naturfotografen-forum.de und www.naturgucker.de. In besonderer Weise hervorzuheben ist jedoch das Forum www.makro-forum.de, weil dessen Betreiber einen eigenen jährlichen Raubfliegen-Sammelthread einrichteten. In diese Sammelthreads stellten viele Mitglieder ihre Fotos zur Nachbestimmung durch den Erstautor ein und teilten die jeweiligen Beobachtungsdaten mit.

Herzlich bedanken möchten wir uns bei den folgenden Fotografinnen und Fotografen, die eigene Fotos zur Verfügung stellten und somit maßgeblich zum Gelingen dieses Naturführes beigetragen haben: Ramón M. Batlle (Bell-lloc d'Urgell), Christoph Bausch (Waldshut), Piluca Álvarez Fidalgo (Madrid), Gabriele Kemus (Bötzingen), Maik Mergemeier (Düsseldorf), Friedhelm Riedel (Simmelsdorf), Serhey Ruban (Kiew), Dr. Axel Ssymank (Bonn).

Aus dem Historischen Archiv des Senckenberg Deutschen Entomologischen Instituts in Müncheberg stellte Dr. Editha Schubert die Porträtaufnahmen namhafter Dipterologen für das Kapitel „Geschichte der Raubfliegenforschung in Deutschland" zur Verfügung. Der Society of Messenian Archaeological Studies verdanken wir ein Foto der Marmorstatue der griechischen Göttin der Jagd Artemis Laphria.

Zahlreiche Kolleginnen und Kollegen an Museen und Instituten ermöglichten das Arbeiten an dem von ihnen verwalteten Sammlungsmaterial. Ebenso gestatteten zahlreiche Naturschutzbehörden die Begehung von Naturschutzgebieten zum Zwecke der Nachsuche nach seltenen oder verschollenen Raubfliegenarten.

Besonderer Dank geht zu guter Letzt auch an Herrn Gerhard Stahl, Frau Katharina Renfordt, Herrn Rolf Heisler und Herrn Jörg Renfordt vom Quelle & Meyer Verlag. Wir betrachten es durchaus als Wagnis, einen Naturführer über eine so unbekannte und spezielle Artengruppe wie die Raubfliegen zu verlegen, und sind deshalb sehr dankbar für die Ermunterung zu diesem Buchprojekt, für die Geduld bei der Erstellung des Manuskripts und für das professionelle Lektorat und Layout.

Autoren / Kontakt

Danny Wolff

Jahrgang 1965, Dipl.-Ing. der Landschaftsplanung (Technische Universität Berlin), arbeitet seit 1992 in der niedersächsischen Landesnaturschutzverwaltung und leitet seit 2015 den Geschäftsbereich „Regionaler Naturschutz“ in der Betriebsstelle Lüneburg des Niedersächsischen Landesbetriebs für Wasserwirtschaft, Küsten- und Naturschutz. Nach einem Einstieg in die Entomologie mit den bekannteren Artengruppen der Heuschrecken, Libellen und Schwebfliegen beschäftigt er sich seit Anfang der 1990er-Jahre ehrenamtlich im Schwerpunkt mit den heimischen Asiliden. Im Jahr 1999 startete er das Projekt eines Internet-Atlasses der Raubfliegen Deutschlands (www.asilidae.de), eines für die Zweiflügler-Familien Deutschlands in diesem Umfang bisher einmaligen Webportals. Er bearbeitete für das Bundesamt für Naturschutz die bundesweite Artenliste und Rote Liste der Raubfliegen und bewertete die Asiliden als Kenn- oder Indikatorarten für das Handbuch der FFH-Lebensraumtypen in Deutschland.

Danny Wolff. Foto: A. Wolff.

Danny Wolff ist bei der Bestimmung von Raubfliegen aus Deutschland (Foto- oder Sammlungsbelege) gerne behilflich.

Kontakt (auch Anfragen / Hinweise / Mitteilungen interessanter Beobachtungen): info@asilidae.de; Danny Wolff, Lönsstraße 1a, 29574 Ebstorf

Markus Gebel

Jahrgang 1970. Er entwickelte bereits im frühen Kindesalter ein ausgeprägtes Interesse für die heimische Flora und Fauna. Dieses Interesse verstärkte sich, sodass er sich im jungen Erwachsenenalter für eine Reihe Naturschutzprojekte (z.B. Wanderfalkenschutzgemeinschaft, Vogelzählungen und Arbeitsgemeinschaft Rheinaue Duisburg-Walsum) einsetzte. Im Alter von etwa 22 Jahren erwachte in ihm der Wunsch, seine Eindrücke in der Natur und die

Markus Gebel. Foto: A. Di Matteo.

Schönheit der Tiere und Pflanzen auf Bildern festzuhalten. Im Laufe der Jahre eignete er sich ein umfangreiches Wissen über verschiedene Arten und deren Lebensweisen an und lernte komplexe Zusammenhänge der Natur kennen – darunter auch die der heimischen Raubfliegen. Seine Fotografien sind geprägt von seiner Faszination und großen Liebe zur Natur und zeigen diese in ihrer ganzen Ästhetik und Schönheit. Im Jahr 2004 ging er erstmalig mit seinen Fotografien an die Öffentlichkeit. Seine Fotos wurden auf verschiedenen DVD- und CD-Covern, auf den Titelseiten unterschiedlicher Fachmagazine, auf unzähligen Werbe- und Infotafeln und im Naturkundemuseum Wiesbaden im Rahmen einer Ausstellung publiziert. Er betreibt zwei Naturwebseiten (www.digitale-naturfotos.de; www.amphibien-reptilien.com), auf denen er seine Fotografien vorstellt. Markus Gebel ist Referenzfotograf eines großen Kamera- und Objektivherstellers und Mitglied in der „Gesellschaft Deutscher Tierfotografen (GDT)".

Kontakt: info@digitale-naturfotos.de; Markus Gebel, Heiligenbaumstraße 1, 47249 Duisburg

Fritz Geller-Grimm

Jahrgang 1965, in Südwestdeutschland aufgewachsen, nach einer Ausbildung zum Zoologischen Präparator erfolgte in Marburg und Darmstadt ein Studium der Biologie mit dem Schwerpunkt Entomologie und Ökologie. Neben der Arbeit in verschiedenen naturwissenschaftlichen Vereinen engagiert er sich in der digitalen Bereitstellung von Informationen zu Organismen, besonders für den internationalen Informationsknoten für die Raubfliegen (www.robberflies.info). Beruflich leitet er die Naturhistorischen Sammlungen am Hessischen Landesmuseum für Kunst und Natur in Wiesbaden und kuratiert dort die Sammlungen und Ausstellungen.

Fritz Geller-Grimm. Foto: B. Fickert.

Kontakt: fritz.geller-grimm@museum-wiesbaden.de, Museum Wiesbaden, Friedrich-Ebert-Allee 2, 65185 Wiesbaden

Einleitung

Zweiflügler, also Fliegen und Mücken, sind weltweit eine der artenreichsten Ordnungen im Tierreich. Sie rangieren zwar noch deutlich hinter den Käfern (etwa 350.000 Arten), liegen mit 150.000–170.000 bekannten Arten aber etwa gleichauf mit den Schmetterlingen und den Hautflüglern (Bienen, Wespen, Ameisen etc.) und damit deutlich vor allen übrigen Insektenordnungen. Im vergleichsweise gut untersuchten Deutschland stellen sie die artenreichste Organismengruppe dar.

Innerhalb der Dipteren (von gr. δι, δις [di-, dis] = zwei, zweifach; gr. πτερ [pter] = Flügel) wiederum gehören die Raubfliegen (Asilidae) mit weltweit über 7.400 beschriebenen Arten zu den artenreichsten Familien. In Deutschland sind die Verhältnisse dagegen anders. Weniger als 100 Arten sind aus dieser Fliegengruppe hier vertreten. Die allgemein eher als wärme- und meist auch trockenheitsliebend bekannte Dipterenfamilie findet im gemäßigten Klima Deutschlands mit seinen vergleichsweise niedrigen Durchschnittstemperaturen und hohen Niederschlägen keine guten Bedingungen für eine hohe Artenvielfalt.

So manches Raubfliegen-Exemplar wie etwa diese Gelbe Mordfliege Laphria flava lässt sich mit einiger Übung oder Erfahrung am lebenden Tier oder anhand von guten Makrofotos auch ohne Sammeln sicher bestimmen. Bei Fotos sollten Fundort und Aufnahmedatum deshalb grundsätzlich immer möglichst genau – z.B. im Dateinamen – dokumentiert werden, damit die Daten später wissenschaftlich ausgewertet werden können. So stammt das hier gezeigte Männchen vom 29.7.2014 aus Schmitten in Hessen.

Die überschaubare Artenzahl, die überdurchschnittliche mittlere Körpergröße, die Vielgestaltigkeit an Formen und Farben, die gute Erfassbarkeit sowie die meist ohne Genitalpräparation mögliche Artbestimmung erleichtert die Beschäftigung mit Raubfliegen im Vergleich mit vielen anderen Fliegen- oder Mückenfamilien ungemein. Asiliden stellen deshalb lohnende Studienobjekte – besonders im Gelände – dar. Dieser Naturführer stellt im ersten Allgemeinen Teil zunächst das Artenspektrum sowie in den Grundzügen die Biologie und das Verhalten der heimischen Raubfliegen vor. Der zweite Teil erläutert den Körperbau und liefert damit die Grundlage für die Verwendung des Bestimmungsschlüssels, der alle in Deutschland bisher nachgewiesenen Arten berücksichtigt. Im dritten Teil werden schließlich alle Arten anhand von Artporträts noch einmal im Detail vorgestellt. Diese beginnen jeweils mit einer Kurzbeschreibung der wichtigsten Bestimmungsmerkmale und Hinweise auf ähnliche Arten. Informationen zur Flugzeit, zur Verbreitung, zu den Lebensräumen und Ansitzen sowie zu ausgewählten Aspekten der Biologie runden die Porträts ab. Speziell für dieses Buch wurden auf der Grundlage veröffentlichter und auch teilweise noch unveröffentlichter Daten neue Nachweiskarten für Deutschland erstellt. Die großformatigen Makrofotos stellen unzweifelhaft einen wichtigen Kern dieses Naturführers dar und ermöglichen in vielen Fällen den visuellen Abgleich mit den textlich oder grafisch beschriebenen Artdiagnosen. Bei allen Fotos handelt es sich um Freilandaufnahmen lebender Tiere. Die Freistellung der Motive ist mittels der verwendeten optischen Ausrüstung, der gewählten Kameraeinstellungen und durch fotografisches Geschick vorgenommen worden und nicht mithilfe eines Bildbearbeitungsprogramms. Soweit nicht anders angegeben, stammen alle Fotos von M. Gebel. Ebenso stammen alle Grafiken von F. Geller-Grimm, soweit nicht im Einzelnen anders vermerkt.

Zur Verwendung dieses Buches sind folgende Hinweise sinnvoll:

Der Bestimmungsschlüssel ist neben Deutschland auch für folgende mittel-, west- und nordeuropäische Staaten vollständig: Dänemark, Großbritannien, Irland, Island und Luxemburg. In allen anderen Nachbarstaaten kommt mindestens eine weitere Raubfliegenart vor.

Alle Angaben im Text, in Diagrammen und in sonstigen Grafiken beziehen sich – soweit nicht anders angegeben – auf die Verhältnisse in Deutschland. In anderen Staaten können sich aufgrund abweichender klimatischer und standörtlicher Rahmenbedingungen die Biologie, die Flugzeiten und weitere Aspekte von der Situation in Deutschland mitunter deutlich unterscheiden. Auf die Übernahme solcher Daten wurde daher überwiegend bewusst verzichtet.

Insbesondere im Allgemeinen Teil, aber auch bei den Artporträts musste aus Gründen der Übersichtlichkeit außerdem manche Zusammenfassung und Abstraktion vorgenommen werden. In der Natur ist das Leben grundsätzlich immer vielfältiger, als es in einem Buch dargestellt werden kann. Dies ist umso mehr zu berücksichtigen, wenn man sich vor Augen führt, dass viele der hier mitgeteilten Informationen insbesondere zur Biologie einzelner Arten noch auf vergleichsweise wenigen Einzelbeobachtungen basieren.

Um eine leichte und flüssige Lesbarkeit zu gewährleisten, wurde im Text die Angabe von Literaturquellen auf das erforderliche Mindestmaß beschränkt. Gerade bei den zusammenfassenden Informationen hätten ansonsten an vielen Stellen mehrere Autoren als Referenz angegeben werden müssen. Stattdessen findet sich die verwendete Literatur zusammengefasst im Literaturverzeichnis am Ende des Buches. Grundlagenwerke oder für einzelne Aspekte besonders wichtige Einzelarbeiten sind dort in besonderer Weise kenntlich gemacht.

Ebenfalls nur aus Gründen eines flüssigen Leseflusses wird bei der Bezeichnung von Personengruppen meist nur die männliche Form (z.B. „Leser“ statt „Leserinnen und Leser“) verwendet. Selbstverständlich sind jeweils beide Geschlechter angesprochen. Dafür bitten wir alle Leserinnen um Verständnis.

Woran erkennt man Raubfliegen?

Im Grunde genommen „rauben“ Raubfliegen gar nicht, denn sie jagen andere Insekten (oder Spinnen) und töten sie, wenn sie diese erbeuten (so genommen „rauben“ sie ihrer Beute jedoch das Leben). Die Namensgebung entspricht im Deutschen also den

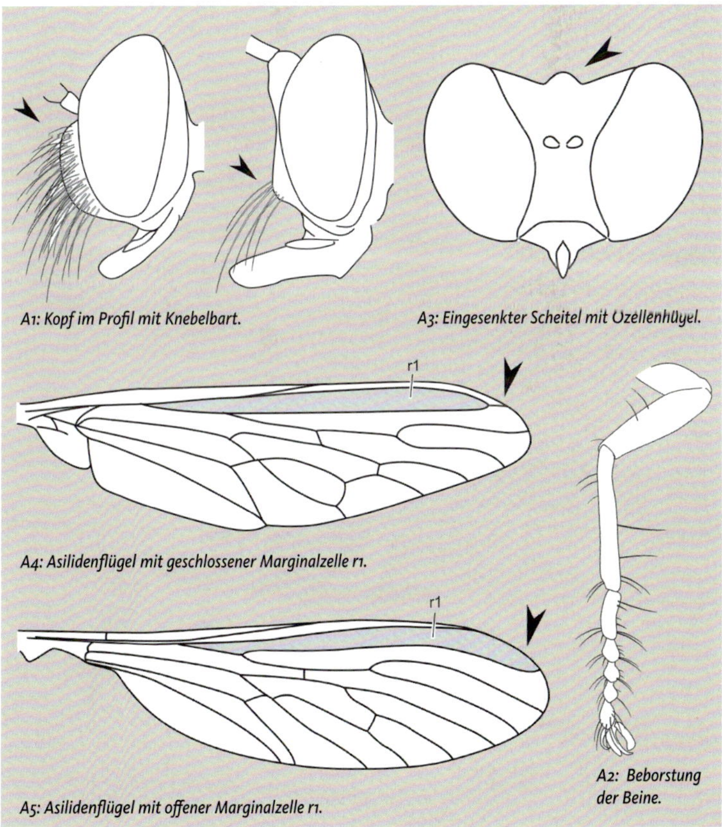

A1: Kopf im Profil mit Knebelbart.

A3: Eingesenkter Scheitel mit Ozellenhügel.

A4: Asilidenflügel mit geschlossener Marginalzelle r1.

A5: Asilidenflügel mit offener Marginalzelle r1.

A2: Beborstung der Beine.

Empis tesselata – Die Gewürfelte Tanzfliege wird von Laien aufgrund ihrer Färbung, Größe und Lebensweise oft mit einer Raubfliege verwechselt.

Tolmerus pyragra – Kleine Raubfliege mit kürzerem Stechrüssel und flacherem Hinterkopf.

Hybos culiciformis – Die Rennraubfliegen (Hybotidae) gehören nicht zu der Familie der Raubfliegen (Asilidae).

Dioctria atricapilla – Einige Dioctria-Arten leben oft in den gleichen Lebensräumen wie Hybotiden.

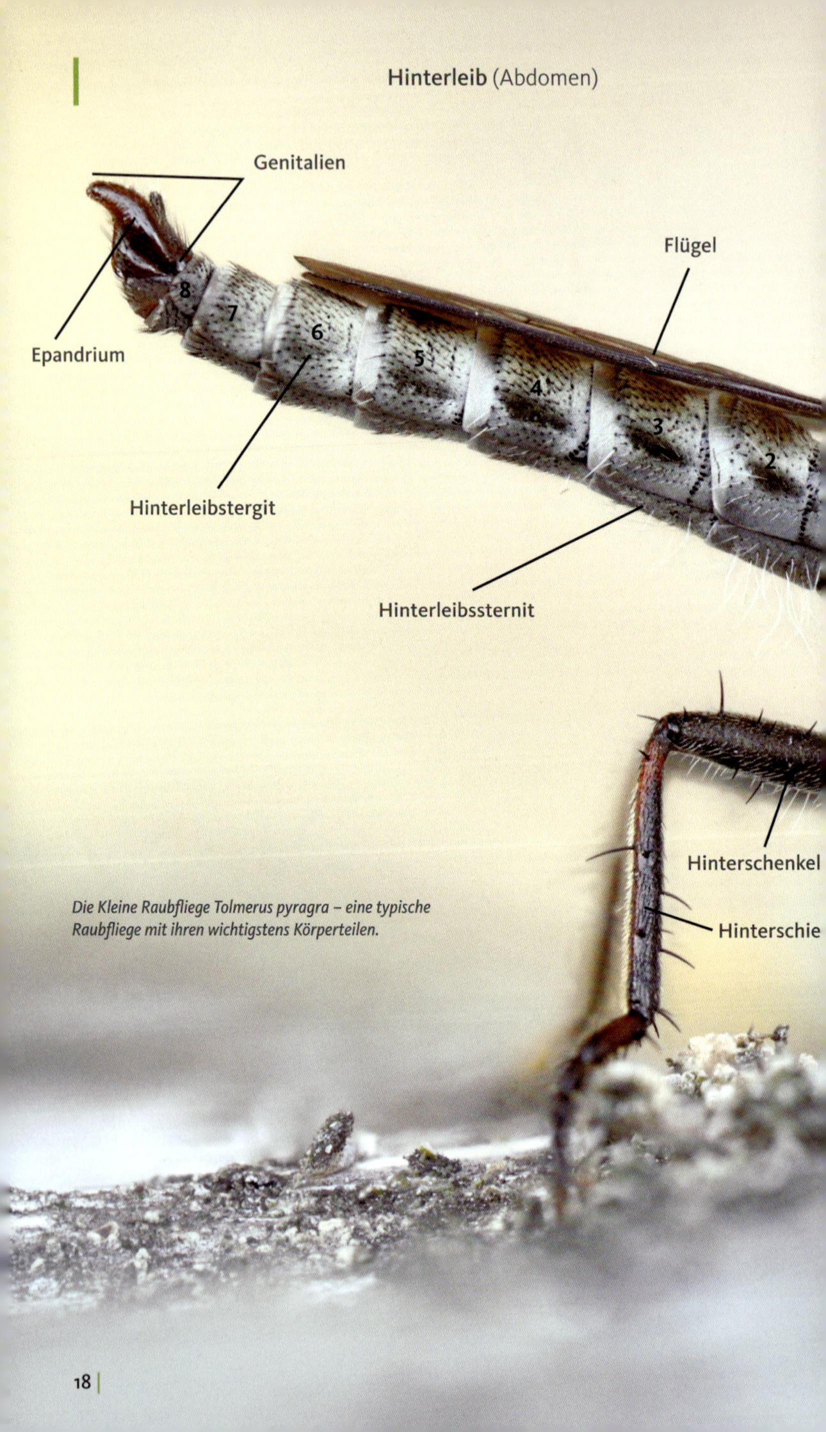

Die Kleine Raubfliege Tolmerus pyragra – eine typische Raubfliege mit ihren wichtigstens Körperteilen.

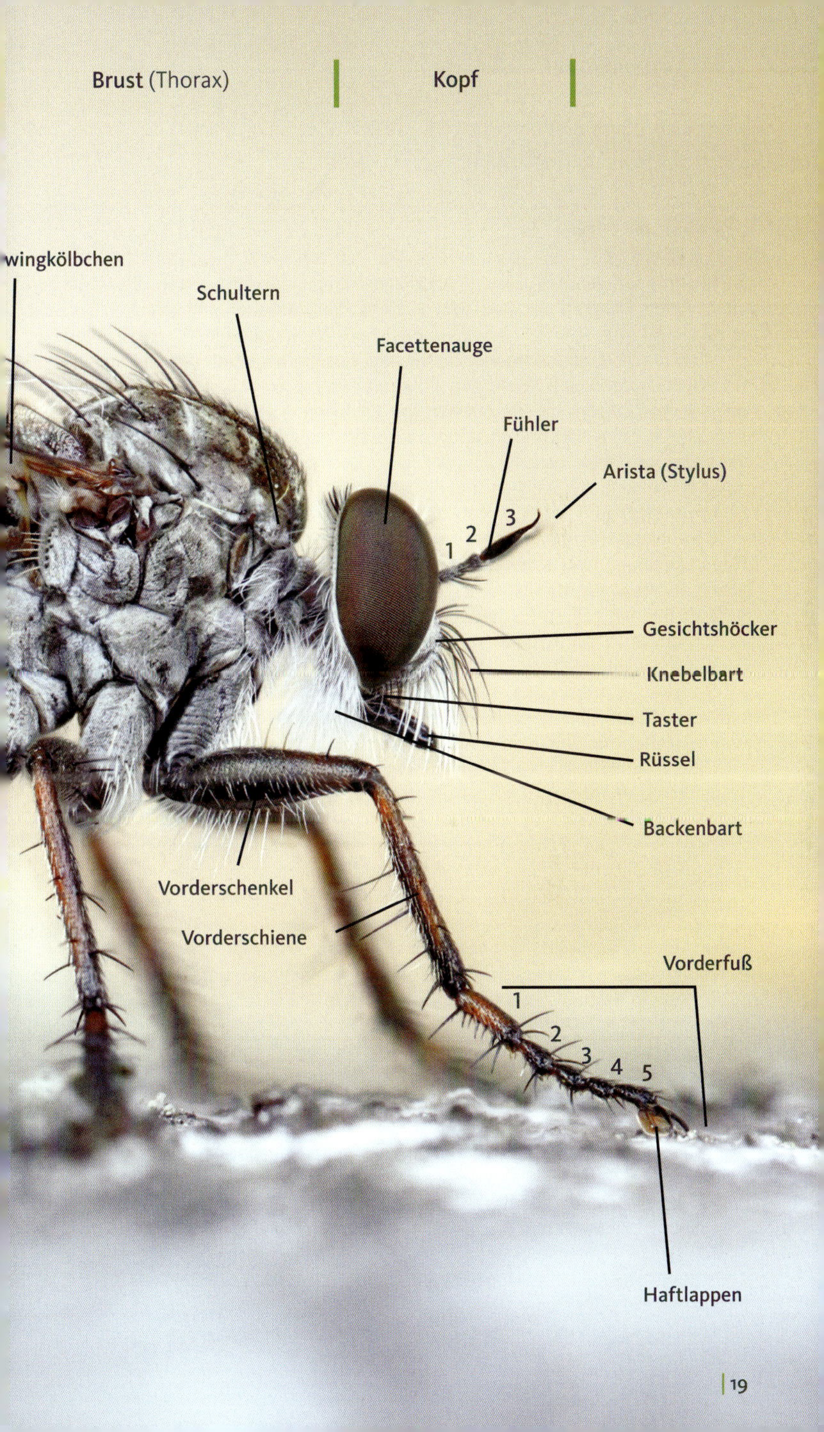
Brust (Thorax)
Kopf
wingkölbchen
Schultern
Facettenauge
Fühler
Arista (Stylus)
1
2
3
Gesichtshöcker
Knebelbart
Taster
Rüssel
Backenbart
Vorderschenkel
Vorderschiene
Vorderfuß
1
2
3
4
5
Haftlappen

Raubtieren (Carnivora) unter den Säugetieren, die mehrheitlich Fleischfresser sind und ihre Beutetiere ebenfalls töten. In der Biologie spricht man von Prädatoren bzw. prädatorischer Lebensweise.

Jedoch sind nicht alle Fliegen, die andere Insekten jagen, auch Raubfliegen, und nicht alle Fliegen, die „Raubfliegen" genannt werden, zählen auch zur Familie der Asilidae. Zu den bekannteren anderen teilweise prädatorisch lebenden Fliegengruppen gehören z.B. die Tanzfliegen (Empididae), bei denen die Männchen vieler Arten während der Balz oder Paarung den Weibchen ein gefangenes Insekt quasi als „Brautgeschenk" übergeben. Systematisch sind die Tanzfliegen als Vertreter der Überfamilie Empidoidea jedoch nur sehr entfernt verwandt mit den Raubfliegen (Überfamilie Asiloidea). Viele der größeren Tanzfliegen (z.B. der Gattungen *Empis* oder *Rhamphomyia*), die am ehesten mit Raubfliegen verwechselt werden können, sind allerdings im Nahrungserwerb zum Nektarsaugen übergegangen und haben wie viele andere Blütenbesucher längere Saugrüssel entwickelt, die meist nach unten ausgerichtet sind. Bei Asiliden sind die Stechrüssel hingegen in der Ruhe in der Regel nach vorn oder vorn unten ausgerichtet.

Obwohl quasi Namensvettern der Asiliden, gehören auch die manchmal Rennraubfliegen genannten Vertreter der Familie Hybotidae zu den Empidoidea. Der deutsche Name nimmt Bezug auf die vorherrschende Jagdweise, bei der die Nahrungstiere anders als bei den echten Raubfliegen meist im Laufen erbeutet werden. Ein weiterer deutscher Name der Hybotiden lautet Buckeltanzfliegen und nimmt Bezug auf den hoch aufgewölbten Thorax.

Manche Vertreter dieser verwandten Fliegenfamilien sehen für den Laien typischen Raubfliegen ähnlicher, als es Exemplare unterschiedlicher Asilidengruppen untereinander tun. Woran erkennt man also eine Raubfliege?

Obwohl mithilfe dieses Naturführers auch ein Naturfreund ohne taxonomische Vorkenntnisse Raubfliegen schnell als solche zu erkennen lernt, bedarf es doch klarer Kriterien der Abgrenzung. Folgende Merkmale können nach Goot (1985) für den „Hausgebrauch" helfen, Raubfliegen von anderen Fliegengruppen zu unterscheiden:

» Auf dem Gesicht befindet sich zwischen der Fühlerbasis und dem Rüssel auf dem sogenannten Gesichtshöcker oder, wenn dieser fehlt, am oberen Mundrand ein flächiger oder schirmartiger sogenannter Knebelbart aus langen Haaren oder Borsten, die deutlich länger als die umgebende Behaarung sind (A1).
» Auf den Beinen befinden sich Borsten, manchmal sehr viele, manchmal nur wenige, die dann in jedem Fall auf den Schienen des dritten Beinpaares und den Tarsen zu finden sind (A2). Die Sporen, also die starken Borsten an der Spitze der Schienen, bleiben hier außer Betracht; sie finden sich bei vielen Fliegenfamilien.
» Zwischen den Facettenaugen befindet sich auf der Oberseite des Kopfes eine sattelförmige Eintiefung, in der sich auf einem Ozellenhügel drei Punktaugen befinden (A3). Bei anderen Fliegen mit vergleichbarer Flügeladerung fehlt die sattelförmige Eintiefung. Die Punktaugen sitzen dann auf einem eher flach ausgeprägten Stück des Scheitels oder fehlen ganz.
» Die Flügeladerung entspricht weitgehend den Abbildungen A4–A5. Alle Adern erreichen in der Regel den Flügelrand, die Costalader umläuft den ganzen Flügel, Radialader mit vier Ästen bzw. Sektoren, von denen die beiden mittleren Sektoren in der Regel verschmolzen sind (R2+3).

Eine Fliege, die jedes dieser Merkmale aufweist, ist in Deutschland eine Raubfliege aus der Familie der Asilidae.

In jüngerer Zeit wird der Begriff „Raubfliegen“ ferner auch für Fliegen ganz anderer Verwandschaft, meist im Zusammenhang mit der Schädlingsbekämpfung in der Landwirtschaft und im Gartenbau, verwendet. Ein Beispiel hierfür ist die Musciden-Art *Hydrotaea aenescens*, die sogenannte „Güllefliege“, die in großer Zahl gezüchtet und zur Regulierung von Stubenfliegen (*Musca domestica*) in Rinderställen (mit Spaltenböden) ausgebracht wird. Eine weitere Muscide, *Coenosia attenuata*, wird mittlerweile als Prädator gegen „Pflanzenschädlinge“ wie Trauermücken, Minierfliegen, Mottenschildläuse und Sumpffliegen in Gewächshäusern eingesetzt. Vermutlich greift man hier gerne aus Marketinggründen und zu Werbezwecken auf die Formulierung „Raubfliegen“ zurück. Die Hervorhebung einer engeren Verwandtschaft mit unserer bekanntesten Muscide, der Stubenfliege, könnte sich möglicherweise negativ auf den Verkauf auswirken. Im biologischen Sinne wäre die Bezeichnung „Raubfliegen“ aufgrund ihrer prädatorischen Lebensweise natürlich auch für *Coenosia* und *Hydrotaea* berechtigt.

Geschichte der Raubfliegenforschung in Deutschland

„Von der weissen Erd-Made und von der schwarzen Raub-Fliege mit der Schwanz-Zange so daraus wird: ... Die Fliege, so heraus kriecht, siehe fig. 3. ist eine sonderbare Art von einem Geschlecht der Fliegen, die unter mancherley Grösse und Farben gesehen werden, und keinen füglichern Namen als Raub-Fliegen haben können ; dann sie nehren sich vom Raub am meisten, indem sie andre Fliegen fangen, und ihnen den Safft aussaugen, ja so gar der Kefer nicht schonen, und die Rosen-Kefer mit sich in der Lufft als Habichte davon getragen.“

So begann Johann Leonhard Frisch im Jahre 1721 seine Beschreibung des Männchens der Alabasterfliege *Pamponerus germanicus* (A6). In seiner „*Beschreibung Von allerley INSECTEN in Teutschland, nebst nützlichen Anmerckungen Und nöthigen Abbildungen Von diesem Kriechenden und Fliegenden Inländischen Gewürme...*“ prägte er damit zum ersten Mal den heute noch gültigen deutschen Namen für die Fliegenfamilie der Raubfliegen. Soweit bekannt, war die Arbeit des Lehrers, Sprach- und Naturforschers aus Berlin gleichzeitig die erste Veröffentlichung überhaupt, die sich etwas ausführlicher mit der Biologie konkreter Raubfliegenarten befasste. Ein weiteres Kapitel widmete Frisch „*der grossen Raub-Fliege mit dem gelben spitzigen Hinterleib*“, der Abbildung auf seiner Kupfertafel nach unverkennbar ein Weibchen der Hornissen-Raubfliege *Asilus crabroniformis* (A7). So ausführlich und anregend die Auseinandersetzung mit

A6: Frisch (1721): Kupferstich der Alabasterfliege – erster Aufsatz zur Biologie einer Raubfliegenart in Deutschland.

A7: Frisch (1721): Kupferstich der Hornissen-Raubfliege.

A8: Hornissen-Raubfliege dargestellt auf einem Gemälde von Maria Sibylla Merian mit dem Titel „Chinesische Vase mit Rosen, Mohn und Nelken" (1670–1680). Kupferstichkabinett der Staatlichen Museen zu Berlin.

den beiden Asilidenarten für damalige Verhältnisse auch war, das Werk von Frisch blieb in der **Vor-Linné'schen Phase** (vor 1758) die einzige relevante Publikation über Raubfliegen. Einige Naturforscher des 15. bis 17. Jahrhunderts kannten die Hornissen-Raubfliege zwar bereits ebenfalls, gruppierten sie aber zusammen mit anderen Insekten in einer Gruppe wespenähnlicher, aber nicht stechfähiger Arten unter dem Namen „*Pseudospheca*" (vgl. Kapitel „Mimikry, Verteidigung").

Vor-Meigen'sche Phase (1758–1802): Die Mitte und die zweite Hälfte des 18. Jahrhunderts waren durch Zoologen und Entomologen mit breit gefächertem Interesse geprägt, das vielen Tier- bzw. Insektengruppen galt. Soweit sie sich mit heimischen Raubfliegenarten beschäftigt haben, sind hier vor allem Carl von Linné, der schwedische Begründer der binären Nomenklatur, oder Johann Christian Fabricius zu nennen, ein dänischer Naturforscher, der allerdings zeitweilig auch im damals dänischen Kiel gelebt und gearbeitet hat. In dieser Ära verharrte die Raubfliegenforschung in Deutschland noch im Dämmerschlaf. Von den zwanzig aus dieser Phase noch heute gültigen Artbeschreibungen ist nur eine auf einen deutschen Zoologen zurückzuführen. Georg Panzer bildete in seiner Fauna Germanica 1793/1798 mehrere Asilidenarten farblich ab und beschrieb erstmals für die Wissenschaft die Schlichte Mordfliege *Choerades fuliginosa*. In diese Phase fielen auch die ersten regionalfaunistischen Zusammenstellungen von Tierarten in Deutschland. Raubfliegen wurden dabei – soweit sie überhaupt zu dieser Zeit schon beschrieben waren (ca. 35 %) – z.B. von Trost (1801) aus der Umgebung von Eichstädt und von Schrank (1803) aus der Umgebung von Ingolstadt und Kelheim gemeldet. Von Schröckenstein (1802) erstellte ein „*Verzeichniss der Halbkäfer, Netzflügler, Wespen, ungeflügelten Insekten, Wanzen und Fliegen, welche um den Ursprung der Donau und des Nekars, dann um den untern Theil des Bodensees, vorkommen.*"

Meigen'sche Phase (1803–1846): Mit Johann Wilhelm Meigen, einem Organist und (Privat-)Lehrer aus Stolberg bei Aachen, begann eine neue Ära der Fliegenforschung in

Deutschland und Europa. Er war einer der ersten Entomologen, die sich in besonderem Maße auf die Bearbeitung der Zweiflügler konzentrierten, und gilt damit noch heute als Begründer der europäischen Dipterologie. Im Jahre 1803 veröffentlichte er den *„Versuch einer neuen GattungsEintheilung“* und teilte die alte Linné'sche Großgattung *Asilus* in die Gattungen *Asilus*, *Dasypogon*, *Dioctria*, *Laphria* und *Leptogaster* auf (aus heutiger Sicht eine Untergliederung eher auf dem Niveau einer Unterfamilie). Mit der Beschreibung neuer Raubfliegenarten startete er 1804. Mit seiner *„Systematische[n] Beschreibung der bekannten Europäischen zweiflügeligen Insekten“* erstellte er im Jahre 1820 dann ein Grundlagenwerk, das für etwa ein Vierteljahrhundert die europäische Dipterologie und damit auch die Raubfliegenforschung maßgeblich bestimmte. Von den 47 in dieser Phase gültig beschriebenen heimischen Arten stammen allein 32 Beschreibungen von MEIGEN (sowie acht weitere von anderen deutschen Entomologen). So bedeutend diese Fleißarbeit durch die Beschreibung zahlreicher neuer Arten auch war, durch das (zu) hohe Gewicht, das MEIGEN einzelnen Farbvariationen beimaß, und durch teilweise sehr allgemeine und unspezifische Beschreibungen hat er seinen Zeitgenossen die richtige Interpretation seiner neuen Arten sehr erschwert. Erste Ergänzungen, Korrekturen und Neubeschreibungen nahmen in dieser Phase JOHANN FRIEDRICH RUTHE (1831) und PHILIPP CHRISTOPH ZELLER (1840) vor. Der Umstand, dass beide Autoren die Goldafterfliege *Antipalus varipes* jeweils zweimal „neu“ beschrieben, nämlich getrennt für das männliche und weibliche Geschlecht, macht jedoch deutlich, wie groß der Bedarf trotz des MEIGEN'SCHEN Werkes an einer gründlichen Neubearbeitung der Raubfliegen-Systematik und Taxonomie war. In nur leicht zunehmendem Maße, jedoch mit längeren Artenlisten finden Raubfliegen in den Faunenlisten aus verschiedenen Regionen Deutschlands Berücksichtigung, so von ZIMMERMANN (1834) für den Harz, durch VON ROSER (1834, 1840) für Württemberg und HEINEKEN (1834) für das Bremer Umland. In dieser Phase setzen sich einige deutsche Autoren auch erstmals mit der Funktion von Raubfliegen in ihrem Ökosystem auseinander, so z.B. RATZEBURG (1844), dem „Vater der Forstentomologie“, der in einer zunächst noch kurzen Notiz hervorhebt, dass *„die starken, räuberischen Fliegen ziemlich häufig beim Fangen und Tödten von andern Insecten, u. A. auch Borkenkäfern, angetroffen werden“*. Eine ökonomische Betrachtung mit einer grundsätzlichen Einstufung von Raubfliegen als „Nützlinge“ stand dabei damals im Vordergrund. Dieser Wertung lagen Beobachtungen zugrunde, dass Raubfliegen oftmals holzbewohnende Käfer als Beute wählten, z.B. Borken- oder Prachtkäfer, die in der Forstwirtschaft gemeinhin als schädlich galten (vgl. Kapitel „Raubfliegen als Nützlinge/Schädlinge bzw. ihre Rolle im Ökosystem“).

*Johann Wilhem Meigen (*1764, †1845), Quelle: SDEI.*

Loew'sche Phase (1847–1880): Einen bahnbrechenden Fortschritt in der deutschen und europäischen Asilidologie stellten die drei grundlegenden Arbeiten von HERMANN LOEW *„Über die europäischen Raubfliegen (Diptera, Asilica)“* aus den Jahren 1847–1849 in der Linnaea entomologica sowie seine ergänzenden Aufsätze der Folgejahre dar. Mit

*Hermann Loew (*1807, †1879), Quelle: SDEI.*

seinen ausführlichen und spezifischen Beschreibungen der relevanten Körpermerkmale schuf der Lehrer aus Posen bzw. Meseritz erstmals eine ausreichende Bestimmungsgrundlage für die mitteleuropäische Raubfliegenfauna. Von den zehn in dieser Phase beschriebenen heimischen Raubfliegenarten gehen acht auf LOEW zurück. Darüber hinaus nahm er im Zuge dieser Arbeiten für viele bereits gültig beschriebene, aber nur unzureichend charakterisierte Arten quasi eine Neubeschreibung vor. Als ebenso bedeutsam müssen seine Ergebnisse zur Systematik der Asiliden gelten. Von den derzeit etwa 30 in Deutschland vertretenen Gattungen sind gut die Hälfte von LOEW aufgestellt worden. Sein klassisches Werk stellte die Voraussetzung dafür dar, dass auch vorwiegend faunistisch tätige Entomologen sich verstärkt den Raubfliegen zuwandten. Lag die Anzahl der Veröffentlichungen mit faunistischem Schwerpunkt in Deutschland in den vorangegangenen Phasen bei etwa fünf, betrug sie in dieser Phase bereits das Vierfache. Eine wesentliche Hilfestellung hierfür war zusätzlich unzweifelhaft die Fauna Austriaca von IGNAZ RUDOLPH SCHINER (1862), der *„mit der […] Beschreibung aller in Deutschland vorkommenden Arten"* erstmals einen dichotomen Bestimmungschlüssel für die heimischen Asiliden zur Verfügung stellte. SCHINER war Ministerialsekretär am kaiserlich-königlichen Finanzministerium in Wien.

Hermann'sche und Becker'sche Phase (1880–1929): Bereits LOEW hatte sich zunehmend mit Raubfliegen außerhalb Europas beschäftigt. In noch stärkerem Maße trifft dies auf die beiden deutschen Dipterologen FRIEDRICH HERMANN (Erlangen) und THEODOR BECKER (Liegnitz) zu. Beide Autoren gehörten zu den besten Asilidenkennern ihrer Zeit und hatten wie ihre Vorgänger ihren Arbeitsschwerpunkt jedoch in der Systematik und Taxonomie. Mit Bedeutung auch für Deutschland startete BECKER (1923) immerhin eine *„Revision der LÖW'schen Diptera Asilica"*, beließ es aber bei einem ersten Teil, der sich mit mehreren Asilinen-Gattungen beschäftigte und deren Abgrenzung schärfte. Ansonsten lag sein Schwerpunkt auf der Asilidenfauna verschiedener afrikanischer und asiatischer Staaten. Neben Afrika und Asien (Formosa) lag der Arbeitsschwerpunkt HERMANNS zusätzlich auch auf Südamerika. Von HERMANN (1920) stammt auch eine ausführlichere Analyse und Begründung für die für lange Zeit gültige Aufteilung der Asiliden in

*Friedrich Hermann (*1859, †1920), Quelle: SDEI.*

die klassischen vier Unterfamilien Laphriinae, Asilinae, Leptograstrinae und Dasypogoninae. Für die Kenntnisse der Raubfliegen im heutigen deutschen Raum waren ihre Arbeiten deshalb insgesamt nur von untergeordneter Bedeutung.

Die Zahl der lokalfaunistischen Arbeiten nahm in dieser Phase nur leicht zu. Da sie zum einen aber auf einer verbesserten Bestimmungsgrundlage basierten, zum anderen zunehmend von spezialisierten und qualifizierten Entomologen/Dipterologen erarbeitet wurden, besitzen diese Zusammenstellungen einen deutlich höheren wissenschaftlichen Wert als frühere Aufsätze.

*Theodor Becker (*1840, †1928), Quelle: SDEI.*

Von großer Bedeutung für die Kenntnisse zur Biologie der heimischen Arten war die bahnbrechende Arbeit des Schweden DOUGLAS MELIN (1923), der nicht nur mehrjährige Freilandstudien betrieb, sondern auch als Erster versuchte, die Larven europoäischer Arten zu züchten. Aus dem deutschsprachigen Raum fallen in diese Phase erste Einzelbeobachtungen zur Larvalbiologie von FRIEDRICH BRAUER (Wien) und THEODOR BELING (Seesen).

Engel'sche Phase (1930–1945): Im Rahmen der von ERWIN LINDNER herausgegebenen Serie „Die Fliegen der paläarktischen Region" bzw. der von FRITZ DAHL begründeten Serie „Die Tierwelt Deutschlands" bearbeitete ERICH OTTO ENGEL, Grafiker und Verwalter der Dipteren-Sammlung im Museum München, 1930 bzw. 1932 in zwei Standardwerken die Gruppe der Raubfliegen. Auch wenn ENGELS Bearbeitung der paläarktischen Asiliden an vielen Stellen veraltet ist, existiert bis heute nach über 85 Jahren kein neueres umfassendes Gesamtwerk für Europa bzw. Asien. Auch seine Bearbeitung der Raubfliegen Deutschlands war für Biologen und Faunisten in Deutschland bis zum Erscheinen der Bestimmungsschlüssel von GOOT (1985) und WEINBERG & BÄCHLI (1995) die wichtigste Referenz. Die teilweise unpräzisen und heute nicht immer nachvollziehbaren Angaben zur Verbreitung, Flugzeit und Häufigkeit der Arten und die fehlende Berücksichtigung unter anderem des Kleinen Strauchdiebs *Neoitamus socius* und der Fransen-Mordfliege *Choerades fimbriata* in seinem Buch aus der DAHL'schen Serie haben aber zu manchen Fehlbestimmungen in der Folge auch in Deutschland geführt.

In faunistischer Hinsicht blieb angesichts der Kürze dieser Phase die Zahl der Veröffentlichungen weitgehend konstant.

*Erich Otto Engel (*1866, †1944), Quelle: SDEI.*

Nachkriegsphase (1945–1979): In den dreieinhalb Jahrzehnten nach dem Zweiten Weltkrieg ist die Raubfliegenforschung in Deutschland – wie bei manch anderer Insektengruppe auch – stark eingebrochen. Natürlich waren nach erheblichen kriegsbedingten Schäden (die auch manch traditionsreiches Museum trafen, wie z.B. das Zoologische Museum Hamburg) und den vielen kriegsbedingten Toten und Verletzten sowie dem Zuzug vieler Flüchtlinge bis weit in die 1960er-Jahre hinein zunächst gesamtgesellschaftlich ganz andere Herausforderungen zu meistern. Entomologisch ausgerichtete Forschung genoss daher meist weder bei staatlich finanzierten Institutionen noch im Ehrenamt besonders hohe Priorität. Angesichts z.T. bahnbrechender Fortschritte in „modernen" Disziplinen der Biologie, wie z.B. der Entdeckung der DNA-Doppelhelix-Struktur in der Genetik im Jahre 1953, galten Arbeitsfelder wie die auf die klassische Systematik ausgerichtete Taxonomie oder die Faunistik schnell als überholt und veraltet. In einzelnen Fällen ging man sogar so weit, dass von alten Sammlungsbelegen die Fundortetiketten entfernt wurden, weil diese als „unschön" galten. Was für ein schmerzlicher Datenverlust!

*Fritz Peus (*1904, †1978), Quelle: SDEI*

Folgendes Zitat von FRITZ PEUS (1954) ist ein Indiz dafür, dass bei den Dipterologen diese Entwicklung besonders früh nach dem Kriegsende eintrat: „*Die Sammler auf entomologischem Gebiet sind in Deutschland selten geworden und scheinen dem Aussterben verfallen zu sein. Der sammelnde Entomologe wird, getragen und getrieben von nie erlahmender Begeisterung, durch eigenes Nachspüren und Beobachten in der freien Natur und durch eigenes kritisches Bestimmen zum anerkannten Kenner der Taxomonie, Ökologie und Bionomie seiner Objekte; er ist es im wesentlichen, der diese Zweige der Wissenschaft durch auf gediegenes, originales Wissen gegründete Publikationen aufbaut und vorantreibt. An seine Stelle tritt in unserer Generation mehr und mehr der allgemein-theoretisch oder experimentell interessierte Entomologe, der, zum Umgang mit der Natur selbst nicht geneigt und in der exakten Formenkenntnis unbewandert, es im Falle der Unumgänglichkeit vorzieht, auf die Hilfe jener Spezialisten – soweit es sie noch gibt! – zurückzugreifen. Die noch leidlich hohe Zahl von sammelnden Spezialisten in der Lepidopterologie und Coleopterologie, verglichen mit den anderen Insektenordnungen, vermag über diesen anscheinend unaufhaltsamen Vorgang nicht hinwegzutäuschen, der beispielsweise in der Dipterologie bereits bis zu einem besorgniserregenden Grade vorgeschritten ist.*" Seine Einschätzung zur Bedeutung des Ehrenamts bei der dipterologischen Forschung hat bis heute nichts an Gültigkeit verloren.

Dennoch sind auch in dieser Phase einige wichtige Arbeiten erschienen. So korrigierte PEUS in seinem Aufsatz Fehler in dem ENGEL'schen Werk zur Tierwelt Deutschlands und wies auf das Vorkommen weiterer valider Arten in Deutschland hin. Kennzeichnend für diese Phase ist auch das zunehmende Bestreben, über reine Fundortangaben und Verbreitungsanalysen hinaus sich stärker der Bindung zwischen einzelnen Arten oder Lebensgemeinschaften und ihren Lebensräumen zu widmen (RABELER 1951, 1957; ROTH 1964; BRAUNS 1959 etc.).

Aktuelle Phase („Renaissance“ seit 1980): Mit zunehmendem Umweltbewusstsein seit Mitte der 1970er-Jahre und damit einhergehender steigender Erkenntnis über gravierende und großflächige Lebensraumveränderungen, der Einführung der naturschutzrechtlichen Eingriffsregelung und den dadurch ausgelösten faunistischen Erfassungen in den Bundesländern Ende der 1970er bzw. Anfang der 1980er-Jahre, dem Start von staatlich koordinierten Tier- und Pflanzenartenerfassungsprogrammen sowie dem Erscheinen modernerer, ansprechenderer Naturführer war mit dem Wechsel von den 1970er- zu den 1980er-Jahren ein wieder stark zunehmendes Interesse gerade bei jungen Naturfreunden an der Entomologie zu beobachten. Wenngleich davon zunächst insbesondere populäre Insektengruppen wie Tagfalter, Libellen oder Heuschrecken profitierten, färbte dieses Interesse auch auf manche Fliegengruppe ab. Neben den Schwebfliegen gehören heute die Raubfliegen zu den am besten untersuchten Dipterenfamilien in Deutschland. Mit etwa vier Aufsätzen pro Jahr ist die Asilidenfaunistik so „produktiv“ wie nie zuvor.

Moderne Medien tragen erheblich zu einem verbesserten und schnellen Informationszugang und -austausch bei. Der seit 1999 kontinuierlich aktualisierte Internetatlas der Raubfliegen Deutschlands (www.asilidae.de) sowie der ebenfalls online verfügbare Fotoatlas und Bestimmungsschlüssel der Raubfliegen Deutschlands (www.robberflies.info) sind in dieser Form zum jetzigen Zeitpunkt einmalig für eine Fliegenfamilie in unserem Land. In den letzten zwei Jahrzehnten hat sich die Kenntnis zur Verbreitung, zur Phänologie, zur Habitatbindung und Höheneinnischung sowie zur Biologie der heimischen Asilidenarten dank vieler Mitarbeiter, Helfer und Unterstützer erheblich erweitert. Mehr als 80 Prozent der publizierten Raubfliegennachweise aus Deutschland stammen aus der Zeit ab 1980. Dennoch ist Deutschland auf fast der Hälfte seiner Fläche nach wie vor asilidologisch quasi „terra incognita“, da hier keinerlei Meldungen von Raubfliegen vorliegen.

Die zahlreichen Quellenangaben zur Biologie machen gleichzeitig aber deutlich, dass in Deutschland noch erheblicher Nachholbedarf zur Untersuchung der Individualentwicklung und des Verhaltens besteht. Denn es wird deutlich, dass sich die Autoren hier maßgeblich auf Untersuchungen stützen mussten, die im Ausland durchgeführt worden sind. Hervorzuheben sind hier die Arbeiten von Adamovic, Lehr, Musso (vgl. Literaturverzeichnis) sowie die zusammenfassende Übersicht von Dennis et al. (2013).

Stammesentwicklung

Die Forschung am Flügelgeäder der *Diptera* von Willi Hennig (Dürrhennersdorf) schuf die Grundlage der modernen Phylogenie und Kladistik. Dank des im Vergleich zu anderen Tiergruppen guten Erhaltungszustands fossiler Fliegen, sei es als Bernsteininklusen oder auch in Ölschiefern konserviert, sind bisher mehr als 100 Stücke fossiler Raubfliegen bekannt geworden (Evenhuis 1994 und Dikow mdl. Mitt.). Zu den ältesten zählen Nachweise aus der Oberkreide. Seit dem vergangenen Jahrzehnt sind die Forschungen zur Stammesentwicklung der Raubfliegen kräftig im Fluss. Neue Untersuchungsmethoden, z.B. auf genetischer Grundlage, und verbesserte Auswertungsmöglichkeiten durch spezielle EDV-Programme haben gerade in den letzten zwei Jahrzehnten zu neuen Erkenntnissen geführt (Dikow 2009). Traditionelle Auffassungen zur Systematik sind damit teilweise überholt, ohne dass es bereits zu einer

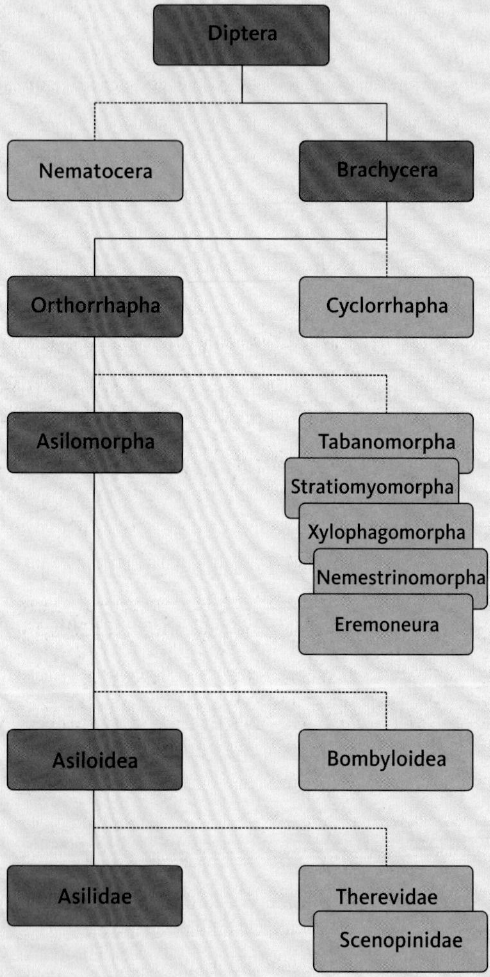

A9: Systematische Stellung der Asilidae innerhalb der Diptera, Grafik: D. Wolff.

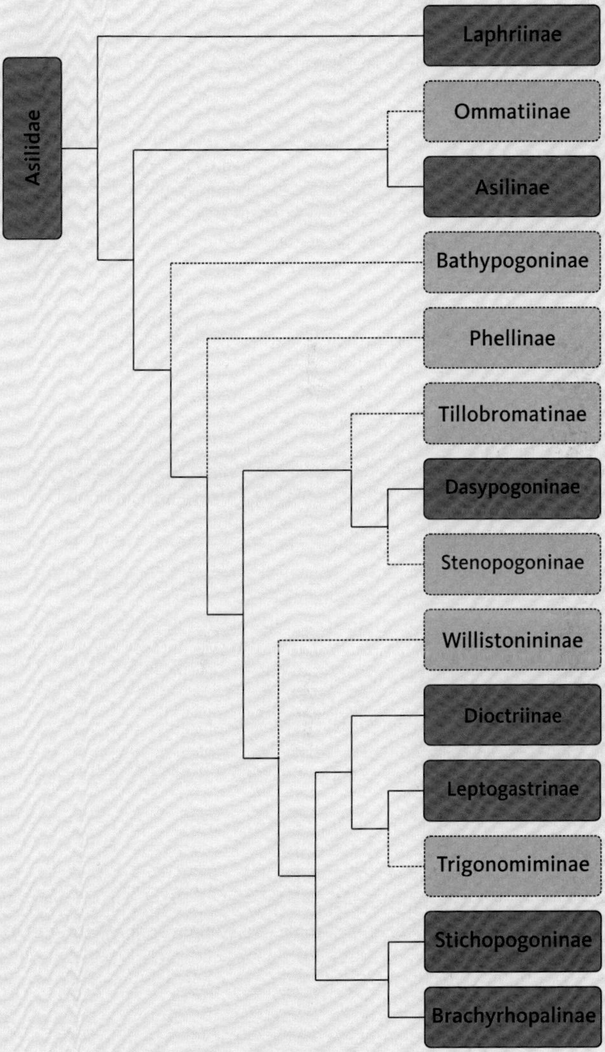

A10: Systematische Untergliederung der Asilidae, Grafik: D. Wolff.

neuen unter Dipterologen allgemein anerkannten Gliederung gekommen wäre. Auch in der Zukunft sind weitere Beiträge in Form von neuen wissenschaftlichen Hypothesen zu erwarten. Für die Klassifikation der Dipteren oberhalb der Familienebene wird aus pragmatischen Gründen die Checkliste der Dipteren Deutschlands herangezogen (SCHUMANN ET AL. 1999), für die Untergliederung der Asilidae die aktuellere Arbeit von DIKOW (2009) als Grundlage verwendet.

Systematische Stellung der Raubfliegen innerhalb der Dipteren

Innerhalb der Insektenordnung der Zweiflügler (Diptera), die sich augenfällig durch Umbildung des hinteren Flügelpaares zu Schwingkölbchen (Halteren) auszeichnet, gehören die Raubfliegen in die Unterordnung der Brachycera (Fliegen), deren Vertreter im Gegensatz zu der Unterordnung Nematocera (Mückenartige) in der Regel Fühler mit nur wenigen Gliedern aufweisen (Brachycera von gr. βραχυ [brachy] = kurz und gr. κέρας [ceras] = Horn, hier Fühler).

Bei den Brachyceren wird traditionell zwischen den Teilordnungen Orthorrhapha und Cyclorrhapha unterschieden (teilweise werden diese aber auch als eigenständige Unterordnungen neben den Nematocera aufgefasst). Erste wird im Deutschen als „Spaltschlüpfer" bezeichnet, weil die Fliegen-Imagines durch einen Längsspalt im dorsalen Brust- und Kopfbereich einer echten Puppe (Mumienpuppe) schlüpfen (Orthorrhapha von gr. ορθιος [orthios, orthos] = gerade und gr. ραφή [raphe] = Naht). Diese systematische Gruppe gilt stammesgeschichtlich als älter im Vergleich zu den „Deckelschlüpfern", bei denen beim Schlupf ein runder Deckel im Kopfbereich des Pupariums abgesprengt wird (Cyclorrhapha von gr. κυκλος [cyclos; cyclo] = Kreis; ringförmig und gr. ραφή [raphe] = Naht). Bei einem Puparium umhüllt die ausgehärtete Haut des letzten Larvenstadiums die nur schwach ausgebildete eigentliche Puppe. Als Spaltschlüpfer gehören die Raubfliegen zu den Orthorrhapha. Andere typische und bekannte Vertreter dieser Gruppe sind Bremsen (Tabanidae) und Tanzfliegen (Empididae). Bekannte Deckelschlüpfer sind Schwebfliegen (Syrphidae), Echte Fliegen wie die Große Stubenfliege (Muscidae) oder die Schmeißfliegen (Calliphoridae).

Die weitere Untergliederung der Orthorrhapha beinhaltet mit Bezug auf die Raubfliegen die Infraordo Asilomorpha und die Superfamilie der Asiloidea. Zu den Asiloidea zählen in Deutschland auch die Luchs- oder Stilettfliegen (Therevidae) und die Fensterfliegen (Scenopinidae). Weiterführende Informationen enthält die Arbeit von WIEGMANN ET AL. (2011).

Systematische Gliederung der Raubfliegen in Deutschland

Während die Mordfliegen (Unterfamilie Laphriinae), die Schlankfliegen (Unterfamilie Leptogastrinae) und die Raubfliegen im engeren Sinne (Unterfamilie Asilinae) vergleichsweise konstant und übereinstimmend seit deutlich mehr als 100 Jahren als jeweils eigene Unterfamilien aufgefasst werden, hat die morphologische Vielfalt der übrigen Gattungen ebenfalls seit langer Zeit zu zahlreichen Vorschlägen für die systematische Zuordnung und Gliederung geführt. Nach DIKOW (2009) gliedert sich die alte „Sammel-Unterfamilie" der Dasypogoninae (z.B. im Sinne von ENGEL 1932) in mehrere Unterfamilien auf, von denen in Deutschland folgende vertreten sind: Brachyrhopalinae, Dasypogoninae, Dioctriinae und Stichopogoninae. Insbesondere für die weitere Untergliederung dieser Unterfamilien, z.B. in Triben, Subtriben etc., stehen noch umfassende Untersuchungen und die Einbeziehung vieler weiterer Gattungen aus. Die Abbildung A10 veranschaulicht DIKOWS phylogenetische Hypothese.

Kurzcharakterisierung und systematische Untergliederung der Unterfamilien

Die Kurzdiagnosen der Unterfamilien sollen insbesondere dem dipterologischen Laien möglichst pragmatisch eine Zuordnung ermöglichen. Die hier vorgestellten Merkmale haben dabei nur innerhalb von Mitteleuropa Gültigkeit. Die Diagnosen berücksichtigen insbesondere Merkmale, die in vielen Fällen auch auf guten Makrofotos beurteilt werden können (ohne dass sie in systematischer bzw. phylogenetischer Hinsicht immer tatsächlich eine „echte" Gültigkeit haben). In anderen Teilen Europas oder der Welt sind die Merkmale darüber hinaus teilweise anders ausgeprägt oder gegebenenfalls ergänzende Merkmale relevant, um eine differenzierte Abgrenzung auch zu weiteren Unterfamilien zu ermöglichen, die keine Vertreter in Deutschland aufweisen.

Laphriinae (Mordfliegen; 13 Arten in Deutschland)
Meist mittelgroße bis sehr große, oft stärker behaarte bienen- oder hummelartige Arten mit folgenden Merkmalen:

Kopf: 3. Fühlerglied ohne Arista und ohne deutlich abgegrenzten Endstylus, höchstens mit kurzem, (auf Fotos) kaum sichtbarem, an der Spitze seitlich angesetztem Zahngriffel, Gesicht in der unteren Hälfte mit deutlichem vorgewölbtem und stark behaartem Gesichtshöcker, Taster zweigliedrig, innere Augenränder in Frontalansicht über den Fühlern nach oben nicht deutlich divergierend. Brust: Brustseiten teilweise grau, schwarzgrau oder graugelb bestäubt, meist mit fließenden Übergängen zu glänzenden oder matt glänzenden Partien, ohne gelb- oder silberfarben scharf begrenzte Bestäubungsbinden oder -flecken, Flügelzelle r1 geschlossen, Endglied des

Die Gelbe Mordfliege Laphria flava ist die häufigste Laphriinen-Art in Deutschland.

Fußes mit Haftlappen. Hinterleib: Tergite überwiegend glänzend oder matt glänzend, bei einigen Arten mit Bestäubungsflecken an den seitlichen Hinterrändern, glänzende Grundfarbe kann jedoch von dichter anliegender Behaarung überdeckt sein, männliche Genitalien am Hinterleibsende in der Regel terminal (nicht ventral) ansetzend, groß und daher gut sichtbar, Hinterleibsende der Weibchen im Ruhezustand nicht deutlich, z.B. durch andere oder fehlende Bestäubung, als Ovipositor differenziert, in der Regel mit langen, über die Cerci hinausragenden, feinen oder borstenartigen Haaren.

Die Unterfamilie wird von der Mehrheit der Autoren in Bezug auf die mitteleuopäischen Arten einheitlich in die Triben Andrenosomatini (mit der Gattung *Andrenosoma*) und Laphriini (mit den Gattungen *Choerades* und *Laphria*) untergliedert.

Asilinae (Raubfliegen im engeren Sinne; 36 Arten in Deutschland)
Die artenreichste Unterfamilie in Deutschland beinhaltet überwiegend schlanke, mittelgroße bis sehr große Arten und lässt sich von den anderen Unterfamilien durch die Kombination folgender Merkmale unterscheiden:

Kopf: 3. Fühlerglied mit schmaler Arista, deren Länge größer ist als die halbe Länge des 3. Fühlergliedes, Gesicht in den unteren ein bis zwei Dritteln mit deutlichem vorgewölbtem und beborstetem Gesichtshöcker, Taster eingliedrig, innere Augenränder in Frontalansicht über den Fühlern nach oben nicht deutlich divergierend. Brust: Brustseiten vollständig (grau, schwarzgrau, graugelb oder braungrau) bestäubt, Flügelzelle r1 geschlossen, Endglied des Fußes mit Haftlappen. Hinterleib: mit Ausnahme der Glänzenden Raubfliege *Stilpnogaster aemula* mindestens die ersten fünf Tergite vollständig oder überwiegend bestäubt (an den Seitenrändern mitunter glänzend), männliche Genitalien am Hinterleibsende terminal (nicht ventral) ansetzend, groß und daher gut sichtbar, Hinterleibsende der Weibchen (ab Tergit

Die Gemeine Raubfliege Tolmerus atricapillus stellt nur geringe Ansprüche an den Lebensraum.

8, bei *Neoitamus* ab Tergit 6) glänzend und als Ovipositor dadurch deutlich von den vorderen Tergiten verschieden.

Die systematische Untergliederung der Unterfamilie ist noch Gegenstand laufender Untersuchungen. Nicht alle Gattungen konnten bisher in phylogenetische Analysen einbezogen werden. Als Triben wurden bisher beschrieben: Asilini (mit der Gattung *Asilus*), Machimini (mit der Gattung *Machimus* [nach Lehr 1996 auch *Antiphrisson, Eutolmus* und *Tolmerus*]), Neomochtherini (mit der Gattung *Neomochtherus* [nach Lehr 1996 auch *Aneomochtherus, Cerdistus* und *Premochtherus* sowie – sehr fraglich und hier bezweifelt – sogar *Dysmachus*], Philonicini (mit der Gattung *Philonicus*). Keinem Tribus zugeordnet sind bisher die Gattungen *Antipalus, Didysmachus, Echthistus, Erax, Neoepitriptus, Neoitamus, Pamponerus, Rhadiurgus* und *Stilpnogaster*.

Dasypogoninae (Wolfsfliegen; 2 Arten in Deutschland)
Die Unterfamilie ist in Mitteleuropa nur mit zwei großen, wenig behaarten Arten vertreten, die sich von den anderen Unterfamilien durch folgendes Merkmal unterscheiden: Die Vorderschienen weisen an der Spitze einen markanten – wie die Schiene ebenfalls kurz behaarten – Fortsatz auf, auf dessen Ende ein starker, leicht gebogener Dorn aufsitzt. Auf der Unterseite des ersten Gliedes des Vorderfußes befindet sich eine Wulst mit Querriffeln. Die Spitze des Dornes greift in einer bestimmten Beinhaltung in diese Querriffeln. Die genaue Funktion ist nicht abschließend geklärt, doch liegt die Vermutung nahe, dass diesem Mechanismus eine stabilisierende Rolle zukommt. Vertreter der Dasypogoninen können regelmäßig dabei beobachtet werden, wie sie sich nach dem Beutefang an nur einem Vorderbein aufhängen und die Beute mit den anderen fünf Beinen fixiert wird. Dies kann ein Vorteil sein, da es sich bei den Beutetieren überdurchschnittlich häufig um wehrhafte Stechimmen handelt, die dem Jäger bei unzureichender Fixierung möglicherweise selbst gefährlich werden könnten. Von Vorteil dabei sind sicher auch die im Vergleich zu anderen Unterfamilien verhältnismäßig langen Beine.

Im Übrigen sind die heimischen Dasypogoninen durch die Kombination folgender Merkmale charakterisiert:

Kopf: 3. Fühlerglied mit kurzem Stylus, dieser kürzer als 1. Fühlerglied und deutlich schmaler als das 3. Fühlerglied, Gesicht gleichmäßig vorgewölbt, ohne vom übrigen Gesicht deutlich abgesetzten Gesichtshöcker, Taster zweigliedrig, innere Augenränder in Frontalansicht über den Fühlern nach oben nicht deutlich divergierend. Brust: Brustseiten mit auffälliger gelber, fleckenförmiger Bestäubung bei *Molobratia*, ohne auffällige Bestäubung bei *Dasypogon*, Flügelzelle r1 offen, Endglied des Fußes mit Haftlappen. Hinterleib: Tergite überwiegend unbestäubt, jedoch an den Seitenrändern mit weißen Bestäubungsflecken bei beiden Geschlechtern von *Molobratia* sowie bei *Dasypogon*-Weibchen, männliche Genitalien am Hinterleibsende meist schlecht sichtbar.

Die Wolfsfliegen sind in Mitteleuropa mit zwei Triben vertreten, die hier jeweils nur eine Gattung beinhalten: Dasypogonini mit *Dasypogon* sowie Molobratiini mit *Molobratia*.

Dioctriinae (Habichtsfliegen; 15 Arten in Deutschland)
Die überwiegend kleinen bis mittelgroßen Arten haben einen insgesamt einheitlichen und sehr typischen Habitus. Bezeichnend ist unter anderem die sogenannte Pleurenbinde auf der Brustseite, die allerdings bei einzelnen Arten unterbrochen oder in Einzelflecken aufgelöst sein kann.

Die Große Wolfsfliege Dasypogon diadema, hier ein ♂, weist einen ausgeprägten Geschlechtsdimorphismus auf, ♀ vgl. Foto auf Seite 68.

Kopf: 3. Fühlerglied mit deutlichem, am Ende abgerundetem Stylus, der ungefähr die gleiche Breite aufweist wie das 3. Fühlerglied selbst, Fühler meist auf einem Höcker aufsitzend, Gesicht in der Regel nicht vorgewölbt, ohne vom übrigen Gesicht abgesetzten, deutlichen Gesichtshöcker, Taster zweigliedrig, innere Augenränder in Frontalansicht über den Fühlern nach oben nicht deutlich divergierend. Brust: Brustseiten überwiegend glänzend, mit in der Regel scharf abgegrenzter gelb- oder silberfarbener Pleurenbinde (Mikrobehaarung), die sich in der Regel vom Proepimeron über den Vorder-, Ober- und Hinterrand des Anepisternums bis zum Anepimeron zieht. Diese ist bei der Gefleckten Habichtsfliege *Dioctria lateralis* und der Kleinen Habichtsfliege *D. longicornis* am oberen Rand des Anepisternums unterbrochen, bei der Beulen-Habichtsfliege *D. cothurnata* auf Flecken auf dem Proepimeron und dem Anepisternum reduziert, Flügelzelle r1 offen, Alula reduziert, Endglied des Fußes mit Haftlappen. Hinterleib: alle Tergite unbestäubt (allenfalls mit teilweise flecken- oder bindenartiger, gelber oder roter Grundfarbe), männliche Genitalien am Hinterleibsende eher ventral liegend, eher klein und daher schlecht sichtbar, Hinterleibsende der Weibchen nicht in auffälliger Weise als Ovipositor ausdifferenziert.

Die Unterfamilie ist in Mitteleuropa nur mit dem Tribus Dioctriini und der Gattung *Dioctria* vertreten.

Die Augen der Schwarzen Habichtsfliege Dioctria atricapilla sind am lebenden Tier deutlich blau gefärbt.

Leptogastrinae (Schlankfliegen; 4 Arten in Deutschland)
Wie der deutsche Name bereits verdeutlicht, handelt es sich um ausgesprochen schlanke Fliegen mit verhältnismäßig langem Hinterleib, die manche Beobachter an kleine Schnaken oder Kleinlibellen erinnern.

Kopf: 3. Fühlerglied mit vergleichsweise schlanker Arista, diese etwa von gleicher Länge wie das 3. Fühlerglied, Fühler nicht auf einem deutlichen Höcker aufsitzend, Gesicht nicht vorgewölbt, ohne vom übrigen Gesicht abgesetzten Gesichtshöcker,

Taster eingliedrig, innere Augenränder in Frontalansicht über den Fühlern nach oben nicht deutlich divergierend. Brust: Brustseiten vollständig grau bestäubt, Flügelzelle r1 offen, Flügel ohne Alula, Endglied des Fußes ohne Haftlappen. Hinterleib: 2. Hinterleibstergit mehr als zweimal so lang wie breit bzw. (in Seitenansicht) mehr als zweimal so lang wie hoch, 2. Hinterleibssternit mittig in zwei Hälften geteilt, alle Tergite vollständig grau oder graubraun bestäubt, männliche Genitalien am Hinterleibsende terminal (nicht ventral) ansetzend, mittelgroß und daher gut sichtbar, Hinterleibsende der Weibchen nicht in auffälliger Weise als Ovipositor ausdifferenziert.

In Deutschland ist die Unterfamilie nur mit dem Tribus Leptogastrini mit der (derzeit) einzigen Gattung *Leptogaster* vertreten.

Die Gemeine Schlankfliege Leptogaster cylindrica erinnert manchen Laien an kleine Libellen.

Stichopogoninae (Sand- und Grauwichte; 4 Arten in Deutschland)
Die Unterfamilie ist in Deutschland mit wenigen, sehr kleinen bis mittelgroßen Arten vertreten, die durch die Kombination folgender Merkmale charakterisiert sind:

Kopf: 3. Fühlerglied mit zugespitztem, vergleichsweise kurzem Stylus, Fühler nicht auf einem deutlichen Höcker aufsitzend, Gesicht bei *Stichopogon* ohne, bei *Lasiopogon* mit deutlichem Gesichtshöcker in der unteren Gesichtshälfte, Taster zweigliedrig, innere Augenränder in Frontalansicht über den Fühlern (im Unterschied zu allen anderen Unterfamilien) deutlich nach oben divergierend, hintere Augenränder in der unteren Hälfte in Seitenansicht deutlich eingebuchtet. Brust: Brustseiten vollständig grau bestäubt, Flügelzelle r1 offen, Endglied des Fußes mit Haftlappen. Hinterleib: alle Tergite vollständig oder zumindest auf mehreren Tergiten an den Seiten- und Hinterrändern (*Lasiopogon*) grau oder graubraun bestäubt, männliche Genitalien am Hinter-

Die Gattung Lasiopogon (Grauwichte) zählt zu den am schwierigsten zu bestimmenden Artengruppen der Raubfliegen; hier ein nicht näher bestimmtes Weibchen vom 3.8.2015 vom Klausenpass in der Schweiz.

leibsende bei *Lasiopogon* terminal (nicht ventral) ansetzend, mittelgroß und daher gut sichtbar, bei *Stichopogon* hingegen eher ventral liegend, kleiner und nur schlecht sichtbar, weiblicher Ovipositor mit Acanthophoriten und aufsitzenden Sporen.

Nach Dikow (2009) gehört die Gattung *Stichopogon* zum Tribus Stichopogonini, während die Gattung *Lasiopogon* von ihm bisher keiner systematischen Ebene unterhalb der Unterfamilie zugeordnet wird.

Brachyrhopalinae (Schneiden-, Rabauken- und Makelfliegen; 11 Arten in Deutschland) Die erst seit kurzer Zeit in den Unterfamilien-Rang erhobene Gruppe beinhaltet sehr kleine bis mittelgroße Arten, die in deutlich stärkerem Maße als die anderen Unterfamilien oft einen deutlichen Geschlechtsdimorphismus durch „sekundäre" Geschlechtsmerkmale (unterschiedliche Färbungen, Bestäubungen, Strukturen an den Beinen etc.) aufweisen, im Übrigen als Unterfamilie aber nur wenige gemeinsame charakteristische Merkmale aufweisen. Vielmehr kann man sie als Gruppe betrachten, die sich gegenüber den anderen ehemals in der alten „Sammel-Unterfamilie" der Dasypogoninae zusammengefassten Unterfamilien durch das Fehlen derer charakteristischer Merkmale auszeichnet.

Kopf: 3. Fühlerglied mit zweigliedrigem, zugespitztem Stylus, der deutlich schmaler und in der Regel kürzer als die Hälfte der Länge des 3. Fühlergliedes ist, Fühler nicht auf einem deutlichen Höcker aufsitzend, Gesicht ohne abgegrenzten Gesichtshöcker, in der Regel jedoch in lateraler Sicht deutlich vor die Augenränder vorgewölbt, Vorwölbung dabei bis an die Fühlerbasis reichend, Taster zweigliedrig, innere Augenränder in Frontalansicht über den Fühlern nach oben nicht deutlich divergierend.

Die Mehrheit der Arten der Brachyrhopalinae weist auffällige farbliche oder morphologische Geschlechtsunterschiede auf. Hier ein Weibchen der Schmuck-Rabaukenfliege Holopogon nigripennis, das sich deutlich vom Männchen (vgl. Artporträt) unterscheidet.

Brust: Flügelzelle r1 offen, Endglied des Fußes mit Haftlappen, Spitze der Vorderschienen bei *Holopogon* und *Cyrtopogon* normal, bei *Leptarthrus* mit s-förmig gebogener Spore, die nicht auf einem Fortsatz der Schiene sitzt. Hinterleib: glänzend oder mit seitlichen Bestäubungsflecken, mitunter auch Bestäubungsbändern, männliche Genitalien bei *Cyrtopogon* eher terminal ansitzend und mittelgroß, bei *Holopogon* und *Leptarthrus* eher klein und mehr ventral ansitzend und daher unauffällig, Ovipositor bei *Cyrtopogon* und *Holopogon* mit Acanthophriten und aufsitzenden Sporen, *Leptarthrus* ohne Sporen.

DIKOW (2009) ordnet die Gattung *Cyrtopogon* dem Tribus Cyrtopogonini zu, während die anderen beiden deutschen Gattungen *Holopogon* und *Leptarthrus* bisher keinem Tribus zugeordnet sind.

Zusammenfassend stellt sich die Ausprägung der wichtigsten Merkmale wie folgt dar:

Merkmale	Laphriinae	Asilinae	Dasypogoninae	Dioctriinae	Leptogastrinae	Stichopogoninae	Brachyrhopalinae
Merkmale des Kopfes							
Anzahl Production Tasterglieder	2	1	2	2	1	2	2
3. Fühlerglied mit schmaler Arista (A, schmaler als halbe Höhe des 3. Fühlergliedes, aber mehr als 0,5 mal so lang wie das 3. Fühlerglied), mit breiterem Stylus (S, breiter als halbe Höhe des 3. Fühlergliedes <u>oder</u> weniger als 0,5 mal so lang wie das 3. Fühlerglied) bzw. ohne Arista oder Stylus (Z, gegebenenfalls nur mit kleinem Zahngriffel)	Z	A	S	S	A	S	S
Augenränder oberhalb Fühlerbasis in Frontalansicht nach oben divergierend (d) oder weitgehend parallel (p)	p	p	p	p	p	d	p
Gesicht mit deutlichem Gesichtshöcker, d.h. in Seitenansicht im unteren Bereich deutlich stärker vorgewölbt als unterhalb der Fühlerbasis (M) oder Gesicht nicht (–) oder konkav gleichmäßig über ganze Höhe (V) vorgewölbt	M	M	V	–	–	M/–	V/–
hintere Augenränder in der unteren Hälfte in Seitenansicht deutlich eingebuchtet (+) oder nicht / nur wenig eingebuchtet (–)	–	–	–	–	–	+	–
Merkmale des Mittelleibs (Brust, Flügel, Beine)							
Flügelzelle r1 geschlossen (g) oder offen (o)	g	g	o	o	o	o	o
Alula vorhanden und normal (n), reduziert und schmal (r) oder fehlend (f)	n	n	n	r	f	n	n
Vorderschiene distal mit Fortsatz und starkem Dorn (F) bzw. ohne Fortsatz und ohne oder nur mit schwächerem s-förmigem Dorn (–) [normale Sporen bleiben unberücksichtigt]	–	–	F	–	–	–	–
Füße mit (+) oder ohne Haftlappen (–)	+	+	+	+	–	+	+

Tab. 1: Ausprägung wichtiger Körpermerkmale in den Unterfamilien der Asilidae

Die Unterfamilie Stenopogoninae, der bis in die jüngere Zeit noch die Gattungen *Cyrtopogon*, *Dioctria* und *Holopogon* zugeordnet worden waren (Geller-Grimm 2003), weist in ihrer aktuellen systematischen Abgrenzung nach Dikow (2009) keine in Deutschland heimischen Arten mehr auf. In den südöstlichen und südwestlichen Nachbarstaaten ist sie aber unter anderem durch mehrere *Stenopogon*-Arten vertreten.

Stenopogon sabaudus erreicht Mitteleuropa nur im Südosten, hier eine Paarung vom 16.7.2011 aus Mödling in Österreich.

Aktuelle Artenliste

Während der Bearbeitung des Buchmanuskriptes erwies es sich als erforderlich, die Etablierung der bisher in Deutschland nachgewiesenen Arten noch einmal kritisch zu überprüfen. Wie bei anderen flugfähigen Insektengruppen kann auch bei Raubfliegen nicht ausgeschlossen werden, dass einzelne Arten nur sporadisch nach Deutschland einfliegen, ohne hier bisher dauerhafte Populationen aufbauen zu können. Auf der Grundlage der vom Bundesamt für Naturschutz vorgegebenen Etablierungskriterien (LUDWIG ET AL. 2006) wurde deshalb eine umfassende Analyse der Etablierung durchgeführt. Diese bildet die Grundlage für die Zuordnung der nachgewiesenen Arten zu einer der drei folgenden Kategorien:

» Etablierung in Deutschland gesichert
» Etablierung wahrscheinlich, aber nicht gesichert
» Etablierung fraglich

In Deutschland kann danach eine Gruppe von derzeit 75 Raubfliegenarten als etabliert oder wahrscheinlich etabliert gelten. Darüber hinaus sind in einer zweiten Gruppe weitere 10 Raubfliegenarten nachgewiesen, deren Etablierungsstatus fraglich ist und noch weiterer Klärung bedarf. Diese beiden Gruppen werden im Kapitel Artporträts jeweils separat abgehandelt.

Veränderungen gegenüber der Gesamtartenliste von 2011

Die aktuelle Referenzliste ist die „Rote Liste und Gesamtartenliste der Raubfliegen Deutschlands" (WOLFF 2011). Gegenüber dieser Liste haben sich folgende Veränderungen ergeben:

Ergänzungen: Für die Gebirgs-Raubfliege *Cerdistus erythrurus*, die Warzen-Raubfliege *Dysmachus bimucronatus*, die Rotschopf-Raubfliege *Dysmachus hamulatus* und die Gallische Raubfliege *Premochtherus aquitanus* sind nach 2011 Belegexemplare aus Deutschland bekannt geworden, die zum Teil allerdings schon vor 2011 gefangen worden sind.

Streichung: Die Schlitzzangen-Raubfliege *Dysmachus praemorsus* muss vorläufig gestrichen werden. Die bisher dieser Art zugeordneten Exemplare sind in Wirklichkeit *D. bimucronatus* zuzuordnen; für ältere Literaturmeldungen liegen keine überprüfbaren Belege vor.

Wissenschaftliche Artnamen

Die Nomenklatur folgt weitgehend der Gesamtartenliste von 2011. Einzige Ausnahme ist die Seiden-Raubfliege *Neoepitriptus arthriticus*. Diese Art wurde in mitteleuropäischen Ländern bisher zur Gattung *Machimus* gestellt. Die enge Verwandtschaft mit der V-Borsten-Raubfliege *N. setosulus* wird durch die feine, kurze Beborstung der Schulter (statt längerer Behaarung), die im Vergleich zur Gattung *Machimus* schwächere Ausprägung des Gesichtshöckers, die etwas größeren Abstände der Borsten des Knebelbartes, die Beborstung der Vorderschenkel-Unterseite und der Sternite sowie weiteren Merkmalen deutlich. Bisher war übersehen worden, dass LEHR die Art bereits 1992 in seine von ihm neu aufgestellte Gattung *Neoepitriptus* einbezogen hatte (LEHR 1992).

Im Übrigen folgt die Verwendung der wissenschaftlichen Artnamen einem konservativen Konzept, um den Abgleich mit anderer Literatur zu erleichtern. Allein aus

Von der Schlitzzangen-Raubfliege Dysmachus praemorsus sind aktuell keine sicheren Belege aus Deutschland bekannt, hier ein ♂ aus Österreich vom 8.5.2014.

diesem Grunde werden nicht alle in jüngerer Zeit veröffentlichten Neukombinationen etc. berücksichtigt. Ihre taxonomische Berechtigung soll dadurch nicht infrage gestellt werden. Als Beispiel sei hier *Dichropogon* genannt, die von der Mehrheit der Autoren als Untergattung der Gattung *Stichopogon* aufgefasst, von Bosák et al. (2010) aber als eigenständige Gattung gewertet wird.

Deutsche Trivialnamen

Für einige populäre Insektengruppen, z.B. Heuschrecken, Libellen, Tagfalter und viele Käfer, gibt es traditionelle deutsche Namen, deren Gebrauch bei vielen Naturkundlern und Naturfreunden gegenüber den wissenschaftlichen Artnamen bevorzugt wird. Für die Raubfliegen gab es solche Trivialnamen bisher nur für einige Unterfamilien oder (Groß-)Gattungen. Sie wurden von dem Begründer der europäischen Dipterologie, Johann Wilhelm Meigen, zu Beginn des 19. Jahrhunderts eingeführt, fehlten bisher aber weitgehend auf Artniveau (Meigen 1820).

Die Autoren haben sich mit diesem Naturführer zum Ziel gesetzt, Interesse an den faszinierenden Asiliden auch bei Naturfreunden ohne wissenschaftlichen Anspruch zu wecken. Es ist daher nur konsequent, für jede Art einen leicht verständlichen und nach Möglichkeit phantasievollen deutschen Namen einzuführen. Trivialnamen prägen sich vielen Menschen besser ein und sind leichter auszusprechen. Sie können daher den Zugang zu einer Tiergruppe und die Kommunikation zwischen „Experten“ und „Laien“ erleichtern. Grundlage sind die Vorschläge von Wolff (2012).

Artkonzepte

Bei einigen Gattungen ist die Abgrenzung der Arten noch nicht hinreichend geklärt oder allgemein anerkannt. Für die Fälle, wo von Autor zu Autor unterschiedliche Artkonzepte bestehen oder es von Land zu Land traditionelle Unterschiede in der Benennung gibt, erläutern die folgenden Hinweise die in diesem Naturführer zugrunde gelegte Interpretation. Sie sollen dazu beitragen, Fehldeutungen bei Vergleichen mit Faunenwerken und Bestimmungsschlüsseln aus anderen mitteleuropäischen Staaten, insbesondere der Arbeit von Weinberg & Bächli (1995), zu vermeiden.

Choerades-marginata-Gruppe: Innerhalb dieser Gruppe werden in Mittel- und Nordwesteuropa – je nach Autor – zwischen ein und drei Arten unterschieden: *Ch. dioctriaeformis*, *Ch. femorata* und *Ch. marginata*. Zur Abgrenzung der Arten werden in dieser Gruppe traditionell Merkmale herangezogen, die vergleichsweise variabel sind. Hierzu zählen z.B. die Farbe der Behaarung auf dem Hinterleib und dem Gesicht, die Länge des ersten Fühlergliedes und die Stärke des Hinterschenkels. In diesem Naturführer werden lediglich zwei Formen unterschieden: *Ch. marginata* (erstes Fühlerglied weniger als dreimal so lang wie das zweite Fühlerglied, meist gelbe anliegende Gesichtsbehaarung, vergleichsweise flaches Gesichtsprofil) und *Ch. femorata* (erstes Fühlerglied mehr als dreimal so lang wie das zweite Fühlerglied, meist weiße anliegende Gesichtsbehaarung, stärkeres Gesichtsprofil, Details vgl. Artporträts). *Ch. dioctriaeformis* wird hier vorläufig unter *Ch. femorata* subsumiert, da das von Moucha & Hradský (1956) zur Trennung vorgeschlagene Merkmal (Farbe der Behaarung auf den ersten Hinterleibstergiten) sich nicht als konstant genug erwiesen hat. Die Gattung *Choerades* bedarf trotz der Arbeit von Lehr (1991) dringend einer erneuten gründlichen Bearbeitung unter Einbeziehung von DNA-Merkmalen.

Laphria flava/vulpina: *L. flava* ist hinsichtlich der Haarfarbe recht variabel. Der Anteil dunkler Haare kann erheblich schwanken. *L. vulpina* soll hingegen so gut wie keine dunklen Haare aufweisen (WEINBERG & BÄCHLI 1995). Der Artstatus von *L. vulpina* ist jedoch bisher nicht hinreichend geklärt. Möglicherweise handelt es sich nur um eine südliche Form bzw. um besonders helle *L. flava*-Exemplare, die sich als Puppe unter besonders günstigen Temperaturbedingungen entwickeln konnten. Aus Deutschland sind bisher keine Exemplare bekannt geworden, die nicht innerhalb der intraspezifischen Variabilität von *L. flava* lägen.

Die Färbung der Behaarung und Beborstung, wie hier die Behaarung des vorderen Scutums von Laphria flava, unterliegt bei vielen Raubfliegenarten einer erheblichen innerartlichen Variabilität.

Dioctria hyalipennis/baumhaueri: Der Anteil dunkler Zeichnungselemente an den Beinen, der vor allem zur Trennung der beiden nominellen Arten herangezogen wird, ist offenbar stark von der Temperatur während der Larven- und Puppenentwicklung abhängig. Beide Arten werden hier als Synonym betrachtet.

Dioctria bicincta/gracilis: Die beiden Taxa werden nur aufgrund diffiziler, variabler Merkmale getrennt. *D. gracilis* ist vermutlich ein Synonym von *D. bicincta*, jedoch bedarf auch die Gattung *Dioctria* dringend einer Revision.

Erax barbatus/punctipennis: Aus der Gattung *Erax* ist für Deutschland bisher nur eine Form nachgewiesen. Nach dem Schlüssel von WEINBERG & BÄCHLI (1995) wäre sie nominell *E. punctipennis* zuzuordnen. Dieser Schlüssel ermöglicht jedoch nach Ansicht der Autoren keine hinreichende Trennung zwischen den dort unterschiedenen Formen *E. barbatus* und *E. punctipennis*, vielmehr bedarf es einer gründlichen Analyse

Auch die innerartlich variable Färbung der Beine, des Hinterleibs oder der Brust, wie hier bei den Hinterbeinen der Gemeinen Habichtsfliege Dioctria hyalipennis, hat im 19. Jahrhundert zu einer Mehrfachbeschreibung von Arten geführt. Die hellere Form entspricht D. hyalipennis, die dunklere Form wurde als D. baumhaueri beschrieben.

unter Verwendung genitalmorphologischer Merkmale. Um die Fehlinterpretation zu vermeiden, dass die in Deutschland vorkommenden Exemplare taxonomisch neu zuzuordnen wären, wird hier nach dem konservativen Ansatz vorläufig der bisher verwendete Artname *E. barbatus* beibehalten.

Machimus caliginosus/cyanopus/intermedius/setibarbus: Zur Trennung der Arten *M. cyanopus*, *M. intermedius* und *M. setibarbus* wurde in der deutschsprachigen Bestimmungsliteratur weitgehend auf unsichere Merkmale zurückgegriffen bzw. die Form *M. intermedius* wurde ignoriert (da sie irrtümlicherweise von Lyneborg 1968 mit *M. setibarbus* synonymisert wurde). Diese drei Arten lassen sich im männlichen Geschlecht eindeutig anhand der Genitalien trennen. Alle bisher überprüften, aus Deutschland stammenden und als „*M. cyanopus*“ und „*M. setibarbus*“ gemeldeten Exemplare sind nach der Ausprägung der Gonostyli der Form *M. intermedius* zuzuordnen (vgl. Bestimmungsschlüssel). Der gültige Name für *M. intermedius* bedarf noch einer abschließenden Klärung im Rahmen einer Gattungsrevision. Als älteres und damit prioritäres Synonym kommt z.B. *M. caliginosus* in Betracht. Der Typus ist jedoch ein weibliches Exemplar. Für Weibchen stehen bisher keine verlässlichen Unterscheidungsmerkmale zur Verfügung. Daher sollte bis zur endgültigen Klärung der Frage der Name *M. intermedius* verwendet werden, da für diese Art ein überprüfbarer männlicher Lectotypus im Museum Stockholm zur Verfügung steht.

wissenschaftlicher Artname	deutscher Artname
Andrenosoma albibarbe (Meigen, 1820)	Alpen-Mordfliege
Andrenosoma atrum (Linnaeus, 1758)	Schwarze Mordfliege
Aneomochtherus flavicornis (Ruthe, 1831)	Gelbe Raubfliege
Antipalus varipes (Meigen, 1820)	Goldafterfliege
Antiphrisson trifarius (Loew, 1849)	Südliche Raubfliege
Asilus crabroniformis (Linnaeus, 1758)	Hornissen-Raubfliege
Cerdistus erythrurus (Meigen, 1820)	Gebirgs-Raubfliege
Choerades castellanii (Hradský, 1962)	Castellani's Mordfliege
Choerades femorata (Meigen, 1804)	Kleine Mordfliege
Choerades fimbriata (Meigen, 1820)	Fransen-Mordfliege
Choerades fuliginosa (Panzer, 1798)	Schlichte Mordfliege
Choerades gilva (Linnaeus, 1758)	Karminrote Mordfliege
Choerades ignea (Meigen, 1820)	Zinnober-Mordfliege
Choerades marginata (Linnaeus, 1758)	Gemeine Mordfliege
Choerades rufipes (Fallén, 1814)	Rotbeinige Mordfliege
Cyrtopogon flavimanus (Meigen, 1820)	Feder-Makelfliege
Cyrtopogon fulvicornis (Macquart, 1834)	Nachtwächter-Makelfliege
Cyrtopogon lateralis (Fallén, 1814)	Kleine Makelfliege

wissenschaftlicher Artname	deutscher Artname
Cyrtopogon maculipennis (Macquart, 1834)	Gefleckte Makelfliege
Cyrtopogon ruficornis (Fabricius, 1794)	Große Makelfliege
Dasypogon diadema (Fabricius, 1781)	Große Wolfsfliege
Didysmachus picipes (Meigen, 1820)	Berg-Raubfliege
Dioctria atricapilla Meigen, 1804	Schwarze Habichtsfliege
Dioctria bicincta Meigen, 1820	Zierliche Habichtsfliege
Dioctria cothurnata Meigen, 1820	Beulen-Habichtsfliege
Dioctria flavipennis Meigen, 1820	Östliche Habichtsfliege
Dioctria harcyniae Loew, 1844	Wimpern-Habichtsfliege
Dioctria humeralis Zeller, 1840	Matte Habichtsfliege
Dioctria hyalipennis (Fabricius, 1794)	Gemeine Habichtsfliege
Dioctria lateralis Meigen, 1804	Gefleckte Habichtsfliege
Dioctria linearis (Fabricius, 1787)	Gestreifte Habichtsfliege
Dioctria longicornis Meigen, 1820	Kleine Habichtsfliege
Dioctria oelandica (Linnaeus, 1758)	Große Habichtsfliege
Dioctria rufipes (De Geer, 1776)	Höcker-Habichtsfliege
Dioctria rufithorax Loew, 1853	Rote Habichtsfliege
Dioctria spec. aff. *flavipennis*	[n. n.] Habichtsfliege
Dioctria sudetica Duda, 1940	Böhmische Habichtsfliege
Dysmachus bimucronatus (Loew, 1854)	Warzen-Raubfliege
Dysmachus fuscipennis (Meigen, 1820)	Kerbzangen-Raubfliege
Dysmachus hamulatus (Loew, 1854)	Rotschopf-Raubfliege
Dysmachus trigonus (Meigen, 1804)	Säbel-Raubfliege
Echthistus rufinervis (Meigen, 1820)	Berserkerfliege
Erax barbatus Scopoli, 1763	Frühlings-Raubfliege
Eutolmus rufibarbis (Meigen, 1820)	Barbarossafliege
Holopogon dimidiatus (Meigen, 1820)	Kleine Rabaukenfliege
Holopogon fumipennis (Meigen, 1820)	Braune Rabaukenfliege
Holopogon nigripennis (Meigen, 1820)	Schmuck-Rabaukenfliege
Holopogon priscus (Meigen, 1820)	Greise Rabaukenfliege
Laphria ephippium (Fabricius, 1781)	Sattel-Mordfliege
Laphria flava (Linnaeus, 1761)	Gelbe Mordfliege

wissenschaftlicher Artname	deutscher Artname
Laphria gibbosa (Linnaeus, 1758)	Große Mordfliege
Lasiopogon cinctus (Fabricius, 1781)	Gemeiner Grauwicht
Leptarthrus brevirostris (Meigen, 1804)	Echte Schneidenfliege
Leptarthrus vitripennis (Meigen, 1820)	Falsche Schneidenfliege
Leptogaster cylindrica (De Geer, 1776)	Gemeine Schlankfliege
Leptogaster guttiventris Zetterstedt, 1842	Wald-Schlankfliege
Leptogaster pubicornis Loew, 1847	Kleine Schlankfliege
Leptogaster subtilis Loew, 1847	Klöppel-Schlankfliege
Machimus chrysitis (Meigen, 1820)	Gold-Raubfliege
Machimus gonatistes (Zeller, 1840)	Östliche Raubfliege
Machimus intermedius (Holmgren, 1852)	Harpunen-Raubfliege
Machimus rusticus (Meigen, 1820)	Schlichte Raubfliege
Molobratia teutonus (Linnaeus, 1767)	Kleine Wolfsfliege
Neoepitriptus arthriticus (Zeller, 1840)	Seiden-Raubfliege
Neoepitriptus setosulus (Zeller, 1840)	V-Borsten-Raubfliege
Neoitamus cothurnatus (Meigen, 1820)	Knoten-Strauchdieb
Neoitamus cyanurus (Loew, 1849)	Gemeiner Strauchdieb
Neoitamus socius (Loew, 1871)	Kleiner Strauchdieb
Neomochtherus geniculatus (Meigen, 1820)	Garten-Raubfliege
Neomochtherus pallipes (Meigen, 1820)	Striemen-Raubfliege
Pamponerus germanicus (Linnaeus, 1758)	Alabasterfliege
Philonicus albiceps (Meigen, 1820)	Sand-Raubfliege
Premochtherus aquitanus (Tsacas, 1964)	Gallische Raubfliege
Rhadiurgus variabilis (Zetterstedt, 1838)	Nordische Raubfliege
Stichopogon albofasciatus (Meigen, 1820)	Großer Sandwicht
Stichopogon elegantulus (Wiedemann, 1820)	Kleiner Sandwicht
Stichopogon schineri Koch, 1872	Schiner's Sandwicht
Stilpnogaster aemula (Meigen, 1820)	Glänzende Raubfliege
Tolmerus atricapillus (Fallén, 1814)	Gemeine Raubfliege
Tolmerus atripes Loew, 1854	Düster-Raubfliege
Tolmerus cingulatus (Fabricius, 1781)	Burschen-Raubfliege
Tolmerus cowini (Hobby, 1946)	Cowin's Raubfliege

wissenschaftlicher Artname	deutscher Artname
Tolmerus micans (Meigen, 1820)	Marmorierte Raubfliege
Tolmerus pyragra (Zeller, 1840)	Kleine Raubfliege
Tolmerus strandi Duda, 1940	Strand's Raubfliege

Tab. 2: Liste der in Deutschland nachgewiesenen Raubfliegenarten

Arten, deren Etablierung in Deutschland noch fraglich ist, sind etwas eingerückt.
Da bei der Betonung von wissenschaftlichen Artnamen oftmals Unsicherheit besteht, wurden als Hilfestellung die zu betonenden Vokale unterstrichen.

Bedeutung der wissenschaftlichen Artnamen

Um auch dem Laien den Zugang zu den wissenschaftlichen Artnamen zu erleichtern, soll deren Bedeutung oder Bezug auf Körpermerkmale – soweit nachvollziehbar – hier kurz dargestellt werden. Die Reihenfolge richtet sich nach dem Alphabet, zunächst auf Gattungs- und dann auf Artebene. In der Mehrheit entstammen die Gattungsnamen dem Griechischen, während die Artnamen eher dem Lateinischen entnommen sind.

Andrenosoma: Der erste Namensbestandteil nimmt vermutlich Bezug auf die Wildbienengattung *Andrena*, der zweite Bestandteil stammt von gr. σωμα [soma] = Körper, Leib. Rondani fühlte sich offenbar bei der Beschreibung dieser Asiliden-Gattung an bestimmte Wildbienen erinnert.

albibarbe: lat. albus = weiß; lat. barba = Bart. Der Artname bedeutet also „weißbärtig" und bezieht sich vermutlich auf den langhaarigen, weißen Backenbart.

atrum: lat. ater = schwarz. Bei dieser Art ist die Grundfarbe des Körpers vollständig und auch der Gesamteindruck vorherrschend schwarz im Gegensatz zu *A. albibarbe*, die teilweise rot gefärbte Hinterleibstergite aufweist, und im Gegensatz zu anderen Laphriinen, die meist zumindest auffällige farbige Behaarungselemente besitzen.

Aneomochtherus: gr. α [Präfix a-] = nicht; vgl. *Neomochtherus*. Der Autor bringt mit dem Namen zum Ausdruck, dass die Arten dieser Gattung, die früher zu *Neomochtherus* gerechnet wurden, in eine eigene Gattung zu stellen sind.

flavicornis: lat. flavus = gelb; lat. cornu = Horn, Stirnauswuchs. Im Gegensatz zu verwandten Arten hat *A. flavicornis* überwiegend gelbe Fühler.

Antipalus: gr. αντιπαλος [antipalos] = feindlich, entgegenkämpfend.

varipes: lat. varius = bunt, gefleckt, scheckig; lat. pes = Fuß. In der Artbeschreibung wird auf die teils schwarzbraune, teils rotgelbe Färbung der Beine, insbesondere der Füße, hingewiesen.

Antiphrisson: gr. αντι [anti] = gegen, dagegen; gr. φρισσω [frisso] = rauh oder starr sein, zottig, struppig sein, starren.

trifarius: lat. trifarius = dreifach, an 3 Stellen. Loew spricht in seiner Beschreibung 3 dunkle Fleckenstriemen auf dem Hinterleib an.

Asilus: lat. asilus = Bremse, Stechfliege. In der Zeit vor Linné wurden unter der Bezeichnung „*Asilus*" tatsächlich Bremsen verstanden, und zwar unter anderem aus der heutigen Gattung *Chrysops*. Erst Linné verwendet sie für die Raubfliegen.

crabroniformis: lat. crabro = Hornisse; lat. forma = Form, Art. Aufgrund ihrer Körpergröße und -färbung erinnert die Art an eine Hornisse.

Cerdistus: gr. κερδος [kerdos] = Gewinn, Vorteil; gr. κερδίζω [kerdiso] = verdienen, gewinnen, besiegen.

erythrurus: gr. ερυδρος [erythros] = rot; gr. ουρα [oura] = Schwanz. Hier wird auf die meist rotgelbe Färbung der männlichen Epandrien Bezug genommen.

Choerades: lat. choeras, choeradis = der Kropf; gr. χοιραδες [choirades] = geschwollene Halsdrüse, Kropf. Der Bezug auf Körpermerkmale ist unklar.

castellanii: Die Art wurde zu Ehren des Entomologen Castellani benannt.

femorata: lat. femur = Schenkel. Die Hinterschenkel dieser Art sind im Durchschnitt etwas stärker als bei verwandten Arten, z.B. *marginata*.

fimbriata: lat. fimbriatus = mit Fransen. Die Art weist im männlichen Geschlecht eine auffällige weiße Behaarung auf dem 1. Abdominaltergit auf.

fuliginosa: lat. fuligo = Ruß; lat. fuliginosus = rußfarben, berußt, voller Ruß. Der Bezug zu Körpermerkmalen ist nicht klar.

gilva: lat. gilvus = isabellfarbig, graugelb, falb. Auch dieser Name bezieht sich entweder auf Teile der Körperbehaarung oder auf die teilweise rote Hinterleibsfärbung.

ignea: lat. igneus = feurig, glühend. Die rote Grundfarbe auf Teilen des Abdomens und die dortige auffällige rötliche Behaarung gaben vermutlich Anlass zur Namensgebung.

marginata: lat. margo = Rand; marginata = die Geränderte. Durch anliegende Haare auf den seitlichen Hinterrändern der Abdominaltergite entsteht der Eindruck von Rändern.

rufipes: lat. rufus = rot; lat. pes = Fuß. Der Name bezieht sich auf die überwiegend rot gefärbten Beine.

Cyrtopogon: gr. κυρτος [kyrtos] = gewölbt, bucklig, höckerig; gr. πωγων [pogon] = Bart. In dieser Gattung ist das (den Bart tragende) Gesicht vorgewölbt.

flavimanus: lat. flavus = gelb; lat. manus = Hand. Der Name bezieht sich auf die Färbung der Tarsen.

fulvicornis: lat. fulvus = rötlich gelb, graugelb, blond; lat. cornu = Horn, Stirnauswuchs. Der Name bezieht sich auf die Färbung des dritten Fühlergliedes.

lateralis: lat. latus = Seite am Körper; lateralis = seitlich am Körper. Der Name bezieht sich vermutlich auf die auffälligen seitlichen Staubflecken auf den Abdominaltergiten des Weibchens, die aber auch bei anderen, später beschriebenen Arten vorkommen.

longibarbus: lat. longus = lang; lat. barbus = Bart. Die Barthaare unter dem Fühler sind bei dieser Art besonders lang.

maculipennis: lat. macula = Fleck; lat. penna = Flügel. Die Art weist, insbesondere im männlichen Geschlecht, einen auffälligen Flügelfleck auf.

meyerduerii: Die Art wurde zu Ehren des Schweizer Entomologen Herrn Meyer-Dür benannt.

ruficornis: lat. rufus = rot; lat. cornu = Horn, Stirnauswuchs. Die Art besitzt einen teilweise rotbraun gefärbten Fühler.

Dasypogon: gr. δασυς [dasys] = dicht, dicht bewachsen; gr. πωγων [pogon] = Bart. Auch hier wird wieder auf eine bestimmte Ausprägung des Knebelbartes Bezug genommen.

diadema: lat. diadema = Stirnbinde, Diadem. Der Bezug zu Körpermerkmalen ist unklar.

Didysmachus: gr. δι–, δις [di-, dis] = zwei, zweifach; gr. δυσμαχος [dysmachos] = unbezwinglich, schwer zu bekämpfen. Diese ehemals mit *Dysmachus* zusammengefasste Gattung besitzt im Gegensatz zu den Vertretern dieser Gattung nur einen zweispitzigen Aedeagus.

picipes: lat. pix = Pech; lat. pes = Fuß. Möglicherweise bezieht sich der Name auf die fast gänzlich schwarze Färbung der Beine. Allerdings besitzen die meisten verwandten Arten ebenfalls völlig oder nahezu vollständig schwarze Beine.

Dioctria: Nach MEIGEN (1820) bedeutet *Dioctria* Verfolgerin, vgl. gr. διωκτρια [dioctria] = Verfolgerin oder gr. διωκτικος [dioktikos] = Verfolgung

atricapilla: lat. ater = schwarz; lat. capillus = Haar. Atricapilla bedeutet also schwarzhaarig und mag sich auf die vorwiegend schwarze Körperbehaarung oder auf den beim Männchen schwarz gefärbten Knebelbart beziehen.

bicincta: lat. bis = zwei; lat. cinctus = Gürtung, Gurt. *Dioctria bicincta* weist zwei gelbe Binden (Gürtel) auf dem Abdomen auf.

cothurnata: lat. cothurnatus = tragisch erhaben. Was den Autor zu dieser Namensgebung veranlasst hat, ist unklar. Möglicherweise bezieht er sich auf das unterhalb der Fühler beulig vorgewölbte Gesicht oder auf die beulenartig erhabenen Hinterleibstergite der Männchen.

flavipennis: lat. flavus = gelb; lat. penna = Flügel. Die Flügel sind beim Weibchen dieser Art teilweise gelblich getrübt.

harcyniae: lat. Hercynia = Bezeichnung für die deutschen Mittelgebirge, insbesondere den Harz. Die Art wurde nach Exemplaren aus dem Harz beschrieben.

humeralis: Der Name bezieht sich auf die hell gefärbten „Schulterbeulen", die sogenannten Humeri.

hyalipennis: lat. hyalus = Glas; lat. penna = Flügel. Diese „glasflügelige" Art besitzt überwiegend transparente Flügel.

lateralis: vgl. *Cyrtopogon lateralis*. Die Art besitzt an den Seiten der Hinterleibstergite gelbliche Flecken.

linearis: lat. linea = Strich, Linie. Die Art besitzt im Gegensatz zu den meisten anderen mitteleuropäischen Dioctrien scharf begrenzte Bestäubungs-„Linien" auf dem Thorax.

longicornis: lat. longus = lang; lat. cornus = Horn, Stirnauswuchs (= Fühler). Die Fühler dieser Art sind überdurchschnittlich lang.

oelandica: Hier handelt es sich wohl um eine Herkunftsbezeichnung. LINNÉ erhielt die Typusexemplare möglicherweise von der schwedischen Insel Öland.

rufipes: lat. rufus = rot; lat. pes = Fuß. Der Name bezieht sich auf die teilweise (rot)-gelb gefärbten vorderen und mittleren Beine, die allerdings viele Habichtsfliegen aufweisen.

rufithorax: lat. rufus = rot; lat. thorax = Brust. Dies ist in Mitteleuropa die *Dioctria*-Art mit den meisten Rotanteilen bei der Thoraxfärbung.

sudetica: Auch hier liegt eine Herkunftsbezeichnung vor. Die Typenexemplare wurden in den Sudeten gesammelt.

Dysmachus: gr. δυσμαχος [dysmachos] = unbezwinglich, schwer zu bekämpfen.

bimucronatus: lat. bis = zwei; lat. mucronatus = zugespitzt. Der Name kann sich auf die Epandrien beziehen, die zwei Spitzen aufweisen, oder auf die beiden Gonocoxite, die distal jeweils eine spitze „Warze" besitzen.

fuscipennis: lat. fuscus = dunkel, schwärzlich; lat. penna = Flügel. Der Name bezieht sich auf getönte Flügel.

hamulatus: lat. hamus = Haken. Der Name bezieht sich nach der Beschreibung auf ein „kurzes, hakenförmiges, aufwärts gekrümmtes Zähnchen" an den Epandrien.

trigonus: lat. trigonum = Dreieck. Das Weibchen dieser Art besitzt zwar einen auffälligen, annähernd dreieckigen Ovipositor, der Name bezieht sich nach der

Beschreibung aber auf die in Dorsalansicht hellen Bestäubungsflecke auf dem Hinterleib.

Echthistus: gr. εχδιστος, εχδρος [echdistos, echdros] = verhasst, feindlich, feindselig.

rufinervis: lat. rufus = rot; lat. nervus = Sehne, Nerv. Insbesondere die basalen Flügeladern sind bei dieser Art deutlich rot gefärbt.

Erax: Die Herkunft dieses Namens ließ sich nicht klären. Möglicherweise zurückzuführen auf lat. eradere = ausstreichen, vertilgen?

barbatus: lat. barbatus = bärtig. Die Art weist einen kräftigen Knebelbart auf.

Eutolmus: gr. ευ [eu] = wohl-, gut-, leicht- (Vorsilbe), oft im Sinne von sehr ...; gr. τολμα [tolma] = Mut, Kühnheit, Tollkühnheit, Verwegenheit etc.

rufibarbis: lat. rufus = rot; lat. barbus = Bart. Die untere Hälfte des Knebelbartes ist in der Regel hell gefärbt.

Holopogon: gr. ολος [olos] = ganz; gr. πωγων [pogon] = Bart. In dieser Gattung erstreckt sich der Knebelbart bis an die Fühlerbasis.

dimidiatus: lat. dimidiatus = halbiert, halb. Der Name bezieht sich möglicherweise auf die zweifarbigen Flügel des Männchens.

fumipennis: lat. fumus = Rauch, Dunst; lat. penna = Flügel. Es wird auf die teilweise getönten Flügel Bezug genommen.

nigripennis: lat. niger = schwarz, dunkel; lat. penna = Flügel. Die Art hat noch dunklere Flügel(spitzen) als *H. fumipennis*.

priscus: lat. priscus = alt, altehrwürdig. Die fast ausschließlich weiße Körperbehaarung dürfte Anlass für diesen Namen gegeben haben.

Laphria: In einigen Teilen des antiken Griechenlands trug Artemis, die Göttin der Jagd, den Beinamen Laphria und wurde dort als Artemis Laphria verehrt. Zur Herkunft dieses Beinamens gibt es mehrere Erklärungen. Eine davon besagt, dass Laphrios, ein Sohn von Kastalios und Enkel des Delphos, das Artemis-Heiligtum bei Kalydon stiftete. Danach soll der Beiname der Göttin gleichzeitig an den Stifter des Heiligtums erinnern.

ephippium: lat. ephippium = Sattel. Der Name bezieht sich wohl auf die helle Thoraxquerbinde bei sonst vorherrschend schwarzer Behaarung.

flava: lat. flavus = gelb. Die vorherrschend gelbe Körperbehaarung dürfte Anlass zu dieser Namensgebung gewesen sein.

gibbosa: lat. gibbus = gewölbt, bucklig. Der Bezug zu Körpermerkmalen ist unklar.

Statue der Göttin Artemis Laphria im Archäologischen Museum des antiken Messene. Die griechische Göttin der Jagd stand Patin für den Namen der Raubfliegen-Gattung Laphria. Quelle: SMAS.

Lasiopogon: gr. λασιος [lasios] = dicht behaart, zottig, wollig, rauh; gr. πωγων [pogon] = Bart. Hier wird auf die Ausprägung des Knebelbartes Bezug genommen.
bellardii: Die Art wurde zu Ehren des italienischen Dipterologen Bellardi benannt.
cinctus: lat. cinctus = Gürtung. Auch hier bezieht sich der Artname vermutlich auf die Zeichnung des Hinterleibes (wobei das Typusexemplar im Museum Kopenhagen nach Cannings 2002 der Laphriinen-Art *Choerades fuliginosa* zuzuordnen ist).
immaculatus: lat. in- = Verneinung; lat. maculatus = gefleckt; also ungefleckt. Die Art besitzt auf den Schwingkölbchen in der Regel keinen dunklen Fleck.
montanus: lat. Berg-, am Berge. Die Art besiedelt Berglagen bzw. hochmontane bis subalpine Höhenstufen.
Leptarthrus: gr. λεπτος [leptos] = schmal, dünn, fein; gr. απτοσ [artos]= Glied. Das Männchen von *L. brevirostris* besitzt ein auffällig schmales verlängertes 1. Fußglied am 3. Beinpaar.
brevirostris: lat. brevis = kurz, klein; lat. rostrum = Rüssel. Im Vergleich zu den *Dioctria*-Arten besitzt die Art einen vergleichsweise kurzen Rüssel. Die Art wurde von Meigen zunächst in die Gattung *Dioctria* gestellt.
vitripennis: lat. vitrum = Glas; lat. penna = Flügel. Im Gegensatz zu *L. brevirostris* besitzt das Männchen dieser Art keine getönte Flügelspitze, ist also „glasklar".
Leptogaster: gr. λεπτος [leptos] = schmal, dünn, fein; gr. γαστηρ [gaster] = Bauch, Unterleib. Der Gattungsname kennzeichnet damit das auffallend schlanke Abdomen.
cylindrica: lat. cylindrus = Walze, Zylinder. Vermutlich wird hier auf die schmale Form des Hinterleibs Bezug genommen.
guttiventris: lat. gutta = Fleck, Tropfen; lat. venter = Bauch, Leib. Der Bezug zu Körpermerkmalen ist unklar.
pubicornis: lat. pubes = Überzug; lat. cornu = Horn. Der Artname bezieht sich auf die kurze, aber deutliche Behaarung auf dem 3. Fühlerglied.
subtilis: lat. subtilis = fein. Hier wird die geringe Körpergröße und der zierliche Körperbau angesprochen.
Machimus: gr. μαχιμος [machimos] = kriegerisch, kampflustig, streitbar.
chrysitis: gr. χρυςιτις [chrysitis] = goldfarbig. Worauf konkret sich der Artname bezieht, ist unklar, möglicherweise auf die stärker als bei anderen großen *Machimus*-Arten ins Gelbe tendierende Bestäubung.
gonatistes: vermutlich von gr. γονατίζω [gonatizo] = in die Knie zwingen (transitive Verbform).
intermedius: lat. intermedius = der mittlere. Nach der Beschreibung betrachtete Holmgren die Art als quasi intermediär zwischen „*Asilus melampodius*" (= *Eutolmus rufibarbis*) und „*A. forcipula*" (= *Didysmachus picipes*).
rusticus: lat. rusticus = einfach, schlicht, ländlich, auf dem Lande lebend. Der Grund für die Wahl dieses Namens ist unklar. Möglicherweise wird darauf angespielt, dass diese Art sich unter anderem durch das Fehlen besonders auffälliger Merkmale auszeichnet.
Molobratia: gr. μωλος [molos] = Mühe, Arbeit, Schlacht, Kampf; gr. βπαδυσ [bradus] = langsam, schwerfällig. Die Art wird von vielen Autoren als langsam fliegend beschrieben, auch beim Beuteflug.
teutonus: lat. teutonicus = germanisch, deutsch. Es handelt sich wohl um eine Herkunftsbezeichnung der Typusexemplare.
Neoepitriptus: gr. νεο [neo] = neu; gr. επιτριπτος [epitriptos] = verschmitzt, durchtrieben, abgefeimt.

arthriticus: gr. αρθριτικος [arthriticos], lat. arthriticus = gichtkrank. Die Bedeutung des Namens ist in diesem Zusammenhang unklar, die Beschreibung enthält dazu keine Hinweise.

setosulus: lat. saeta, seta = Haar, Borste. Nach der Beschreibung bezieht sich der Name auf die Borsten der Vorderschenkelunterseite und auch auf die auffälligen Borstenpaare auf den Hinterleibssterniten.

***Neoitamus*:** gr. νεο [neo] = neu; gr. ιταμος, ιτης [itamos, ites] = unerschrocken, kühn.

cothurnatus: vgl. *Dioctria cothurnata*.

cyanurus: lat cyanus = blau; gr. ουρα [oura] = Schwanz. Hier wird auf die mitunter stahlblaue Färbung des Hinterleibsendes beim Männchen Bezug genommen.

socius: lat. socius = gemeinsam, verbunden. Der Name spielt vermutlich auf die nahe Verwandtschaft bzw. Ähnlichkeit zu *Neoitamus cothurnatus* an.

***Neomochtherus*:** gr. νεο [neo] = neu; gr. μοχδηροσ [mochderos] = schlecht, lasterhaft, nichtswürdig, schädlich, schlimm etc.

alpinus: lat. alpinus = alpin, die Alpen betreffend. Die Alpen gehören zum Hauptverbreitungsgebiet der Art.

geniculatus: lat. geniculatus = gekniet, geknickt, mit Knoten versehen. Der Bezug auf Körpermerkmale ist nicht klar, MEIGENS Beschreibung enthält dazu keine echten Anhaltspunkte, er erwähnt jedoch die rotgelben Spitzen der vorderen Schenkel (= Knie?).

pallipes: lat. pallens = bleich, blass, fahl, gelblich; lat. pes = Fuß. Dies ist eine der wenigen mitteleuropäischen Asiliden, die vorherrschend gelbe Beine (auch Schenkel) besitzen.

***Pamponerus*:** gr. παμπονιρος [pamponiros] = ganz schlecht, grundschlecht.

germanicus: lat. germanicus = deutsch, germanisch. Möglicherweise eine Herkunftsbezeichnung für die Typusexemplare.

***Philonicus*:** gr. φιλο [philo] = Freund; gr. νικος [nicos] = Sieg, pers. Beiname: Siegesgöttin. *Philonicus* bedeutet also Freund des Sieges.

albiceps: lat. albus = weiß; lat. capio = ergreifen, fassen. Der Name bezieht sich vermutlich auf die dichte, weiße anliegende Behaarung der sogenannten männlichen „Haltezangen".

***Premochtherus*:** lat. prae- = Präfix (in französischer Form pre-) mit Bedeutung „vor, vorher"; gr. μοχδηροσ [mochderos] = schlecht, lasterhaft, nichtswürdig, schädlich, schlimm etc.

aquitanus: lat. aquitanus = Adjektiv zu Aquitania, einer Landschaft/Provinz im südwestlichen Gallien/Frankreich. Der Hototypus stammt aus Biscarrosse.

***Rhadiurgus*:** gr. ραδιουργος [radiourgos] = leichtfertig, boshaft, anstößig.

variabilis: lat. variabilis = veränderlich. Möglicherweise bezieht sich der Name auf die veränderliche Beinfärbung (Rotanteile der Schienen).

***Stichopogon*:** gr. στιχος [stichos] = Reihe, Linie; gr. πωγων [pogon] = Bart. Bei den meisten Vertretern dieser Gattung beschränkt sich der Knebelbart auf einen einreihigen Borstenkranz am unteren Gesichtsrand.

albofasciatus: lat. albus = weiß; lat. fascia = Binde, Band. Der Name bezieht sich auf die weiße Querbinde auf dem Hinterleib.

elegantulus: lat. elegans = fein, elegant. Es handelt sich um die kleinste mitteleuropäische Asilide.

schineri: Die Art wurde zu Ehren des Dipterologen Schiner benannt.

***Stilpnogaster*:** gr. στιλπνος [stilpnos] = glänzend, leuchtend; gr. γαστηρ [gaster] = Bauch,

Unterleib. Der Gattungsname bezieht sich auf die bei mitteleuropäischen Asilinen seltenen, weitgehend unbestäubten und damit glänzenden Abdominaltergite.
aemula: lat. aemulus = nacheifernd, wetteifernd, eifersüchtig.
Tolmerus: gr. τολμηρος [tolmeros] = kühn, mutig; dreist, frech, keck.
atricapillus: lat. ater = schwarz; lat. capillus = Haar. *atricapillus* bedeutet also schwarzhaarig und mag sich auf die vorwiegend schwarze Körperbehaarung beziehen.
atripes: lat. ater = schwarz; lat. pes = Fuß. Die Art besitzt fast vollständig schwarze Beine im Gegensatz zu den anderen mitteleuropäischen Arten der Gattung.
cingulatus: lat. cingulum = Gürtel; lat. cingulatus = beringt. Wahrscheinlich wird auf die ringförmige dunkle Zeichnung auf den Tibien Bezug genommen.
cowini: Die Art wurde zu Ehren des Entomologen Cowin benannt.
micans: lat. micare = funkeln, schimmern. Die Hinterleibsbestäubung dieser Art wechselt je nach Lichteinfall ihre Färbung in auffälliger Weise. Möglicherweise war dies der Anlass für die Namensgebung.
pyragra: gr. πυραγρα [pyragra] = verwendet in epischen und spätgriechischen Texten als Feuerzange; aus: gr. πυρ [pyr] = Feuer und gr. αγρεω [agréô] = fassend. Der Name bezieht sich wohl auf die oftmals rotgelbe Färbung der Epandrien.
strandi: Die Art wurde zu Ehren des Entomologen Strand benannt.

Individualentwicklung

Nur von wenigen Arten gibt es umfassende Untersuchungen zur Individualentwicklung. Eine Ausnahme stellt die große, in Süddeutschland weitverbreitete Schlichte Raubfliege *Machimus rusticus* dar, deren Lebenszyklus intensiv durch Musso (1978, 1981, 1983) studiert wurde. Seinen Arbeiten sowie der Untersuchung von Melin (1923) ist die Mehrheit der hier vorgestellten konkreten Angaben entnommen.

Wie alle Zweiflügler sind auch Raubfliegen holometabole Insekten. Dies bedeutet, dass sie in ihrer Entwicklung mehrere deutlich voneinander unterscheidbare Stadien vom Ei über mehrere Larvalstadien und ein Puppenstadium bis zum ausgewachsenen Insekt (Imago, pl. Imagines) durchlaufen. Der Wechsel vom Eistadium zur Larve wird genauso wie das „Herauskriechen“ der Fliege aus der Puppe in der Regel als „Schlüpfen“ bezeichnet, der Wechsel zwischen den verschiedenen Larvenstadien und der Übergang von der Larve zur Puppe hingegen als „Häutung“.

Eistadium

Mit dem Eistadium wird eine neue Generation der eigenen Population oder bei Ablage von Eiern in einem geeigneten, aber bisher nicht besiedelten Lebensraum gegebenenfalls eine neue Population begründet.

Abhängig von der Größe der Imagines der verschiedenen Raubfliegenarten, der bevorzugten Eiablageplätze und den dort herrschenden abiotischen Standortbedingungen, der Gesamtanzahl der je Art durchschnittlich abgelegten Eier, dem Alter der abgelegten Eier sowie weiteren Faktoren variieren die Eier und Gelege der heimischen Asiliden nach Größe, Form, Struktur und Aussehen.

Die relativ kleinen *Leptogaster*- und *Dioctria*-Eier etwa weisen eine breit-ovale Form auf (ca. 1,3–1,4-mal so lang wie breit), die bei *Dioctria* an einem Ende wie bei einem Hühnerei leicht zugespitzt sind (durchschnittliche Eilänge bei *L. cylindrica*: 0,43 mm,

D. hyalipennis: 0,52 mm, *D. rufipes*: 0,53 mm, *D. oelandica*: 0,54 mm). Die Färbung der Eier ist gelblich braun oder rötlich braun. Die Eischale ist dabei relativ fest und weist bei *Leptogaster* keine besonderen Strukturen auf, während bei *Dioctria* punktförmige Erhebungen vorhanden sind.

Die Eier der Laphriinen-Gattungen sind breit-oval bis lang-oval (ca. 1,4–1,9-mal so lang wie breit; durchschnittliche Eilänge bei *Laphria gibbosa*: 0,72 mm, *Choerades marginata*: 0,8 mm, *Ch. gilva*: 0,85 mm, *L. ephippium*: 1,08 mm, *L. flava*: 1,0 mm). Die auffällig geringe Größe der Eier der als adulte Fliege sehr großen *L. gibbosa* steht nach Melin vermutlich mit einer höheren Eianzahl im Vergleich etwa zu den anderen beiden großen *Laphria*-Arten im Zusammenhang. Die feste Eischale der Laphriinen ist meist rötlich braun (und damit auf dem Eiablagesubstrat Rinde/Holz bzw. stammnahe Bodenpartien gut getarnt) und durch eine netzartige Oberflächenstruktur gekennzeichnet.

Asilinen-Eier sind meist lang-oval (ca. 2,2–3,0-mal so lang wie breit), wobei die Eier der Gattungen *Eutolmus* und *Didysmachus* (*Dysmachus*), die in Grasähren bzw. in Blattscheiden (also in eher engen pflanzlichen Strukturen) abgelegt werden, besonders länglich sind. Die durchschnittliche Eilänge beträgt nach Melin z.B. bei *Didysmachus picipes* 1 mm, *Tolmerus atricapillus* 1,12 mm, *Pamponerus germanicus* 1,23 mm, *Rhadiurgus variabilis* 1,25 mm, *Eutolmus rufibarbis* 1,27 mm und schließlich bei der sehr großen Art *Asilus crabroniformis* 1,3 mm. Die Eischale ist meist etwas „weicher" und die Färbung oft heller (weiß, gelblich, gelblich braun). Die Oberflächenstruktur der Eischalen kann sehr unterschiedlich gestaltet sein und „Warzen", „Knötchen", „Poren" etc. aufweisen. Dies hängt teilweise sicher mit der Steuerung des Gas- und Flüssigkeitsaustausches zusammen.

Antipalus-Eier werden einzeln mit einer feinen Schicht von Sandkörnern bedeckt (ausgenommen an der Seite, mit der das Ei an das Eiablagesubstrat geklebt wird) und in Reihe nebeneinander an geeignete pflanzliche Strukuren abgelegt, sodass sich ein Gelege von mehreren Eiern ergibt. Ebenfalls mit Sand bedeckte Eigelege fertigt *Dasypogon diadema* an (vgl. Kapitel „Eiablage").

Die Gesamtanzahl der abgelegten Eier ist im Gelände schwer zu untersuchen, sodass z.B. Melin diese näherungsweise durch Sezierung weiblicher Tiere zu bestimmen versuchte und zu folgenden Ergebnissen kam: *Rhadiurgus variabilis*: ca. 60, *Eutolmus rufibarbis*: über 200, *Laphria flava*: über 200, *Dysmachus* spec.: über 300 und *Laphria gibbosa*: ca. 400 Eier. Da die Tiere im Freiland gefangen wurden und möglicherweise bereits Eier abgelegt hatten, geht er jeweils von einer noch höheren Eizahl aus. So legten in einer vergleichsweise kurzen Zeit von jeweils „nur wenigen Stunden" von ihm in Gefangenschaft gehaltene Weibchen von *Leptogaster cylindrica* ca. 30 Eier bzw. Weibchen von *Dioctria rufipes* ca. 80 Eier ab.

Die Dauer der Eientwicklung ist naturgemäß stark temperaturabhängig und betrug bei den Untersuchungen von Musso bei konstanter Temperatur von 25 °C bei *Machimus rusticus* 4–6 Tage, bei anderen Arten teilweise bis zu 8 Tagen. In Mitteleuropa, wo im Freiland selbst im Hochsommer äußerst selten konstant hohe Temperaturen mit über 20 °C auch während der Nachtstunden (sogenannte „Tropennächte") vorkommen, dürfte die Eientwicklung eine deutlich längere Zeit in Anspruch nehmen. Unter (leider nicht näher beschriebenen) „Laborbedingungen" schlüpften bei Melins Untersuchungen die Larven von *L. cylindrica* nach ca. 10 Tagen und von *D. rufipes* nach etwa 18 Tagen aus den Eiern. Musso berichtet bei in Südostfrankreich im Herbst abgelegten Eiern von *Andrenosoma atrum* allerdings von einer 50–56 Tage dauernden Embryonalentwicklung und geht davon aus, dass bei diesen spät im Jahr abgelegten Eiern eine Entwicklungspause eingelegt wird (die Entwicklungsdauer von *A. atrum*-Eiern, die dort im Frühjahr abgelegt werden, konnte von ihm nicht untersucht werden).

Zum Schlupf müssen die Larven die Eischale durchdringen, was in vielen Fällen, vor allem bei den „weicheren" Eiern etwa vieler Asilinen-Arten durch eine unregelmäßige Öffnung erfolgt, während bei den „festeren" Eischalen der Gattungen *Dioctria* und *Laphria* der Schlupf durch ein kleines rundes Loch stattfindet.

Larvalstadium

Das Larvalstadium ist bei Insekten vor allem die Wachstumsphase, die sich in mehreren Schritten (Häutungen) vollzieht. Wenngleich Asilidenlarven häufig kleinräumliche Ortswechsel zur Beutesuche oder zum Aufsuchen von Bereichen mit den bevorzugten Temperatur- und Feuchtigkeitsbedingungen durchführen, spielen sie keine Rolle bei der aktiven Aus- oder Verbreitung innerhalb des besiedelten Lebensraums oder bei der Neubesiedlung von Gebieten. Es ist jedoch nicht ausgeschlossen, dass diese in Auen durch die hochwasserbedingte Abdrift von mit Larven besetzten Holzstrukturen oder Bodensoden passiv verbreitet werden. Aufgrund der geringen larvalen Mobilität und der Dauer dieser Entwicklungsphase, die in Mitteleuropa Jahreszeiten mit oft stark wechselnden Temperatur- und Feuchtigkeitsbedingungen auch in den Bodenschichten und Holzstrukturen umfasst, besiedeln Larven oft – im Vergleich zu den Imaginalhabitaten – enger umgrenzte Bereiche mit besonders günstigen Standortfaktoren. In Mitteleuropa ist das Larvalstadium – soweit bisher bekannt – zudem die Phase, in der alle oder zumindest die meisten Arten die kühlen Wintermonate überdauern (bei mehrjähriger Larvalentwicklung gegebenenfalls in verschiedenen Larvalstadien).

Die Larven von *M. rusticus* wandern nach den Beobachtungen von Musso unter Laborbedingungen bereits während der ersten Larvalstadien in „tiefere" Bodenschichten. Das siebte Stadium lebte in seinen Versuchen überwiegend in einer Tiefe von etwa 20 cm. Zum Ende dieses Stadiums und während der präpupalen Phase wandern die Larven dann wieder stärker in Richtung Bodenoberfläche. Obwohl Musso versuchte, bei einem Teil der gehälterten Tiere annähernd natürliche klimatische Bedingungen bei der Aufzucht herzustellen (Absenkung von durchschnittlich 25 °C Bodentemperatur auf 15 °C Mitte November und auf 6 °C im Dezember und Januar, danach Erwärmung auf 15 °C Mitte Februar und erneut 25 °C ab März), können seine Ergebnisse nicht ohne Weiteres auf Freilandverhältnisse unter mitteleuropäischen Klimabedingungen übertragen werden. Weitaus stärker als im Labor dürften im Freiland die unterschiedlichen Bodenarten und -typen mit spezifischer Bodenschichtung sowie die im Jahresverlauf deutlich stärker schwankenden Feuchtigkeits- und Temperaturverhältnisse das Verhalten der Larven im Substrat beeinflussen. Melin konnte für Schweden nachweisen, dass nicht nur die Larven der Laphriinen im Holz während des Winters in eingefrorenem Milieu überdauern, sondern auch Larven bodenbewohnender Arten, die er z.B. im zeitigen Frühjahr teilweise in aufgetautem Boden in 10 cm Tiefe oberhalb tiefer liegender, noch gefrorener Schichten fand.

Raubfliegenlarven sind zylindrisch lang gestreckt und dabei wie alle Dipterenlarven bein- und fußlos. Abhängig von der jeweiligen Art (und dem Ernährungszustand) sind die älteren Larven meist 5–7-mal so lang wie breit, in einzelnen Fällen liegt dieses Verhältnis aber auch bei einem Faktor von nur knapp fünf oder bei fast neun. Sie weisen in der Regel 12 bzw. 13 Körpersegmente auf, je nachdem ob die beiden letzten Körperabschnitte als ein Segment mit zwei deutlich differenzierten Teilen oder als zwei teilweise verschmolzene Segmente betrachtet werden.

Wie bei der Mehrheit der orthorrhaphen Fliegen ist das Kopfsegment anders als die Segmente der Brust und des Hinterleibs stärker sklerotisiert. Bei Raubfliegen weist er verschiedene Strukturen (Mandibeln, Maxillen, Palpen, Borsten etc.) auf, die vor allem der Nahrungsaufnahme und der Sinneswahrnehmung dienen. Im Gegensatz zu Larven anderer Insektenordnungen ist er aber augenlos. Die Kopfkapsel ist dabei eher klein und kann teilweise in die Brustsegmente eingezogen werden. Auf den Kopf folgen drei Brustsegmente, die von den acht Abdominalsegmenten durch Borsten unterschieden sind, die seitlich auf der Unterseite sitzen. Das erste Brustsegment trägt lateral jeweils ein Stigma (Atemloch, Öffnung des Tracheensystems). Mit Ausnahme des letzten Segments fehlen dem Hinterleib in der Regel entsprechende lange Borsten. Auf den Hinterleibssegmenten 2–6 (oder 7) finden sich an den Seiten, auf der Unterseite und/oder auch auf der Oberseite Wülste bzw. Schwielen, die – ohne echte Extremitäten zu sein – der Fortbewegung im Larvalhabitat (obere Bodenschichten, Totholz) dienen. Das letzte Hinterleibssegment trägt neben den abdominalen Stigmen und dem Anus weitere auffällige lange Borsten.

Während sich ab dem zweiten Larvenstadium nur kleine morphologische Unterschiede zeigen, zeigt das erste Larvenstadium abweichende Körpermerkmale, die funktional mit der Entwicklung innerhalb des Eies, Anpassungen für den Schlüpfakt und den noch fehlenden Bedarf einer aktiven Nahrungsaufnahme im Zusammenhang stehen. Musso fasst die Unterschiede zwischen dem ersten und dem zweiten Larvenstadium von *M. rusticus* wie folgt zusammen (hier nur Auswahl):

Merkmal	1. Larvenstadium	2. Larvenstadium
Körperlänge	1,95 ± 0,05 mm	2,24 + 0,15 mm
Kopfkapsel	groß, gerundet Länge: 100 ± 5 µm	schlank und lang Länge: 150 ± 7 µm
Eizahn	vorhanden	nicht vorhanden
„Spitzenzahn“	vorhanden	nicht vorhanden
Labrum	nicht vorhanden	vorhanden
Mandibeln	stark reduziert	groß
Labium	einfache Papille mit Dornen	komplizierter Aufbau
Tracheensystem	metapneustische Larve	amphipneustische Larve
Verdauungstrakt	bedeutender Dottervorrat	nur Spuren von Dotter

Tab. 3: Anatomische und morphologische Unterschiede zwischen dem 1. und 2. Larvenstadium von Machimus rusticus.

Die Länge ausgewachsener Larven im letzten Stadium beträgt bei den kleinen Arten nur wenige Millimeter und reicht bei den sehr großen Raubfliegen wie *Laphria ephippium* bis zu 30 mm, *Asilus crabroniformis* bis zu 32 mm oder *Laphria flava* gar bis zu 43 mm.

Entsprechend der versteckten Lebensweise im lichtlosen Milieu sind die Larven meist nicht oder nur schwach pigmentiert und daher weiß oder hell bräunlich.

Nach Mussos Laboruntersuchungen besitzt *M. rusticus* in der Regel sieben Larvalstadien, deren Dauer sich erheblich voneinander unterscheiden. Bei günstigen Bedingungen entwickeln sich die Stadien 1–6 in der Regel sehr schnell jeweils innerhalb weniger Tage (erstes Stadium ca. 8–9 Tage, Stadium zwei und drei jeweils 4–5 Tage, Stadium vier und fünf jeweils 5–6 Tage, Stadium sechs mehrheitlich 2–3 Wochen), während das letzte (siebte) Stadium sich über ca. acht Monate erstrecken kann (A13). Im wärmeren und gemäßigten Frankreich vollendet *M. rusticus* damit mehrheitlich die gesamte Individualentwicklung innerhalb eines Jahreszyklusses. Einzelne Exemplare überlagern in seinen Untersuchungen jedoch. Am Ende der larvalen Wachstumsphase stellt die ausgewachsene Larve die Nahrungsaufnahme ein, sucht einen geigneten Verpuppungsort auf (im Boden meist dicht unter der Oberfläche, im Holz meist kurz vor den Ausgängen von Käfer-Bohrlöchern, unter loser Rinde etc.) und bereitet sich auf die Verpuppung vor. In dieser oft als Praepupa (Propupa) oder Vor-Puppe bezeichneten Phase schrumpft die Larve durch Ausscheidungen wieder etwas ein.

In mittel- und nordeuropäischen Ländern verläuft aufgrund der geringeren Temperatursummen bei vielen Arten die Individualentwicklung auch in der Larvalphase langsamer und in vielen Fällen wohl mehrjährig. Melin geht beispielsweise in Schweden von einer dreijährigen Larvalentwicklung für *Laphria flava* aus. Experimente haben gezeigt, dass nicht nur die Klimazone hierauf wesentlichen Einfluss hat, sondern ein schlechtes Nahrungsangebot oder Feuchtigkeitsmangel zu einem vorübergehenden larvalen Wachstumsstopp führen kann.

Puppenstadium

Äußerlich stellt sich das Puppenstadium als ausgesprochene Ruhephase dar, weil keine Nahrung aufgenommen wird und nur in minimalem Umfang, meist unmittelbar vor dem Schlupf der Imago, Bewegungen durchgeführt werden. Im Innern der Puppe vollzieht sich jedoch eine der erstaunlichsten Metamorphosen im Tierreich. Die larvalen Organe, Haut, Muskeln etc. werden ab- bzw. umgebaut und aus den sogenannten Imaginalscheiben (Einstülpungen von Epithelgewebe) bilden sich viele Organe und Strukturen der adulten Fliege neu, die den Larven vollständig fehlen. Dazu gehören die Extremitäten (Beine, Flügel), Sinnesorgane (Augen, Fühler) oder die Geschlechtsorgane.

Die Puppen sind kompakter und damit etwas kürzer als das letzte Larvalstadium, oft leicht bogenförmig gekrümmt und ebenfalls in Kopf, Brust und Hinterleib gegliedert. Die Anlage der späteren imaginalen Körperanhänge (Fühler, Beine, Flügel etc.) ist durch entsprechende Scheiden vorgezeichnet. Diese Scheiden liegen bei Asiliden dem Puppenkörper fest bzw. eng an. Demzufolgende handelt es sich bei Raubfliegen um sogenannte Mumienpuppen im Gegensatz zu „freien" Puppen, bei denen diese Scheiden nicht fest mit dem Puppenkörper verklebt sind und oft frei abstehen (wie z.B. bei vielen Käfern und Hautflüglern). (Leider werden bei Dipteren oftmals auch Mumienpuppen als freie Puppen bezeichnet, um sie gegen die Tönnchenpuppen cyclorrhapher Zweiflügler abzugrenzen, bei denen die Verpuppung innerhalb der letzten Larvenhaut stattfindet). Die Asilidenpuppe ist dennoch insbesondere im Bereich des Hinterleibs recht frei beweglich.

Kurz nach der Häutung sind Asilidenpuppen in der Regel recht hell (weißlich), dunkeln aber zu einem Hellbraun nach. Mit zunehmender Entwicklung der Imago und ihrer Organe scheint deren Färbung durch die dünne Puppenhülle durch. Insbesondere die großen Augen zeichnen sich deshalb meist frühzeitig auch in einer dunklen Tönung auf der Puppenhaut ab.

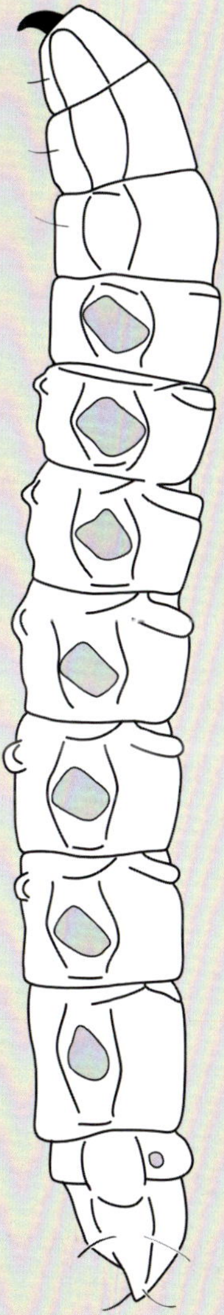

A11: Larve der Schlichten Raubfliege *Machimus rusticus* im letzten Larvenstadium, verändert nach Musso 1978.

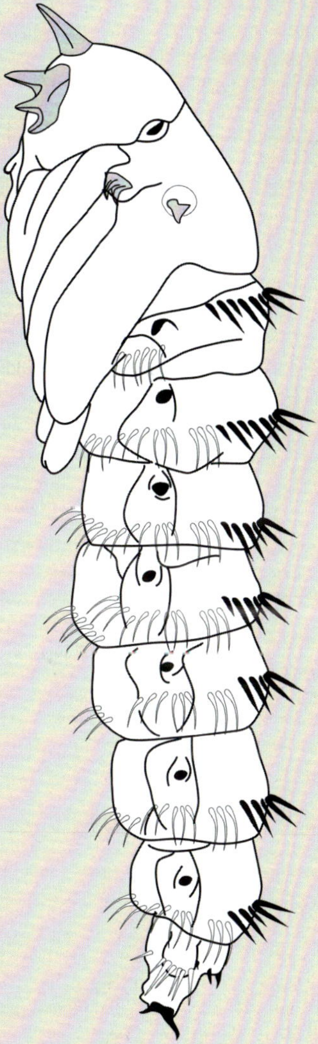

A12: Puppe der Schlichten Raubfliege *Machimus rusticus*, verändert nach Musso 1978.

Am Kopf fallen vor allem große hakenförmige und dunkler pigmentierte Fortsätze auf, im Deutschen mitunter als „Bohrhörnchen" oder – im Englischen – als „antennale Fortsätze/Auswüchse" bezeichnet. Diese stehen oft in zwei Gruppen: ein einzelner, meist größerer und kräftigerer, weiter dorsal liegender Fortsatz sowie – sofern vorhanden, mehr ventral liegend – eine reihenförmige Gruppe kleinerer Fortsätze mit gemeinsamer Basis und mit 4–5 Haken (Laphriinae) oder mit 3 Haken (diverse andere Unterfamilien). Diese zweite Gruppe fehlt bei den Leptogastrinen (oder ist allenfalls als schwacher eingebuchteter Grad ausgeprägt). Die Laphriinen unterscheiden sich von den anderen Unterfamilien ferner durch das Vorhandensein von dornartigen Fortsätzen in der unteren „Gesichtsregion".

Dornen finden sich meist auch lateral am Thorax an der Basis der Scheiden des mittleren Beinpaares sowie an der Basis der Flügelscheiden. Der Hinterleib weist neun Segmente auf, wobei das achte und neunte Segment teilweise verschmolzen sind. Die Hinterleibssegmente weisen in der Regel Querreihen von Dornen bzw. starken Borsten auf, sowohl auf der Oberseite als auch auf der Unterseite. Auf dem ersten Abdominaltergit stehen sie am Vorderrand, auf den übrigen Tergiten in der Mitte. Auf den

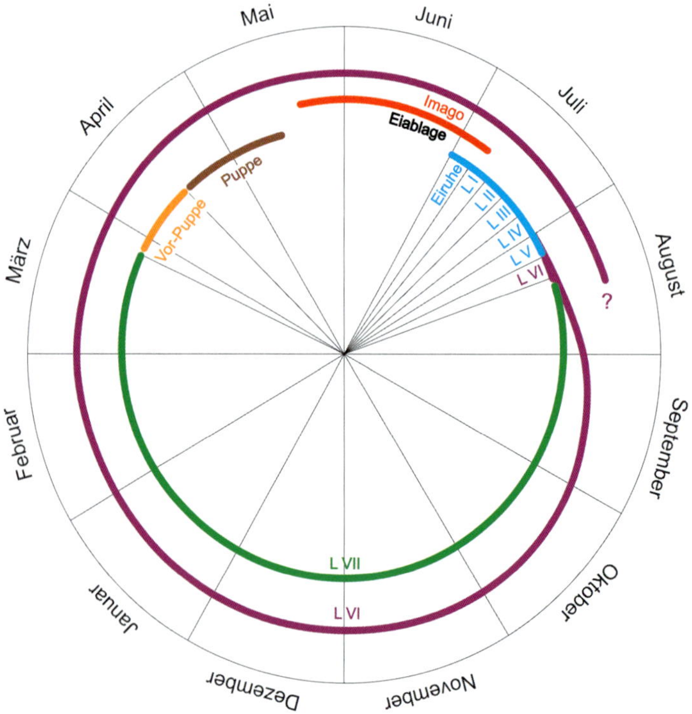

A13: Lebenszyklus der Schlichten Raubfliege Machimus rusticus, verändert nach Musso 1978.

Sterniten 2–7 stehen die Borsten am Hinterrand. Die Anzahl der Dornen oder Borsten variieren zwischen den Unterfamilien und Gattungen und können teilweise auch auf bestimmten Segmenten gänzlich fehlen. Segment 8 zeichnet sich oft mit einem umlaufenden Ring weiterer Dornen und Abdominalsegment 9 mit einem oder mehreren Paaren starker hakenförmiger Fortsätze aus.

Im Gegensatz zu den Larven lässt sich nach MELIN bei den Puppen in vielen Fällen das Geschlecht anhand einer unterschiedlichen Ausprägung und Lage von beulenartigen Auswüchsen an der Unterseite des letzten Abdominalsegments unterscheiden. Dies hängt wohl mit der unterschiedlichen späteren Ausprägung der männlichen und weiblichen Genitalien zusammen. Ob dies nur für Unterfamilien mit in der Regel großen männlichen Genitalien gilt (Laphriinae, Leptogastrinae, Asilinae) oder auch für Unterfamilien, bei denen die Männchen häufig kleinere Hypopygien aufweisen (z.B. Dioctriinae), gibt MELIN leider nicht an.

Fast alle Fortsätze, Dornen und Borsten an der Puppe sind nach hinten gerichtet. Sie dienen zum einen der Verankerung im Substrat, kurz vor dem Schlüpfen der Imago zum anderen aber vor allem auch dazu, sich im Boden oder im Totholz durch Krümmen und Strecken nach oben bzw. nach außen zu arbeiten. Dadurch wird eine günstige Schlupfposition erreicht, die das Risiko von Verletzungen oder Deformierungen der noch zarten, nicht ausgehärteten Fliegen verringert. Leere Puppenhüllen von Raubfliegen ragen oft teilweise mit der vorderen Hälfte aus dem Entwicklungssubstrat heraus. Der Schlupf erfolgt durch einen Längsspalt auf der Oberseite der Brust und einen T-förmigen Spalt im hinteren Bereich des Kopfes.

Wie bei den Larven hängt die Dauer der pupalen Phase entscheidend von den Temperaturen ab. Bei *M. rusticus* schlüpft die Imago in Südfrankreich im Schnitt bereits nach 14–16 Tagen (MUSSO 1978). In Mitteleuropa ist die Entwicklungszeit vermutlich deutlich länger. Bei der Gemeinen Schlankfliege *Leptogaster cylindrica* kann diese z.B. zwischen 14 und 45 Tagen variieren. Insgesamt schwankt bei Asiliden die Dauer des Pupalstadiums zwischen etwa zwei und sechs Wochen (MELIN 1923), wobei die Dauer bei größeren Arten tendenziell länger ist als bei kleineren Arten. Sie wird zusätzlich durch die Feuchtigkeitsverhältnisse beeinflusst. Zu große Trockenheit am Verpuppungsort kann sowohl die Entwicklung als auch den Schlupf verzögern. Es ist leicht vorstellbar, dass es der schlupfbereiten Puppe in einem hinreichend feuchten und damit meist weicheren Milieu leichter fällt, sich bis zur Oberfläche vorzuarbeiten, als in ausgetrockneter und dadurch festerer Umgebung.

Imaginalstadium

Die Funktion der Imagines liegt vor allem in der Fortpflanzung, Vermehrung und Ausbreitung der eigenen Art.

Nach dem Schlupf sind die Imagines noch sehr weichhäutig und blass. Die Flügel sind zunächst noch zusammengefaltet und werden erst durch sukzessives Einpumpen von Hämolymphe („Insektenblut") zur vollen Größe gestreckt und entfaltet. Erst nach dem vollständigen Aushärten besteht kein Risiko des Verklebens oder Verknitterns der Flügel mehr und sind die Fliegen in der Lage, längere Flüge durchzuführen. Nicht voll ausgefärbte Exemplare bezeichnen Biologen als immatur.

Da schlüpfende oder immature Fliegen anfällig gegen äußere Einflüsse sind und eine leichte Beute für Fressfeinde darstellen, findet nach den (Labor-)Beobachtungen von MELIN der Schlupf vor allem in den Nacht- und Morgenstunden statt. Die schwachen Lichtverhältnisse reduzieren die Gefahr des Entdecktwerdens und die modera-

Metamorphose der Fransen-Mordfliege Choerades fimbriata. 1: ausgewachsene Larve im Holz eines Obstgehölzes; 2: Vorderleib der Larve mit Kopfkapsel; 3: junge Puppe; 4: typische Fortsätze sind gut zu erkennen; 5: Augen zeichnen sich dunkel in der Puppenhülle ab; 6: Flügel, Beine und Genitalien zeichnen sich dunkel ab; 7: Schlupf der Imago durch eine Rückennaht, Flügel bereits teilweise aufgepumpt!; 8: vollständig geschlüpfte,

noch immature Imago, Hinterleibssegmente gestreckt; 9: immature Imago, Hinterleibssegmente zusammengezogen; 10: immature Imago mit leerer Puppenhülle; 11: Genitalien noch ohne Drehung, Genitalien werden später um 180° in der Längsachse gedreht, vgl. Foto Artporträt; 12: immature Imago von unten. Fotos: G. Kemus.

ten Temperaturverhältnisse verhindern vermutlich ein zu schnelles Aushärten des weichen Chitinskeletts bei gegebenenfalls noch nicht vollständig entfalteten Flügeln.

Kurz nach dem Schlupf stehen bei den männlichen Laphriinen die Genitalien noch in ursprünglicher Stellung (Anus dorsal), werden aber später in der Längsachse um 180° gedreht, sodass der Anus ventral zu liegen kommt. Bei den anderen Unterfamilien verbleiben die männlichen Genitalien in der ursprünglichen Stellung oder rotieren nur teilweise.

Die Lebensdauer von adulten Raubfliegen ist noch weniger untersucht als die der Larven oder Puppen. Hier liefert erneut MUSSO eine konkrete Angabe für *M. rusticus*, deren durchschnittliche Lebensdauer er mit 45 Tagen angibt.

Eine ausführliche Beschreibung der Körpermerkmale enthält der Abschnitt „Körperbau und Bestimmungsmerkmale“.

Lebensweise und Verhalten

Sexualverhalten und Paarung

Raubfliegen pflanzen sich – soweit bisher bekannt – ausschließlich zweigeschlechtlich fort. Parthenogenese – das ist die rein eingeschlechtliche Vermehrung von Weibchen ohne Paarung mit Männchen – kommt (mit hoher Wahrscheinlichkeit) nicht vor. Für eine erfolgreiche Fortpflanzung müssen sich daher zunächst Männchen und Weibchen ein und derselben Art finden und Bereitschaft zur Paarung zeigen. Wegen der präda-

Ein Weibchen der Säbel-Raubfliege Dysmachus trigonus hat ein Männchen der eigenen Art erbeutet. Foto: D. Wolff.

torischen Lebensweise von Raubfliegen, bei der auch Exemplare der eigenen Art als potenzielle Beutetiere in Betracht kommen, sind angepasste Strategien zur Partnerfindung von besonderer Bedeutung.

Bei den Asiliden haben sich dazu verschiedene Verhaltensweisen entwickelt. In der Regel hat – für den Beobachter – das Männchen bei der Partnersuche den aktiveren Anteil. Die Männchen mehrerer Arten führen Suchflüge in ihren Lebensräumen durch, um paarungsbereite Weibchen aufzuspüren. Dazu gehören z.B. die Große Wolfsfliege *Dasypogon diadema* (A14), die Berserkerfliege *Echthistus rufinervis* oder einige *Dioctria*-Arten. Bei Untersuchungen zu *Dasypogon* in der Umgebung von Darmstadt konnte Geller-Grimm (1998) kein spezielles Balzverhalten der Art beobachten; die Männchen näherten sich den Weibchen unmittelbar am Boden oder in der Luft. Es ist erkennbar, dass die Tiere – abhängig von der Situation, den herrschenden abiotischen Bedingungen oder der aktuellen Populationsdichte und -verteilung – individuelle Entscheidungen treffen und sich daher die Verhaltensweisen durchaus unterscheiden können. Die Paarung wurde nach einer kurzen Auseinandersetzung zwischen Männchen und Weibchen eingeleitet. Manchmal befreite sich das Weibchen aus dem Griff des Männchens und flog davon. In den anderen Fällen bog das Männchen seinen Hinterleib nach unten zwischen seine Beine und ergriff mit seinen Haltezangen den Ovipositor des Weibchens. Das Männchen löste danach seinen Griff und ließ sich nach hinten fallen; bei der endgültigen Paarungsstellung wiesen die Körper von Männchen und Weibchen also in entgegengesetzte Richtung. Das Weibchen flog anschließend auf, um einen besseren Ansitz zu wählen, und bestimmte dabei die Richtung des Fluges. Das Männchen verhielt sich hierbei bewegungslos, mit dem Körper kopfüber hängend, und schlug nur manchmal mit den Flügeln. Das kopulierende Pärchen landete normalerweise auf einem Stängel oder auf Grasblättern und verhielt sich für längere Zeit bewegungslos. Bei Störungen flogen sie entweder gemeinsam zu einem neuen Ansitz oder lösten die Paarungsstellung. Die durchschnittliche Kopulationszeit betrug 55 Minuten (Minimum: 25 Min., Maximum: 78 Min.). Etwa 10 Minuten vor dem Paarungsende wurde das Weibchen unruhig und berührte den Hinterleib des Männchens mit seinen hinteren Beinen.

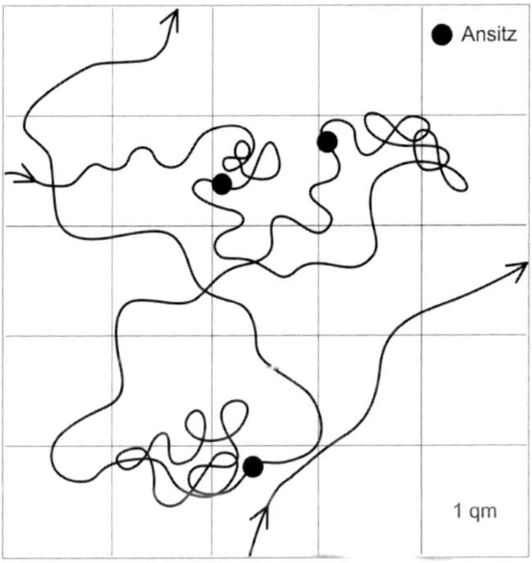

A14: Schema eines Suchfluges der Männchen der Großen Wolfsfliege Dasypogon diadema.

Dioctria-Männchen hingegen vollführen nach ihren Suchflügen anschließend oft einen artspezifischen Balzflug, indem sie vor dem Weibchen hin und her schwingen. In den letzten Jahren wurde von einzelnen Arten erstmalig dank neuester Videoaufzeichnungen/-technik das Balzverhalten der Männchen nachgewiesen und dokumentiert. Auch wenn hierzu spezielle Untersuchungen für die heimischen Arten noch ausstehen, kann man davon ausgehen, dass die unterschiedliche Flügelfärbung der *Dioctria*-Männchen und möglicherweise auch die Augenfarbe, die Schillerbinde, die Beinfärbung oder die Stärke des hinteren Metatarsus eine wichtige Rolle bei der Arterkennung und der Balz (bzw. der Stabilisierung während des Balzfluges) spielt. Zumindest bestehen in diesen Merkmalen teilweise auffällige Unterschiede zwischen den Arten oder den Geschlechtern.

Von anderen Asiliden mit auffälligem Geschlechtsdimorphismus ist ebenfalls Balzverhalten bekannt. Männchen der Schmuck-Rabaukenfliege *Holopogon nigripennis* mit ihren kontrastreich schwarz-weiß gezeichneten Flügeln und dem goldgelben Knebelbart werben oft auf dürren Zweigspitzen im Sitzen vor ihren Weibchen. Die anderen drei in Deutschland beheimateten *Holopogon*-Arten weisen jeweils eine von *nigripennis* deutlich abweichende Flügelfärbung auf. Bei der Echten Schneidenfliege *Leptarthrus brevirostris* und einigen *Cyrtopogon*-Arten besitzen die Männchen besondere strukturelle Anpassungen an den Beinen (verlängerte oder abgeflachte Tarsenglieder, federartige Behaarung). Die genaue Funktion dieser geschlechtsspezifischen Merkmale ist noch nicht untersucht, aber vermutlich kommt ihnen eine Rolle bei der Balz zu.

Das Männchen der Schmuck-Rabaukenfliege Holopogon nigripennis balzt im Sitzen vor dem Weibchen. Offenbar spielen der goldgelbe Knebelbart und die Flügelfärbung dabei eine besondere Rolle. Fotos: G. Kemus.

So zeigt nach T. Kästner (schriftl. Mitt.) *Cyrtopogon maculipennis* ein ausgeprägtes Balzverhalten: „*Im Gegensatz zu den Dioctria-Arten findet die Balz bei dieser Art nicht im Flug, sondern sitzend statt. Das Männchen positioniert sich exakt oppositional zum Weibchen. Dreht sich dies zur Seite, wird die Position durch schnelle Laufbewegungen geändert. Verweilt das Weibchen, erfolgen zunächst Winkbewegungen mit den Vorderbeinen (abwechselndes Heben des rechten und linken Vorderbeines, hierbei werden offenbar die Unterseiten der Tarsen gezeigt). Im Anschluss erfolgt ein langsames Aufstellen des Hinterleibes („Obeliskstellung") und direkt anschließend ein kurzes schwirrendes Flügelschlagen, ohne dass hierbei das Männchen abhebt. Anschließend wird der Hinterleib gesenkt und das Balzritual beginnt von vorn.*"

Ebenfalls von T. Kästner liegt auch eine Beschreibung der Balz von *L. brevirostris* vor: „*Weibchen nutzen Sitzwarten, diese werden teilweise nicht direkt angeflogen, sondern durch Krabbeln erklommen. Kommt ein weiteres Individuum hinzu, wird dieses durch intensives Treten mit den Beinen sowie gegebenenfalls kurzes Flügelschwirren abgewehrt (Interaktion zwischen Weibchen). Balz nicht wie bei C. maculipennis von vorn, sondern von hinten: Männchen setzt sich in einem Abstand von 1–3 Körperlängen hinter das Weib-*

chen (beobachtet mehrfach auf fingerstarken Totholzästen umgefallener Fichten und Kiefern). Es folgen kurze Flügelschwirrbewegungen ohne abzuheben. Nachfolgend versucht das Männchen direkt auf das Weibchen zu fliegen, wobei ein sehr intensives Flügelschlagen (energieintensive Schwirrbewegungen während des gesamten Fluges) zu beobachten ist. Bei fehlender Paarungsbereitschaft wehrt das Weibchen die Männchen mit kurzen Schwirrbewegungen der Flügel ab. Mehrere Männchen können ein Weibchen umwerben, hierbei befliegen sich die Männchen zunächst gegenseitig (meine Deutung: Angriffsflug) und wehren sich mit Flügelschlägen ab. Die Funktion der verlängerten Tarsen konnte ich im Balzverhalten nicht genau erkennen. Die Beine scheinen hängen gelassen zu werden. Das schwirrhafte Anfliegen des Weibchens erfolgt nicht direkt, nach dem Abheben stößt das Männchen teilweise kurz zurück. Klärung bringt hier aber nur eine Hochgeschwindigkeitskamera...“

Bei den Asilinen ist Geschlechtsdimorphismus selten. In Deutschland sind nur wenige Fälle bekannt, wie bei der unterschiedlichen Flügelfärbung der Geschlechter bei der Alabasterfliege *Pamponerus germanicus*. Ob diesem Merkmal eine Funktion beim Sexualverhalten zukommt, bedarf noch der Untersuchung.

Bei anderen Arten wurde hingegen beobachtet, dass die Männchen vorüberfliegende Weibchen ohne jedes Balzverhalten im Fluge ergreifen. Die Kopula bzw. das Ergreifen des weiblichen Ovipositors mit den männlichen Epandrien erfolgt dabei mitunter noch im Fluge. Beispiele für eine solche Strategie sind die Säbel-Raubfliege *Dysmachus trigonus* und die Zinnober-Mordfliege *Choerades ignea*.

Die Alabasterfliege Pamponerus germanicus ist im Deutschen nach dem kalkweißen Fleck an der Flügelbasis des Männchens benannt. Foto: D. Wolff.

Das Risiko, bei der Partnersuche von Exemplaren der eigenen Art erbeutet zu werden, wird teilweise durch unterschiedliche Hauptaktivitätszeiten für die Beutesuche und die Paarung verringert. Die Jagd zum Nahrungserwerb findet bei vielen Arten wohl vor allem in den Morgen- und Vormittagsstunden statt, während sexuelles Verhalten vor allem während der Mittags- und Nachmittagsstunden beobachtet werden kann. Adamovic (1973) konnte für *E. rufinervis* zeigen, dass diese Strategie nur bedingt funktioniert, da Männchen auf ihren Suchflügen „relativ oft“ von Weibchen der eigenen Art erbeutet werden.

Während sich bei der Mehrheit der Unterfamilien die Geschlechter zunächst meist in entgegengesetzter Stellung befinden, ist es für die Asilinen typisch, dass das Männchen auf dem Weibchen „aufreitet“ und die Vordertarsen über die Augen des Weibchens legt. Im weiteren Verlauf kann diese Stellung jedoch variieren, insbesondere wenn das (meist größere) Weibchen auffliegt und das (mitgeschleppte) Männchen nach der Landung an Grashalmen oder Zweigen erneuten Halt sucht.

Die Geschlechter der Großen Wolfsfliege Dasypogon diadema unterscheiden sich deutlich, hier ein ♀ vom 16.8.2016 aus Hoyerswerda (♂ vgl. Artporträt).

Paarungsstellung bei der Echten Schneidenfliege Leptarthrus brevirostris; die Geschlechter schauen in entgegengesetzte Richtung.

Paarungsstellung bei der Hornissen-Raubfliege Asilus crabroniformis; zunächst reitet das Männchen auf dem Weibchen auf, nach Standortwechsel löst sich diese Haltung meist auf.

Die männlichen Genitalien sind artspezifisch gestaltet und weisen unter anderem bei den Unterfamilien Asilinae und Laphriinae als Haltezangen ausgeprägte Epandrien auf, mit denen der Eiablage-Apparat der Weibchen ergriffen und umschlossen wird.

Insbesondere die Laphriinen (links L. gibbosa), die Asilinen (rechts D. fuscipennis) und die Leptogastrinen weisen im Geschlecht spezifische, recht große Epandrien auf.

Eiablage

Der Ort der Eiablage muss mehrere Anforderungen erfüllen, um eine erfolgreiche Embryonalentwicklung und das Erreichen des Larvenstadiums zu gewährleisten. Er muss insbesondere dem von Art zu Art unterschiedlichen Feuchte- und Temperaturbedarf während der Embryonalentwicklung genügen. Darüber hinaus muss er nach Möglichkeit Schutz vor widrigen Umwelteinflüssen und gegenüber Fressfeinden und Parasitoiden bieten. Ferner muss er es den schlüpfenden Larven ermöglichen, die für ihre Entwicklung günstigen Teilhabitate bzw. Habitatelemente (inkl. eines ausreichenden Beutetierangebots) möglichst zügig und gefahrlos zu erreichen. Bei den Raubfliegen haben sich mehrere Gruppen typischer Eiablageorte herausgebildet.

Die heimischen Arten der Unterfamilie Laphriinae legen – soweit bisher bekannt – ihre Eier bevorzugt in oder an Totholzstrukturen ab, z.B. in Bohrlöchern von Totholz bewohnenden Käferlarven, in Rindenspalten oder ähnlichen Strukturen. Ein Weibchen der Gelben Mordfliege *Laphria flava* wurde vom Erstautor in Schweden dabei beobachtet, wie es zunächst kleine, dunkle Stellen liegender Baumstämme anflog. Dabei schien es sich optisch zu orientieren, denn neben Bohrlöchern flog es auch kleine, dunkle Abbruchstellen von Zweigen, kleine Moos-, Flechten- und Pilzstellen oder sonstige Holzverfärbungen an. Bei Bohrlöchern drehte es sich um, um mit der Hinterleibsspitze (die mit zahlreichen längeren Haaren besetzt ist) offenbar eine nähere Untersuchung vorzunehmen. Welche Faktoren als Auslöser für eine Eiablage dabei eine Rolle spielen, ist bisher nicht näher untersucht. Die in der Literatur teilweise noch bis in die jüngere Zeit zu findende fälschliche Angabe, dass sich auch *Cyrtopogon*-Arten in Totholz entwickeln (Dunk & Hable 2006) beruht vermutlich auf dem Umstand, dass deren Imagines gerne auf Totholz ansitzen.

Die Arten der anderen Unterfamilien entwickeln sich als Larve in den oberen Bodenschichten. Jedoch werden nur bei einem vergleichsweise kleinen Teil dieser Arten die Eier direkt in den Boden abgelegt. Bekannt ist dies z.B. von der Sand-Raubfliege

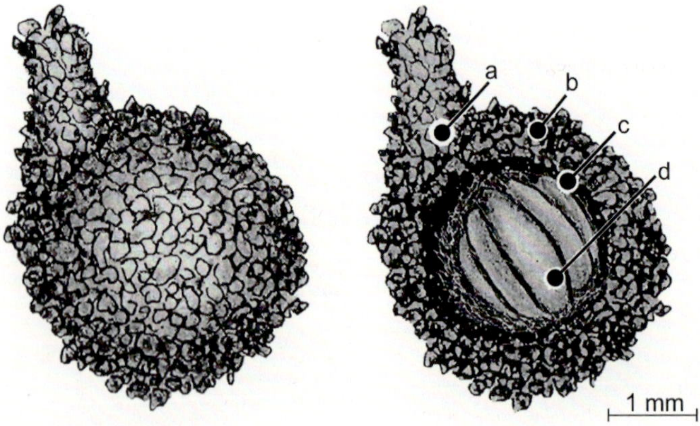

A15: Eipaket der Großen Wolfsfliege Dasypogon diadema mit Sandhülle; a: oberes Ende des Eikokons mit nur locker verbundenen Sandkörnern, b: 3–5 Schichten von fest miteinander verklebten Sandkörnern, c: seidenartige Auskleidung des Eikokons, d: mehrere Eier im Innern des Kokons.

Die Gold-Raubfliege Machimus chrysitis legt die Eier an oder in unterschiedlichen pflanzlichen Strukturen ab. Fotos: F. Geller-Grimm.

Philonicus albiceps, einer Art, die offene und vegetationsarme Sandbiotope besiedelt. Die Weibchen tragen an der Spitze des Ovipositors mehrere starke Borsten, mit denen sie nach der Eiablage über den Sand wischen und so das Bohrloch wieder verschließen. Weitere Arten, die ihre Eier direkt in den Boden einbohren, sind die Kleine Makelfliege *Cyrtopogon lateralis* und der Gemeine Grauwicht *Lasiopogon cinctus*. Auch die Weibchen dieser Raubfliegen tragen an der Spitze des Hinterleibs starke Borsten.

D. diadema legt ihre Eier ebenfalls in den Boden ab. Sie verklebt dabei mehrere Eier zu kleinen Eipaketen mit einer durchschnittlichen Anzahl von fünf Eiern. Durch die Produktion eines speziellen Sekrets werden die Eipakete von einer erhärtenden Schutzschicht aus Sand umgeben, die lediglich an der Austrittsstelle des Eiablageapparates fehlt und den Larven dort das Verlassen ermöglicht (A15).

Die Goldafterfliege *Antipalus varipes* fertigt ebenfalls Eipakete an, die mit Sand verklebt werden. Anders als bei *Dasypogon* werden die Eier jedoch nicht in kompakten Gelegen in den Boden, sondern in Reihe an verschiedene pflanzliche Strukturen abgelegt (Grashalme, junge Kiefernzweige etc.). Da die Eiablage oberirdisch erfolgt, müssen die Weibchen dieser Art vorher Sand in einer speziellen „Sandkammer" an der Spitze des Hinterleibs aufnehmen. Dieses stellt ebenfalls eine Besonderheit unter den heimischen Raubfliegen dar.

Die Asilinengattungen *Machimus*, *Tolmerus*, *Asilus*, *Rhadiurgus* und andere haben kurze konische oder lateral leicht abgeflachte Ovipositoren mit freien Cerci. Sie heften ihre Eier meist einzeln ohne besonderen Schutz an die Unterseite diverser Strukturen (trockene Pflanzenteile, auf dem Boden liegende Zweige, Kiefernzapfen etc.) oder in die Blattachseln von Gräsern (*M. rusticus*). *Asilus*, deren Larven sich von koprophagen Insektenlarven ernähren, wählt dabei meist Ablagestellen an oder in unmittelbarer Nähe zu Dung von Rindern oder anderen Tierarten. Diese Art legt ihre Eier aber teilweise auch direkt

Hinsichtlich des Eiablageortes ist auch die Hornissen-Raubfliege Asilus crabroniformis variabel. Hier erfolgt die Ablage direkt in den lockeren Sand. Dasselbe Exemplar legte Eier auch an pflanzliche Strukturen ab, z.B. an die Unterseite von auf dem Boden liegenden Kiefernzapfen. Foto: D. Wolff.

in sandigen Boden ab und ist damit ein gutes Beispiel für die bestehende innerartliche und sogar individuelle Verhaltensvariabilität.

Bei den Asilinengattungen *Eutolmus*, *Dysmachus* und *Didysmachus* sind die Cerci hingegen in das letzte Tergit eingesenkt. Die Ovipositoren sind meist kräftig, messerartig und dabei stärker lateral abgeflacht mit bei manchen Arten ausgeprägten Kanten. Sie legen ihre Eier einzeln oder zu mehreren in die Blattscheiden oder Ähren von Gräsern.

Charakteristisch für *Neoitamus*-Arten sind lange und dünne Eiablageapparate, in die aufgrund der fehlenden Bestäubung auch das sechste und siebte Hinterleibssegment einbezogen zu sein scheinen. Bei diesen vorwiegend Wald- und Gebüschränder bewohnenden Arten erfolgt die Eiablage in die Zweigspitzen oder auf die Unterseite dürrer Zweige diverser Gehölzarten. Der lange Ovipositor wird dabei von der meist auf der Zweigoberseite sitzenden Fliege unter den Zweig gebogen und nach oben geschoben, sodass sich ein fast geschlossener Kreis ergibt.

Ein Dysmachus-Exemplar bei der Eiablage in die Ährchen eines Grases.

Letztlich gibt es auch eine große Gruppe von Arten, die ihre Eier relativ frei in die krautige Vegetation ablegt bzw. fallen lässt (z.B. diverse *Dioctria*- und *Leptogaster*-Arten).

Jagd und Ansitzverhalten

Bereits der deutsche Name der Fliegenfamilie – Raubfliegen – ist Ausdruck für eine ihrer bekanntesten Verhaltensweisen: die Jagd auf andere Arthropoden. Soweit bekannt, nehmen adulte Raubfliegen ihre Beutetiere dabei ausschließlich visuell wahr. Fast alle Arten sind dabei ausgesprochene Ansitzjäger und lauern von ihren Ansitzwarten auf vorbeifliegende oder sonstwie in Bewegung befindliche Beutetiere. Die Beute wird meist noch im Flug oder kurz nach der Landung ergriffen und mit dem Stechrüssel angestochen. Sessile, ruhende oder sich sehr langsam bewegende Tiere kommen in der Regel nicht als Beute in Betracht (Ausnahme: *Leptogaster*).

Gemeinsam ist den Ansitzplätzen in der Regel, dass sie einen freien Abflug in verschiedene Richtungen ermöglichen und von der Sonne beschienen sind. Letzte-

Die Eiablageapparate (Ovipositoren) der Weibchen sind abhängig vom Eiablagesubstrat bzw. vom Eiablageverhalten oft spezifisch oder zumindest gattungstypisch gestaltet. 1: Ovipositor von Choerades gilva, Eiablage bei Laphriinen in Rindenspalten oder Käfer-Bohrlöcher; 2: Ovipositor von Dioctria sudetica, Eier werden in die Vegetation fallen gelassen; 3: Ovipositor von Cyrtopogon ruficornis, Eier werden bei dieser Gattung in den Boden abgelegt; 4: Ovipositor von Machimus rusticus mit freien Cerci, Eier werden an verschiedene pflanzliche Strukturen abgelegt; 5: Langer Ovipositor einer Neoitamus-Art, Eier werden meist an Zweigspitzen abgesetzt, 6: messerartiger Ovipositor von Dysmachus trigonus mit eingesenkten Cerci, Eier werden bei der Gattung in pflanzliche Strukturen wie Blattscheiden oder Ährchen von Gräsern abgelegt; 7: Ovipositor von Aneomochtherus flavicornis, Eier werden oft in alten oder neuen Blütenständen von Stauden an Blütenstiele etc. angeheftet; 8: typischer Ovipositor von Rhadiurgus variabilis, die ihre Eier von außen an verschiedene pflanzliche Strukturen sowie Detritus anheftet.

1
2
3
4
5
6
7
8

Ein Männchen der Sand-Raubfliege Philonicus albiceps hat sich hier – nicht ganz ungefährlich – den Fangtrichter eines Ameisenlöwen als Ansitz ausgewählt.

res gewährleistet den lauernden Fliegen zum einen geeignete Lichtverhältnisse für eine gute Sicht, zum anderen die für die Jagd erforderliche (hohe) Körpertemperatur. Fällt ein Ansitzplatz in den Schatten (z.B. auch in den Schatten eines Beobachters), weichen Raubfliegen meist auf andere Ansitzplätze aus. Die Bandbreite der genutzten Ansitzplätze ist von Art zu Art unterschiedlich. Erwartungsgemäß ist die Varianz bei euryöken Arten größer. Die häufigste heimische Art, die Gemeine Raubfliege *Tolmerus atricapillus*, nutzt z.B. je nach konkreter Biotopausstattung Ansitze auf der Rinde von Zweigen, Ästen oder Stämmen stehender oder liegender Bäume, auf ihren Blättern oder Nadeln, auf Blättern oder Stängeln krautiger oder grasiger Pflanzen, auf Steinen, Mauern, Zäunen etc., bodennah auf Zapfen, sonstigem Pflanzendetritus oder auf unbewachsenem Boden. Die Ansitzhaltung variiert deshalb bei dieser Art in Abhängigkeit von der Unterlage sehr und beinhaltet alle Ausrichtungen von der Horizontalen bis zur Vertikalen in unterschiedlichen Neigungswinkeln. Andere Arten präferieren hingegen eindeutig ganz bestimmte Positionen, wie z.B. *Ch. ignea*, die sich meist kopfüber senkrecht an der von der Sonne beschienenen Seite von Kieferstämmen auf die Lauer legt.

Von ihren Ansitzen beobachten Raubfliegen ihre nähere Umgebung genau. Sie drehen dabei beständig ihren meist recht beweglichen Kopf oder – wie z.B. bei den *Holopogon*-Arten häufig zu beobachten – ihren ganzen Körper in unterschiedliche Richtungen. Je nach Sehvermögen reagieren sie auf vorbeifliegende Objekte aus unterschiedlichen Entfernungen. Große Arten, wie *Laphria* oder *Asilus*, die gerne Ansitzplätze mit freiem Sichtfeld wählen, fliegen potenzielle Beutetiere zum Teil aus einer Distanz von mehreren Metern an.

Arten mit bodennahen Ansitzen wie etwa die Hornissen-Raubfliege *Asilus crabroniformis*, die Östliche Raubfliege *Machimus gonatistes*, *Ph. albiceps* oder die *Stichopogon*-Arten machen auch Jagd auf bodenbewohnende, springende und nur wenig fliegende Beutetiere, z.B. Heuschrecken.

Eine grundsätzlich andere Jagdstrategie weisen hingegen in vielen Fällen die *Leptogaster*-Arten auf. Sie führen regelmäßig Streifflüge durch die grasige und krautige Vegetation ihrer Lebensräume durch. Treffen sie dabei auf potenzielle Beute, verharren sie im Flug oftmals kurz, um dann mit vorgestreckten Beinen nach vorne zu stoßen und ihr Opfer zu ergreifen. T. Kästner (schriftl. Mitt.) konnte *L. cylindrica* dabei beobachten, wie diese in Kamillenbeständen gezielt unterhalb der Blüten entlangfliegt und hier die direkt an den Blütenkelchen sitzenden Blattläuse mit einer Drehung im Flug „abpflückt“. Zum Beutespektrum von *Leptogaster*-Arten zählen also auch Arten/Artengruppen, die nicht oder nur wenig fliegen, z.B. Zikaden, Wanzen oder – eine Be-

Ein Weibchen der Gemeinen Raubfliege *Tolmerus atricapillus* saugt eine erbeutete Schnake aus.

sonderheit unter den Raubfliegen – auch kleine Spinnen (die von anderen heimischen Arten nur in seltenen Ausnahmefällen erbeutet werden, wie z.B. von *D. atricapilla*).

Die bevorzugten Ansitze der heimischen Raubfliegenarten werden in den Artporträts näher beschrieben.

Im Zusammenhang mit der räuberischen Lebensweise steht eine Reihe von morphologischen Anpassungen. Dazu zählt z.B. die oftmals starke Bedornung der Beine, die beim Ergreifen und Festhalten von Beutetieren vorteilhaft ist. Eine Reihe von Arten, wie etwa die großen Laphrien, weist frontal in der Mitte vergrößerte Facettenaugen auf, die funktional ebenfalls mit der Jagd in Verbindung gebracht werden.

Manche Raubfliegen, wie z.B. die Gelbe Mordfliege *Laphria flava*, besitzen frontal in der Mitte vergrößerte Facettenaugen, um Beute besser sichten zu können.

Für eine erfolgreiche Jagd nutzen Raubfliegen in der Regel das Überraschungsmoment aus. Eine Verfolgung von Beutetieren über größere Strecken wurde bisher nur ausnahmsweise beobachtet. Nach dem Ergreifen der Beute wird diese in der Regel

Die starke Beinbedornung vieler Raubfliegenarten, hier bei der Harpunen-Raubfliege Machimus intermedius, erleichtert den Fang und das Festhalten von Beute.

noch im Flug mit dem Stechrüssel durchbohrt. In vielen Fällen sind die gefangenen Insekten bereits beim Landen der Raubfliege regungslos, was ein gutes Indiz für die schnelle Wirkung der eingespritzten Sekrete ist (MUSSO 1978 erforschte erstmals dessen hochtoxische Wirkung). Oft hängt die Beute dabei nur noch auf dem Stechrüssel oder wird mit einem oder wenigen Beinen gehalten. Die Haltung der Fliegen variiert dabei. Meist sitzen sie auf ihren üblichen Jagdansitzen horizontal oder vertikal an, Dasypogoninen hängen sich aber oft mit einem Bein in der Vegetation auf. Bei wenigen Arten (*D. diadema*, Gestreifte Habichtsfliege *Dioctria linearis*) wurde in einzelnen Fällen auch beobachtet, dass diese während des Aussaugens auf dem Rücken lagen und ihre Beute mit allen drei Beinpaaren festhielten.

Der meist kräftige Stechrüssel, hier einer Gelben Mordfliege Laphria flava, wird unmittelbar nach dem Fangen der Beute in ihren Körper eingestochen.

Ernährung und Beute

Von den vier Entwicklungsstadien nehmen nur die adulten Tiere und die Larven aktiv Nahrung zu sich. Im Eistadium und als Puppe findet zwar ein Gas- und Flüssigkeitsaustausch mit der Umgebung statt, eine Nahrungsaufnahme in flüssiger oder fester Form kommt dabei jedoch nicht vor.

Ernährung der Imagines

Quantitativ sehr umfangreiche Untersuchungen zum Beutespektrum der heimischen Raubfliegenarten, die statistisch gut abgesicherte Aussagen zu Beutepräferenzen nach den Aspekten der systematischen Zugehörigkeit, der Größe/Statur, des Flugvermögens, der Wehrhaftigkeit oder anderer Eigenschaften der Beutetiere zulassen würden, liegen bisher nicht oder nur in Ansätzen vor. Die vorhandenen Informationen basieren mehrheitlich aus Beobachtungen im Gelände, Zusammenstellungen der in Sammlungen dokumentierten Beutefänge, aus einzelnen Literaturangaben oder neuerdings auch aus fotografischen Dokumenten.

Dennoch weisen die bisherigen Kenntnisse darauf hin, dass die Mehrheit der heimischen Arten bei der Wahl ihrer Beute offenbar als Opportunisten einzustufen ist. Ihre Beutewahl hängt danach qualitativ (bestimmte Eigenschaften) oder quantitativ (Anzahl, Masse) vor allem vom Angebot im jeweiligen Jagdrevier und von den artspezifischen Fähigkeiten zum Fangen und Überwältigen potenzieller Beutetiere ab. Das Spektrum der Beute unterliegt insofern teilweise erheblichen jahreszeitlichen, jährlichen und räumlichen Schwankungen und ist in der Regel vergleichsweise unspezifisch. Bei Massenvorkommen einzelner potenzieller Beutetierarten kann es zu bestimmten Zeiten jedoch vorkommen, dass diese einen wesentlichen Anteil der Nahrung stellen (z.B. bei Borkenkäfergradationen oder einer Massenvermehrung von Marienkäfern).

Ausdruck des Opportunismus ist auch, dass Raubfliegen immer wieder auch einmal Beute anderer (größerer) Asiliden werden, mitunter auch der eigenen Art. Wenn

Ein Männchen der V-Borsten-Raubfliege Neoepitriptus setosulus hat ein weiteres Männchen der eigenen Art erbeutet.

Ein Weibchen des Knoten-Strauchdiebs Neoitamus cothurnatus mit einem Männchen der Schwarzen Habichtsfliege Dioctria atricapilla als Beute. Foto: F. Riedel.

Männchen Opfer von Weibchen werden, ist dies deshalb kein Beispiel von Sexualkannibalismus, bei dem das Töten normalerweise während oder nach der Kopulation stattfindet.

Bei den kleineren bis mittelgroßen Raubfliegenarten sind die Beutetiere meist kleiner und äußerst selten größer als die Jäger. Bei großen oder sehr großen und damit kräftigeren Arten, wie z.B. der Barbarossafliege *Eutolmus rufibarbis*, kommt es hingegen regelmäßig vor, dass diese Insekten gleicher Statur oder sogar deutlich größerer Länge (z.B. Kleinlibellen) erbeuten.

Arten, die ihren Ansitz bevorzugt auf dem Laub oder den Zweigen von Sträuchern und Bäumen oder der Rinde von Stämmen wählen, erbeuten fast ausschließlich fliegende Insekten. Je näher zum Boden der regelmäßige Ansitz gewählt wird, desto häufiger kommt es vor, dass auch hüpfende oder springende Beute ergriffen und ausgesaugt wird. Bodenbewohnende Heuschrecken gehören deshalb zur regelmäßigen Nahrung etwa von *Ph. albiceps* und der Hornissen-Raubfliege *Asilus crabroniformis*, beides Arten, die gerne vom Boden oder bodennahen Ansitzstellen aus jagen (Dung, Steine). Ebenfalls überwiegend bodennah ansitzend sind die Sandwichte der Gattung *Stichopogon*. Neuere Beob-

Ein Weibchen der Barbarossafliege Eutolmus rufibarbis hat ein weiteres Weibchen der eigenen Art erbeutet. Foto: M. Mergemeier.

Es kommt bei hohen Populationsdichten immer wieder einmal vor, dass Raubfliegen-Weibchen, hier der Schwarzen Habichtsfliege Dioctria atricapilla, Männchen der eigenen Art erbeuten. Foto: F. Riedel.

achtungen zeigen, dass von ihnen aufgrund ihrer geringen Körpergröße gerne Springschwänze (Collembola) erbeutet werden.

Bei den beiden Wolfsfliegenarten *D. diadema* und *Molobratia teutonus* ist im Vergleich zu anderen Asiliden gleicher Größe ein deutlich größerer Anteil wehrhafter Stechimmen (Bienen, Hummeln, Wespen) in der Nahrung vertreten.

Sofort nach dem Einstechen des Stechrüssels injizieren Raubfliegen ihrer Beute ein Sekret, das ein Nervengift und Verdauungsenzyme enthält. Das Gift dient dazu, die Beute augenblicklich zu lähmen. Die Verdauungsenzyme lösen die inneren Weichteile (Muskeln, Organe etc.) der gefangenen Tiere auf. Der so entstehende Nahrungsbrei wird anschließend über den Stechrüssel eingesogen. Die Verdauung findet also bei Raubfliegen – zumindest in einer ersten Vorstufe – extraintestinal außerhalb des eigenen Körpers statt. Bei kleineren Beutetieren werden diese meist nur einmal angestochen, bei größeren Exemplaren wird die Position des Stechrüssels hingegen mitunter mehrfach gewechselt. Auch wenn die Position des Rüssels nicht gewechselt wird, können sich Phasen des Sekret-Einspritzens und des Aufsaugens des Nahrungsbreis mehrfach abwechseln.

Ernährung der Larven

Während die räuberische Lebensweise bei den Imagines schon seit vielen Jahrhunderten bekannt ist, gab es zur Ernährung der Larven für lange Zeit unterschiedliche Theorien. Dies ist auch nicht verwunderlich, weil adulte Raubfliegen auch ohne besondere Hilfsmittel häufig bei der Jagd und beim Aussaugen ihrer Beute beobachtet werden können. Asilidenlarven leben hingegen anders als z.B. Raupen/Larven vieler Schmetterlingsarten sämtlich vor der direkten menschlichen Beobachtung versteckt in den oberen Bodenschichten oder in Totholzstrukturen (vgl. Kapitel „Individualentwicklung").

Eine Hornisse hat eine Laphria gibbosa erbeutet: Der Fotograf Friedhelm Riedel beschreibt die Jagdszene wie folgt: „Eine Große Mordfliege saß um 18 Uhr auf einem Baumstumpf. Hinter mir brummte es in der Luft. Die Mordfliege startete daraufhin ab. Zunächst dachte ich, dass ein Artgenosse ihre Aufmerksamkeit erregte. Aber sie wollte offenbar große Beute machen. Denn der Brummer aus dem Hintergrund war eine Hornisse, die aber auch auf Beutesuche war. Der Schuss ging für die Mordfliege nach hinten los. Obwohl beide fast gleich lang sind, hatte die Mordfliege offenbar keine Chance. Die beiden Räuber landeten im Gras, die Hornisse gewann sehr schnell die Oberhand. Ich bin mir ziemlich sicher, dass die Mordfliege nicht flüchten, sondern angreifen wollte. Es ist bekannt, dass Raubfliegen auch viel größere Beute als sie selbst überwältigen können. Wäre die Mordfliege sitzen geblieben, wäre nichts passiert, weil sie vermutlich von der Hornisse nicht wahrgenommen worden wäre."

Melin (1923) bezweifelte noch eine vorwiegend prädatorische Lebensweise, sondern nahm die Aufnahme tierischer Nahrung als zufällige Ausnahme an. Heute gehen die meisten Autoren hingegen davon aus, dass Raubfliegenlarven sich vorwiegend aktiv von anderen Insektenlarven ernähren. Musso zeigte für *M. rusticus*, dass es hierbei jedoch Unterschiede zwischen den einzelnen Larvenstadien gibt. Das erste Larvenstadium lebt noch ausschließlich von Eidotter-Reserven, das zweite Larvenstadium ist hingegen „flexibel"; deren junge Larven können sich von durch Käferlarven ausgeschiedenen oder abgesonderten Substanzen oder quasi parasitisch an deutlich größeren Käferlarven ernähren, indem sie mit ihren Mundwerkzeugen deren Haut durchbohren. Das Parasitieren kann dabei zum Tod der Wirte führen (die Asilidenlarven wären in diesen Fällen also

Parasitoide). Die folgenden Larvenstadien der Art ernähren sich überwiegend prädatorisch von verschiedenen erdbewohnenden Insektenlarven, insbesondere pflanzenfressenden Käferlarven, unter anderem der Familien Scarabaeidae (Blatthornkäfer), Curculionidae (Rüsselkäfer) und Chrysomelidae (Blattkäfer).

Laphriinenlarven gelten als Prädatoren holzbewohnender Insekten-, insbesondere Käferlarven. Käferfamilien mit vorwiegend xylophager larvaler Lebensweise sind dabei überrepräsentiert. Hierzu gehören z.B. Buprestidae (Prachtkäfer), Cerambycidae (Bockkäfer), Curculionidae (Rüsselkäfer, hier vor allem Borkenkäfer) oder Elateridae (Schnellkäfer).

Bisher liegen keine Hinweise darauf vor, dass Raubfliegenlarven ernährungsphysiologisch auf bestimmte Beutetaxa spezialisiert sind. Die Untersuchungen von Musso (1978) und Wichmann (1956) zeigen, dass in geringerem Umfang auch andere Artengruppen, z.B. Larven und Puppen von Dipteren oder (teilweise an Käferlarven parasitisch lebenden) Larven von Hymenopteren genutzt werden. Darunter können wie bei den Asilidenimagines auch Raubfliegenlarven der eigenen oder anderer Arten sein.

Raubfliegen als Nützlinge/Schädlinge bzw. ihre Rolle im Ökosystem

Früher wie heute werden Asiliden gerne als „nützlich" eingestuft. Im 19. Jahrhundert etwa empfiehlt Maron (1841) in seiner „Anleitung für Privatwald-Eigenthümer", *„die dem Walde nützlichen Insekten auf jede mögliche Weise zu vermehren und zu erhalten [...] zu welchen insbesondere [...] die Ameisen, Raubkäfer, Raubfliegen, Schlupf- und Zehrwespen gehören"*, stellt aber gleichzeitig fest: *„Für die Vermehrung [...] läßt sich gar nichts thun"*. Lohrenz (1907) konstatiert: *„Ihre Beute [...] besteht meistens aus kleinen Insekten, zum großen Teil aus den so überaus schädlichen Borkenkäfern. Der Nutzen der Raubfliegen liegt daher auf der Hand."*

Aber liegt der Nutzen wirklich so auf der Hand? Imker etwa beurteilen Raubfliegen in vielen Fällen grundlegend anders als die Forstentomologen des 19. Jahrhunderts. *„Manche Raubfliegen machen auch auf Bienen Jagd und können es sogar speziell auf diese abgesehen haben. Wenn auch ihr Auftreten am Bienenstand bei uns im Allgemeinen kaum auftritt, sollen diese bei stärkerem Auftreten schon zur Plage geworden sein"* (http://www.bee-info.de/bienen-krankheiten/bienen-schaedlinge-fliegen.html). Schon allein dieses Beispiel aus einer Website über Bienen zeigt, dass es bei der Einstufung als Nützling oder Schädling bzw. Lästling sehr auf den Blickwinkel ankommt. Ohnehin handelt es sich bei derartigen Wertungen ausschließlich um eine anthropozentrische, auf einen potenziellen Nutzen oder Schaden für die Produktion von land- oder forstwirtschaftlichen Erzeugnissen bezogene Sichtweise. Bei kritischer Betrachtung entbehren diese Einstufungen aber zumindest für die heimischen Asiliden sowohl hinsichtlich einer potenziell nützlichen Funktion als auch in Bezug auf eine angenommene Schadwirkung einer belastbaren, quantitativ abgesicherten Grundlage. Im Gegensatz dazu steht bei einem ökologischen Ansatz die Rolle einer Art im Ökosystem im Vordergrund, ohne dabei eine Wertung vorzunehmen.

Möchte man dennoch die Asiliden hinsichtlich ihrer Nützlichkeit auf den Prüfstand stellen, so müssten für eine „positive" Bewertung folgende Kriterien erfüllt sein:

- Zumindest einzelne Arten müssten so verbreitet/häufig sein und gleichzeitig so hohe Abundanzen aufweisen, dass sie einen deutlichen Einfluss auf die Populationen potenzieller Schadorganismen entwickeln und damit wirtschaftlich überhaupt Relevanz entfalten könnten.

» Diese Arten müssten außerdem entweder auf potenzielle Schadorganismen spezialisiert sein oder zumindest eine deutlich größere Biomasse potenzieller Schadorganismen vertilgen als Biomasse potenziell nützlicher Organismen, um – nach menschlichen Maßstäben – eine „positive Bilanz“ zu erreichen.

Laphria flava ist gut geeignet, um diese Frage einmal testweise durchzugehen: Es handelt sich um die nach *Tolmerus atricapillus* und der Schwarzen Habichtsfliege *Dioctria atricapilla* am dritthäufigsten gemeldete Art in Deutschland. Die Nachweiskarte im Artporträt belegt die weite Verbreitung in Deutschland in allen waldreichen Regionen. Sie kommt regelmäßig in Laub-, Misch- und Nadelwäldern vor und fängt dort von verschiedenen Holzstrukturen aus andere Insekten. Die Larven entwickeln sich in Totholzstrukturen ebenfalls prädatorisch. Sie gehört zu den Arten, die von Forstentomologen in der Regel als nützlich betrachtet werden.

Hohe Abundanzen werden in der Regel bei dieser Art jedoch nicht erreicht. Für die Larvalentwicklung geeignete Totholzstrukturen sind in unseren heimischen Wirtschaftswäldern oft nur eingeschränkt vorhanden. Da *L. flava*-Larven untereinander sowohl Nahrungskonkurrenten darstellen als auch potenziell gegeneinander prädatorisch sein können, sind in einem Holzstubben, einem umgestürzten Baumstamm etc. meist nur wenige Larven zu finden. Im Gegensatz z.B. zu Borkenkäfern als potenzielle Beutetiere, die flächig ganze Waldpartien besiedeln können, konzentriert sich die Besiedlung von *L. flava* außerdem auf Waldrand- und Waldlichtungssituationen. Dies setzt einer starken Populationsentwicklung deutlich engere Grenzen als bei Insektenarten, die auch geschlossene Gehölzbestände nutzen.

Eine Analyse der vorliegenden Daten zum Beutetierspektrum zeigt zudem, dass eine besondere Spezialisierung auf totholzbewohnende Käferarten oder andere „Forstschädlinge“ nicht gegeben ist. Vielmehr nutzen adulte Exemplare der Gelben Mordfliege alle in ihrem jeweiligen Aktionsradius verfügbaren Beutetiere geeigneter Körpergröße. Dazu zählen neben Insektenarten ohne unmittelbare Relevanz für die Forstwirtschaft in nennenswertem Umfang auch Insektenarten, die gemeinhin als Nützlinge klassifiziert werden, z.B. Waldameisen (während des Hochzeitsfluges) oder Marienkäfer und Schwebfliegen, deren Larven Blattlausvertilger sind (bei den Schwebfliegen nur die Unterfamilie Syrphinae). Schwebfliegen gelten auch als wichtige Blütenbestäubergruppe. Auch andere Räuber, wie die Gemeine Mordfliege *Choerades marginata*, oder Raubwanzen werden von der Art erbeutet.

Bei *L. flava* richtet sich das Beutetierspektrum qualitativ und quantitativ also maßgeblich nach den im Jagdrevier zur gleichen Flugzeit auftretenden Insektenarten und deren Abundanzen. Alle flugfähigen, mittelgroßen bis großen Arten mit hohen Individuenzahlen, sowohl Nützlinge wie etwa Marienkäfer als auch Schädlinge wie z.B. Borkenkäfer, können dabei einen maßgeblichen Anteil der Nahrung stellen.

Im Larvalstadium ist das Beutetierspektrum deutlich weniger vielfältig als bei den Imagines. Als Besiedler verschiedener Totholzstrukturen stellen für die Gelbe Mordfliege die Larven anderer xylobionter Insektenarten einen Großteil der Nahrung, darunter auch zahlreicher totholzbewohnender Käfer. Die Eiablage erfolgt bei *L. flava* jedoch bevorzugt in Bohrlöcher von Käfern oder anderen Stellen mit Rindenverletzungen an Baumstubben, liegenden Stämmen oder anderen bereits stärker vorgeschädigten bodennahen Holzstrukturen. Xylophage Käferarten bevorzugen meist Totholz eines bestimmten Zersetzungsgrades. Die aus forstentomologischer Sicht besonders problematischen Käferarten, die in der Lage sind, auch gesunde oder nur schwach vor-

Ein Männchen der Großen Mordfliege *Laphria gibbosa* hat eine Wespe (*Vespula spec.*) erbeutet, den Rüssel zwischen die Hinterleibssegmente eingestochen und saugt die Wespe aus. Foto: F. Riedel.

geschädigte bzw. lediglich gestresste Bäume zu besiedeln, spielen in der Käferlarvalfauna der von den Larven der Gelben Mordfliege bewohnten Totholzstrukturen in der Regel deshalb nur eine untergeordnete Rolle. In forstwirtschaftlicher bzw. ökonomischer Hinsicht darf die prädatorische Lebensweise sowohl der Larven als auch der Imagines dieser Art daher nicht überbewertet werden.

Dies gilt auch für andere Arten der Laphriinae. WICHMANN (1956) kommt z.B. bei seinen Untersuchungen über den Einfluss der Karminroten Mordfliege *Choerades gilva* auf die Populationen des Buchdruckers *Ips typographus* zu folgendem Schluss: „*Laphria gilva ist zu standortstreu, um in Buchdrucker-Flugzentren zu einer Besatzverdichtung zu gelangen. Sie ist eine Kleinkraft von kaum nennenswerter Leistung in den sich aufbauenden Käferherden und von den vielen banalen Fluginsekten abgelenkt. In Wäldern mit schwachem typographus-Bestand verschiebt sich aber das waldbiologische Gewicht sowohl des schwach vertretenen Borkenkäfers, in dessen Minimalpopulation jedes Einzelindividuum bedeutungsvoller wird, wie ebenso jeder der anwesenden Allgemeinräuber, obgleich im Gesamten zahlenschwach vertreten, mit seinen Fängen wirksamer wird.*“

Die Bedeutung der Asiliden liegt also weniger in ihrer ökonomischen Nutz- (oder Schad-)Wirkung, sondern vielmehr in ihrer ökologischen Einbindung in ein fein verzweigtes Nahrungsnetz artenreicher Lebensgemeinschaften. Raubfliegen nehmen dabei einerseits prädatorisch (bzw. in jungen Larvenstadien auch parasitisch) Einfluss auf die Populationsentwicklung ihrer Beutetierarten, stellen andererseits aber selbst auch Nahrung für andere Prädatoren (z.B. Spinnen, Raubfliegen) oder Parasiten dar/bereit.

In allgemein artenarmen Lebensgemeinschaften kann die Bedeutung einzelner Raubfliegenarten im Ökosystem jedoch auch deutlich steigen. So entwickelt etwa auf den noch jungen Düneninseln Mellum und Memmert im niedersächsischen Wattenmeer *Ph. albiceps* eine hohe Dominanz (BARKEMEYER 1994).

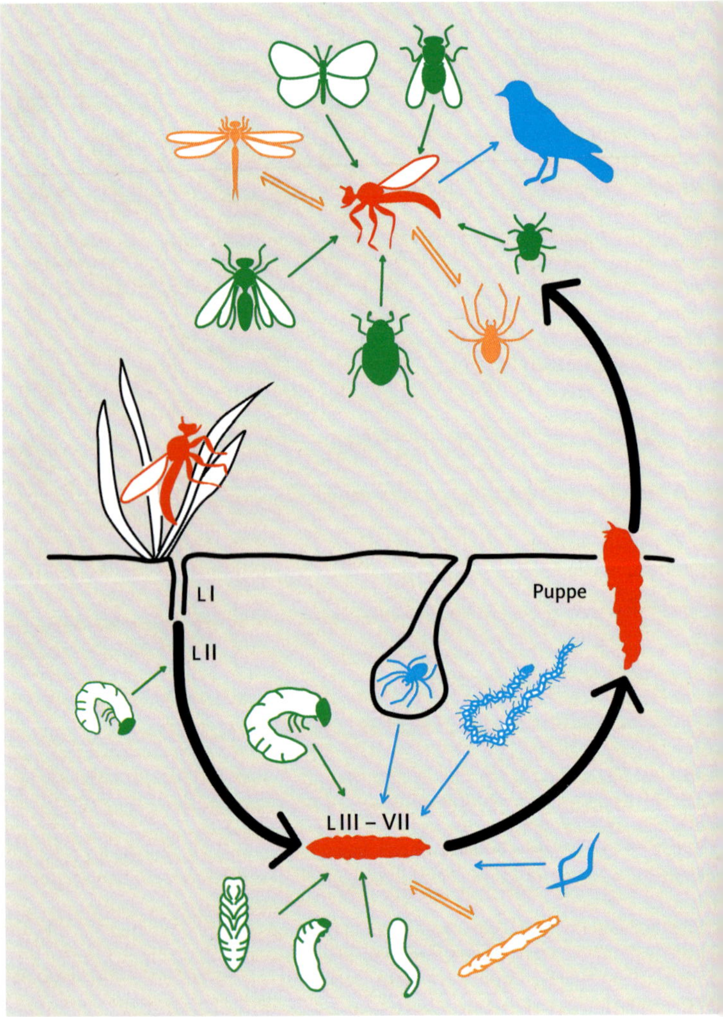

A16: Raubfliegen sind vielfältig in die Nahrungsnetze ihrer Ökosysteme eingebunden, verändert nach MUSSO 1978.

Mimikry und Verteidigung

Verschiedene Raubfliegenarten erinnern aufgrund der langen, z.T. farbigen Behaarung oder kontrastreicher gelber oder weißer Flecken/Binden auch den entomologischen Laien an Hummeln oder Wespen. Ein gutes Beispiel dafür ist etwa *Asilus crabroniformis*, deren Ähnlichkeit mit der Hornisse sich nicht nur in dem ihr von Linné gegebenen wissenschaftlichen Artnamen widerspiegelt (*crabroniformis* = „hornissenartig"). Selbst den altvorderen Pionieren der Naturkunde ist diese Ähnlichkeit sehr früh aufgefallen. MUFFET ET AL., SWAMMERDAM oder JOHNSTON ordneten die Hornissen-Raubfliege bereits im 15.–17. Jahrhundert einer Gruppe von wespen- bzw. hornissenähnlichen, aber in der Regel stechunfähigen Insekten (unter anderem auch Schlupfwespen) zu, die teilweise unter dem Namen *Pseudospheca* zusammengefasst wurden (A17). MUFFET ET AL. (1634) beschreiben sie z.B. wie folgt: „*Pseudospheca Vespae item species videtur sine aculeo: caput illi fuscum, duo illi in fronte brevia & gracilia cornicula, oculi magni, nigri, prominentes, os oblongum, bifurcum, pectus crassum, ac prominens, quibus tres utrimque pedes affixi; scapulae, densae, gibbosae; corpus procerum, gracile, articulatum, alae fuscae duae, pedes hirsuti, & colorem alarum assecuti.*" (Übersetzung: „Pseudospheca scheint auch eine Art von Wespen ohne Stachel zu sein: Kopf dunkel [oder braun/schwärzlich], auf der Stirn zwei kurze & schlanke Fühler, Augen groß, schwarz, hervorstehend, Mund [hier wohl der Stechrüssel] länglich, zweispitzig, Brust dick [kräftig], und auch vorstehend, an dieser auf beiden Seiten drei Beine befestigt, Schultern [oder hier Brustrücken?] kräftig, gewölbt, Körper lang [gestreckt], schlank, gegliedert, zwei bräunliche Flügel, Beine beborstet, und von gleicher Farbe wie die Flügel"; Pseudospheca kommt von gr. ψευδος [pseudos] = Lüge bzw. gr. ψευδης [pseudes] = falsch und gr. σφήκα [sphex] = Wespe, bedeutet also „falsche Wespe".)

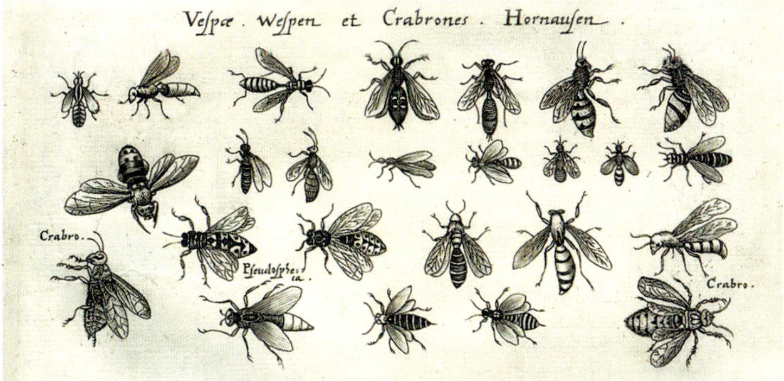

A17: Johnston (1653) verwendete für die Hornissen-Raubfliege den griechischen Ausdruck Pseudospheca und gruppierte sie wegen ihrer äußerlichen Ähnlichkeit unter die Wespen und Hornissen (untere Reihe, 2. von links).

Weitere Beispiele für hummel- oder wespenähnliche heimische Raubfliegen sind die großen Mordfliegen-Arten (*Laphria*) oder die Kleine Wolfsfliege *Molobratia teutonus*. Teilweise wird diese Ähnlichkeit von Biologen als Bates'sche Mimikry gewertet. Darunter versteht man die Nachahmung wehrhafter oder ungenießbarer Arten (Vorbilder) durch Arten, denen vergleichbare Fähigkeiten oder Eigenschaften zur Verteidigung fehlen. Die Nachahmung kann sich dabei nicht nur auf die Gestalt und Färbung erstrecken, sondern wird teilweise durch Verhaltensweisen oder Geräusche verstärkt. Fraßfeinde, die ihre Beute meist visuell erfassen, meiden nach schmerzhaften oder unangenehmen Erfahrungen mit den Vorbildern auch deren ähnliche Nachahmer. Dieses Schutzprinzip funktioniert in der Regel nur, wenn die Vorbilder vergleichsweise häufig auftreten und die Nachahmer im Vergleich dazu seltener sind. Außerdem müssen Vorbilder und Nachahmer sich in großen Teilen ihrer Verbreitungsgebiete überlappen.

In welchen Fällen bei den heimischen Raubfliegenarten Bates'sche Mimikry vorliegt, ist schwierig zu beantworten. Vergleichbar gute Vorbilder-Nachahmer-Modelle wie in anderen Regionen der Welt, z.B. bei *Mallophora bomboides* (Asilidae) und *Bombus americanorum* (Hymenoptera: Apidae) existieren – vielleicht mit Ausnahme der Hornissen-Raubfliege – bei den hiesigen Arten nicht. Nun nimmt die Mimikry-Theorie allerdings an, dass durch natürliche Auslese ein Nachahmer im Laufe des Evolutionsprozesses eine zunehmende Ähnlichkeit im Vergleich zu seinem Vorbild entwickelt. Die Exemplare mit der jeweils größten Ähnlichkeit werden danach am wenigsten von Fraßfeinden verfolgt und unterliegen einem geringeren Prädationsrisiko, wodurch sie einen Selektionsvorteil genießen. Dies setzt jedoch voraus, dass dieses Schutzprinzip bereits dann wirksam wird, wenn noch keine „perfekte" Nachahmung vorliegt, sondern erst eine relative Ähnlichkeit bei einer gewissen Anzahl von Exemplaren der Nachahmer-Art besteht.

Die Hornisse Vespa crabro ist das Mimikry-Vorbild der Hornissen-Raubfliege.

Unter dieser Prämisse ist nicht auszuschließen, dass sich zum Beispiel die überwiegend lang- und gelbhaarige *L. flava* zu einem Nachahmer der Ackerhummel *Bombus pratorum* oder die Große Mordfliege *Laphria gibbosa* mit ihrem weißen Hinterleibsende zu einem Nachahmer der Erdhummelarten *Bombus cryptarum*, *B. lucorum*, *B. terrestris*, der Gartenhummel *B. hortorum* oder der Erdbauhummel *B. subterraneus* entwickeln. Da *L. gibbosa* keine gelbe Querbinde auf der Brust aufweist, ist die Ähnlichkeit mit diesen Hummelarten allerdings nur oberflächlich.

M. teutonus zeigt mit den Vorderbeinen oft ein auffälliges Verhalten, indem sie diese nach vorne über den Kopf erhebt (vgl. Titelfoto). Diese Beinhaltung wird zusammen mit der dunklen Färbung der Vordertarsen von einigen Asilidologen als Nachahmung von Wespenfühlern (oder als Abwehrhaltung) interpretiert. Etwas Ähnliches ist oft bei den ebenfalls sehr wespenähnlichen *Temnostoma*-Arten aus der Familie der Schwebfliegen (Syrphidae) zu beobachten.

Eine andere Form der Mimikry ist die sogenannte Peckham'sche oder Agressive Mimikry. Die Nachahmer profitieren von der Ähnlichkeit mit ihren Vorbildern, indem sie sich diesen leichter nähern können oder diese anlocken, z.B. um sie dann zu erbeuten oder Eier an ihnen oder ihren Entwicklungsstätten abzulegen. Die Vorbilder erleiden in

Die Ackerhummel *Bombus pratorum* ist ein mögliches Vorbild für die Gelbe Mordfliege *Laphria flava*.

der Regel also einen Nachteil seitens des Nachahmers. Unter den heimischen Raubfliegenarten gibt es keine Arten mit starker Präferenz für bestimmte Beutetierarten oder besonderer larvaler Bindung an bestimmte Wirtsarten, sodass hier keine Fälle von Peckham'scher Mimikry bekannt sind.

Obwohl Asiliden ein sehr wirkungsvolles Sekret zum Lähmen und Töten von Beutetieren aufweisen, setzen sie dieses nur in ganz seltenen Fällen zur eigenen Verteidigung ein. Regelmäßig fallen Raubfliegen anderen Asiliden (sogar der eigenen Art) selbst zum Opfer. Bei Beunruhigung oder Gefahr suchen Raubfliegen meist die Flucht durch Auffliegen oder – insbesondere bei kühler Witterung – durch Fallenlassen in die dichte Krautschicht. Nur wenige große Arten (*Asilus*, *Laphria*) sind in der Lage, mit ihrem Stechrüssel die menschliche Haut zu durchstoßen. Dies kommt jedoch nur dann vor, wenn „unvorsichtige" Entomologen solche Exemplare mit der Hand aus einem Insektenkescher ergreifen und festhalten. Der Stich soll dann sehr schmerzhaft sein.

Relativ häufig fliegen Raubfliegen still stehende oder sitzende Menschen an, insbesondere wenn diese helle Kleidungsstücke tragen und sich an von der Sonne beschienenen Stellen aufhalten. So überraschend und vielleicht beängstigend dieses plötzliche Anfliegen für den Unvorbereiteten auch ist, es stellt keinesfalls ein Angriffsverhalten dar. Vielmehr „testen" Raubfliegen den Menschen in solchen Situationen als vermeintlich besonders gut geeigneten, exponierten Ansitzplatz für weitere Jagdflüge.

Verhalten zur Steuerung der Körpertemperatur

Wie alle Insekten sind Raubfliegen wechselwarme Lebewesen, deren Körpertemperatur maßgeblich von der Umgebungstemperatur bestimmt wird. Sie können sie nur in sehr eingeschränktem Umfang durch physiologische Prozesse selbst steuern. Asiliden haben stattdessen verschiedene Verhaltensweisen entwickelt, um durch Änderungen der Körperhaltung oder des Standortes die eigene Körpertemperatur (auch im Verhältnis zur Transpiration) zu optimieren. Dabei gibt es sowohl Verhaltensweisen, die der Aufwärmung dienen, als auch solche, die zu einer Abkühlung führen bzw. einer zu starken Erhitzung vorbeugen.

In den noch kühleren Morgenstunden suchen viele Arten aktiv exponierte, von der Sonne beschienene Stellen auf. Bei noch tiefem Sonnenstand liegen diese oft höher als die üblichen Ansitzwarten bei der Beutejagd, z.B. an höher liegenden Stammbereichen. Um die wärmenden Sonnenstrahlen optimal nutzen zu können, wird der Körper dabei gerne gekippt und die Körperseite direkt auf die Sonne ausgerichtet. Auffällig ist ein Verhalten einiger Arten, die sich – ebenfalls in den frühen Morgenstunden – kopfüber in fast senkrechter Haltung, z.T. übergekippt, an den Spitzen von Gräsern und Stauden festhalten. Ob dieses Verhalten ebenfalls der Regulierung der Körpertemperatur dient oder etwa eine Ruhehaltung während der Nachtstunden darstellt, ist bisher nicht bekannt.

Um eine Überhitzung zu verhindern, wird in der Regel zunächst die Körperhaltung korrigiert. Bei heißen Ansitzwarten (insbesondere Sandböden) kann durch Aufstellen der Beine der Abstand zum Untergrund erhöht werden. Wird die Umgebungstemperatur zu heiß, wechseln viele Arten ihren Standort. Besonders in den heißen Mittagsstunden ist ein Ausweichen in schattige Bereiche zu beobachten. Das Beispiel der Matten Habichtsfliege *Dioctria humeralis* zeigt, dass dabei durchaus verschiedene Strategien genutzt werden. Auf gehölzarmen Halbtrockenrasen steigt sie meist in der Krautschicht in die dichteren, tiefer liegenden Zonen hinab. In stärker verbuschten Gebieten kann sie hingegen oft im Schatten von Weißdorn- oder Schlehenbüschen beobachtet werden.

Abends lassen sich zahlreiche Raubfliegen auf Steinen und aufgewärmten Hölzern nieder, wo man sie gut beobachten kann.

Bei moderaten Temperaturen fliegt die Zierliche Habichtsfliege Dioctria bicincta im Halbtrockenrasen (im Hintergrund), in heißen Mittagsstunden weicht sie in die Krautschicht des angrenzenden lichten Waldes (im Vordergrund) aus. Foto: D. Wolff.

Flugzeiten

Als wärmebedürftige Jäger anderer Kerbtiere fliegen Asiliden in Deutschland vor allem in den wärmeren und beutereichen Frühjahrs- und Sommermonaten von Mai bis September. In dieser Zeit fliegen etwa 99 Prozent der Raubfliegenexemplare einer Saison. Dennoch sind einige frühe Arten regelmäßig bereits im April zu beobachten, während echte Sommer- und Spätsommerarten häufig auch noch im Oktober zu finden sind.

Nur in seltenen Jahren mit außergewöhnlich mildem Winter und Vorfrühling tauchen die ersten Imagines bereits Anfang März auf. Der früheste bisher in Deutschland beobachtete Fund einer Imago datiert vom 4. März (Frühlings-Raubfliege *Erax barbatus*). Ebenso kann sich die Flugzeit bei besonders warmem Spätherbstwetter bis Anfang November ausdehnen. Aus dem ersten Drittel dieses Monats liegen noch Meldungen von *Tolmerus atricapillus*, Strand's Raubfliege *Tolmerus strandi*, *Choerades gilva* und der Schwarzen Mordfliege *Andrenosoma atrum* vor.

Dabei gibt es keine Art, die während der gesamten Zeit vom Frühling bis zum Herbst als Imago auftritt. Manche Arten haben eine vergleichsweise kurze Flugzeit, andere fliegen zumindest über zwei volle Jahreszeiten. Die nachfolgende Übersicht veranschaulicht, welche Arten in Deutschland in den einzelnen Monaten (Monatsdritteln) bisher nachgewiesen sind und damit z.B. auf Exkursionen in geeigneten Lebens- bzw. Naturräumen grundsätzlich erwartet werden können. In der Übersicht sind nur etablierte und wahrscheinlich etablierte Arten berücksichtigt.

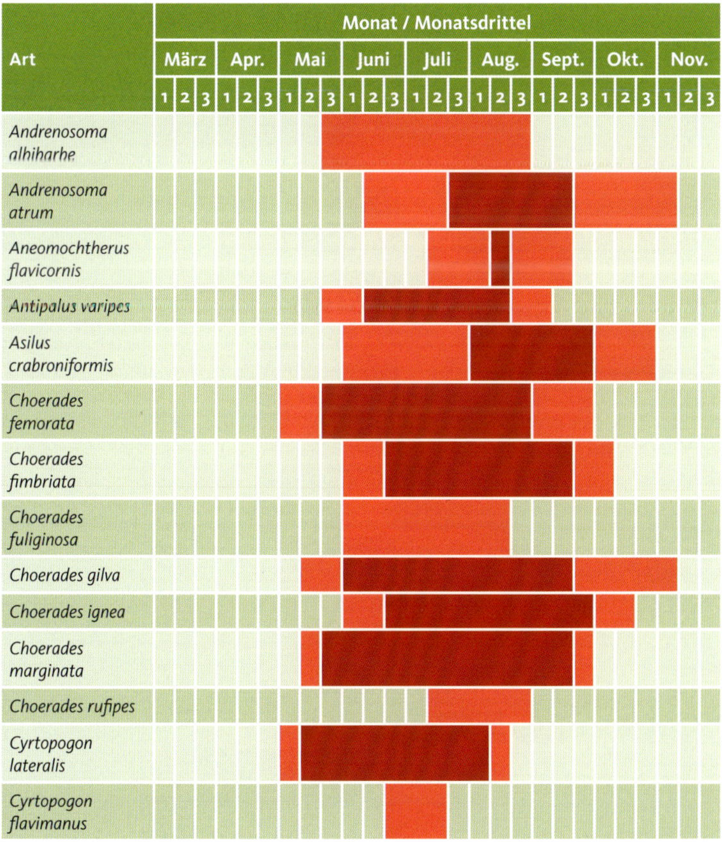

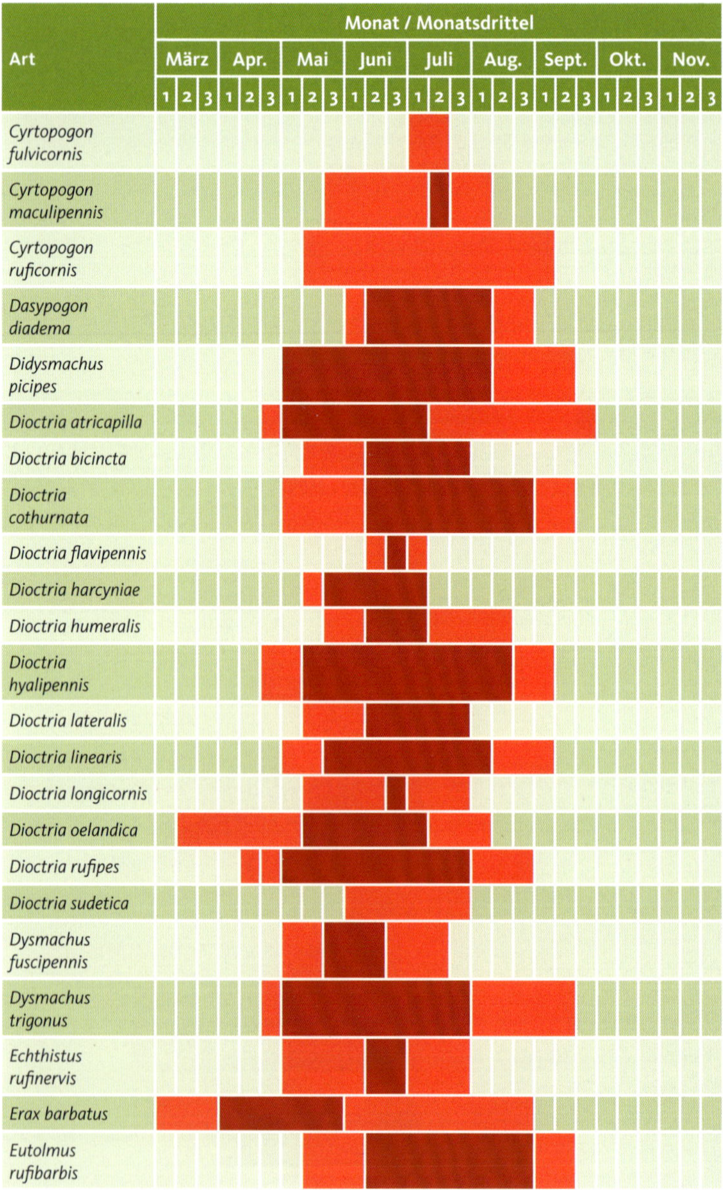
Art
Monat / Monatsdrittel
März
Apr.
Mai
Juni
Juli
Aug.
Sept.
Okt.
Nov.
1 2 3 1 2 3 1 2 3 1 2 3 1 2 3 1 2 3 1 2 3 1 2 3 1 2 3
Cyrtopogon fulvicornis
Cyrtopogon maculipennis
Cyrtopogon ruficornis
Dasypogon diadema
Didysmachus picipes
Dioctria atricapilla
Dioctria bicincta
Dioctria cothurnata
Dioctria flavipennis
Dioctria harcyniae
Dioctria humeralis
Dioctria hyalipennis
Dioctria lateralis
Dioctria linearis
Dioctria longicornis
Dioctria oelandica
Dioctria rufipes
Dioctria sudetica
Dysmachus fuscipennis
Dysmachus trigonus
Echthistus rufinervis
Erax barbatus
Eutolmus rufibarbis

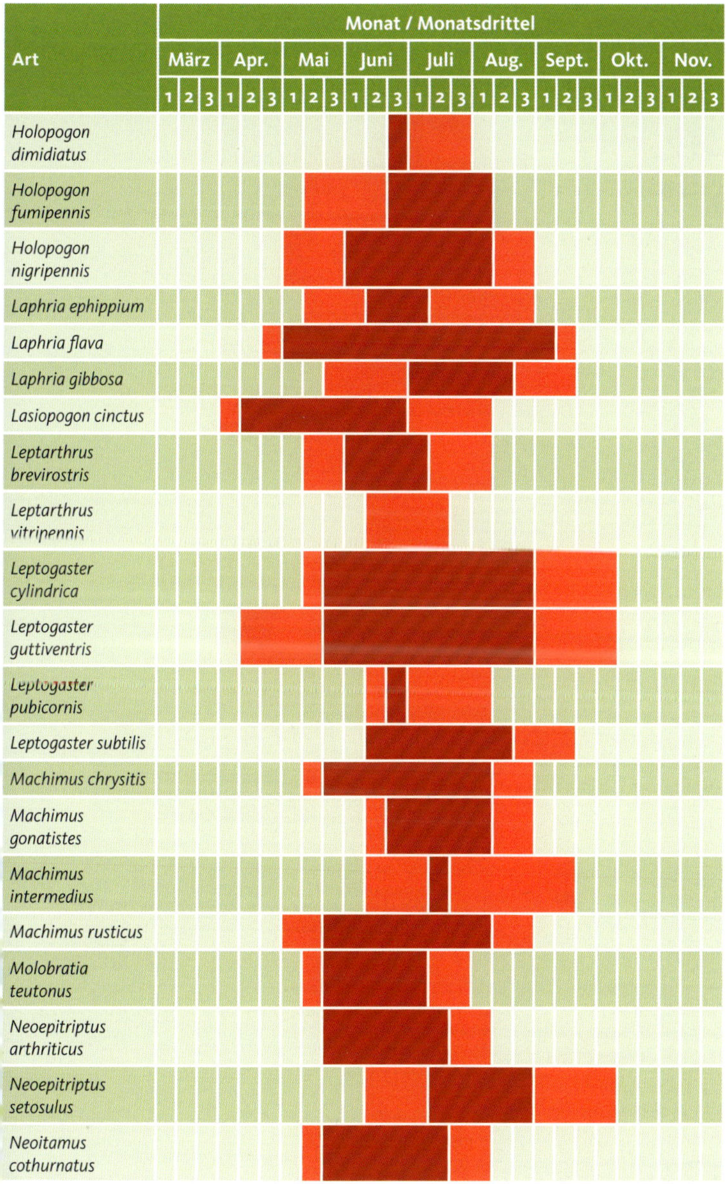
Art
Monat / Monatsdrittel
März
Apr.
Mai
Juni
Juli
Aug.
Sept.
Okt.
Nov.
1 2 3 1 2 3 1 2 3 1 2 3 1 2 3 1 2 3 1 2 3 1 2 3 1 2 3
Holopogon dimidiatus
Holopogon fumipennis
Holopogon nigripennis
Laphria ephippium
Laphria flava
Laphria gibbosa
Lasiopogon cinctus
Leptarthrus brevirostris
Leptarthrus vitripennis
Leptogaster cylindrica
Leptogaster guttiventris
Leptogaster pubicornis
Leptogaster subtilis
Machimus chrysitis
Machimus gonatistes
Machimus intermedius
Machimus rusticus
Molobratia teutonus
Neoepitriptus arthriticus
Neoepitriptus setosulus
Neoitamus cothurnatus

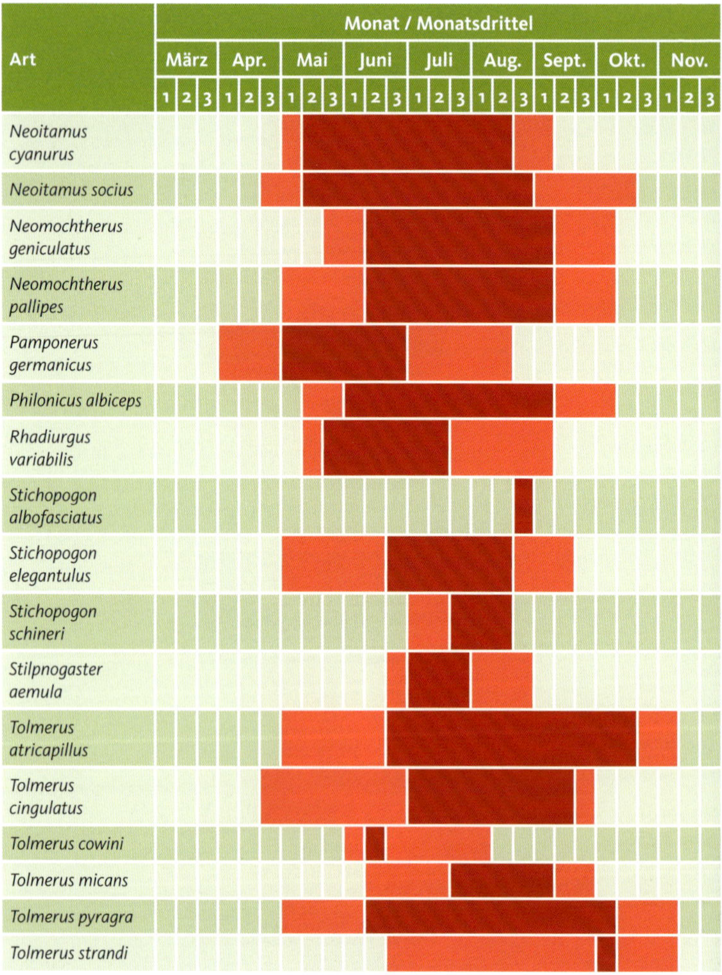

Tab. 4: Flugzeiten-Übersicht der Raubfliegen Deutschlands. Dunkelrot = Hauptphase der Flugzeit, Hellrot = Nebenphasen der Flugzeit (Parameter: Nachweise von mehr bzw. weniger als 10 Individuen pro Monatsdrittel. Bei Arten mit wenigen konkreten Nachweisen ist die bisherige Datenlage zu schwach, um Hauptphasen der Flugzeiten festzulegen).

Die Abbildungen A18 und A19 stellen den Verlauf der Arten- und Individuenzahlen im Jahresverlauf dar. Sowohl bei der Anzahl der Arten als auch bei den Individuenzahlen liegt das Maximum jeweils im Juni.

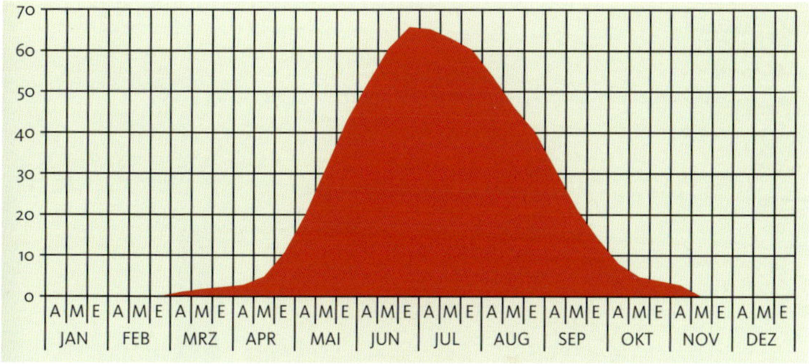

A18: Anzahl nachgewiesener Raubfliegenarten je Monatsdrittel.

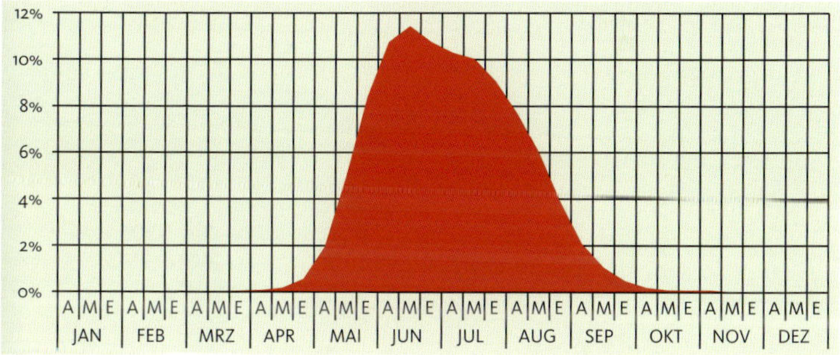

A19: Prozentanteile nachgewiesener Raubfliegenexemplare je Monatsdrittel.

Lebensräume

Die Bindung von Raubfliegen an ihre Lebensräume wird durch eine Vielzahl unterschiedlicher Faktoren bestimmt. Für das langfristige Überleben einer Population müssen die Ansprüche einer Art in allen Entwicklungsstufen vom Ei bis zur Imago erfüllt sein. Das Wirkungsgefüge ist so komplex, dass im Rahmen dieses kompakten Naturführers nur einige wesentliche Aspekte beispielhaft herausgegriffen werden können.

Für die Eiablage und die Larvalentwicklung werden artspezifische Strukturen und Substrate in geeigneter Güte und Menge benötigt. Die Laphriinen sind z.B. auf Totholz einer bestimmten Zersetzungsstufe angewiesen, in dem die Larven sich von anderen totholzbewohnenden Insekten(larven) ernähren. Sandarten benötigen Sandböden für die Eiablage in den Boden (*Philonicus*) oder zur Bildung von Sandhüllen um die Eipakete (*Antipalus, Dasypogon*).

Für die erfolgreiche, z.T. mehrjährige Larvalentwicklung müssen artspezifische (hohe) Temperatursummen in den besiedelten Bodenschichten bzw. im Totholz erreicht werden, die ein rasches Wachstum und vor allem eine jahreszeitlich angepasste Reifung der Larven (Verpuppungsreife) ermöglichen. Die erforderlichen Temperatursummen

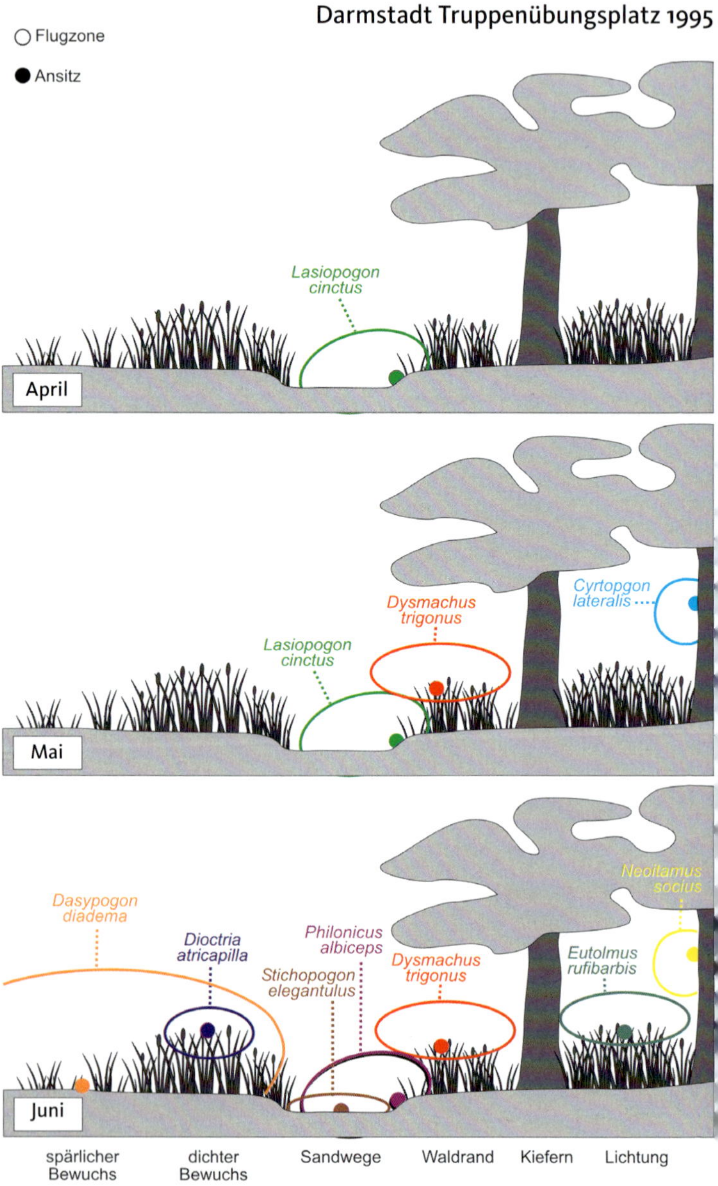

A20: Räumlich-zeitliche Einnischung verschiedener Raubfliegenarten bei der Wahl ihrer Jagdreviere in einem Dünengebiet im nördlichen Oberrhein-Tiefland.

werden in Deutschland für viele Arten oft nur an kleinklimatisch besonders begünstigten Standorten erzielt, z.B. an trockenen, südexponierten Stellen mit hoher Sonneneinstrahlung. Hohe Bodenfeuchte hingegen leitet die Wärme leicht in tiefere Bodenschichten ab bzw. führt bei Verdunstung zu einer Abkühlung der oberen vorrangig besiedelten Schichten. Auf der anderen Seite bestimmt bei unterschiedlicher Austrocknungsresistenz der Larven die Wasserspeicherkapazität des Bodens, in welchem Ausmaß die einzelnen Arten lang anhaltende niederschlagsarme Phasen überdauern können.

Für die Jagd und die Partnersuche werden von jeder Art eine bestimmte Raumstruktur und bestimmte Ansitzwarten bevorzugt. *Leptogaster* streifen bei der Jagd z.B. oft langsam durch die obere Krautschicht von Wiesen und Trockenrasen. *Holopogon* sind dagegen bei der Jagd offenbar erfolgreicher, wenn sie von dürren Zweigspitzen aus die Umgebung im Blick haben und von dort ihre Beuteflüge starten können. Abbildung A20 veranschaulicht, wie Raubfliegen die Nischen innerhalb eines Gebietes unterschiedlich nutzen. In Abhängigkeit von der Witterung (kühl oder heiß) oder von der aktuellen Verhaltensausrichtung (Jagd, Partnersuche, Eiablage etc.) wechseln die Tiere dabei jedoch oft ihren Standort im Gebiet. Standortwechsel können auch nutzungsbedingt durch den Menschen verursacht werden. Regelmäßig geschieht dies z.B. bei der Mahd oder Stoßbeweidung (kurzzeitige Beweidung mit hoher Besatzdichte) von Grünland und Halbtrockenrasen. Viele Arten sind daher als Biotopkomplexbewohner einzustufen. Sie können besonders dort individuenreiche Populationen bilden, wo zusätzlich zu einem ausreichend großen Kernhabitat (z.B. einem Trockenrasen) weitere Habitatelemente (Steine, offene Bodenstellen, schattige Stellen durch Büsche oder Bäume) vorhanden sind. Eine hohe Strukturvielfalt gewährleistet, dass der Gesamtlebensraum je nach Witterung oder Jahreszeit optimal genutzt werden kann.

So spezifisch die Ansprüche der Arten an ihr Habitat jeweils sind, für den Versuch einer Übersicht lassen sich die Asiliden den folgenden fünf Gruppen von Biotoptypen zuordnen (Tab. 5). Der aktuelle, teilweise unbefriedigende Kenntnisstand zur Lebensraumbindung und der Charakter einer Übersichtsdarstellung machen derzeit noch eine starke Generalisierung erforderlich. In Tabelle 5 stehen die Kurzbezeichnungen der Biotoptypengruppen jeweils für eine Vielzahl von Biotoptypen mit vergleichbaren Standortbedingungen und Raumstrukturen. Die Mehrheit der Arten besiedelt dabei in Abhängigkeit von ihrer Verbreitung in Deutschland und ihrer ökologischen Einnischung jedoch nur bestimmte Ausprägungen. Soweit die vorliegenden Daten dies zulassen, werden die bevorzugten Lebensräume in den Artporträts konkreter beschrieben. Die Bezeichnung der Biotoptypen richtet sich nach dem vom Bundesamt für Naturschutz verwendeten System (RIECKEN ET AL. 2006).

Vegetationsarme Sand-, Kies- und Steinfluren: Vegetationsarme, trockene oder zumindest längere Zeit trockenfallende, meist nährstoffarme Fluren auf lockerem, feinerem oder auch gröberem Substrat (Sand, Kies); Boden festliegend oder durch Wind (Dünen) oder Wasser (Sand- und Kiesbänke in Flusstälern) kontinuierlich oder periodisch in Bewegung versetzt; in der Regel sehr geringe Vegetationsdichte und -höhe. Die wichtigsten einbezogenen Biotoptypen sind: Vordünen, lückig bewachsene Weißdünen, Wanderdünen und Dünenpionierrasen an der Nord- und Ostseeküste; vegetationsarme Kies- und Schotterflächen (an Fließgewässern oberhalb der Mittelhochwasserlinie); vegetationsarme Sandflächen (an Fließgewässern oberhalb der Mittelhochwasserlinie); annuelle Sandtrockenrasen; Silbergrasrasen.

Typische Arten sind z.B.: Sand-Raubfliege *Philonicus albiceps*, Säbel-Raubfliege *Dysmachus trigonus*, Große Wolfsfliege *Dasypogon diadema*, Schiner's Sandwicht *Stichopogon schineri* auf Sandflächen oder die Marmorierte Raubfliege *Tolmerus micans* auf Steinfluren in Trockenrasen.

Sanddünen am Haimendorfer Forst, ein Lebensraum von Schiner's Sandwicht Stichopogon schineri.

Steinfluren im Verband mit Trockenrasen am Kipphübel bei Steinthaleben, ein Lebensraum der Marmorierten Raubfliege Tolmerus micans.

Vegetationsreicheres trockenwarmes Offenland: Trockene, natürlich oder nutzungsbedingt gehölzarme, durch Gräser, Kräuter oder Zwergsträucher dominierte Vegetationsbestände auf flach- bis mittelgründigem, karbonatischem oder silikatischem Untergrund; in der Regel weitgehend geschlossene, aber oft schüttere Vegetations-

Dieser blütenreiche Sandtrockenrasen auf dem Truppenübungsplatz Darmstadt wird unter anderem von der Großen Wolfsfliege Dasypogon diadema besiedelt.

Dieser mit Halbtrockenrasen bewachsene, terrassierte s-exponierte Hang auf Festgestein im Mansfelder Land ist Lebensraum unter anderem der Kleinen Rabaukenfliege Holopogon dimidiatus, der Zierlichen Habichtsfliege Dioctria bicincta, der Matten Habichtsfliege D. humeralis und der Gefleckten Habichtsfliege D. lateralis. Foto: D. Wolff.

narbe; extensive Nutzung durch Mahd oder Beweidung bzw. militärische Nutzung. Die wichtigsten einbezogenen Biotoptypen sind: Grau- und Braundünen, Trockenrasen, Halbtrockenrasen, Steppenrasen, ausdauernde Sandtrockenrasen mit geschlossener Narbe, Borstgrasrasen trockener Standorte, Felsbandheiden, Heiden auf sandigen (trockenen) Böden.

Typische Arten sind z.B.: Zierliche Habichtsfliege *Dioctria bicincta*, Gefleckte Habichtsfliege *Dioctria lateralis*, Kerbzangen-Raubfliege *Dysmachus fuscipennis*, Berserkerfliege *Echthistus rufinervis*, Kleine Schlankfliege *Leptogaster pubicornis* und V-Borsten-Raubfliege *Neoepitriptus setosulus*.

Trockenwälder: Trockene Wälder und Gebüsche in niederschlagsarmen und relativ trockenen Lagen, auf flachgründigen oder stark wasserdurchlässigen Standorten; oft durch lichtbedürftige Baumarten (Eichenarten, Waldkiefer) dominiert; lichte Rotbuchenbestände auf trockenen Böden werden einbezogen. Vergleichsweise geringer Kronenschluss; die Krautschicht weist daher meist einen hohen Anteil wärmeliebender Pflanzen auf, die ihren Schwerpunkt teilweise in den unter „Trockenrasen" aufgelisteten Biotoptypen haben. Die wichtigsten einbezogenen Biotoptypen sind: Laub(misch)-wälder trockener bzw. trockenwarmer Standorte, trockene Fels-Kiefernwälder, Kalk-Kiefernwald auf Schotterflächen und Schwemmkegeln, trockene Sand-Kiefernwälder, Gebüsche trockenwarmer Standorte, Waldmäntel trockenwarmer Standorte, Hudewald (trockener Standorte).

Typische Arten sind z.B.: Schwarze Mordfliege *Andrenosoma atrum*, Karminrote Mordfliege *Choerades gilva*, Zinnober-Mordfliege *Ch. ignea*, Große Mordfliege *Laphria gibbosa*, Barbarossafliege *Eutolmus rufibarbis*.

Dieser Kiefern-Trockenwald im Binnendünenzug der Carrenziener Heide in der niedersächsischen Elbtalniederung bei Pinnau ist Lebensraum unter anderem der Zinnober-Mordfliege Choerades ignea, der Gemeinen Mordfliege Ch. marginata, der Gelben Mordfliege Laphria flava und der Schwarzen Mordfliege Andrenosoma atrum. Foto: D. Wolff.

Vegetationsreicheres frisch-feuchtes Offenland: Mäßig trockene bis feuchte, nutzungsbedingt gehölzarme, durch Gräser, Kräuter oder Zwergsträucher dominierte Vegetationsbestände auf mittel- bis tiefgründigen Standorten; in der Regel geschlossene Vegetationsnarbe; extensive Nutzung oder Pflege/Unterhaltung durch Mahd oder Beweidung. Die wichtigsten einbezogenen Biotoptypen sind: artenreiches Grünland frischer Standorte, Grünland nasser bis (wechsel)feuchter Standorte, Borstgrasrasen feuchter Standorte, krautige und grasige Säume und Fluren der offenen Landschaft, Wald- und Gehölzsäume, Kahlschläge und Fluren der Lichtungen, krautige Ufersäume oder -fluren an Gewässern, frische bis nasse Ruderalstandorte, Moor- oder Sumpfheiden, Moordegenerationsstadien.

Typische Arten sind z.B.: Schwarze Habichtsfliege *Dioctria atricapilla*, Gemeine Habichtsfliege *Dioctria hyalipennis*, Höcker-Habichtsfliege *Dioctria rufipes*, Gemeine Schlankfliege *Leptogaster cylindrica*, Gemeine Raubfliege *Tolmerus atricapillus*.

Diese artenreiche, frische bis mäßig trockene Mähwiese bei Melbeck mit dem angrenzenden Waldsaum bietet einen günstigen Lebensraum für die unter „typische Arten" genannten Raubfliegen. Foto: D. Wolff.

Sonstige Wälder: Wälder und Forsten sowie Gebüsche und Gehölze auf mäßig trockenen bis feuchten Standorten. Die wichtigsten einbezogenen Biotoptypen sind: Auenwälder, Sumpfwälder, Laub- und Mischwälder feuchter bis frischer Standorte, Laub(misch)holzforste einheimischer Baumarten, sonstige (wechsel)feuchte Kiefern- bzw. Birken-/Kiefernwälder, Fichten-/Tannen(misch)wälder und Fichten(misch)wälder, Nadel(misch)forste heimischer Baumarten, Waldmäntel nasser bis feuchter bzw. frischer Standorte, Streuobstbestände, Feldgehölze, Hecken.

Typische Arten sind z.B.: Gemeiner Strauchdieb *Neoitamus cyanurus*, Kleiner Strauchdieb *Neoitamus socius*, Gestreifte Habichtsfliege *Dioctria linearis*, Große Habichtsfliege *Dioctria oelandica*, Kleine Makelfliege *Cyrtopogon lateralis*.

Diese noch recht junge Buchenwaldlichtung im Kyffhäuser war 2016 zwar bisher nur von wenigen Raubfliegenarten besiedelt, bot aber neben der Kleinen Makelfliege Cyrtopogon lateralis auch Lebensraum für die anspruchsvolle Sattel-Mordfliege Laphria ephippium. Foto: D. Wolff.

Artname	Biotoptypengruppen				
	Sand-, Kies- und Steinfluren	trocken-warmes Offenland	Trocken-wälder	frisch-feuchtes Offenland	sonstige Wälder
A. albibarbe			?		?
A. atrum			▲		
A. flavicornis		■			
A. varipes	■	■	□		
A. crabroniformis		■		□	
Ch. femorata			□		■
Ch. fimbriata			●		●
Ch. fuliginosa			?		
Ch. gilva			▲		△
Ch. ignea			▲		△
Ch. marginata			□		■
Ch. rufipes					▲

Artname	Biotoptypengruppen				
	Sand-, Kies- und Steinfluren	trocken-warmes Offenland	Trocken-wälder	frisch-feuchtes Offenland	sonstige Wälder
C. flavimanus					▲
C. fulvicornis					▲
C. lateralis			□		■
C. maculipennis					■
C. ruficornis			?		
D. diadema	■	■			
D. picipes		■		■	
D. atricapilla		□		■	□
D. bicincta		■			
D. cothurnata		□		■	
D. flavipennis		■			
D. harcyniae		■			
D. humeralis		■			
D. hyalipennis		□	□	■	■
D. lateralis		■			
D. linearis					■
D. longicornis		■			
D. oelandica					■
D. rufipes		■	□	■	□
D. sudetica				□	■
D. fuscipennis		■			
D. trigonus	■	■			
E. rufinervis		■			
E. barbatus		■	□		
E. rufibarbis		■	■		
H. dimidiatus		■			
H. fumipennis		■			
H. nigripennis		■			
L. ephippium			●		●
L. flava			▲		▲

Artname	Biotoptypengruppen				
	Sand-, Kies- und Steinfluren	trocken-warmes Offenland	Trocken-wälder	frisch-feuchtes Offenland	sonstige Wälder
L. gibbosa			▲		
L. cinctus		■	□		□
L. brevirostris		■		■	
L. vitripennis				■	
L. cylindrica		■		■	
L. guttiventris				■	■
L. pubicornis		■			
L. subtilis		?	?		
M. chrysitis	■	■			
M. gonatistes	■				
M. intermedius		■			
M. rusticus		■			
M. teutonus		■		□	
N. arthriticus		■			
N. setosulus	□	■			
N. cothurnatus			□		■
N. cyanurus			□		■
N. socius					■
N. geniculatus			□		■
N. pallipes		■	□		
P. germanicus		■	□		□
Ph. albiceps	■				
R. variabilis		■	□		
S. albofasciatus	■				
S. elegantulus	■				
S. schineri	■				
S. aemula					■
T. atricapillus	□	■	■	■	■
T. cingulatus		■		■	
T. cowini		■			

Artname	Biotoptypengruppen				
	Sand-, Kies- und Steinfluren	trocken-warmes Offenland	Trockenwälder	frisch-feuchtes Offenland	sonstige Wälder
T. micans	■	□			
T. pyragra	■		Δ		
T. strandi	■		Δ		

Tab. 5: Biotoptypengruppen-Zuordnung der etablierten heimischen Raubfliegenarten.
Die verwendeten Symbole bedeuten:
■ *Schwerpunktvorkommen (Präferenz für ▲ Nadelholz bzw. ● Laubholz)*
□ *Nebenvorkommen (Präferenz für Δ Nadelholz bzw. ○ Laubholz)*
? *Habitatbindung in Deutschland noch unzureichend bekannt*

Verbreitung

Deutschland weist eine große Vielfalt unterschiedlicher Naturräume auf. Das Spektrum reicht von den Küstenlandschaften auf Meereshöhe bis zu den baumfreien Hochgebirgslagen der Alpen oder von den weiten, sandigen Moränenlandschaften des Norddeutschen Tieflands bis zu den Kalk- und Karstgebieten der süddeutschen Mittelgebirge. Im Westen herrscht atlantisch geprägtes Klima mit teilweise hohen Niederschlägen wie etwa im Sauerland vor, während im Osten in niederschlagsarmen Gebieten wie dem mitteldeutschen Becken oder der Mark Brandenburg subkontinentale Einflüsse prägend sind.

In Deutschland werden insgesamt 89 „naturräumliche Haupteinheiten" unterschieden, die jeweils durch spezifische natürliche Faktoren wie Höhenlage, Niederschlagssumme, Temperatur, Ausgangsgestein bzw. Bodensubstrat oder anthropogene Faktoren wie vorherrschende Nutzungsformen geprägt sind (Meynen & Schmithüsen 1962). Die Naturräume weisen damit unterschiedlich günstige Lebensbedingungen für die heimischen Raubfliegen auf, sodass sich das Artenspektrum nicht gleichmäßig über Deutschland verteilt. Wie bei dieser Dipterenfamilie mit vielen xerothermen Arten zu erwarten, besteht ein deutliches Süd-Nord-Gefälle. Während in Schleswig-Holstein mit etwa 35 Arten gerechnet werden kann (Stand 2016: 30 belegte Arten), kommt in Bayern die doppelte Anzahl von Arten vor (Stand 2016: 68 belegte Arten). Mit jeweils über 60 Artnachweisen sind das Südwestdeutsche Mittelgebirgs-/Stufenland, die Östlichen Mittelgebirge und das Nordostdeutsche Tiefland besonders artenreich, während das Nordwestdeutsche Tiefland oder das Alpenvorland mit jeweils etwa 45 Arten eher artenarm sind. Die Alpen sind bisher nur unzureichend untersucht (Stand 2016: 25 Arten), bilden aber den Verbreitungsschwerpunkt für echte Gebirgsarten wie die Alpen-Mordfliege *Andrenosoma albibarbe* oder die Rotbeinige Mordfliege *Choerades rufipes*. Letztlich kommen Raubfliegen in allen Regionen Deutschlands vor, selbst auf der Hochseeinsel Helgoland oder auf der noch jungen Düneninsel Memmert.

Asilidenarten mit ähnlichen grundlegenden ökologischen Ansprüchen (Temperaturbedarf, Bodensubstrat etc.) zeigen oft ein vergleichbares Muster der Verbreitung in Deutschland, auch wenn im Detail hinsichtlich der bevorzugten Lebensräume deut-

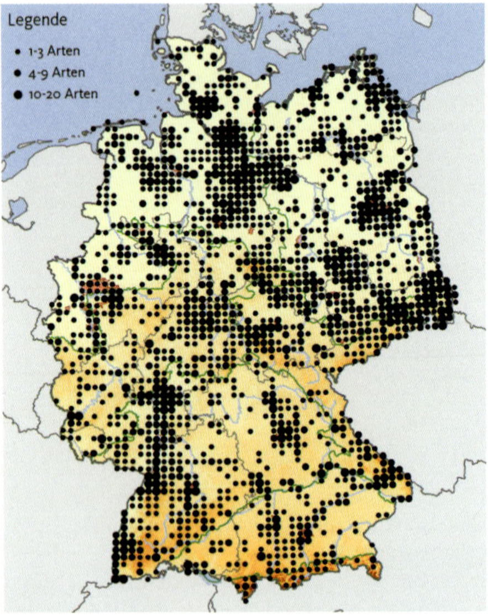

A21: Generelles Verbreitungsmuster allgemein verbreiteter Arten.

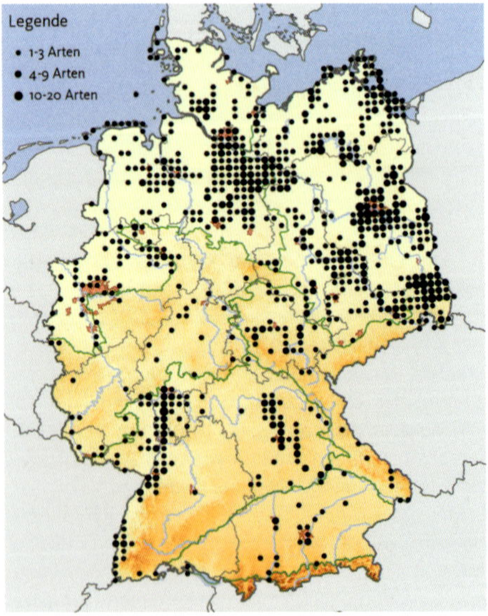

A22: Generelles Verbreitungsmuster von Sand-Arten.

liche Unterschiede bestehen können. Folgende Verbreitungstypen können unterschieden werden. Bei den mit (?) gekennzeichneten Arten ist das Verbreitungsbild nicht deutlich gruppentypisch ausgeprägt und die Zuordnung zu einem Verbreitungstyp nur vorläufig. Arten, deren Etablierung in Deutschland fraglich ist, werden im Gegensatz zu anderen Kapiteln hier berücksichtigt, sofern deren Verbreitung in den Nachbarstaaten Hinweise auf den Verbreitungstyp gibt.

Allgemein verbreitete Arten: Sie besitzen meist keine klare Verbreitungsgrenze in Deutschland; ihr Areal erstreckt sich weit nach Nordwesten und erreicht in vielen Fällen (nahezu) die Nordseeküste. Sie kommen in der Regel auch in allen benachbarten Staaten vor. Eine ausgeprägte Höhenlagenpräferenz ist nicht zu beobachten; sie besiedeln sowohl das Tiefland als auch montane Lagen. Zu dieser Gruppe gehören *Asilus crabroniformis*, *Choerades femorata*, *Choerades gilva*, *Choerades marginata*, *Dioctria atricapilla*, *Dioctria cothurnata*, *Dioctria hyalipennis*, *Dioctria linearis*, *Dioctria oelandica*, *Dioctria rufipes*, *Eutolmus rufibarbis*, *Laphria flava*, *Leptogaster cylindrica*, *Leptogaster guttiventris*, *Neoitamus cothurnatus*, *Neoitamus cyanurus*, *Neoitamus socius*, *Neomochtherus geniculatus*, *Tolmerus atricapillus* und *Tolmerus cingulatus*. Mehrheitlich handelt es sich zwar um häufige Arten; einzelne Vertreter dieser Gruppe haben jedoch deutliche Bestandsrückgänge verzeichnen müssen.

Arten mit Verbreitungsschwerpunkt in Sandgebieten: Diese Arten sind in den Moränenlandschaften des Norddeutschen Tieflandes meist weit verbreitet (zumindest im Osten), konzentrieren sich in Süddeutschland aber auf die wenigen größeren Sandgebiete (z.B. im Raum Erlangen) und auf die größeren Flusstäler (z.B. die Oberrhein-Tiefebene). Damit stehen sie im Gegensatz zu anderen thermophilen Asilidenarten, die im wärmeren Süden Deutschlands meist deutlich häufiger sind als in Norddeutschland. Vertreter dieser Gruppe sind *Antipalus varipes*, *Choerades ignea*, *Dasypogon diadema* (im Norddeutschen Tiefland nur im Osten), *Dysmachus trigonus*, *Lasiopogon cinctus* (?), *Machimus chrysitis* (östlicher Verbreitungsschwerpunkt), *Neoepitriptus arthriticus*, *Neomochtherus pallipes* (?), *Pamponerus germanicus* (?), *Philonicus albiceps* und *Tolmerus pyragra* (?).

Gemäßigt thermophile Arten: Im Gegensatz zu den Arten mit allgemeiner Verbreitung ist in dieser Gruppe eine deutliche – meist von Südwest nach Nordost streichende – Arealgrenze erkennbar. Große Teile des Nordwestdeutschen Tieflandes werden nicht besiedelt, in den übrigen Landesteilen sind die Arten aber meist weit verbreitet. Diesem Verbreitungstyp können folgende

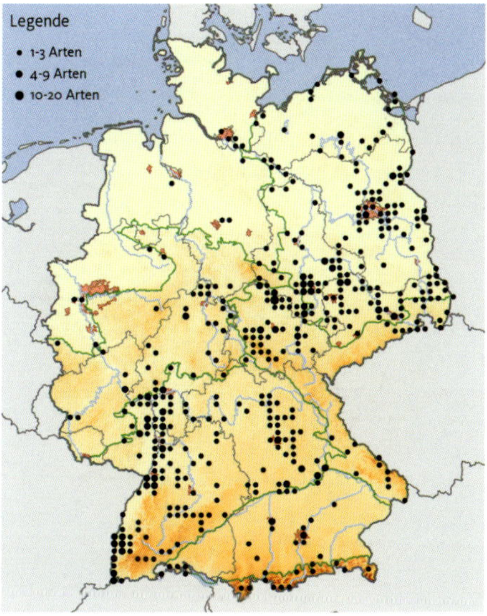

A23: Generelles Verbreitungsmuster gemäßigt thermophiler Arten.

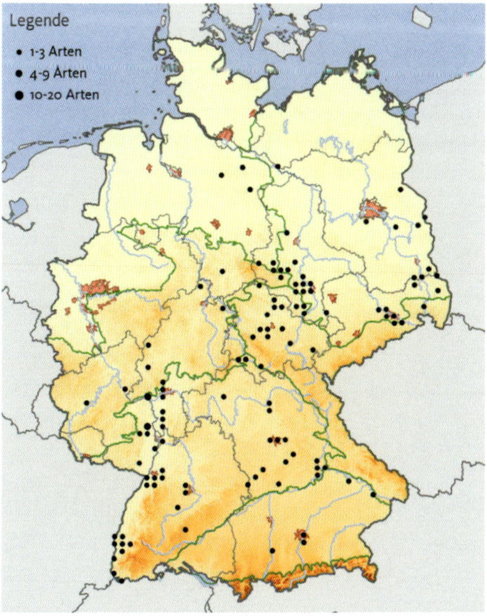

A24: Generelles Verbreitungsmuster ausgesprochen xerothermer Arten.

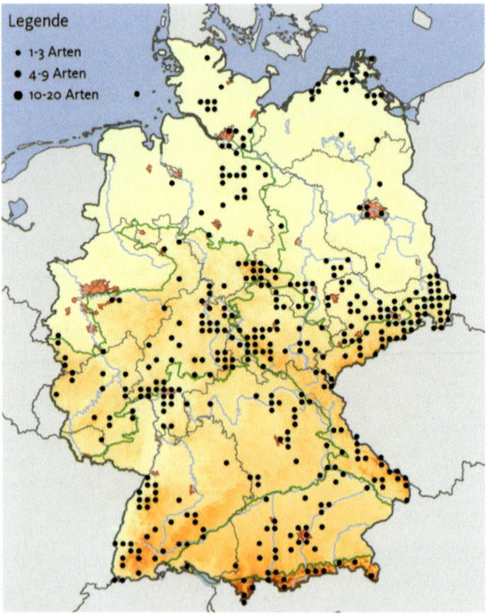

A25: Generelles Verbreitungsmuster gemäßigt boreomontaner Arten.Arten.

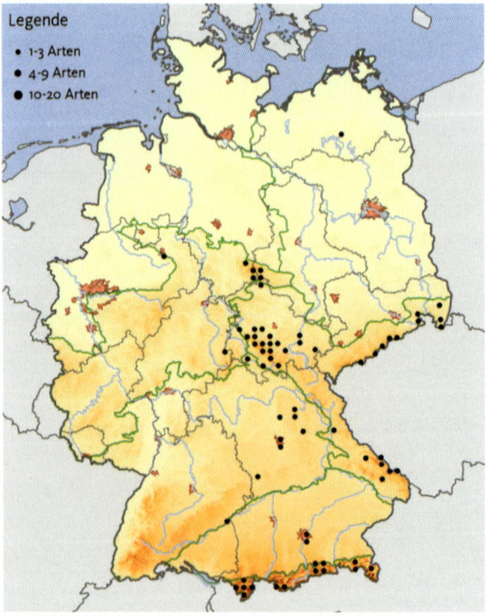

A26: Generelles Verbreitungsmuster von Arten mit Verbreitungsschwerpunkt in den Östlichen Mittelgebirgen und den Alpen.

Arten zugerechnet werden: *Andrenosoma atrum, Choerades fimbriata, Dioctria lateralis, Dysmachus fuscipennis, Erax barbatus, Holopogon fumipennis, Holopogon nigripennis, Laphria ephippium, Laphria gibbosa, Leptogaster pubicornis, Machimus intermedius* (?), *Machimus rusticus, Molobratia teutonus* und *Neoepitriptus setosulus.*

Ausgesprochen xerotherme Arten: Noch stärker als bei den gemäßigt thermophilen Arten konzentriert sich die Verbreitung in dieser Gruppe auf einzelne bis wenige klimatisch besonders begünstigte Gebiete in Deutschland mit Schwerpunktvorkommen trockenwarmer Lebensräume. Zwischen den Vorkommen bestehen oft sehr große Verbreitungslücken. *Aneomochtherus flavicornis, Antiphrisson trifarius, Dioctria bicincta, Dioctria flavipennis, Dioctria harcyniae, Dioctria humeralis, Dioctria longicornis, Holopogon dimidiatus, Stichopogon albofasciatus, Stichopogon elegantulus, Stichopogon schineri, Tolmerus micans* und *Tolmerus strandi* (?) sind typische Vertreter dieser Gruppe.

Gemäßigt boreomontane Arten: Kennzeichnend für diese kleine Gruppe ist eine auffällige Verbreitungslücke oder eine deutlich reduzierte Vorkommensdichte in großen Teilen des Norddeutschen Tieflands. In den Mittelgebirgen, in den jungpleistozänen Moränenlandschaften Norddeutschlands oder in Skandinavien werden die Arten dagegen wieder häufiger. Die Gruppe weist nur drei Vertreter auf: *Cyrtopogon lateralis*, *Didysmachus picipes* und *Leptarthrus brevirostris* (?).

Arten mit Verbreitungsschwerpunkt in den östlichen Mittelgebirgen und den Alpen (submontan–subalpin): Diese kleine Gruppe umfasst vier Arten, die ihren Verbreitungsschwerpunkt in den östlichen Mittelgebirgen (unter anderem Erzgebirge, Thüringer Wald, Bayrischer Wald) sowie den Alpen besitzen, während Nachweise aus weiter westlich liegenden Mittelgebirgen wie dem Schwarzwald oder der Eifel bisher fehlen. *Cyrtopogon maculipennis*, *Cyrtopogon ruficornis*, *Dioctria sudetica* und *Stilpnogaster aemula* zählen zu dieser Gruppe.

Arten mit Verbreitungsschwerpunkt in den Alpen (hochmontan–subalpin): Noch stärker als die vorherige Gruppe sind die Vertreter dieser Gruppe in ihrer Verbreitung auf die Alpen beschränkt oder besitzen nur wenige isolierte weitere Vorkommen in den Hochlagen einiger Mittelgebirge, z.B. dem Bayrischen Wald. Der Gruppe können folgende vier Arten zugerechnet werden: *Andrenosoma albibarbe*, *Choerades rufipes*, *Cyrtopogon flavimanus* und *Cyrtopogon fulvicornis*.

Arten mit östlichem Verbreitungsschwerpunkt (planar–kollin): Bei fünf Arten verläuft die westliche Arealgrenze durch das östliche Deutschland. Obwohl nach bisheriger Kenntnis diese Ar-

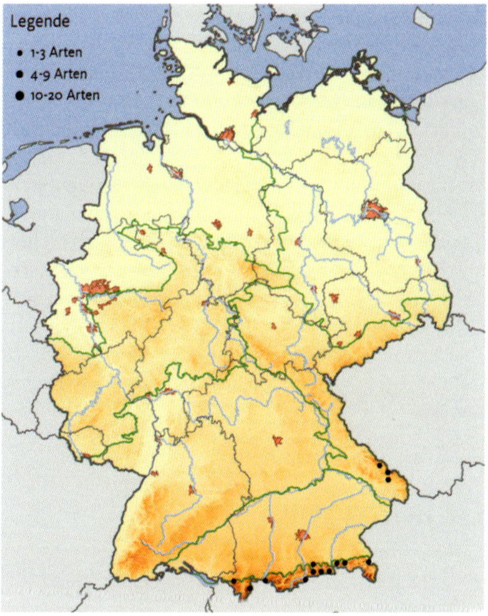

A27: Generelles Verbreitungsmuster von Arten mit Verbreitungsschwerpunkt in den Alpen.

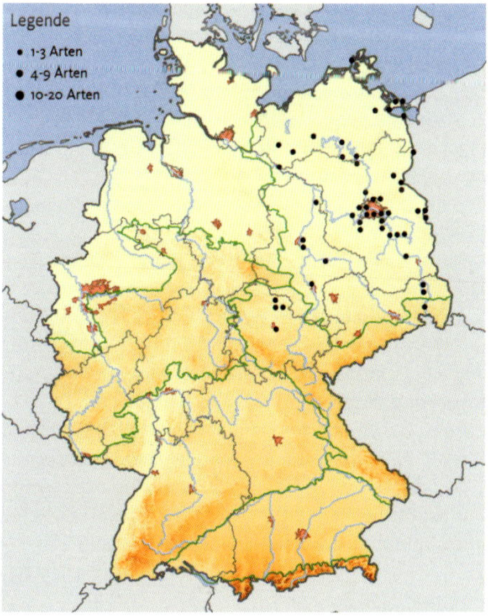

A28: Generelles Verbreitungsmuster von Arten mit östlichem Verbreitungsschwerpunkt.

ten in besonderem Maße trockenwarme Lebensräume besiedeln, liegen aus den klimatisch begünstigten Regionen Süd- und Westdeutschlands (z.B. Oberrheintiefland, Schwäbische und Fränkische Alb bzw. Keuper-Lias-Land etc.) bisher keine Nachweise vor. Hierzu werden folgende Taxa gerechnet: *Dioctria spec. aff. flavipennis* (?), *Echthistus rufinervis*, *Holopogon priscus* und *Machimus gonatistes*.

Tolmerus cowini weist unter den deutschen Asilidenarten eine Sonderstellung auf. Sie hat ihren Verbreitungsschwerpunkt in Deutschland an der Nordseeküste (Ostfriesische Inseln), besitzt jedoch am Niederrhein und im Mitteldeutschen Schwarzerdegebiet weitere Populationen. Ansonsten fehlen bisher Nachweise aus dem Binnenland.

Nicht zuzuordnen sind – meist aufgrund unzureichender Datenlage – bisher *Choerades castellanii*, *Choerades fuliginosa*, *Dioctria rufithorax*, *Leptarthrus vitripennis*, *Leptogaster subtilis* (Arealerweiterung in jüngerer Zeit) und *Rhadiurgus variabilis*.

Die konkrete Nachweissituation wird für jede Art im speziellen Teil in den Artporträts in Form kleiner Nachweiskarten veranschaulicht (Aktualisierungen: www.asilidae.de).

Gefährdung

Viele Raubfliegenarten weisen in Deutschland eine enge Bindung an seltene oder selten gewordene, meist trockenwarme Lebensräume auf. Bei der Mehrheit verläuft außerdem die Arealgrenze durch Deutschland. Am Rande ihres Verbreitungsareals reagieren Arten besonders empfindlich auf Veränderungen ihrer Umwelt. Diese Faktoren bedingen ein hohes Gefährdungspotenzial. So hat denn auch eine Analyse der aktuellen Bestandssituation, der historischen Bestandsentwicklung und zukünftiger Risikofaktoren ergeben, dass nahezu die Hälfte der heimischen Raubfliegenarten in ihrem Bestand bedroht ist und auf der Roten Liste der gefährdeten Tiere steht (WOLFF 2011).

Eine maßgebliche Ursache für den Artenrückgang liegt – allein schon aufgrund des Flächenumfangs – im einschneidenden Wandel der Land- und Forstwirtschaft. Über 80 Prozent der Fläche Deutschlands werden land- und forstwirtschaftlich genutzt. Die Art und Weise sowie die Intensität der Bewirtschaftung von Wäldern, Wiesen und Weiden, Weinbergen oder Äckern bestimmt maßgeblich, wo Raubfliegen geeignete Lebensräume finden. Ihre bevorzugten Habitate wurden in den vergangenen 50–100 Jahren durch den Menschen stark verändert. Die einstmals weiträumigen trockenen Sandheiden und Sandmagerrasen des Norddeutschen Tieflandes wurden großflächig mit Kiefern und anderen Nadelbäumen aufgeforstet oder unter den Pflug genommen. Wo früher in den Hanglagen der Mittelgebirge oder der Flusstäler auf Halbtrockenrasen und mageren Hutungen Schafe und Ziegen weideten, stocken heute oftmals dunkle Fichtenforste. Ehemals kleinteilig strukturierten Weinbergen fehlen nach erfolgter Flurneuordnung wichtige Habitatstrukturen für xerotherme Insekten, etwa Weinbergmauern oder vegetationsarme Böschungen. Artenreiches Grünland frischer und trockener Standorte hat durch Umwandlung zu Acker nicht nur erheblich an Fläche abgenommen, sondern ist durch regelmäßige Narbenerneuerung, intensive Düngung, Pestizideinsatz, hohe Viehbesatzdichten oder durch häufige Schnitte meist sehr artenarm geworden.

In den 1980er- und 1990er-Jahren wurden diese Flächen- und Qualitätsverluste teilweise durch die Stilllegungsvorgaben der Europäischen Union kompensiert. Bis

Landwirtschaftlich intensiv genutzte Äcker und Grünländereien bieten kaum geeignete Lebensräume für Asiliden. Foto: D. Wolff.

zu zehn Prozent ihrer ackerbaulich bewirtschafteten Nutzflächen mussten Landwirte vorübergehend aus der Produktion nehmen. Für ihre Brachen wählten sie sich meist die – aus landwirtschaftlicher Sicht – schlechtesten Standorte aus. Gerade hier, etwa auf trockenen, nährstoffarmen Sandböden, konnten sich aber vorübergehend wertvolle Ersatzlebensräume bilden, die von Asiliden der Sandheiden und Sandmagerrasen besiedelt werden konnten. Seit Mitte der 2000er-Jahre sind diese Vorgaben der Agrarförderung jedoch sukzessive wieder weggefallen und infolgedessen artenreiche Ackerbrachen fast vollständig erneut in Nutzung genommen worden.

Auch im Wald haben sich in den letzten 30 Jahren teilweise gegenläufige Tendenzen gezeigt. Während in den 1980er- und 1990er-Jahren aufgrund niedriger Holzpreise viele Waldbesitzer auf eine Holznutzung (vorübergehend) verzichteten und sich so der Anteil von Totholz erhöhte, haben sich die Holzerlöse seit den 2000er-Jahren wieder deutlich gesteigert. In der Folge wurden viele an Alt- und Totholz reiche Waldbestände stark durchforstet. Dies bedeutet für die totholzbewohnenden *Laphria*-, *Choerades*- und *Andrenosoma*-Arten einerseits kurzfristig zwar ein gutes Angebot an leicht verfügbaren Totholzstrukturen in Form von Baumstubben oder Kronenresten. Mittel- bis langfristig ist durch die Holzentnahme jedoch eine Abnahme des für die Larvalentwicklung notwendigen Totholzangebotes zu erwarten bzw. schon eingetreten. Mit der starken Durchforstung ist vorübergehend eine Auflichtung der Wälder verbunden, die sich grundsätzlich positiv auf die Raubfliegenfauna auswirkt. Langfristig ist jedoch durch zunehmende Verwendung von Schattbaumarten (Rotbuche, Douglasie) bei der Neubegründung von Waldbeständen oder beim Unterbau von Kiefern- und Eichenwäldern eine Abnahme der für Raubfliegen besonders attraktiven lichten, strukturreichen Wälder zu erwarten.

Viele der für Raubfliegen besonders wertvollen Lebensraumtypen sind mittlerweile bundesweit gesetzlich geschützt (§ 30 Bundesnaturschutzgesetz). Hierzu zählen z.B. Küstendünen, offene Binnendünen, Lehm- und Lösswände, Zwergstrauch-, Ginster- und Wacholderheiden, Borstgrasrasen, Trockenrasen, Schwermetallrasen sowie

Wälder und Gebüsche trockenwarmer Standorte. In einigen Bundesländern sind auch bestimmte Ausprägungen von Grünland gesetzlich geschützt. Diese Biotope dürfen nicht mehr aktiv zerstört oder erheblich beeinträchtigt werden. Bei den Offenlandbiotopen des Binnenlandes handelt es sich jedoch durchweg um Lebensräume auf Grenzertragsstandorten, die unter den heutigen ökonomischen Rahmenbedingungen oft nicht mehr landwirtschaftlich rentabel bewirtschaftet werden können. Wo nicht durch Finanzmittel der öffentlichen Naturschutzverwaltungen oder durch das Engagement privater Naturschutzeinrichtungen eine extensive Pflegenutzung (Beweidung, Mahd) gewährleistet werden kann, sind viele gesetzlich geschützte Biotope brach gefallen und im Laufe der Jahre ruderalisiert oder verbuscht. Die für xerotherme Raubfliegenarten wichtigen Habitatstrukturen, z.B. offene Bodenstellen oder schütterer Pflanzenbewuchs, gehen durch die Sukzession verloren.

Großflächig stellt sich dieses Problem auch für zahlreiche ehemalige Truppenübungsplätze, auf denen die militärische Nutzung aufgegeben wurde. Hier werden zwar Erfolg versprechende Konzepte zur Offenhaltung entwickelt und engagierte Projekte zur Pflege von Heiden und Magerrasen durchgeführt (z.B. Beweidung mit großen Weidetieren). Die mit einer militärischen Nutzung meist verbundene Dynamik (z.B. Bodenverwundungen durch Panzerketten) lässt sich jedoch in der Regel nicht oder nur mit hohem Aufwand realisieren. Von dieser Entwicklung ist eine Reihe von Kernvorkommen spezialisierter xerothermer Raubfliegenarten betroffen (unter anderem der Östlichen Raubfliege *Machimus gonatistes*, der Gold-Raubfliege *M. chrysitis* und der Großen Wolfsfliege *Dasypogon diadema*).

Für die Hornissen-Raubfliege *Asilus crabroniformis* wird außerdem diskutiert, ob der mittlerweile übliche Einsatz von Arzneimitteln mit breitem Wirkungsspektrum gegen Parasiten in der Viehhaltung einen zusätzlichen Gefährdungsfaktor darstellt.

Viele ehemals artenreiche Trockenrasen und Halbtrockenrasen sind im Zuge der Sukzession durch Aufkommen von Gehölzen verloren gegangen; hier eine fortschreitende Verbuschung eines Sandtrockenrasens auf Usedom mit Kiefern. Foto: D. Wolff.

Zur Erhaltung auch kleinräumiger wichtiger Halbtrockenrasen ist die Beweidung mit Schafen und Ziegen eine sehr wichtige Naturschutzmaßnahme. Sie trägt sich wirtschaftlich meist aber nur mit finanzieller Förderung durch die öffentliche Hand. Hier ein Halbtrockenrasen bei Sachsenburg an der Hainleite, ein Lebensraum der stark gefährdeten Raubfliegenarten Wimpern-Habichtsfliege Dioctria harcyniae und Matte Habichtsfliege D. humeralis. Foto: D. Wolff.

Diese Arzneimittel sollen einen möglichst lang anhaltenden Schutz gewährleisten und werden daher im Körper der behandelten Weidetiere nur langsam abgebaut. Sie können ihre Wirkung auch noch im Dung entfalten, der dann langsamer und durch weniger Insektenarten zersetzt wird. Für die *Asilus*-Larven, die sich bevorzugt von koprophagen Insektenlarven ernähren, wird dadurch die Nahrungsgrundlage schlechter.

In vergangenen Jahrhunderten waren die Täler unserer Flüsse und Ströme durch eine ausgeprägte Dynamik mit Sand- und Kiesbänken und einem vielfältigen Vegetationsmosaik unterschiedlicher Dichte und Höhe gekennzeichnet. Die Raubfliegenfauna war hier früher besonders artenreich und bot auch Spezialisten wie dem verschollenen Großen Sandwicht *Stichopogon albofasciatus* Lebensraum (Kiesbänke der Isar). Wegen ihrer Bedeutung als Achsen für den Schiffs-, Bahn- und Straßenverkehr und für Siedlungen sind die Flusstäler besonders nachhaltig durch Deichbau, Flussregulierung, Kiesabbau etc. verändert worden.

Raubfliegen bevorzugen mehrheitlich trockene und warme Biotope. Arten, die eine enge Bindung an feuchte oder nasse Lebensräume aufweisen, fehlen. Von den Folgen der Klimaerwärmung dürften Raubfliegen in Deutschland daher mehrheitlich profitieren. So dehnt sich z.B. die Klöppel-Schlankfliege *Leptogaster subtilis* seit einigen Jahren kontinuierlich in Deutschland aus. Mögliche negative Auswirkungen auf einige Gebirgsarten (*Cyrtopogon* spec.) oder auf eher boreomontan verbreitete Arten lassen sich derzeit noch nicht abschätzen.

Die Bestandsentwicklung der heimischen Raubfliegen ist also von sehr vielen natürlichen und anthropogenen Wirkfaktoren abhängig, die sich gegenseitig verstärken, aber auch teilweise aufheben können. Keine Gefährdung stellt hingegen in der Regel die Entnahme von Raubfliegen durch Entomologen und Naturkundler für Forschungs- und Belegzwecke dar. Der Fang von Einzeltieren oder kleinen Serien hat keinen nennenswerten Einfluss auf die lokalen Populationen. Keine einzige heimische Fliegenart und damit auch keine Raubfliege ist aktuell artenschutzrechtlich besonders geschützt. Für Untersuchungen in Schutzgebieten sind natürlich die jeweiligen Schutzvorschriften zu beachten und meist ist eine Genehmigung der Naturschutzbehörde erforderlich.

Eine Analyse zur besonderen Verantwortung von Deutschland für den Schutz der heimischen Raubfliegenarten liegt noch nicht vor. Es zeichnet sich aber ab, dass die Bundesrepublik bei einigen Arten für den Schutz hochgradig isolierter Vorposten (z.B. bei der Kleinen Rabaukenfliege *Holopogon dimidiatus*) besondere Verantwortung trägt.

Fangen und Sammeln

So faszinierend die Formenvielfalt und die mannigfaltige Biologie der Raubfliegen auch ohne spezielle Artenkenntnisse sein kann, wer seine eigenen Beobachtungen im Kontext des aktuellen Kenntnisstandes richtig einordnen oder ökologische Zusammenhänge besser verstehen möchte, sollte sich mit der Bestimmung von Asiliden bis zur Art vertraut machen. Hierzu ist es meist notwendig, Exemplare zu fangen und morphologisch genauer zu untersuchen. Denn die für die Bestimmung wichtigen Merkmale können bei den meisten Arten nur mithilfe einer Lupe mit 10- bis 20-facher Vergrößerung oder unter einem Stereomikroskop sicher erkannt werden.

Für Vergleichszwecke bei schwierigen Gattungen oder als Fundbeleg empfiehlt es sich außerdem, eine Vergleichs- oder Belegsammlung anzulegen. Gut geführte Belegsammlungen besitzen einen hohen wissenschaftlichen Wert. Erst durch die Auswertung zahlreicher älterer, auch kleinerer Sammlungen, z.B. in Museen, haben wir heute ein konkretes – wenn auch teilweise noch recht grobes – Gesamtbild von der Verbreitung und Häufigkeit der heimischen Raubfliegen. Eine ganze Reihe von Erstnachweisen von Raubfliegenarten in Deutschland basiert auf der nochmaligen Untersuchung von Belegexemplaren, die bereits viele Jahrzehnte zuvor gesammelt worden waren. Belegsammlungen ermöglichen es außerdem, die Originalbelege bei neuen taxonomischen Erkenntnissen zu überprüfen und bei Bedarf Literaturangaben zu korrigieren.

Fangen

Raubfliegen verteilen sich innerhalb ihres Lebensraumes nicht gleichmäßig, sondern nutzen z.B. für den Jagdansitz oder die Eiablage unterschiedliche Habitatstrukturen, an denen sie bevorzugt erfasst werden können. Bei der Untersuchung eines Exkursionsgebiets sollte daher besonderes Augenmerk auf derartige Strukturen gelegt werden. Sie können ganz unterschiedlicher Natur sein. Erfahrene Raubfliegenkundler achten bevorzugt auf offene oder nur schütter bewachsene Bodenstellen (*Philonicus*, *Stichopogon*), Maulwurfshaufen (*Dysmachus*), Steine oder Lesesteinhaufen (*Lasiopogon*), stehendes und liegendes Totholz, Baumstubben und Holzlager (*Laphria*), von der Sonne beschienene Baumstämme (*Choerades*), dürre Zweigspitzen an Büschen (*Holopogon*) und Dung (*Asilus*) etc. Grenzbereiche zwischen unterschiedlichen Lebensräumen (z.B. Waldränder) oder Mosaike verschiedener Biotoptypen (z.B. teilweise verbuschte Halbtrockenrasen) sind oftmals besonders artenreich. Zur Vorbereitung auf ein Exkursionsgebiet überaus hilfreich sind Luftbilder, die bei verschiedenen Internetdiensten kostenlos betrachtet und ausgedruckt werden können. Sie vermitteln einen guten und schnellen Überblick über die räumliche Struktur eines Gebietes und erlauben es dadurch, gezielt besonders vielversprechende Teilbereiche anzusteuern, etwa eine Lichtung innerhalb eines Waldgebietes.

Raubfliegen besitzen ein gutes Sehvermögen und reagieren auf Bewegungen größerer Objekte in ihrem Umfeld bereits bei Entfernungen von mehreren Metern oft mit Flucht. Es hat sich daher bewährt, potenzielle Ansitzstellen zunächst mit einem kleinen Fernglas aus „sicherer" Entfernung abzusuchen. Auf diese Weise erkennt man frühzeitig auch Exemplare, die aufgrund ihrer Färbung auf dem Untergrund des Ansitzes ansonsten gut getarnt wären und erst beim Auffliegen bemerkt werden würden.

Für den Fang von Einzelexemplaren kommt in den meisten Fällen ein handelsüblicher Insektenkescher mit großer Öffnung (≥ 40 cm) und längerem Stiel zum Einsatz. Das Netz sollte nicht allzu strahlend weiß sein, da Raubfliegen gerne helle Flecken in der Landschaft als vermeintlich bessere Ansitzwarte anfliegen, sich dann aber meist außen auf dem Kescher niederlassen.

In einigen Situationen ist die Verwendung von Insektenkeschern problematisch, etwa an stehenden Baumstämmen, wo der runde Netzbügel beim Schlag nur schlecht an der Stammoberfläche anliegt. Bei dornigen Sträuchern (Rosen, Schlehen, Weißdorn) verfängt sich das Netz leicht in den Zweigen, sodass der Schlag mitunter nicht zu Ende ausgeführt werden kann. Hier bietet sich alternativ die Verwendung eines transparenten Haushaltsbeutels (ohne Aufdruck) an, der von Raubfliegen kaum wahrgenommen wird. Im Gegensatz zum Insektenkescher kommt es jedoch nicht auf Schnelligkeit an, sondern die Annäherung muss behutsam quasi in „slow motion" erfolgen. Der Beutel wird langsam über die Raubfliege gestülpt, bis seine Öffnung der Stammoberfläche anliegt oder er mit der anderen Hand unter dem Zweig geschlossen werden kann.

Für den Fang kleinerer Asilidenarten, die sich gerne in der dichteren Vegetation von Halbtrockenrasen, Sandmagerrasen oder magerem Grünland aufhalten (*Dioctria*, *Leptogaster*, *Holopogon*, *Neoepitriptus* etc.), haben sich Streifnetzfänge bewährt. Hierbei wird das Streifnetz (bzw. der Insektenkescher) im Vorwärtsgehen mit schnellen Bewegungen abwechselnd nach links und rechts durch die Vegetation gezogen. Besonders lohnend ist der Streiffang in Beständen der Fiederzwenke (*Brachypodium pinnatum*) und in Säumen entlang von südexponierten Gebüschrändern.

In der Regel sind mehrere Erfassungsgänge im Jahresverlauf notwendig, um das Artenspektrum eines Gebietes vollständig zu erfassen. Einige Frühjahrsarten sind Ende Juni bereits weitgehend wieder verschwunden, während echte Spätsommerarten erst im Verlauf des Juli oder August erscheinen. Raubfliegenarten können teilweise eine sehr geringe Besiedlungsdichte oder kleine Populationsgrößen aufweisen. Sie lassen sich dann mitunter nicht jedes Jahr nachweisen. Für eine vollständige Erfassung empfiehlt es sich, die Untersuchung in mindestens zwei bis drei aufeinanderfolgenden Jahren durchzuführen.

Die jeweilige Witterung und die Jahreszeit bestimmen, zu welcher Tageszeit Asiliden am günstigsten erfasst werden können. Bei heiterem Wetter suchen sie oft von der Sonne beschienene Stellen auf, um Wärme zu tanken. In dieser Situation sind sie teilweise noch träge oder haben eine geringere Fluchtdistanz. Im weiteren Tagesverlauf verändern sich bei wechselndem Sonnenstand meist auch die Ansitzwarten. An besonders heißen Tagen ziehen sich viele Arten während der Mittags- und frühen Nachmittagsstunden in schattige Bereiche zurück. Im Frühjahr und Herbst sind Exkursionen vom späten Vormittag bis zum frühen Nachmittag besonders lohnend, während im Hochsommer auch in den Morgen- und frühen Vormittagsstunden sowie vom späten Nachmittag bis in den frühen Abend gute Beobachtungen gelingen.

Wer bei der Annäherung eine Raubfliege aufgescheucht hat, sollte zunächst einige Sekunden ohne besondere Bewegungen abwarten. Es kommt recht häufig vor, dass die Tiere nach einer kurzen Flugphase wieder zu ihrer alten Ansitzwarte zurückkehren.

Wer bereits im Gelände eine Raubfliege mit einer Lupe näher betrachten möchte, sollte sie hierzu entweder in ein kleines transparentes Gläschen überführen oder – nur bei größeren Arten – von oben mit dem Thorax und beiden Flügeln zwischen zwei Fingern fassen. Hierbei ist bei größeren Arten mit starkem Stechrüssel (etwa *Laphria* oder *Asilus*) eine gewisse Vorsicht geboten, denn sie sind grundsätzlich in der Lage, damit auch die menschliche Haut zu durchstoßen. Nach den wenigen bekannten Fällen sollen diese Stiche sehr schmerzhaft sein (vergleichbar mit Wespenstichen).

Beim Einsatz von automatisch fangenden Malaisefallen sind in geeigneten Lebensräumen regelmäßig größere Stückzahlen von Raubfliegen als Beifang zu verzeichnen. Bei längerer Standdauer lassen sich so qualitativ hochwertige Daten zum Artenspektrum eines Gebiets oder zur Phänologie und zum Geschlechterverhältnis der verschiedenen Arten gewinnen. Grundsätzlich wäre es daher zu begrüßen, wenn bei Untersuchungen mit Malaisefallen auch die Raubfliegen aussortiert und für eine Auswertung zur Verfügung gestellt werden würden. Ausschließlich für die Erfassung von Asiliden wäre der Einsatz von Malaisefallen aufgrund der enormen Anzahl gefangener Insekten anderer Artengruppen jedoch kritisch zu beurteilen und der Aufwand für Aufbau, regelmäßige Leerung und die Aussortierung unangemessen hoch.

Günter Degen bei einer Exkursion in der brandenburgischen Schönower Heide am 25.7.2006. Neben dem Insektenkescher ist bei der Erfassung von Raubfliegen ein kleines Fernglas ein hilfreiches Mittel, um auf Holz ansitzende Asiliden frühzeitig auszumachen. An den hier liegenden Stämmen saßen z.B. zahlreiche Schwarze Mordfliegen Andrenosoma atrum zur Jagd an. Foto: D. Wolff.

Ein transparenter Plastikbeutel ist ein wertvolles Hilfsmittel zum Fang von Raubfliegen, die auf dornigen Zweigen, zwischen Geäst oder auf stark runden Rindenpartien ansitzen. Hier versagt ein Kescher oftmals. Einen Plastikbeutel und ein kleines Schnappdeckel-Gläschen kann man in der Raubfliegensaison auch leicht für Zufallsfunde immer in der Hosentasche dabei haben. Foto: A. Wolff.

In geeigneten Lebensräumen können mithilfe von Malaisefallen wertvolle Daten gewonnen werden. Das Foto zeigt einen Malaisefallen-Standort des von Axel Ssymank und Dieter Doczkal betriebenen Biodiversitäts-Projektes am südwestlichen Dinkelbergrand. An diesem Standort gelang einer der bisher seltenen Freiland-Nachweise der Klöppel-Schlankfliege Leptogaster subtilis. Foto: A. Ssymank.

Präparation und Sammeln

Die Exemplare werden nach dem Fang in einem Sammeldöschen mit Gift, z.B. Essigsäureethylesther, abgetötet. Für DNA-Untersuchungen sollten die frisch gefangenen Tiere direkt in 90-prozentigen Alkohol überführt und anschließend möglichst zügig gekühlt werden.

Für die Anlage einer Vergleichs- oder Belegsammlung werden Raubfliegen in klassischer Weise senkrecht durch den Thorax auf Insektennadeln der Größen 00 (*Stichopogon*, kleine *Leptogaster* etc.) bis 2 (*Laphria*, große *Choerades* etc.) gesteckt. Die trockene Präparation bietet den Vorteil, dass diagnostisch wichtige Merkmale, z.B. die Beborstung, Behaarung oder Bestäubung, besser erkennbar bleiben. Ein Spannen der Flügel, wie etwa bei Faltern üblich, ist nicht erforderlich; die Flügel sollten jedoch nach Möglichkeit nicht direkt übereinanderliegen. Die Beine werden unter dem Körper der Fliege so ausgerichtet, dass sie weitgehend vor Beschädigung geschützt sind. Dabei sollten alle Teile des Thorax und der Beine gut sichtbar bleiben. Die Schienen sollten also nicht an den Schenkeln und diese wiederum nicht am Thorax anliegen. Bei Arten der Gattungen *Machimus* und *Tolmerus* empfiehlt es sich, die Epandrien behutsam mit sehr dünnen Insektennadeln (Größe 000) aufzuspreizen und zu fixieren. So können später die diagnostisch wichtigen Gonostyli meist auch ohne spezielle Genitalpräparation betrachtet werden.

Ohne Fundetiketten wären Belegexemplare, hier ein Männchen von Dysmachus bimucronatus, wissenschaftlich wertlos. Um Etikettierungsfehler zu vermeiden, sollten zumindest provisorisch das Funddatum und der Fundort handschriftlich auf einem Zettelchen notiert und dem Exemplar beigesteckt werden. Andere Angaben können später ergänzt werden.

Unterhalb des Belegexemplars wird auf die Insektennadel ein Fundetikett sowie – nach sorgfältiger Bestimmung – ein Artetikett gesteckt. Das Fundetikett sollte folgende Angaben enthalten: Fundort (Staat, Region, konkreter Fundort), geografische Koordinaten, Meereshöhe über NN, Funddatum und den Namen des Sammlers (mit Angabe „leg." = „hat gesammelt"). Dabei gilt, je mehr Daten notiert werden, desto besser können diese gegebenenfalls von späteren Bearbeitern ausge- oder bewertet werden. Zusätzliche Angaben wie die Fangmethode, der Ansitz, der Lebensraum, besonderes Verhalten (z.B. Eiablage) wären wünschenswert und können bei Bedarf auf einem weiteren Etikett festgehalten werden. Die Angaben auf dem Artetikett beinhalten den Gattungs- und Artnamen, das Geschlecht, den Namen der Person, die die Bestimmung vorgenommen hat („det." = „hat bestimmt"), und das Jahr, in dem die Bestimmung vorgenommen wurde.

Fotografieren

Die Motivation, Insekten bzw. Raubfliegen zu fotografieren, kann von Fotograf zu Fotograf verschieden sein. Während die einen lange Spaziergänge durch die Wiesen und Felder genießen und dabei die Vielfalt der heimischen Insektenwelt fotografieren, versuchen andere, gezielt Arten zu finden, um einen (Foto-)Nachweis für sie zu erbringen. Diese auf Insekten spezialisierten Fotografen arbeiten dabei mit dem wissenschaftlichen Anspruch, während ihrer Exkursionen die heimische Artenvielfalt bildlich zu dokumentieren und Arten in bestimmten Gebieten nachzuweisen.

Im Zuge der stetig fortschreitenden technischen Entwicklung der Fotografie und der damit verbundenen Steigerung der Bildqualität haben sich auch die Möglichkeiten, Insekten und Pflanzen mit ihren mitunter diffizilen bestimmungsrelevanten Unterscheidungsmerkmalen anhand von Fotos zu bestimmen, deutlich verbessert. Der technische Fortschritt in der Fotografie ist ein Segen für den Naturfotografen und die Naturwissenschaft, da vor Ort fotografierte, aber nicht sicher bestimmte Arten ohne großen Aufwand Experten gezeigt und viele von ihnen taxonomisch bis zur Gattung oder zur Artebene eingeordnet werden können.

Um speziell Raubfliegen erfolgreich zu fotografieren und um Aufnahmen zu erzielen, wie sie in diesem Buch präsentiert werden, bedarf es mehrerer wichtiger Voraussetzungen:

- Kenntnisse über Raubfliegen
- Planung und Vorbereitung
- geeignetes Fotoequipment und fotografische Umsetzung
- Geduld und Neugierde

Kenntnisse über Raubfliegen

Auch wenn das Beobachten und Fotografieren von Raubfliegen in unserer Landschaft durchaus ohne jegliche Vorkenntnisse möglich ist, bildet das Wissen um das Verbreitungsgebiet und die Flugzeiten beim Aufspüren heimischer Asiliden einen großen Vorteil. Denn so breit das Artenspektrum der mitteleuropäischen Raubfliegen ist, so groß sind auch die Unterschiede der einzelnen Asilidenarten im Hinblick auf ihre Lebensgewohnheiten, Flugzeiten, Lebensraumansprüche, Verbreitung und Jagdstrategien. Mit diesen für die Suche wichtigen Informationen, die ja auch ausführlich in diesem Buch behandelt werden, lassen sich Raubfliegen deutlich leichter finden und fotografieren. Einfach ausgedrückt: Je größer das eigene Wissen über Raubfliegen ist, desto größer stehen die Chancen, sie später freudig im Kamerasucher erblicken zu können.

Planung und Vorbereitung

Viele Naturfotografien entstehen nicht erst „in der Wiese". Ihnen gehen oftmals Planungen und Vorbereitungen voraus, die solche Aufnahmen erst ermöglichen. Um Raubfliegen möglichst erfolgreich zu fotografieren, macht es Sinn, im Vorfeld die Entwicklung des Klimas und der Wetterbedingungen zu beobachten, denn die Flugzeiten einzelner Arten können abhängig vom Klima variieren. Das heißt, Arten können je nach Wetterlage jahreszeitlich etwas verfrüht oder verspätet erscheinen. Auch die geografische Lage der Lebensräume und die damit verbundenen unterschiedlichen Durchschnittstemperaturen bewirken Abweichungen der Erscheinungszeitpunkte und Flugzeiten einzelner Asiliden. Von daher ist es von Vorteil, das Klima und die geografische Lage einer Region in seiner Planung und Vorbereitung zu berücksichtigen, wenn man ganz gezielt eine spezielle Raubfliegenart suchen und fotografieren möchte. Auch das für den Tag prognostizierte Wetter sollte in der Planung berücksichtigt werden, denn starker Wind ist des Makrofotografens größter Feind, weil hin- und herwehende Halme, Gräser und Blätter meist zu unscharfen Bildergebnissen führen. Außerdem stehen die Chancen eher schlecht, Raubfliegen bei starkem Wind, Regen oder größerer Hitze zu finden, weil viele Insekten derartige Wetterbedingungen scheuen und dann gerne versteckt inmitten von Sträuchern, Bäumen oder der dichten Krautschicht Deckung und Schutz suchen.

Fotoequipment und fotografische Umsetzung

Um qualitativ hochwertige Aufnahmen von derart kleinen Lebewesen wie den Raubfliegen zu erstellen, bedarf es einer speziellen und auf die Makrofotografie zugeschnittenen Fotoausrüstung. Je optimaler eine Fotoausrüstung auf einen speziellen Anwendungsbereich zugeschnitten ist, desto größer und vielfältiger werden in der Praxis deren Einsatzmöglichkeiten sein. Um einen Einblick zu vermitteln, mit welcher Fotoausrüstung Aufnahmen wie in diesem Buch möglich sind, soll nachfolgend geeignetes Zubehör für die Raubfliegenfotografie mit seinen praxisbezogenen Vorteilen vorgestellt werden.

Digitale Spiegelreflexkamera (D-SLR): Eine digitale Spiegelreflexkamera besitzt neben der zeitnahen Entwicklung der Fotos den großen Vorteil der „Vor-Ort-Kontrolle". Das heißt, es können unmittelbar vor Ort die Bildergebnisse kontrolliert und gegebenenfalls diverse Kameraparameter wie z.B. Belichtungszeit oder Objektivblendeneinstellung geändert werden, um Bildergebnisse zu optimieren.

Funktion Spiegelvorauslösung: Da Spiegelreflexkameras prinzipbedingt beim Auslösen unter Erschütterungen leiden, die durch das Hochklappen des Spiegels hervorgerufen werden, und diese bei Aufnahmen vom Stativ Bildverwacklungen verursachen können, bietet die Funktion der Spiegelvorauslösung eine sinnvolle und effektive Möglichkeit zur Abhilfe. Sie klappt den Spiegel schon vor der Aufnahme hoch, sodass die Kamera ausschwingen kann. Ein schwingungsfreier Kamerabetrieb ist eine wichtige Grundvoraussetzung für brillante, detailreiche Fotografien.

Makroobjektiv mit Abbildungsmaßstab 1:1: Um Raubfliegen großformatig ins Bild zu rücken und um möglichst viele Details auf Bildern darzustellen, ist es von Vorteil, mit Makroobjektiven zu arbeiten, die imstande sind, einen großen Abbildungsmaßstab von 1:1 zu erreichen. Der Abbildungsmaßstab definiert das Verhältnis der optischen Abbildung (Foto) und des Motivs (Raubfliege). Mit hochauflösenden Kameras und einem verwendeten Abbildungsmaßstab von 1:1 lassen sich Raubfliegen mit einer Individuengröße von 14–18 mm so darstellen, dass beim späteren Hineinzoomen am PC sogar die Facetten der Raubfliegenaugen sichtbar werden.

Zwischenring und/oder achromatische Nahlinse: Da die heimischen Raubfliegen abhängig von der Art in ihrer Größe zwischen 5 und 30 mm variieren, ist es beim Fotografieren der besonders kleinen Arten sinnvoll, zusätzlich eine achromatische Nahlinse und/oder einen Zwischenring zu verwenden, da durch sie der Aufnahmeabstand zum Motiv weiter reduziert werden kann. Ein geringerer Aufnahmeabstand zum Motiv vergrößert die Darstellung des Motivs auf dem Bild, sodass sogar kleine Raubfliegen in einer beeindruckenden Größe abgelichtet werden können.

Stativ mit Kugelkopf: Besonders in den kühlen Morgen- und Abendstunden bei Temperaturen unter 16 °C sind Raubfliegen als wechselwarme Tiere wenig fluchtfähig und verweilen oft in aller Seelenruhe auf ihren Ansitzen (z.B. Ähren, Gräser und Blätter). Kühle Temperaturen und die damit verbundenen „Ruhephasen“ der Raubfliegen sorgen dafür, dass diese für gewöhnlich fluchtscheuen Tiere auch beim Aufbauen eines Stativs ruhig sitzen bleiben. Zur Verwendung eignen sich ausgezeichnet spezielle Makrostative, welche auf eine Mindesthöhe von unter 30 cm aufgebaut werden können, sodass auch Raubfliegen, die recht bodennah auf ihren Ansitzen verweilen, von ihnen aus fotografiert werden können. Die Verwendung eines Stativs besitzt gleich mehrere Vorteile:

» Fotos können mit längeren Belichtungszeiten erstellt werden.
» Das Risiko, die Fotos zu verwackeln, wird minimiert, sodass die Bildergebnisse in der Regel schärfer werden.
» Durch die Nutzung eines Stativs kann der Bildausschnitt präzise festgelegt und exakt nach Wunsch fixiert werden. Ungewollte Veränderungen des Ausschnitts durch Bewegungen werden verhindert.

Für die Feinjustage des Aufnahmeabstandes bzw. für die Auswahl des Bildausschnitts eignen sich hervorragend größere Kugelköpfe mit Vorfriktion. Eine auf einem Kugelkopf montierte Kamera bietet den großen Vorteil, sehr komfortabel und schnell ausgerichtet werden zu können. Mittels entsprechender Vorfriktion wird die Klemmfestigkeit der Justierkugel des Kugelkopfes vorbestimmt, sodass bei Bedarf ohne Lösen irgendwelcher Schrauben die Ausrichtung der Kamera stets nachjustiert werden kann.

Bohnen-/Reissäckchen: Ein Bohnen- bzw. Reissäckchen ist ein etwa 20x30 cm großes mit Substrat (Granulat, Reis, Körner, Bohnen etc.) gefülltes Säckchen, welches als Auflagekissen für die Kamera dient, um z.B. vom Boden aus schwingungsfrei fotografieren zu können. Da einige Raubfliegenarten gerne auf flachen, bodennahen Steinen und Hölzern oder direkt auf dem Boden sitzen, bietet es sich insbesondere in diesen Aufnahmesituationen an, ein kleines Auflagesäckchen als Stativersatz zu verwenden,

Verwendung eines Bohnensäckchens für bodennahe Fotografie.

da Stative sperriger und oftmals auch baulich so konstruiert sind, dass mit ihnen keine oder nur mit viel Aufwand ebenerdige Aufnahmeperspektiven erreicht werden können. Daher bilden Bohnen-/Reissäckchen eine sinnvolle und praktische Alternative und Ergänzung.

Kabelfernauslöser: Kabelfernauslöser ersetzen den Auslöseknopf der Kamera. Besonders wenn ein schwingungs- und bewegungsarmer Kamerabetrieb während des Auslösens angestrebt wird, bietet sich eine Verwendung eines Kabelauslösers an, weil jede noch so vorsichtige Kameraberührung auch automatisch eine Bewegung der Kamera zur Folge hat, welche sich im Ergebnis bei längeren Belichtungszeiten in verwackelten Fotos äußert.

Reflektor-/Diffusorset: Um in unterschiedlichen Lichtsituationen wie Sonnen- oder Dämmerungslicht gewappnet zu sein, bietet es sich an, ein kleines, faltbares Reflektor-/Diffusorset mit sich zu führen, welches zusammengefaltet praktisch in jede Hosentasche passt. Details von Insekten kommen fotografisch am besten bei gleichmäßiger Ausleuchtung des Motivs zur Geltung. Direktes Sonnenlicht produziert helle Flächen, aber auch Schatten. Und genau diese Helligkeitsdifferenz zwischen Licht und Schatten führt oftmals zu Detailverlust, weil helle Motivbereiche strukturlos überstrahlen und Schattenpartien einfach zu dezent ausgeleuchtet werden, um interessante und manchmal auch bestimmungsrelevante Details der Raubfliegen wie Härchen, Borsten oder Bestäubung erkennen zu lassen. Bei direkter Sonneneinstrahlung auf das Motiv wirkt ein hochgehaltener Diffusor, der das Sonnenlicht weicher auf das Motiv fallen lässt, Wunder. Das Motiv wird durch dieses weichere, gedämpfte Licht gleichmäßig ausgeleuchtet. Diese künstliche Abmilderung des harten Sonnenlichtes ist vergleichbar mit der natürlichen Abdämpfung des Sonnenlichts durch eine gleichförmige Wolkendecke.

Verwendung eines Hilfsstatives zum Halten des Diffusors.

Ein Hilfsstativ mit Pflanzenklammer fixiert den Ansitz einer Frühlings-Raubfliege

Ein Reflektor hingegen wirkt ähnlich wie ein Spiegel, welcher das Licht reflektiert. Dieselbe Wirkung ließe sich auch mit Stanniolpapier erzielen. Ein sinnvoller Einsatzbereich für einen Reflektor sind beispielsweise Gegenlichtsituationen, in denen die Raubfliege zu dezent vom Umgebungslicht ausgeleuchtet wird. In einer solchen Gegenlichtsituation wirft ein im richtigen Winkel zum Sonnenlicht hochgehaltener Reflektor das Sonnenlicht zurück auf das Motiv, um auch die im Schatten liegenden, zu dunklen Bereiche aufzuhellen.

Pflanzenklammer: Wie weiter oben schon erörtert, ist der Wind des Makrofotografens größter Feind. Um dem Wind ein Schnippchen zu schlagen, ist eine Pflanzenklammer ein probates Hilfsmittel. Mittels Pflanzenklammern, die mittlerweile in unterschiedlichen Bauformen als Fotozubehör im Handel erhältlich sind oder auch selbst nach eigenen Wünschen angefertigt oder modifiziert werden können, können leicht im Wind schaukelnde Raubfliegenansitze (z.B. Grasähren oder Zweige) vor Ort fixiert bzw. stabilisiert werden, sodass die Chancen, ein brillantes Bild einer Raubfliege zu kreieren, deutlich steigen. Das Fixieren der Ansitze funktioniert in der Regel nur in den kühlen Morgen- oder Abendstunden ohne Flucht der aufsitzenden Raubfliege. Gleichzeitig eröffnen durch Pflanzenklammern stabilisierte Ansitze dem Fotografen die Möglichkeiten, verwacklungsfrei Blendenreihen zu starten, schärfentiefengestaffelte Einzelfotos für sogenannte „Focus stackings“ (nachträgliche Schärfentiefe-Erweiterung in Bildbearbeitungsprogrammen) anzufertigen, Bilder in HDR (High-Dynamic-Range-Image) aufzunehmen oder Motive/Ansitze perspektivisch so zu drehen, dass sie perfekt in der Schärfeebene der Kamera liegen. Darüber hinaus können bei Bedarf mittels dieser Klammern auch hübsche Pflanzen in den Hintergrund des Motivs gedreht, geneigt oder gestellt werden, um im Ergebnis strukturell und farblich schönere Raubfliegenfotos zu erstellen.

Das fertige Makrofoto einer Frühlings-Raubfliege unter Verwendung einer Nikon FX-Kamera, eines Sigma 150 mm-Makroobjektivs bei Blende 13 und ISO 200.

Anregungen für weitere Untersuchungen

Auch wenn es im deutschsprachigen Raum eine vergleichbar aktuelle und umfassende Übersicht über die heimischen Raubfliegen bisher nicht gibt, ist den Autoren während der Bearbeitung des Manuskripts schmerzhaft bewusst geworden, wie lückenhaft unsere Kenntnisse der heimischen Asiliden im Vergleich zu anderen Artengruppen letztlich noch sind. Dieses Buch soll mit seinem Erscheinen deshalb bereits Ansporn zu weiteren Untersuchungen oder Beobachtungen geben.

So wünschenswert dabei fundierte wissenschaftliche Untersuchungen auch wären, darf nicht verkannt werden, dass auch Einzelbeobachtungen von Nicht-Asilidologen sowie fotografische und filmische Einzelbelege und Dokumente in ihrer Gesamtsumme einen überaus wichtigen Beitrag zum Kenntniszuwachs leisten. Viele der hier dargestellten Aspekte beruhen auf solchen Einzelbeiträgen, ohne dass aus Platzgründen die jeweiligen Quellen im Detail genannt werden konnten. Es liegt in der Natur der Sache, dass diese Beiträge eher zufälligen Charakter haben. In den folgenden Unterkapiteln sollen zum einen Hinweise für lohnende weitere systematische Untersuchungen gegeben werden. Zum anderen soll veranschaulicht werden, welche zufälligen Beobachtungen grundsätzlich von besonderem Interesse sind.

Etablierung

Im dritten Teil des Buches, den Artporträts, sind zehn Arten berücksichtigt, deren Etablierung noch nicht als gesichert oder wahrscheinlich gelten kann. Für die Klärung der Frage, ob diese Arten in Deutschland als dauerhaft etabliert gelten können, sind für

- » die vor allem in grenznahen Regionen Deutschlands beobachteten Arten *Cerdistus erythrurus*, *Choerades castellanii*, *Dysmachus bimucronatus*, *D. hamulatus*, *Holopogon priscus* und *Premochtherus aquitanus* Untersuchungen dazu sinnvoll, ob die Populationen an den bekannten Fundorten noch existieren bzw. auch in den kommenden Jahren kontinuierlich bestehen. Für diese Arten ist deshalb die Dokumentation und Mitteilung jeder weiteren Beobachtung sinnvoll.
- » *Tolmerus atripes* Überprüfungen der den Literaturmeldungen zugrunde liegenden Belege notwendig, um Verwechslungen mit dunkel gefärbten *Tolmerus pyragra* auszuschließen.

Faunistisch neue Arten

Vor allem in den hochmontanen und subalpinen grenznahen Regionen der deutschen Alpen sind intensivere faunistische Untersuchungen sinnvoll, da hier am ehesten mit weiteren faunistisch neuen Arten zu rechnen ist. Leider ist die alpine biogeografische Region bisher nur unzureichend bei der deutschen Asilidenfaunistik berücksichtigt worden. Potenzielle Kandidaten, die in den benachbarten grenznahen Alpenregionen in Österreich bzw. der Schweiz schon nachgewiesen sind, sind in Tabelle 6 aufgelistet.

wissenschaftlicher Artname	deutscher Artname
Cyrtopogon longibarbus Loew, 1857	Langbärtige Makelfliege
Cyrtopogon meyerduerii Mik, 1864	Meyerdueri's Makelfliege
Lasiopogon bellardii Jaennicke, 1867	Bellardi's Grauwicht
Lasiopogon montanus Schiner, 1862	Gezähnter Grauwicht
Lasiopogon immaculatus Strobl, 1893	Gelappter Grauwicht
Neomochtherus alpinus (Meigen, 1820)	Alpen-Raubfliege

Tab. 6: Liste potenziell in Deutschland vorkommender Raubfliegenarten.

Taxonomisch neue Arten

Selbst in Deutschland, einem der Stammlande der Raubfliegentaxonomie, kann nicht ausgeschlossen werden, dass für die Wissenschaft neue Arten entdeckt und beschrieben werden.

Zu erwähnen wäre z.B. die in Geller-Grimm (2003) bzw. Wolff (2003) als *Dioctria spec. aff. flavipennis 2* „beschriebene" Form. Die Unterschiede zwischen der typischen *D. flavipennis* und dieser Form sollen hier als Zitat aus Wolff (2003) noch einmal dargestellt werden, weil der Aufsatz nicht allen Lesern zur Verfügung steht:

„Während D. flavipennis einen großen Stirnhöcker aufweist (fast wie D. rufipes, kürzester Abstand zwischen Antennenbasis und Augenrand in Lateralansicht so lang oder länger als Pedicellus), der auf der Unterseite überwiegend bestäubt ist, besitzt D. spec. einen normalen Stimhöcker (etwa wie D. hyalipennis, kürzester Abstand zwischen Antennenbasis und Augenrand in Lateralansicht kürzer als Pedicellus), der auf der Unterseite weitgehend unbestäubt ist. Bei der „echten" D. flavipennis ist die Pleurenbinde am Vorderrand des Anepistemums sehr breit (etwa halb so breit wie das Anepistemum), bei D. spec. hingegen deutlich schmäler (etwa ein Drittel des Anepistemums). Punktierung und Behaarung des Scutums sind bei D. flavipennis recht grob, daher das Scutum an den

Meyerdueri's Makelfliege *Cyrtopogon meyerduerii* kommt in den Hochlagen der Alpen verbreitet vor, hier ein ♀ vom 5.7.2016 vom Simplonpass in der Schweiz.

Die Alpen-Raubfliege *Neomochtherus alpinus*, hier ein ♂ vom 8.7.2016 vom Simplonpass in der Schweiz, wird in neuerer Literatur teilweise auch unter ihrem Synonym *N. melanopus* geführt.

unbestäubten Seitenrändem nur schwach glänzend, D. spec. hat dagegen eine feine Punktierung und Behaarung des Scutums, so dass das Scutum an den Seitenrändem stärker glänzt. Die typische D. flavipennis hat im weiblichen Geschlecht deutlich gelb getönte Flügel, während D. spec. kaum getönte Flügel besitzt (sehr leichte, eher bräunliche Tönung). Als typische D. flavipennis wird hier die in Engel *(1930) und* Weinberg & Bächli *(1995) beschriebene Form angenommen; allerdings kann hier erst ein Abgleich mit den Typusexemplaren Klarheit bringen.*

Die 3 fraglichen D. spec.-Exemplare weisen alle hellrote Humeral- und Postalarcalli auf; außerdem sind die Pleuren unterhalb der Flügelbasis und der Hinterrand des Scutums rot sowie die Hinterränder der mittleren Hinterleibstergite rotgelb gefärbt. In der Färbung ähneln sie damit D. humeralis sehr stark. D. humeralis besitzt jedoch eine ausgedehntere dichte Scutum-Bestäubung, die seitlich fast das Notopleuron erreicht, und nur einen einreihigen Knebelbart. Bei D. spec. sind die Scutum-Seiten nahezu unbestäubt und der Knebelbart mehrreihig. Hierin unterscheiden sich die D. spec.-Belege im Übrigen auch von D. engeli Noskiewicz, 1953.“

Von dieser Form sind mittlerweile zwei weitere Funde bekannt geworden. Die durchgehende Pleurenbinde hat bisher davon „abgelenkt“, dass offenbar eine nähere Verwandtschaft zu *D. cothurnata* besteht. Dies lässt sich unter anderem mit der abgestutzten Form der Spitze des Stechrüssels und der fehlenden Bestäubung des Clypeus begründen. Der Fang von Männchen dieser Form an den bekannten Fundorten und die (genitale) Untersuchung könnte hier Klarheit verschaffen. Dieses Taxon ist im Bestimmungsschlüssel berücksichtigt.

Der Gezähnte Grauwicht Lasiopogon montanus ist nur durch Untersuchung der Genitalien sicher zu bestimmen, hier ein ♂ vom 7.7.2016 vom Simplonpass in der Schweiz.

Aus der Oberpfalz liegen zwei Exemplare einer *Machimus*-Art vor, die sich durch deutliche Beborstung auf der Unterseite der Vorderschenkel und durch eine charakteristische Form des Auswuchses am 8. Hinterleibssternit des Männchens (ähnlich wie bei *M. lacinulatus*) ausweisen. Die Identität der Art konnte bisher auch mithilfe von Spezialisten noch nicht geklärt werden.

Cannings (2002) weist in seiner Revision der nearktischen *Lasiopogon*-Arten im Appendix „Checklist..“ im Abschnitt „Uncertain placement“ neben diversen unbeschriebenen oder nominell beschriebenen Arten aus „lowland central Europe“ („mitteleuropäisches Tiefland“) unter den beiden folgenden Nummern auf aus seiner Sicht bisher unbeschriebene *Lasiopogon*-Arten auch aus Deutschland hin:

25. L. unc-1 sp. nov. (Western Palaearctic: Germany, Bavaria)
26. L. unc-2 sp. nov. (Western Palaearctic: lowland southern Germany)

Unterarten

Wie bei anderen besser untersuchten Insektengruppen (Schmetterlinge, Käfer) kann grundsätzlich auch bei den Raubfliegen davon ausgegangen werden, dass sich innerhalb der oft großräumigen Verbreitungsgebiete verschiedene Unterarten herausgebildet haben, insbesondere wenn disjunkte Teilareale vorliegen oder Regionen mit sehr unterschiedlichen klimatischen Bedingungen besiedelt werden. Insgesamt ergibt sich hier ein weites und spannendes Betätigungsfeld, denn nur von etwa 15 Prozent der in Deutschland heimischen Arten sind im Katalog der Paläarktis bisher überhaupt einzelne Unterarten aufgeführt. Es handelt sich um folgende Taxa (in Klammern zunächst der „locus typicus“, der Fundort bzw. die Region, aus der der Holotypus stammt; hiernach richtet sich, welche Form als typische Unterart mit demselben Namen wie die Art bezeichnet wird; anschließend Name der zusätzlich gelisteten Unterarten (ssp.) und deren Verbreitung):

- *Aneomochtherus flavicornis* (loc. typ.: Bad Freienwalde in Brandenburg; ssp. *peloponnesius* – Griechenland: Peloponnes)
- *Cyrtopogon fulvicornis* (loc. typ.: Frankreich; ssp. *variicornis* – italienische Alpen)
- *C. maculipennis* (loc. typ.: unbekannt; ssp. *pollinosus* – Finnland: Tuovilanlaks)
- *Dioctria humeralis* (loc. typ.: Glogau in Polen; ssp. *eoa* – Ostrussland)
- *D. linearis* (loc. typ.: Dänemark; ssp. *laeta* – Albanien, Dalmatien, Frankreich, Griechenland)
- *Holopogon nigripennis* (loc. typ.: Österreich; ssp. *nobilis* – Griechenland)
- *Leptogaster cylindrica* (loc. typ.: unbekannt; ssp. *dalmatina* – Albanien, Dalmatien; ssp. *hispanica* – Spanien, Frankreich, Italien, Russland, Jugoslawien, Iran, Marokko, Algerien; ssp. *pedunculata* – Spanien, Frankreich, Italien, Algerien, Tunesien, Äthiopien; ssp. *taurica* – Ukraine: Krim, Kasachstan; ssp. *tesquorum* – Kasachstan, Mongolei)
- *Machimus chrysitis* (loc. typ.: südliches Frankreich, Portugal; ssp. *nigrofemoratus* – Spanien)
- *M. rusticus* (loc. typ.: unbekannt; ssp. *spinifemoratus* – Sizilien)
- *Neoitamus cothurnatus* (loc. typ.: unbekannt; ssp. *univittatus* – Russland, Mongolei, Japan)
- *Stichopogon elegantulus* (loc. typ.: Portugal; ssp. *orientalis* – Ostrussland)
- *Stilpnogaster aemula* (loc. typ.: Österreich; ssp. *setiventris* – Schweden, nach dem Katalog auch Österreich, Frankreich, Ialien, Rumänien und „Jugoslawien“)
- *Tolmerus atricapillus* (loc. typ.: Schweden; ssp. *alius* – Kirgisien)

Die Abgrenzung von Unterarten ist bei den Raubfliegen nahezu ungeklärt und betrifft vermutlich oftmals nur Varietäten. So weist z.B. die Berg-Raubfliege Didysmachus picipes in Deutschland meist ganz schwarze Schienen oder nur sehr schmal aufgehellte Schienenbasen auf. Exemplare mit so ausgedehnt aufgehellten Schienenbasen sind eher im Süden zu beobachten, wie bei diesem Tier vom 6.7.2016 bei Rosswald im Schweizer Wallis.

Die Auflistung macht deutlich, dass auch für diese Arten überwiegend unklar ist, welcher Unterart bzw. welchen Unterarten die in Deutschland vorkommenden Populationen zuzurechnen sind. Die loci typici liegen mehrheitlich außerhalb von Deutschland oder sind unbekannt. Darüber hinaus sind die Verbreitungsgrenzen der Unterarten erkennbar bisher noch nicht hinreichend festgelegt (vgl. die Nennung der gleichen Regionen/Staaten für verschiedene Unterarten). Eine wesentliche Ursache dafür ist die unzulängliche taxonomische Charakterisierung der Unterarten, die in einigen Fällen möglicherweise nur Varietäten darstellen und keinen echten taxonomischen Rang aufweisen. Diese Fragen lassen sich vermutlich nur in intensiven Untersuchungen bzw. im Rahmen von Gattungs-Revisionen klären.

Nicht ausgeschlossen werden kann auch, dass bestimmte, von anderen Autoren als valide Arten bewertete Taxa und hier aufgrund fehlender überzeugender Bestimmungsmerkmale nur zurückhaltend als Varietät betrachtete Formen nach gründlicher Untersuchung gegebenenfalls der Rang einer Unterart zuerkannt werden muss, z.B. *Laphria vulpina*.

Biologie

Bei vielen Arten liegen zur Biologie bisher nur einzelne oder gar keine Beobachtungen vor. Dies betrifft vor allem die Embryonal- und Larvalbiologie, aber auch viele Aspekte zur Lebensweise der Imagines sind oft nur unzureichend erforscht. Wie die bisherigen Erfahrungen zeigen, können sich gerade in diesem Themenbereich gute Kooperationen zwischen Naturfreunden/Naturfotografen und Asilidologen ergeben, indem erstere schon aufgrund ihrer Anzahl und Verteilung in Deutschland zahlreiche Beobachtungen machen und (fotografisch und filmisch) dokumentieren, während letztere diese Beobachtungen durch die Artbestimmung qualifizieren und später bei einer Gesamtauswertung berücksichtigen. Besonders wünschenswert sind Beobachtungen zur Eiablage, zum Balzverhalten bzw. zur Paarung, zu Larven- und Puppenfunden, zum Schlupf von Adulten, zu außergewöhnlichen Beutetieren (nicht flugfähige Tiere, Nichtinsekten etc.), zu Funden außerhalb der in den Artporträts angegebenen Flugzeiten oder Nachweise außerhalb der in den Nachweiskarten skizzierten Areale.

Körperbau und Bestimmungsmerkmale

Der Körper der Raubfliegenimagines weist die für Insekten typische grundlegende Gliederung in Kopf, Brust und Hinterleib auf. Jeder dieser Abschnitte besitzt wiederum Körperanhänge; der Kopf z.B. die Fühler, die Taster und die Mundwerkzeuge mit dem Stechrüssel. An der Brust sind die Beine und Flügel inseriert, das Hinterleibsende ist in artspezifische Genitalien ausdifferenziert. Brust und Hinterleib sind zusätzlich in mehrere Segmente gegliedert. Die im Allgemeinen Teil, im Bestimmungsschlüssel und den Artporträts verwendeten Fachbegriffe für die verschiedenen Körpermerkmale und

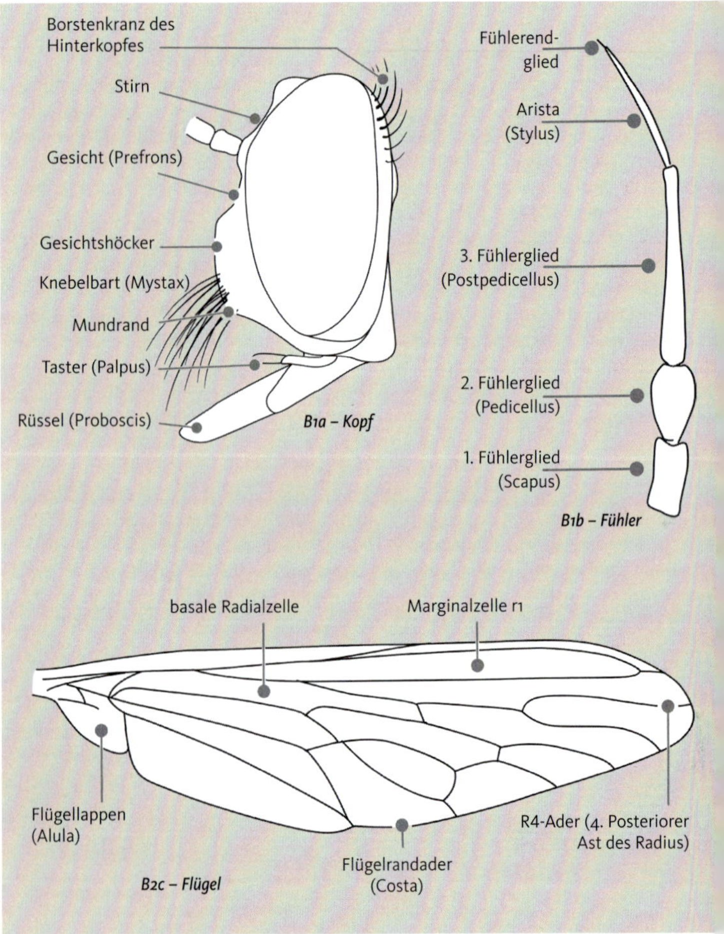

B1a – Kopf

B1b – Fühler

B2c – Flügel

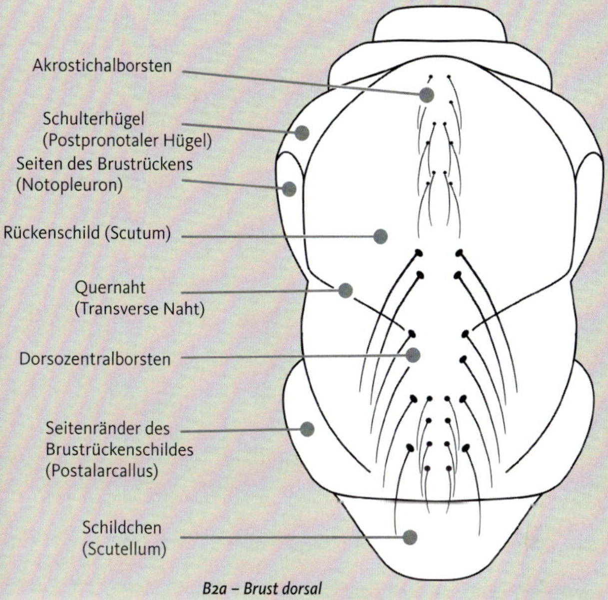

B2a – Brust dorsal

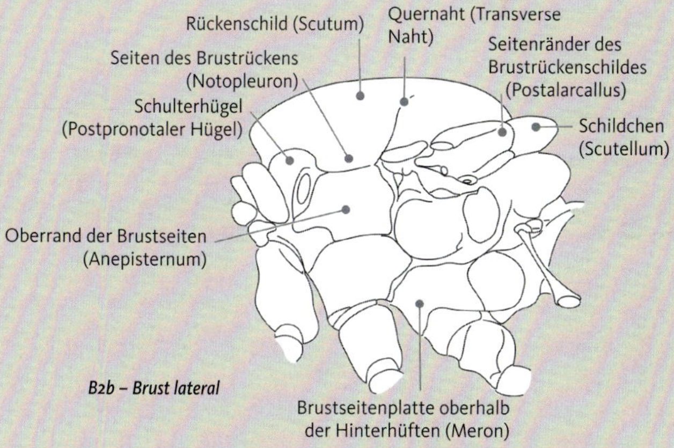

B2b – Brust lateral

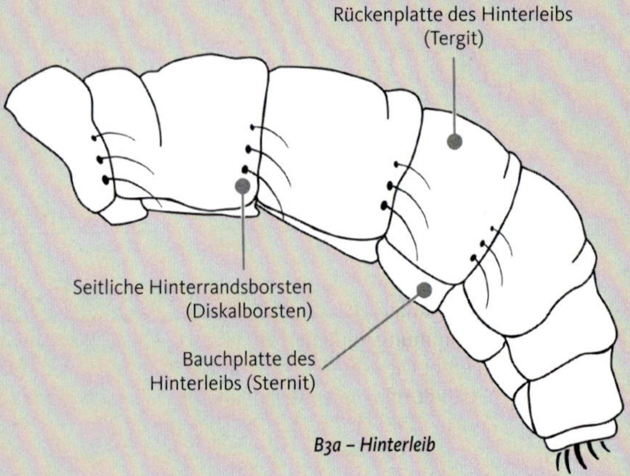

B3a – Hinterleib

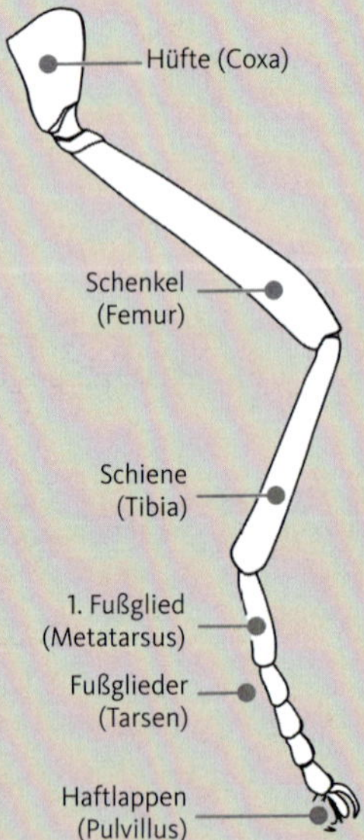

B2d – Bein

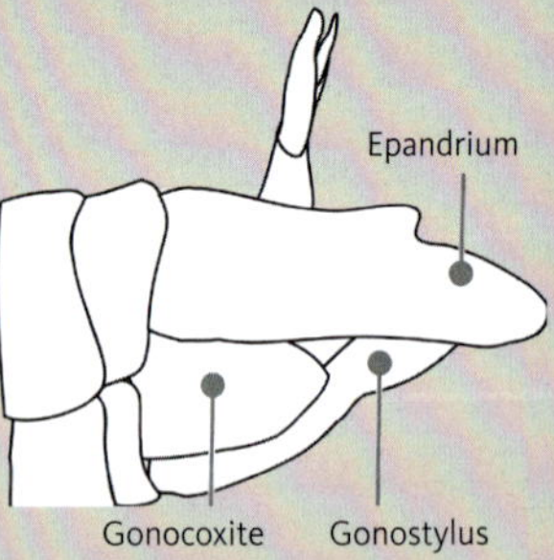

B3b – Genitalien Männchen

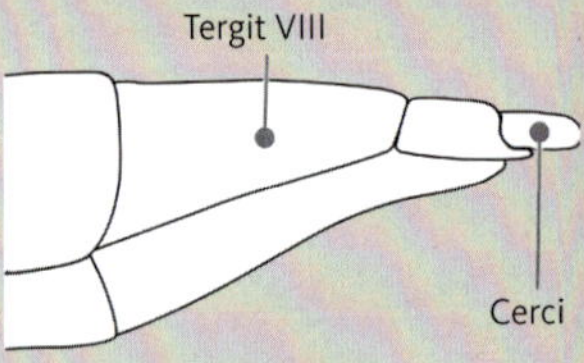

B3c – Genitalien Weibchen

strukturen werden hier grafisch erläutert. Dabei ist zu berücksichtigen, dass es in der achliteratur hierfür die unterschiedlichsten Bezeichnungen gibt. In diesem Naturführer haben die Autoren denjenigen Begriffen den Vorzug gegeben, die sich im deutschprachigen Raum etabliert haben. Wesentliches Ziel war die Bereitstellung einer leicht achvollziehbaren Arbeitsgrundlage, auch wenn ein Rückschluss auf mögliche Homoogien nicht immer möglich ist.

Bestimmungsschlüssel

ür die Bestimmung sind in zahlreichen Fällen eine Handlupe oder ein Auflichtmikoskop notwendig. Die Begriffe für die genutzten Körpermerkmale können im Kapitel Körperbau und Bestimmungsmerkmale" nachgeschlagen werden. Von Vorteil ist es ft, beide Geschlechter zur Bestimmung vorliegen zu haben; daher sollte man immer erien sammeln oder fotografieren. Die Geschlechter lassen sich abgesehen von den venigen Arten mit Geschlechtsdimorphismus nur anhand der Genitalien am Hinterібsende unterscheiden. Die Männchen weisen hier differenzierte Strukturen unter nderem mit Epandrien (Funktion als Haltezangen) auf, während die Weibchen einen der Regel konischen, kürzeren oder längeren Ovipositor (Eiablageapparat) besitzen. de Art besitzt ein Variationsspektrum und daher gilt es, möglichst viele Tiere zu prüәn. Hilfreich sind auch eigene oder öffentliche Sammlungen zum direkten Vergleich. t man sich nicht sicher, gilt es, dies auf beigefügten Etiketten oder im Dateinamen on digitalen Bildern mitzuteilen. Dafür kann man die Abkürzung „cf." (lateinisch *conr* = man vergleiche) nutzen.

Der Bestimmungsschlüssel bietet jeweils zwei (in wenigen Ausnahmefällen auch rei) Merkmalsalternativen, die zu vergleichen sind. Nach Möglichkeit werden jeweils ehrere Merkmale angegeben. Hat man sich für eine Alternative entschieden, leien die nachstehenden Nummern zu einem nächsten Merkmalspaar oder es wird auf en Bestimmungsschlüssel der zutreffenden Unterfamilie verwiesen. So gelangt man ukzessive im günstigen Fall auf die zutreffende Art. Hat man den Eindruck, dass die ngegebenen Merkmale einer Alternative nicht gleichermaßen zutreffen, ist im Zweil strukturellen Merkmalen (Borsten, Längen-/Breitenverhältnisse, Ausprägung der enitalien etc.) Vorrang vor Farb- oder Bestäubungsmerkmalen zu geben. Letztere unrliegen einer größeren innerartlichen Variation. Viele Merkmale werden zusätzlich afisch illustriert, sind dabei aber zur Verdeutlichung vereinfacht und generalisiert. sbesondere Borsten und Behaarung sind in den Grafiken in der Regel nicht berückchtigt. Ist man zu einer Gattung oder zu einer Art gelangt, sollten immer auch die orträtfotos zur Kontrolle genutzt werden. Ein Großteil der Bestimmungsmerkmale ann auf diesen Fotos gut nachvollzogen werden. Dabei ist zu berücksichtigen, dass ch an Trocken- und Nasspräparaten Färbungs- sowie Bestäubungsmerkmale oft verndern und sich insbesondere die beim lebenden Tier oft ausgeprägte Augenfärbung st immer verliert.

Einzelne variable und deshalb schwierig zu bestimmende Arten sind mehrfach ausschlüsselt.

Im Bestimmungsschlüssel sind auch mehrere mitteleuropäische Arten berücksichgt, deren Ebtablierungsstatus in Deutschland ungeklärt ist oder für die bisher keie überprüfbaren Belege aus Deutschland bekannt sind. Diese sind durch eine graue chriftfarbe und durch einen Überprüfungshinweis besonders gekennzeichnet.

Bestimmungsschlüssel für die Unterfamilien

1 » 2. Rückenplatte des Hinterleibs mindestens dreifach länger als breit (B4). Flügellappen fehlt (B5). Haftlappen der Füße reduziert (B6): → **Leptogastrinae (Seite 134**
» 2. Rückenplatte des Hinterleibs höchstens zweifach länger als breit (B7). Flügellappen mindestens reduziert vorhanden (B8). Haftlappen vorhanden (B9): → **2**

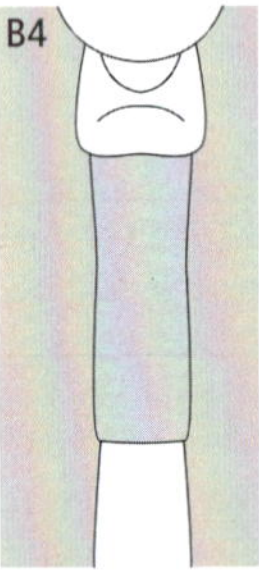

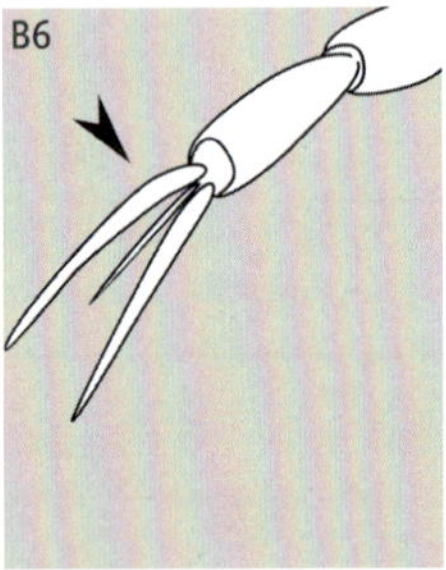

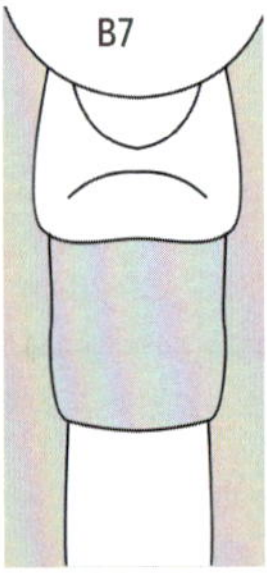

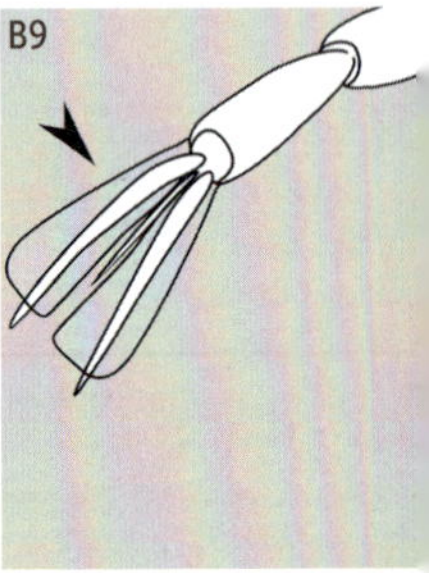

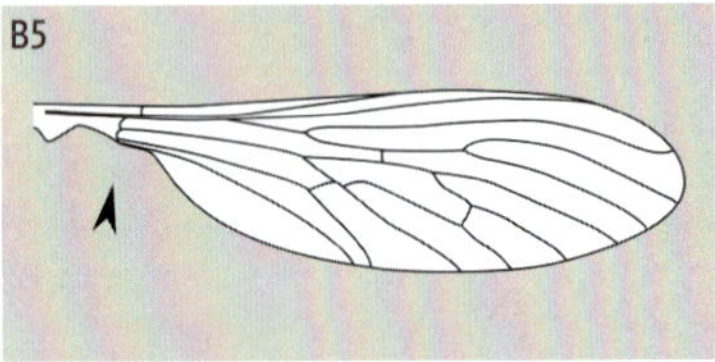

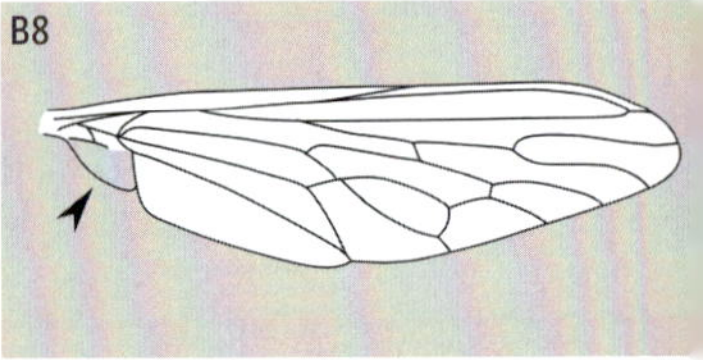

2 » Vordere Schiene an der Spitze mit einem Fortsatz, auf dem ein großer, etwas gekrümmter Enddorn aufsitzt (B10), 18. Glied des Vorderfußes auf der Unterseite basal mit Wulst, in die der Enddorn eingreifen kann: → **Dasypogoninae (Seite 135)**
» Vordere Schiene an der Spitze normal, ohne Fortsatz, höchstens mit einer beweglichen Borste an der Spitze, 1. Glied des Vorderfußes auf der Unterseite ohne Wulst: → **3**

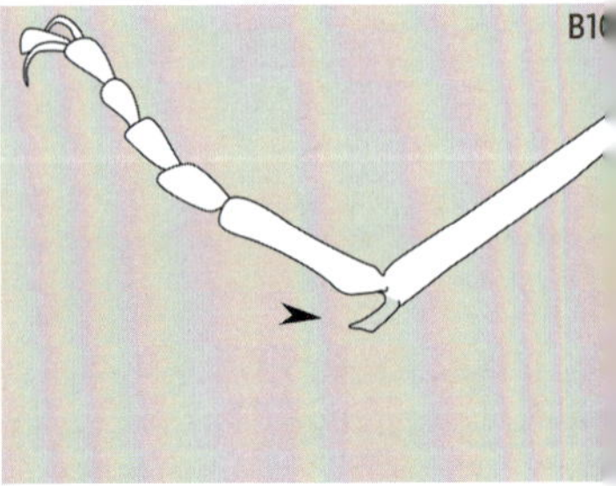

3 » Marginalzelle r1 des Flügels geschlossen und durch eine gemeinsame Ade gestielt, d.h. die Zelle ist vom Außenrand deutlich getrennt (B11): → **4**
» Marginalzelle r1 offen, d.h. die Zelle verschmilzt mit dem Außenrand (B12): → **5**

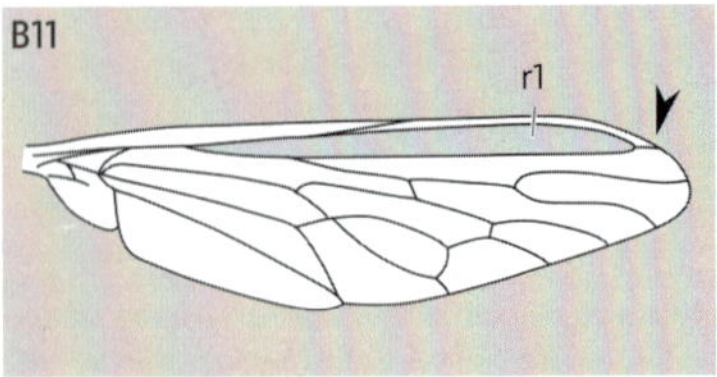

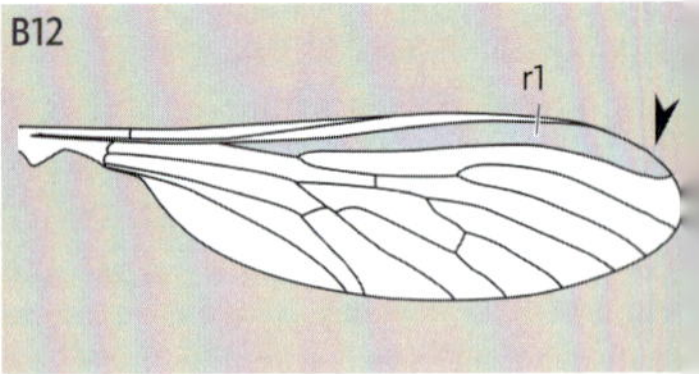

4 » 3. Fühlerglied ohne endständige Arista, gelegentlich mit einem kaum sichtbaren Zahngriffel (B13). Tiere von bienen- oder hummelartigem Aussehen: → **Laphriinae (Seite 135)**

» 3. Fühlerglied mit einer endständigen Arista, die deutlich ausgebildet ist (B14): → **Asilinae (S. 138)**

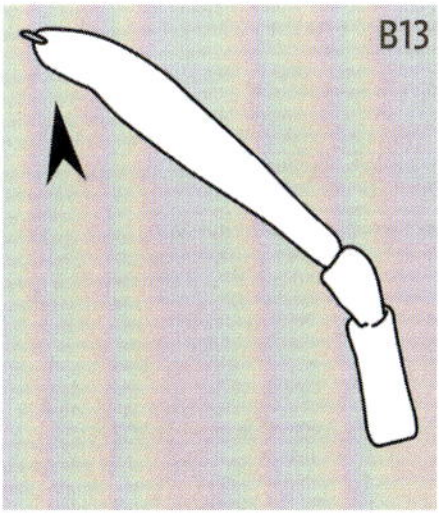

B13

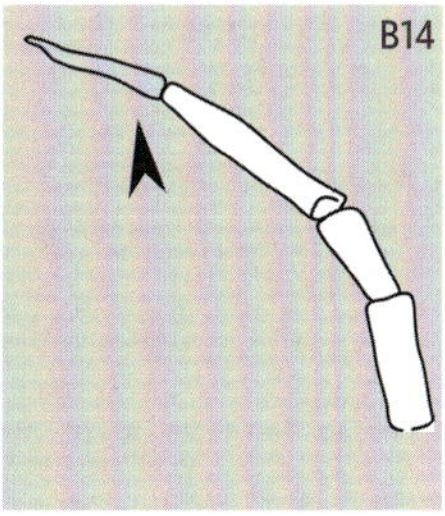

B14

5 » Oberer Augenabstand in Frontalansicht breiter als am Mundrand. Innerer Augenrand auf Höhe der Fühlerbasis deutlich gewinkelt, Stirn wirkt daher tief eingesattelt (B15): → **Stichopogoninae (Seite 150)**

» Oberer Augenabstand in Frontalansicht kaum breiter als am Mundrand. Augenrand auf Höhe der Fühlerbasis deutlicher abgerundet (B16): → **6**

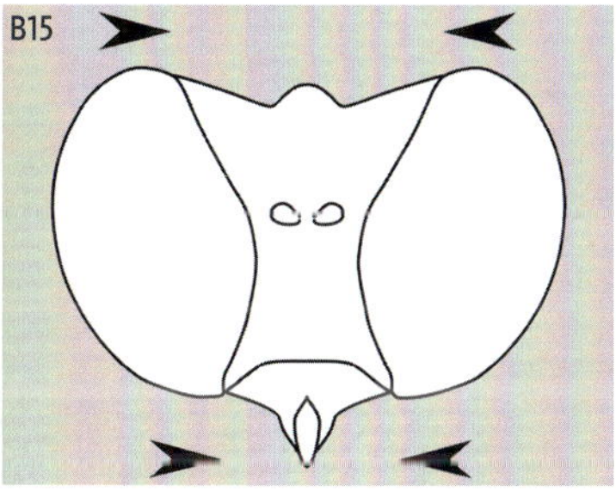

B15

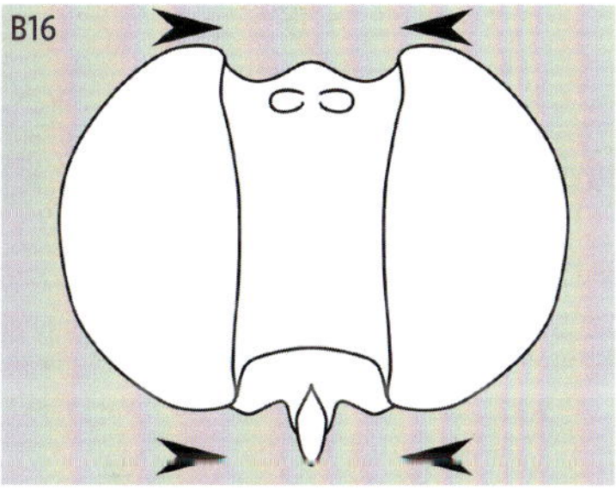

B16

6 » Knebelbart auf den Mundrand bzw. das untere Gesichtsviertel beschränkt (B17). Fühler länger als die Augenhöhe. Fühlerendglied meist wie die vorherigen Glieder ausgebildet und von ähnlicher Höhe (B18): → **Dioctriinae (Seite 152)**

» Knebelbart mindestens bis zur Mitte des Gesichtes hinaufreichend (B19). Fühler kürzer als die Augenhöhe. Fühlerendglied meist spitz endend und schmaler als die Höhe des 3. Fühlergliedes (B20): → **Brachyrhopalinae (Seite 154)**

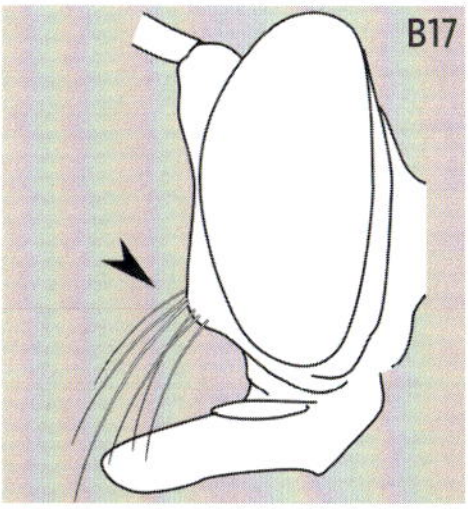

B17

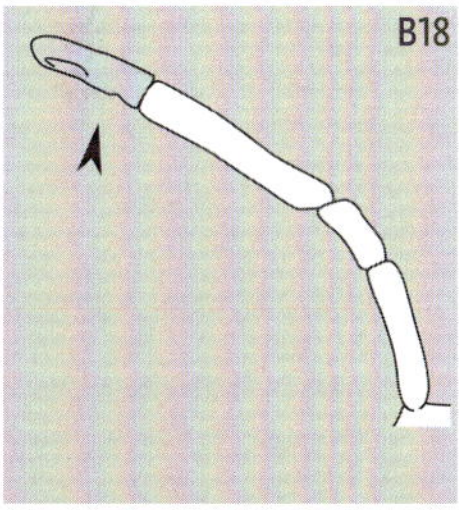

B18

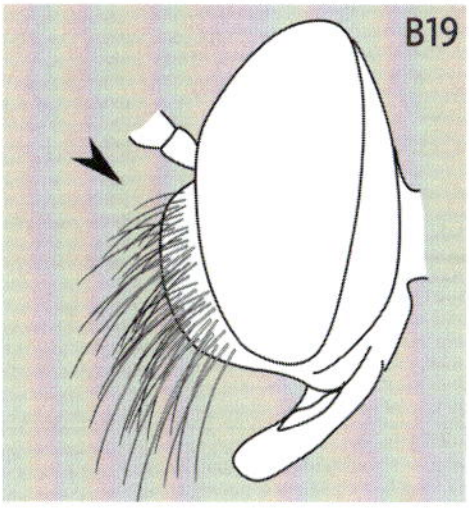

B19

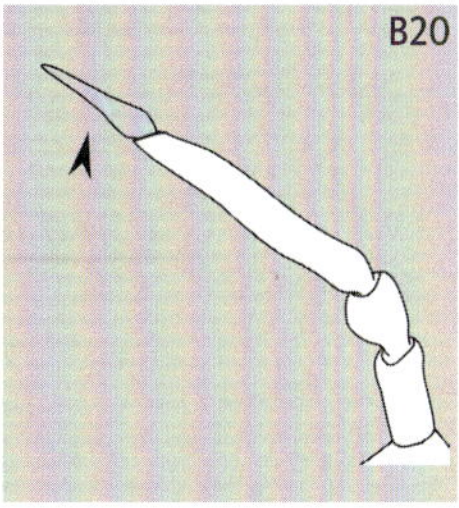

B20

Bestimmungsschlüssel für die Unterfamilie Leptogastrinae

Diese Unterfamilie ist in Mitteleuropa nur mit der Gattung *Leptogaster* vertreten (vgl. aber Hinweis im Artporträt von *L. subtilis*). Im Bearbeitungsgebiet sind vier Arten bekannt, deren Männchen gut unterscheidbar sind.

1 » Rückenschild der Brust mit unbestäubtem (oder nur schwach bestäubtem), glänzendem Mittelstreif und ebensolchen Seitenflecken (B21). Kleinster Augenabstand in Frontalansicht schmaler als die Länge des 2. Fühlergliedes (B22). 3. Fühlerglied am Ende abgestutzt. Rüssel in der Regel gelb gefärbt. Epandrien der männlichen Genitalien mit Borstenfeldern an der hinteren Innenseite (B23): → *Leptogaster subtilis* **(Seite 284)**

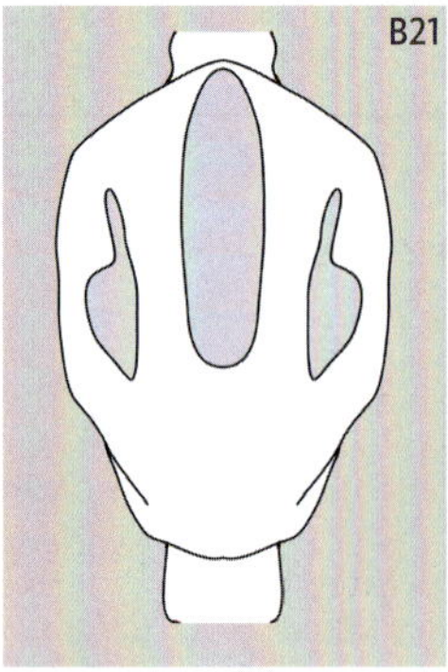

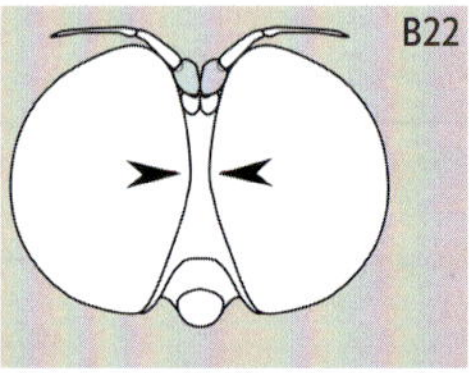

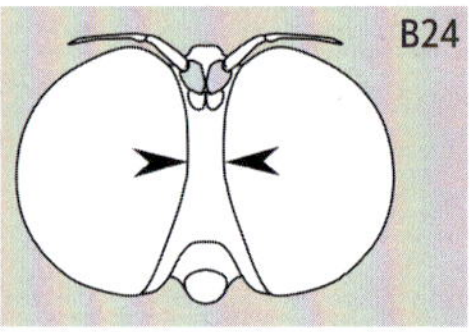

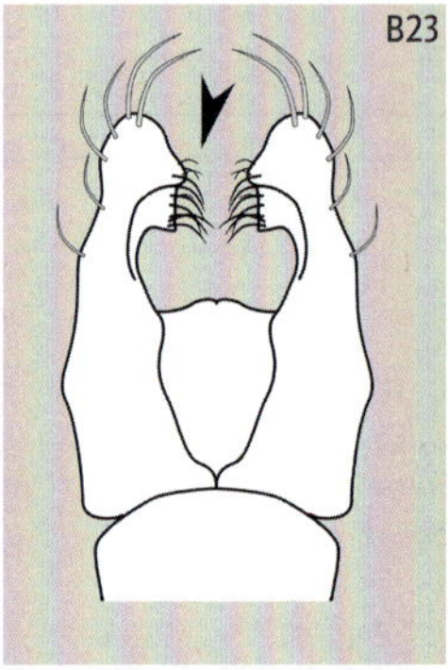

» Rückenschild ohne glänzende Flecken. Kleinster Augenabstand in Frontalansicht deutlich breiter als die Länge des 2. Fühlergliedes (B24). 3. Fühlerglied zum Ende hin verjüngt. Rüssel in der Regel dunkel/schwarz gefärbt. Epandrien ohne solche Borstenfelder: → **2**

2 » Hintere Schiene gleichmäßig zur Mitte hin erweitert, dann schmaler werdend (damit in der Mitte am breitesten) (B25). Bestäubung des 3. Fühlergliedes nur basal ausgeprägt (B26). 3. Fühlerglied in der Spitzenhälfte kurz bewimpert, Wimpernhaare im Profil etwa so lang wie die Stärke der Arista an ihrer Basis: → *Leptogaster pubicornis* **(Seite 282)**

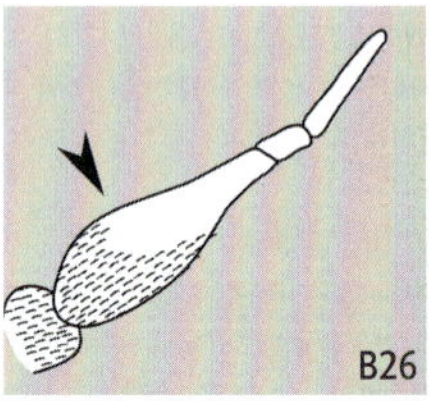

» Hintere Schiene gleichmäßig zur Spitze hin erweitert bzw. ab der Mitte zur Spitze hin nicht wieder deutlich schmaler werdend (B27). Bestäubung des 3. Fühlergliedes gleichmäßig bis zur Spitze. 3. Fühlerglied in der Spitzenhälfte kaum behaart, wenn sehr kurz behaart, dann im Profil Härchen kürzer als die Stärke der Arista an ihrer Basis: → **3**

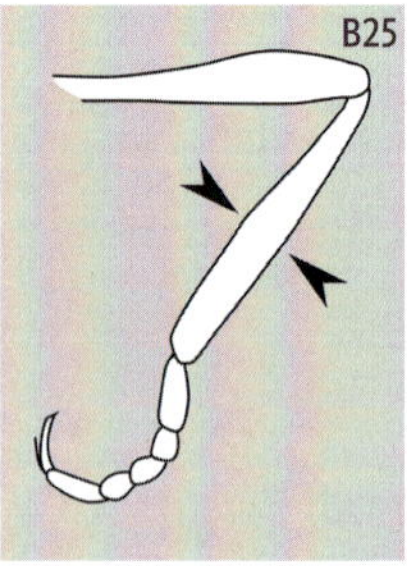

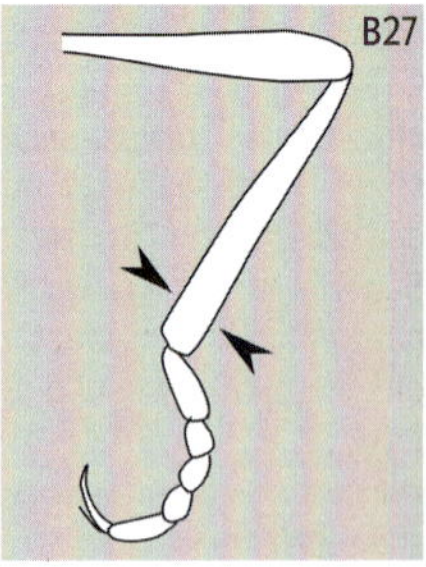

3 » Hinterer Schenkel mit dunklem Längsstrich an der Außenseite (oft nur sehr schwach ausgeprägt). Spitzendrittel der hinteren Schiene dunkel (B28). Rückenplatten des Hinterleibs mit durchgehender dunklerer Bestäubung (Längsbinde): → *Leptogaster cylindrica* **(Seite 278)**

» Hinterer Schenkel mit dunklem Ring vor der Spitze. Spitzendrittel der hinteren Schiene aufgehellt (B29). Rückenplatten des Hinterleibs nicht mit durchgehender dunklerer Bestäubung, dunkle Bestäubung erscheint daher als Querbinden: → *Leptogaster guttiventris* **(Seite 280)**

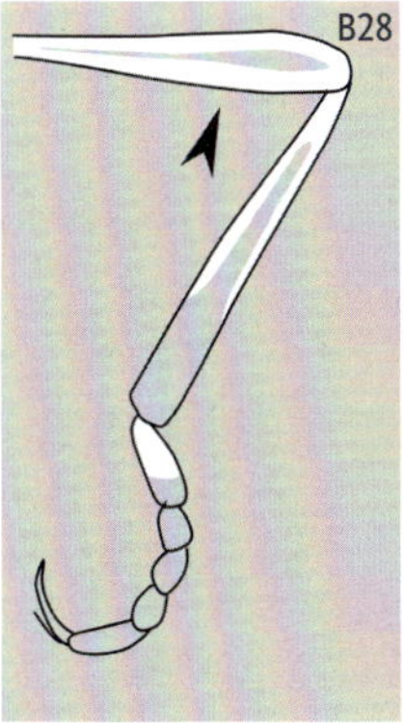
B28

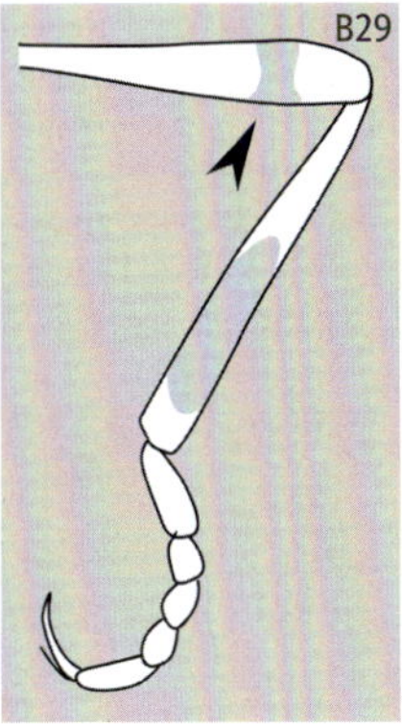
B29

Bestimmungsschlüssel für die Unterfamilie Dasypogoninae

Die Unterfamlie ist in Mitteleuropa mit zwei Gattungen mit jeweils nur einer Art vertreten. Die Gattung *Leptarthrus* wird aktuell der Unterfamlie Brachyrhopalinae zugeordnet.

1 » Rückenschild der Brust mit deutlichen, gelb bestäubten Seitenstreifen. Fühler rot. Schultern nur mit kurzer Behaarung: → *Molobratia teutonus* **(Seite 250)**

» Rückenschild unbestäubt und schwarz. Fühler fast vollständig schwarz. Schultern zusätzlich mit längeren, kräftigen Borstenhaaren: → *Dasypogon diadema* **(Seite 248)**

Bestimmungsschlüssel für die Unterfamilie Laphriinae

Drei Gattungen sind in Mitteleuropa vertreten. Die Gattungen *Laphria* und *Choerades* werden von manchen Autoren nicht unterschieden. Ihre Trennung auf Gattungsebene beruht auf diffizilen Merkmalen. Bei *Choerades* befindet sich auf der Unterseite der hinteren Schienen an der Spitze eine „Haarbürste" (wie die dichte, kurze Behaarung auf der Unterseite des 1. Gliedes des Hinterfußes). Die Männchen besitzen keinen spitzen Auswuchs (Enddorn) an der Hinterschienenspitze (B30). Bei *Laphria* befindet sich keine oder nur eine kleine Haarbürste auf der Unterseite der Hinterschienenspitze; wenn bürstenartig, dann sind die Haare weniger dicht und länger als die bürstenartige Behaarung auf der Unterseite des 1. Gliedes des Hinterfußes. *Laphria*-Männchen besitzen einen spitzen Auswuchs (Enddorn) auf der Unterseite der Hinterschienenspitze (B31). Das Merkmal der Haarbürste ist leider oft bei ansonsten dichter Behaarung und anliegenden Schienen nur schwer zu beurteilen. Der folgende Schlüssel schlüsselt daher direkt auf Artniveau auf und verzichtet auf die Differenzierung auf Gattungsniveau. Die Bestimmung mancher *Choerades*-Arten auf Artebene ist mitunter schwierig, da die männlichen Genitalien dort keine

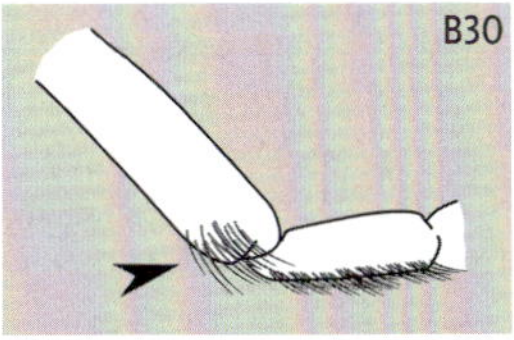
B30

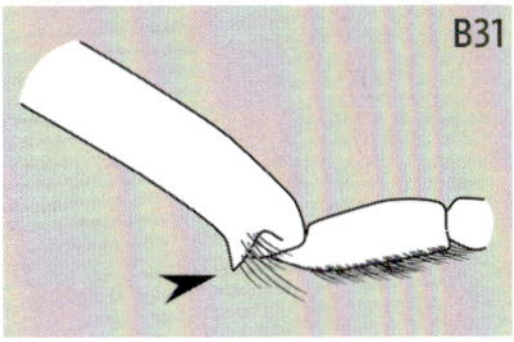
B31

Unterschiede aufweisen, Übergangsformen existieren und eine aktuelle moderne Revision fehlt.

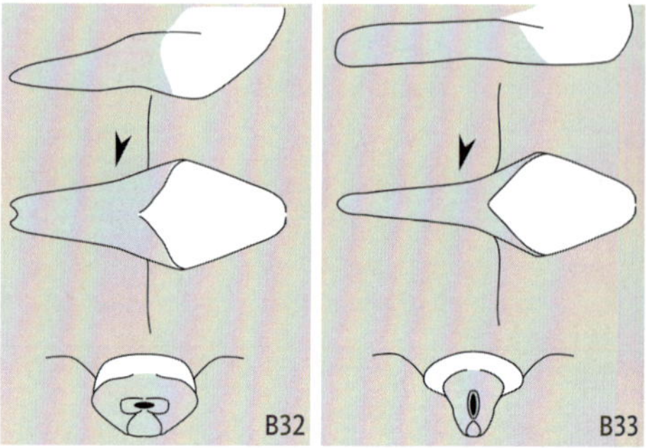

1 » Rüssel oben und unten abgeflacht und in Seitenansicht spitz endend (B32): → **2** *(Andrenosoma)*
» Rüssel seitlich abgeflacht (messerartig) und in Seitenansicht rund oder abgestutzt endend (B33): → **3**

2 » Rückenplatten des Hinterleibs schwarz: → *Andrenosoma atrum* **(Seite 166)**
» Rückenplatten 2–7 des Hinterleibs überwiegend rot, nur am Seitenrand schwarz: → *Andrenosoma albibarbe* **(Seite 164)**

3 » Schenkel und Schienen vollständig rot, basale Fußglieder meist ebenfalls rot, distale Fußglieder dunkler: → *Choerades rufipes* **(Seite 180)**
» Beine vollständig schwarz: → **4**

4 » Rückenplatten 3–7 (mitunter auch 2. Rückenplatte) des Hinterleibs in der Mitte rot gefärbt, nur an den Seitenrändern schwarz: → **5**
» Rückenplatten des Hinterleibs einheitlich schwarz (aber bei *L. gibbosa* teilweise von weißem Haarfilz überdeckt): → **6**

5 » 1. Bauchplatte des Hinterleibs braun bestäubt, im Gegensatz zu den folgenden glänzenden Bauchplatten. Knebelbart und vorderer Teil des Brustrückenschildes mehrheitlich hell behaart, dunkle Haare nur vereinzelt beigemengt, Schildchen der Brust meist mit gelben Randborsten. 2. Rückenplatte des Hinterleibs meist schon rot gefärbt: → *Choerades ignea* **(Seite 176)**
» 1. Bauchplatte des Hinterleibs genauso wie die folgenden glänzend. Knebelbart und vorderer Teil des Brustrückenschildes mehrheitlich dunkel/schwarz behaart, Schildchen meist mit schwarzen Randborsten. 2. Rückenplatte des Hinterleibs meist schwarz: → *Choerades gilva* **(Seite 174)**

6 » Rückenplatten des Hinterleibs deutlich zweifarbig behaart, die ersten drei Rückenplatten schwarz, die folgenden vollständig anliegend filzartig weiß behaart: → *Laphria gibbosa* **(Seite 186)**
» Rückenplatten des Hinterleibs anders behaart; wenn zweifarbig behaart, dann ohne anliegende filzartige weiße Behaarung auf den hinteren Rückenplatten des Hinterleibs: → **7**

7 » Gesicht zwischen Fühlerbasis und Gesichtshöcker auf fast ganzer Breite mit stark abgeflachten (fast lang schuppenförmigen) und eng am Gesicht anliegenden gelben oder weißen Haaren, die die Grundfarbe des Gesichts dort vollständig überdecken. Eher „bienenartige“ Arten mit weniger dichter Behaarung auf der Brust und auf dem Hinterleib überwiegend anliegend behaart: → **10**
» Gesicht zwischen Fühlerbasis und Gesichtshöcker nicht mit stark abgeflachten, eng anliegenden Haaren. Allenfalls an der Seite des Gesichts mit einigen kaum abgeflachten, halb anliegenden Haaren, die die Grundfarbe des Gesichts dort aber nicht vollständig überdecken. Hummelartige Arten mit überwiegend dichter und langer abstehender Behaarung auf der Brust und dem Hinterleib: → **8**

8 » Mittelgroße Art (10–15 mm Länge). 1. Fühlerglied mindestens 3-mal so lang wie das 2. Fühlerglied (meist noch länger): → *Choerades fuliginosa* **(Seite 172)**

» Große Arten (meist > 15 mm Länge, selten Zwergexemplare < 15 mm). 1. Fühlerglied etwa doppelt so lang wie das 2. Fühlerglied: → **9**

9 » Rückenplatten des Hinterleibs dunkelbraun bis schwarz behaart. Rückenschild der Brust in der vorderen Hälfte ebenfalls dunkelbraun bis schwarz behaart, hintere Hälfte dicht fahlgelb behaart, dadurch stark kontrastierende Binde vorhanden: → *Laphria ephippium* **(Seite 182)**

» Rückenplatten des Hinterleibs gelbbraun oder rotbraun behaart. Rückenschild der Brust in der vorderen Hälfte ebenfalls vorherrschend gelbbraun behaart, hintere Hälfte zwar auch dicht fahlgelb behaart, aber weniger kontrastierend zur vorderen Hälfte: → *Laphria flava* **(Seite 184)**

10 » Vorderer Oberrand der Brustseiten gelb bestäubt (Anepisternum), in der Mitte sehr dicht gelb behaart (deutlich dichter als auf dem benachbarten Brustrückenschild). Rüssel recht lang (meist etwas länger als der Kopf hoch), vor der Spitze leicht verjüngt (vor allem auf der Unterseite) und leicht nach oben gerichtet (vgl. Porträtfoto *Ch. fimbriata*): → **11**

» Vorderer Oberrand der Brustseiten graubraun bestäubt, locker gelb/weiß und schwarz behaart (Haare etwa so dicht stehend wie auf dem benachbarten Brustrückenschild). Rüssel kürzer als Kopf hoch, vor der Spitze nicht verjüngt und gerade ausgerichtet (vgl. Porträtfoto *Ch. marginata*): → **12**

11 » Männchen: Letzte sichtbare Rückenplatte mit 2 Dornen am Hinterrand (B34). Schildchen und Brustrückenschild vor dem Schildchen gelb behaart. 1. Rückenplatte des Hinterleibs gelb behaart. Weibchen nicht eindeutig bestimmbar (nach Hradský 1962 direkt unterhalb der Fühler zumindest mit einzelnen (fühler-)langen Haaren, die etwa auf halber Länge winklig nach unten gebogen sind): → *Choerades castellanii* **(Seite 314)** Exemplare aus Deutschland bitte durch Spezialisten bestätigen lassen!

B34

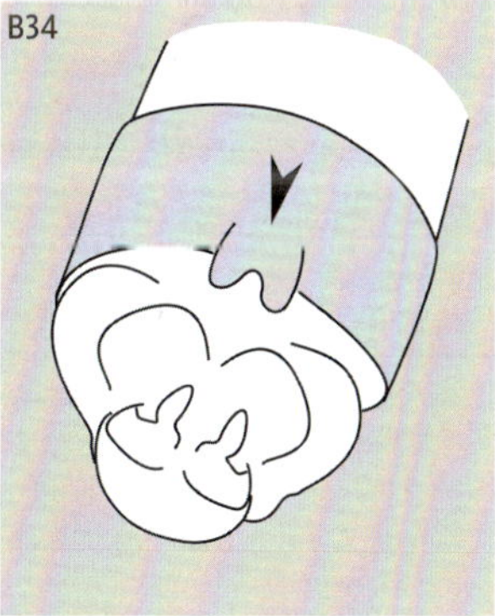

» Männchen: Letzte sichtbare Rückenplatte mit geradem Hinterrand. Schildchen und Brustrückenschild vor dem Schildchen silberweiß anliegend behaart. 1. Rückenplatte des Hinterleibs zumindest in der Mitte silberweiß behaart. Weibchen nicht eindeutig bestimmbar (nach Hradský 1962 direkt unterhalb der Fühler mit kürzeren Haaren, die in der Regel nicht winklig nach unten gebogen sind): → *Choerades fimbriata* **(Seite 170)**

12 Exemplare der beiden folgenden Arten der „*marginata*-Gruppe" sind in manchen Fällen schwer oder gar nicht zu bestimmen, weil neben „typischen" Exemplaren auch Übergangsformen existieren. Die männlichen Genitalien unterscheiden sich äußerlich nicht.

» 1. Fühlerglied 1,8–2,5-mal so lang wie das 2. Fühlerglied (B35). Gesicht über dem Höcker meist gelb behaart, insbesondere beim Männchen: → *Choerades marginata* **(Seite 178)**

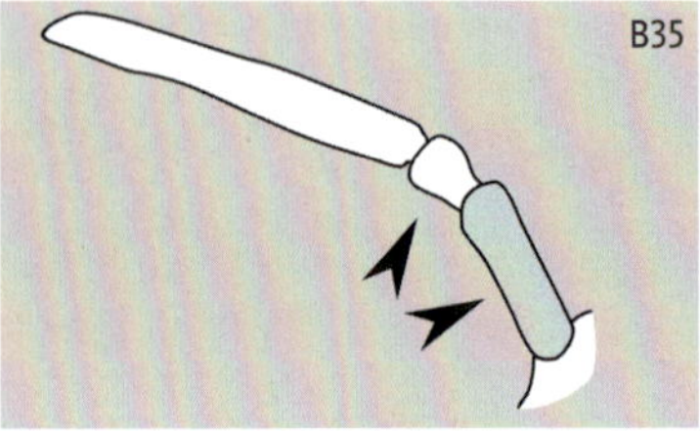

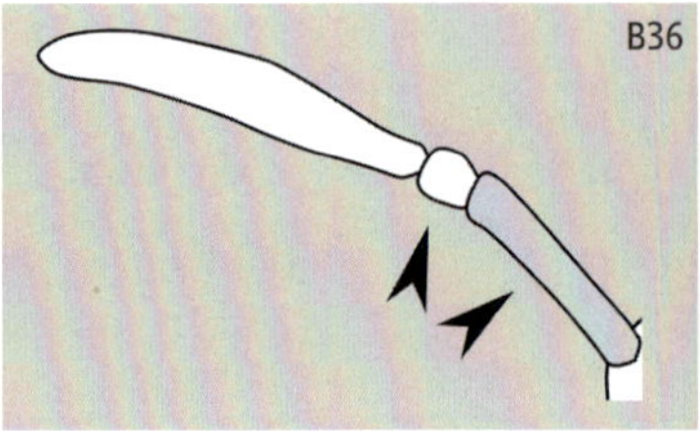

» 1. Fühlerglied mindestens 3-mal so lang wie das 2. Fühlerglied (B36). Gesicht über dem Höcker meist weiß behaart, insbesondere beim Männchen: → *Choerades femorata* **(Seite 168)**

Bestimmungsschlüssel für die Unterfamilie Asilinae

Die Asilinae sind mit 36 Arten aus 20 Gattungen in Mitteleuropa vertreten. Bei der Bestimmung der Gattungszugehörigkeit ist es oft notwendig, beide Geschlechter zu kennen. In manchen Fällen richtet sich die Gattungszugehörigkeit nur nach männlichen, in anderen nur nach weiblichen Merkmalen. Aus diesem Grunde verzichtet der folgende Bestimmungsschlüssel an manchen Stellen auf eine systematische Vorgehensweise (nach dem Prinzip: erst Gattung, dann Art), sondern führt überwiegend direkt zu den Arten. Einige Artengruppen müssen revidiert werden, wie beispielsweise Vertreter der Gattung *Tolmerus*.

1 » Große, hornissenartige Fliege. Rückenplatten 4–7 des Hinterleibs gelb mit dichter, anliegender, filzartiger gelber Behaarung: → *Asilus crabroniformis* **(Seite 192)**

» Nicht hornissenartig. Rückenplatten 4–7 des Hinterleibs anders: → **2**

2 » Rücken- und Bauchplatten des Hinterleibs glänzend schwarz, nur die Hinterränder etwas grau bestäubt: → *Stilpnogaster aemula* **(Seite 234)**

» Mindestens die Rückenplatten 2–5 umfangreich bestäubt, dort allenfalls die Seitenränder unbestäubt: → **3**

3 » Gesicht in der Mitte unter den Fühlern breit glänzend schwarz, nur am Augenrand bestäubt: → *Rhadiurgus variabilis* **(Seite 232)**

» Gesicht vollständig bestäubt oder mit sehr schmalem (etwa nur so breit wie die Arista) glänzenden Gesichtsstreif: → **4**

4 » 1. Fußglied des vorderen und mittleren Beins sehr kurz und leicht verbreitert, max. 1,5-mal so lang wie das 2. Fußglied (B37): → *Echthistus rufinervis* **(Seite 200)**

» 1. Fußglied aller Beine von normaler Länge, etwa doppelt so lang wie das 2. Fußglied (B38): → **5**

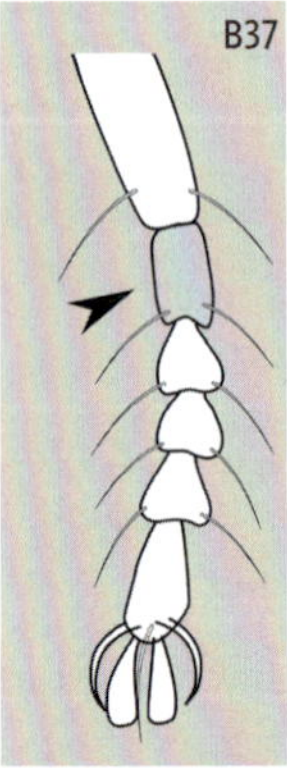

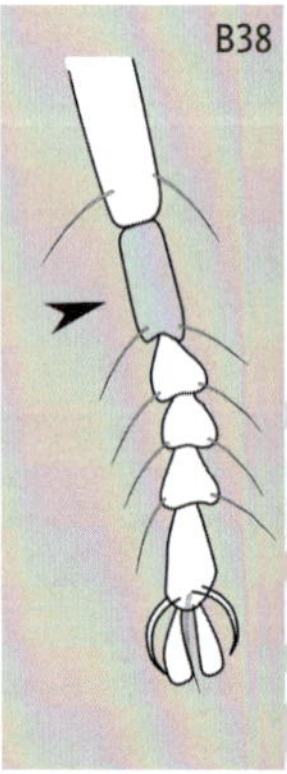

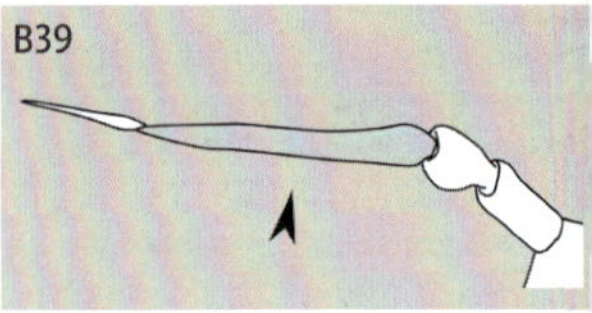

5 » 3. Fühlerglied stark verlängert und schmal, etwa 5-mal so lang wie hoch (B39). Flügel mit mehreren Flecken an Queradern und Aderkreuzungen (B40). Brustrücken am Hinter-

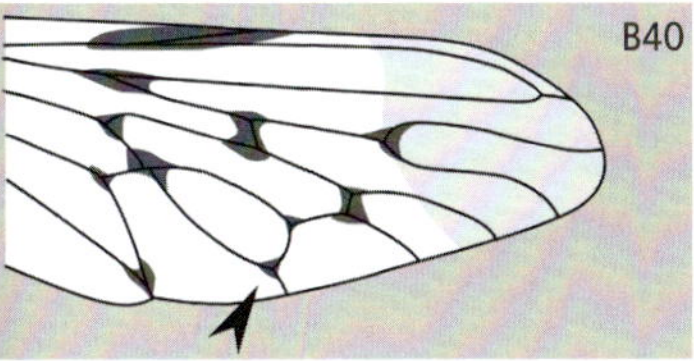
B40

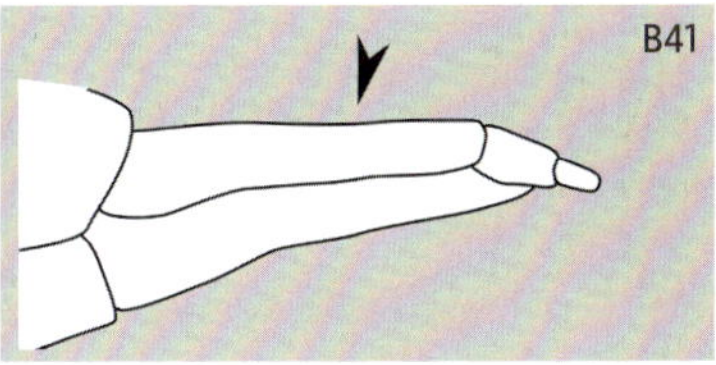
B41

rand mähnenartig weiß behaart. Weibchen: 8. Rückenplatte des Hinterleibs (= basale Rückenplatte des Ovipositors) 4-mal so lang wie Rückenplatte 9 (B41): → *Erax barbatus* **(Seite 202)**

» 3. Fühlerglied nicht so stark verlängert, weniger als 4-mal so lang wie hoch. Flügel ohne mehrere Flecken, entweder transparent oder mit flächenhafter Tönung/Trübung in den distalen 1–2 Dritteln. Weibchen: 8. Rückenplatte des Hinterleibs im Verhältnis zur Rückenplatte 9 deutlich kürzer: → **6**

6 » Borsten des Hinterkopfes lang und in der Mitte stark winklig nach vorne gebogen (B42). Rückenplatten 2–5 des Hinterleibs bestäubt (bei *N. cothurnatus*-Männchen auch die 6. Platte), bereits 6. und 7. Rückenplatte glänzend schwarz (bei *N. cothurnatus* 6. Platte nur beim Weibchen glänzend) (Gattung *Neoitamus*): → **7**

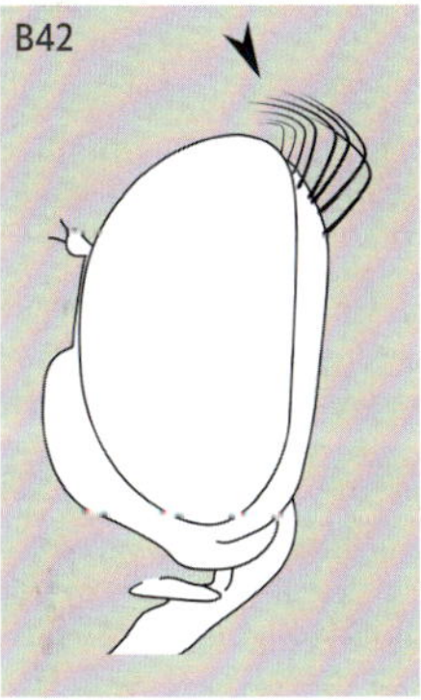
B42

» Borsten des Hinterkopfes gerade oder nur leicht nach vorne gebogen. 6. und 7. Rückenplatte des Hinterleibs genauso wie die vorderen zumindest in der Mitte flächig bestäubt, allenfalls an den Seitenrändern unbestäubt: → **9**

7 » Borsten an den Vorder- und Mittelschienen überwiegend hell. Männchen: 6. Rückenplatte des Hinterleibs überwiegend bestäubt, in der Mitte etwas glänzend. Epandrien distal komplex eingeschnürt. Weibchen: 6. Bauchplatte in der Mitte mit bestäubter Längsbinde: → *Neoitamus cothurnatus* **(Seite 218)**

» Borsten an den Vorder- und Mittelschienen überwiegend dunkel. Männchen: 6. Rückenplatte ebenso wie die 7. überwiegend unbestäubt und stark glänzend. Epandrien an der Spitze nicht eingeschnürt. Weibchen: 6. Bauchplatte unbestäubt und glänzend: → **8**

8 » Bestäubung höchstens am äußeren Ende der basalen Radialzelle vorhanden (B43). Männchen: Epandrium der männlichen Genitalien in der Seitenansicht mehr als doppelt so lang wie breit (B44): → *Neoitamus cyanurus* **(Seite 220)**

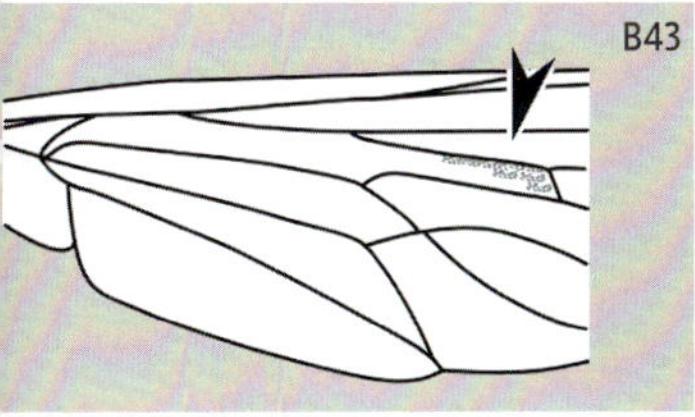
B43

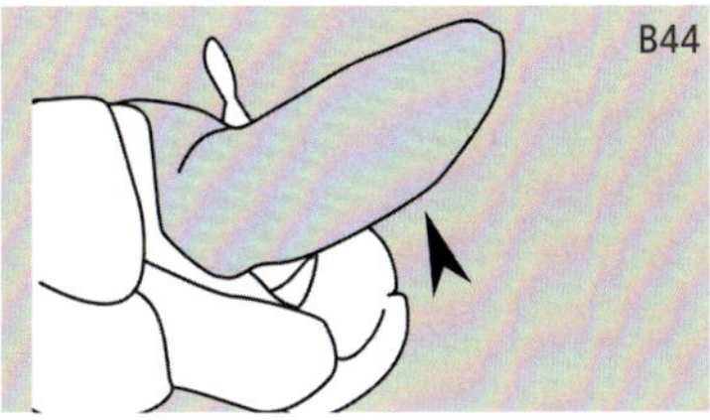
B44

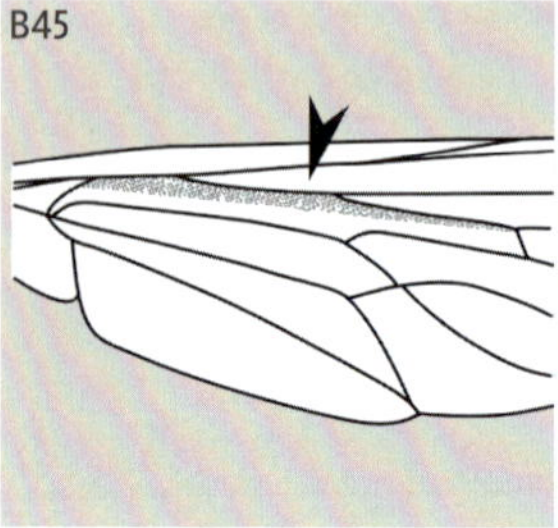
B45

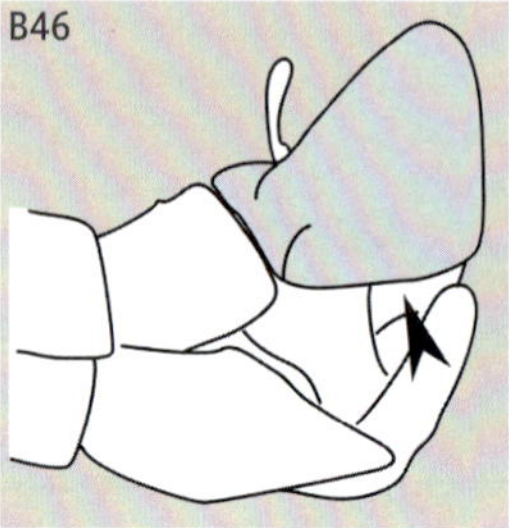
B46

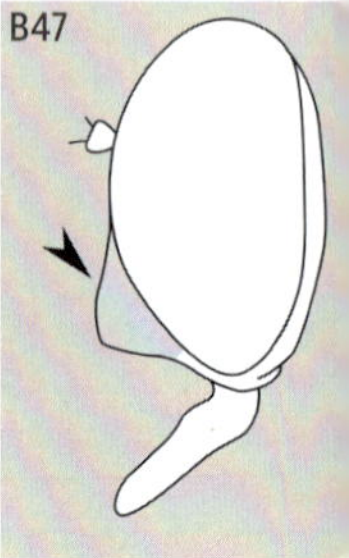
B47

» Bestäubung (Mikrotrichien) über die gesamte Länge der basalen Radialzelle des Flügels vorhanden, überwiegend am Vorderrand verteilt (B45). Männchen: Epandrium in der Seitenansicht deutlich kürzer und schräg abgestutzt, daher abgerundet dreieckig erscheinend (B46): → *Neoitamus socius* **(Seite 222)**

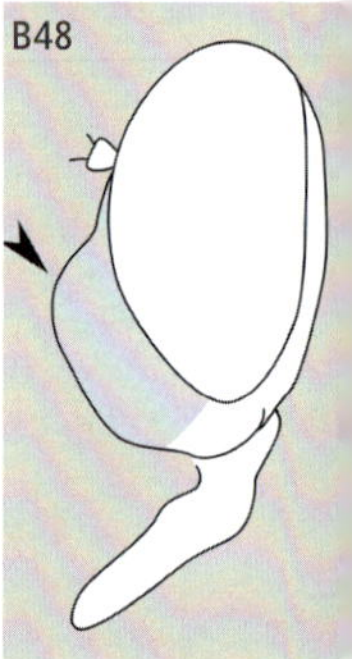
B48

9 » Gesichtshöcker erreicht im Profil halbe Gesichtshöhe nicht, Abstand von der Fühlerbasis bis zum Oberrand des Gesichtshöckers (im Zweifel bis zur Ansatzstelle der obersten Borste des Knebelbartes) größer als die Länge des 1. Fühlergliedes (B47): → **10**

» Gesichtshöcker reicht im Profil nach oben über die halbe Gesichtshöhe hinaus, Abstand von der Fühlerbasis bis zum Oberrand des Gesichtshöckers (im Zweifel bis zur Ansatzstelle der obersten Borste des Knebelbartes) kleiner als die Länge des 1. Fühlergliedes (max. so lang wie das 1. Fühlerglied) (B48): → **15**

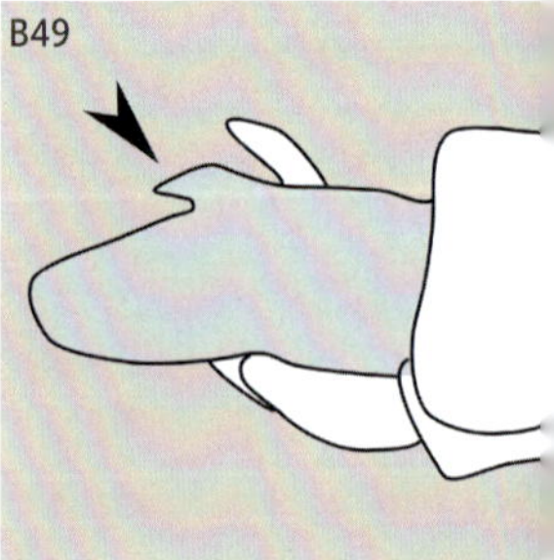
B49

10 » Beine vollständig schwarz. Epandrien am Oberrand in der Mitte mit kräftigem Zahn, an der Spitze einfach (B49). Ovipositor mit aufgerichteten Enddornen, seitlich nicht abgeflacht (B50) (wenn abgebrochen, sind die großen Ansatzstellen dennoch gut zu erkennen): → *Philonicus albiceps* **(Seite 230)**

» Mindestens Schienen teilweise gelb oder rot gefärbt. Epandrien bauchig, in der Mitte am Oberrand ohne Zahn, dafür an der Spitze komplex (mit Loben, Einschnitten oder ähnlichen Strukturen). Ovipositor ohne Enddornen, seitlich abgeflacht (B51) (Tribus Neomochtherini sensu latu): → **11**

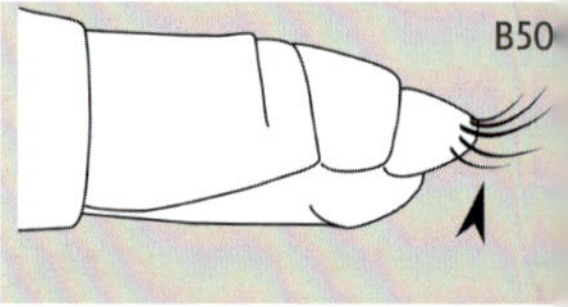
B50

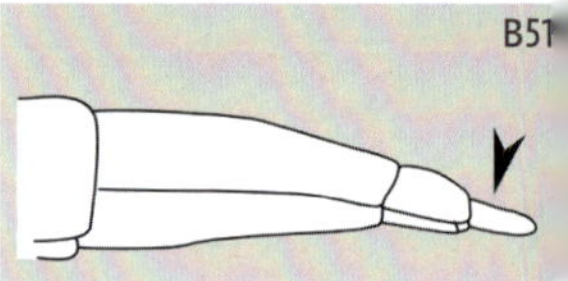
B51

11 » Bauchplatten des Hinterleibs umfangreich (fast vollständig) bestäubt: → **12**

» Bauchplatten überwiegend unbestäubt und glänzend, teilweise mit schmalen, grau bestäubten Längs- oder Querlinien: → **14**

12 » Mittelgroße–große Arten (> 14 mm Länge). Schenkel vollständig oder überwiegend gelb, zumindest auf der Rückseite. Dorsozentralborsten und Akrostichalen auf dem Brustrücken vor der Naht schwach ausgebildet oder fehlend (B52): → **13**

» Kleine Art (8–11 mm Länge). Schenkel fast vollständig schwarz. Dorsozentralborsten und Akrostichalen auf dem Brustrücken auch vor der Quernaht in 1–2 Paaren ausgebildet (diese können aber oft abgerieben sein) (B53): → *Cerdistus erythrurus* **(Seite 316)** Exemplare aus Deutschland bitte durch Spezialisten bestätigen lassen!

13 » Beine gelb: → *Aneomochtherus flavicornis* **(Seite 188)**

» Schenkel mit schwarzen Flecken oder Streifen auf der Vorderseite: → *Premochtherus aquitanus* **(Seite 318)** Exemplare aus Deutschland bitte durch Spezialisten bestätigen lassen!

14 » Schenkel schwarz, nur an der Spitze schmal gelb. Schienen überwiegend gelb, nur an der Spitze schmal schwarz (etwa zu einem Fünftel an Vorder- und Mittelschiene bzw. einem Viertel an der Hinterschiene): → *Neomochtherus geniculatus* **(Seite 224)**

» Schenkel gelb mit schwarzen Flecken oder Streifen auf der Vorderseite (zumindest auf dem Vorderschenkel), Schienen gelb: → *Neomochtherus pallipes* **(Seite 226)**

» Beine ganz schwarz oder Schienen nur basal rotgelb, selten Mittel- und Hinterschienen rotbraun: → *Neomochtherus alpinus* **(Foto auf Seite 124)** Exemplare aus Deutschland bitte durch Spezialisten bestätigen lassen!

15 » Männchen: → **16**

» Weibchen: → **38**

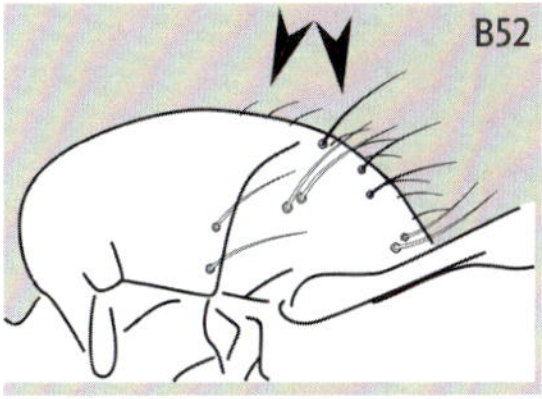
B52

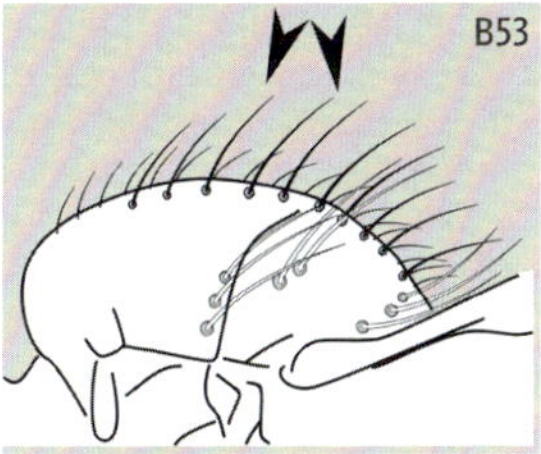
B53

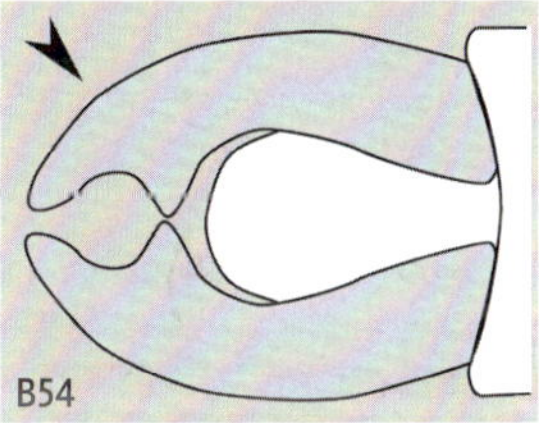
B54

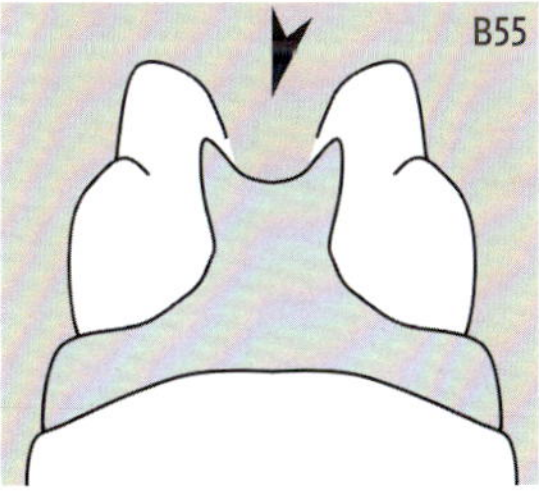
B55

16 » Flügel auffällig zweifarbig, basales Drittel halbtransparent kalkweiß getönt, distale Zweidrittel schwärzlich angeraucht. Epandrien im Spitzenviertel mit kräftigem nach innen gerichteten Zahn (B54): → *Pamponerus germanicus* **(Seite 228)**

» Flügel basal nicht kalkweiß getönt. Epandrien ohne kräftigen nach innen gerichteten Zahn, höchstens am Oberrand oder an der Spitze eingekerbt: → **17**

17 » 8. Bauchplatte des Hinterleibs in der Mitte verlängert, Hinterrand der Platte entweder deutlich ausgebuchtet (konvex) oder mit längerem ein- oder zweizipfeligen Fortsatz: → **18**

» Hinterrand der 8. Bauchplatte des Hinterleibs gerade oder konkav eingebuchtet: → **22**

18 » 8. Bauchplatte des Hinterleibs am Hinterrand mit zweizipfeligem Fortsatz („Sternitgabel"), dieser an den Außenkanten am längsten, am Ende jedoch manchmal nur abgestutzt, dann dessen Hinterrand gerade und die äußeren hinteren Ecken nur schwach ausgezogen (B55). Vorderschenkel auf der Rückseite im Spitzendrittel rotgelb, diese helle Färbung breiter als Schenkeldurchmesser: → *Tolmerus atricapillus* **(Seite 236)**

» 8. Bauchplatte des Hinterleibs am Hinterrand mit einzipfeligem Fortsatz, dieser in der Mitte am längsten, oder Hinterrand dieser Bauchplatte nur ausgebuchtet (konvex): → **19**

19 » 8. Bauchplatte des Hinterleibs am Hinterrand mit langem, schmalen einzipfeligen Fortsatz (B56) (dieser lang und dicht, schwarz, gelb oder schwarz-gelb gemischt behaart). Beine vollständig schwarz, ohne aufgehellte Schienenbasis. Epandrien recht schmal und lang (etwa 3,5-mal so lang wie hoch): → *Eutolmus rufibarbis* **(S. 204)**

» 8. Bauchplatte des Hinterleibs am Hinterrand nur ausgebuchtet (konvex), in der Mitte oft mit längerer, dunkler oder heller Behaarung. Zumindest Schienenbasis etwas aufgehellt oder (bei *M. intermedius*) Beine ganz schwarz. Epandrien weniger schmal (< 3,5-mal so lang wie hoch), wenn Beine ganz schwarz, dann Epandrien < 3-mal so lang wie breit (Gattung *Machimus*): → **20**

20 » Schenkel auf der Rückseite an der Spitze (schmal) rotgelb, Schienen vollständig rotgelb, Füße rotgelb oder rotbraun: → *Machimus chrysitis* **(Seite 206)**

» Schenkel auf der Rückseite vollständig schwarz, an der Spitze nicht rotgelb, Schienen höchstens an der Basis rotgelb, in jedem Fall in der Spitzenhälfte schwarz, Füße schwarz: → **21**

21 » Schienen an der Basis etwas rötlich aufgehellt. Lange Borsten auf der Rückseite der Vorder- und Mittelschienen überwiegend hell, Supraalarborsten, Postalarborsten, hintere Dorsozentralborsten, Scutellarborsten und Scutellarbehaarung ebenfalls überwiegend hell. Epandrien am Ende abgerundet (B57a), Gonostylus vgl. B57b: → *Machimus rusticus* **(Seite 212)**

» Schienen an der Basis etwas rötlich aufgehellt. Lange Borsten auf der Rückseite der Vorder- und Mittelschienen überwiegend dunkel, Supraalarborsten, Postalarborsten, hintere Dorsozentralborsten, Scutellarborsten und Scutellarbehaarung ebenfalls überwiegend dunkel. Epandrien an der Spitze leicht ausgerande (B58a), Gonostylus vgl. B58b: → *Machimus gonatistes* **(Seite 208)**

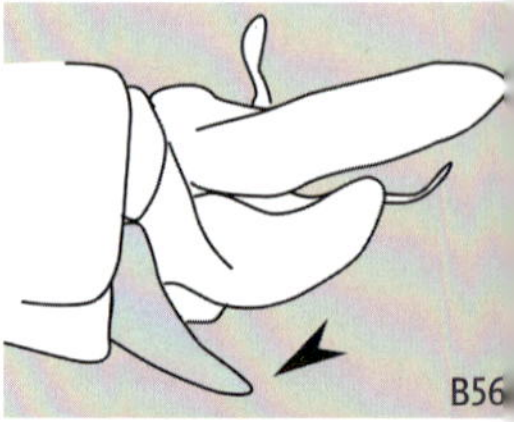

B56

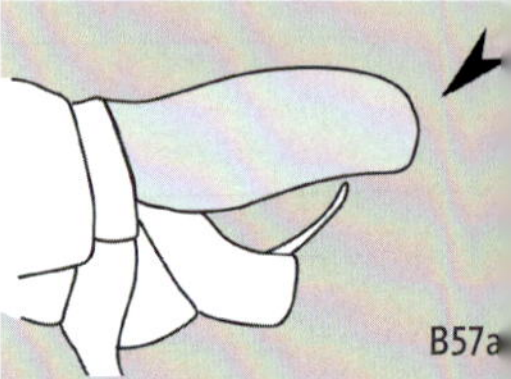

B57a

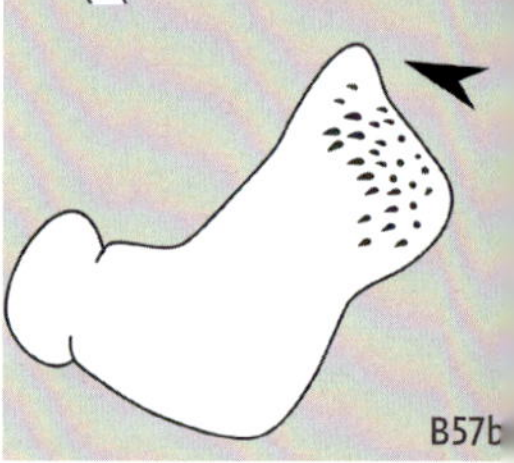

B57b

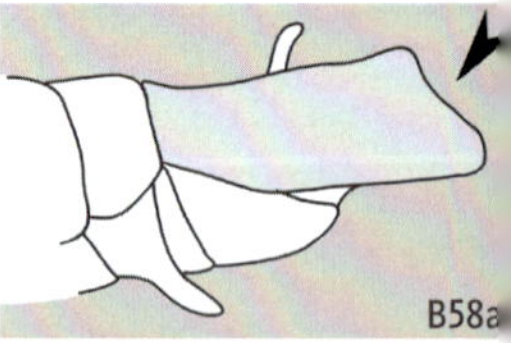

B58a

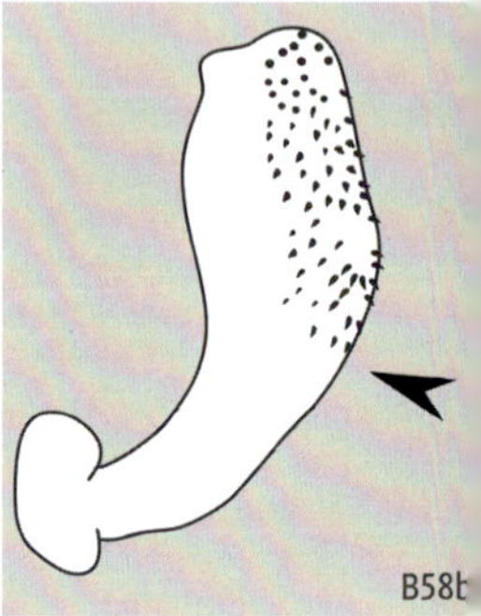

B58b

» Schienen ganz schwarz, an der Basis nicht rötlich aufgehellt. Lange Borsten auf der Rückseite der Vorder- und Mittelschienen überwiegend dunkel, Supraalarborsten, Postalarborsten, hintere Dorsozentralborsten, Scutellarborsten und Scutellarbehaarung ebenfalls überwiegend dunkel. Epandrien an der Spitze abgerundet (B59a), Gonostylus vgl. B59b: → *Machimus intermedius* **(Seite 210)**

22 » Schultern und vorderster Teil des Brustrückenschildes mit sehr kurzen Börstchen, diese noch nicht einmal halb so lang wie das 1. Fühlerglied. Unterseite des Vorderschenkels mit Borsten, davon mindestens einige so dick wie die längeren Borsten auf den Schienen. Zumindest Schienen im basalen Drittel rötlich (Gattung *Neoepitriptus*): → **23**

» Zumindest Schultern und meist auch vorderster Teil des Brustrückenschildes mit Haaren, diese länger (in der Regel deutlich länger) als die halbe Länge des 1. Fühlergliedes. Unterseite der Vorderschenkel ohne Borsten, nur behaart oder mit borstenförmigen Haaren, diese dann deutlich dünner als die Borsten an den Schienen. Wenn Borsten vorhanden (*D. fuscipennis*), dann Beine vollständig schwarz: → **24**

23 » Schenkel schwarz. Vordere Bauchplatten des Hinterleibs mit mehreren verteilt stehenden, mehr oder weniger abstehenden Borsten: → *Neoepitriptus arthriticus* **(Seite 214)**

» Schenkel hinten gelb gesteift. Vordere Bauchplatten des Hinterleibs (meist) mit nur zwei im hinteren Drittel stehenden Borsten, die zur Seite gerichtet sind, also von den Ansatzstellen zu den Spitzen divergieren: → *Neoepitriptus setosulus* **(Seite 216)**

24 » Unterseite der Vorderschenkel mit starken Borsten, davon mindestens einige so dick wie die längeren Borsten auf den Schienen (B60). Epandrien auf der Oberkante im Spitzendrittel mit tiefer und breiter Einkerbung, an der Spitze schmal abgerundet (B61): → *Dysmachus fuscipennis* **(Seite 196)**

» Unterseite der Vorderschenkel ohne Borsten, nur behaart oder mit borstenförmigen Haaren, diese dann deutlich dünner als die Borsten an den Schienen. Epandrien entweder vollständig ohne Einkerbung oder mit schmaler bzw. dreieckiger Einkerbung direkt an der Spitze der Epandrien: → **25**

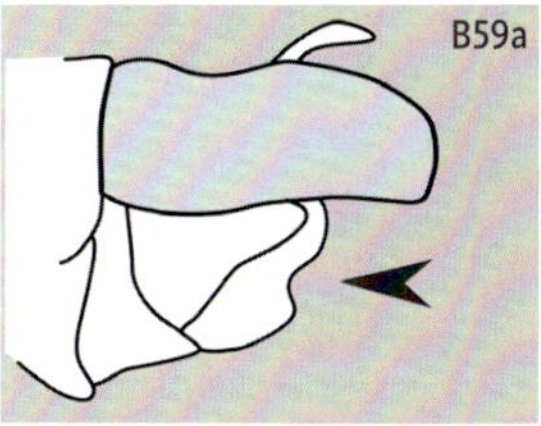
B59a

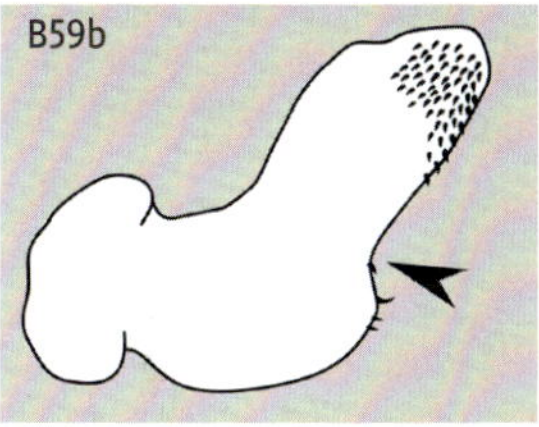
B59b

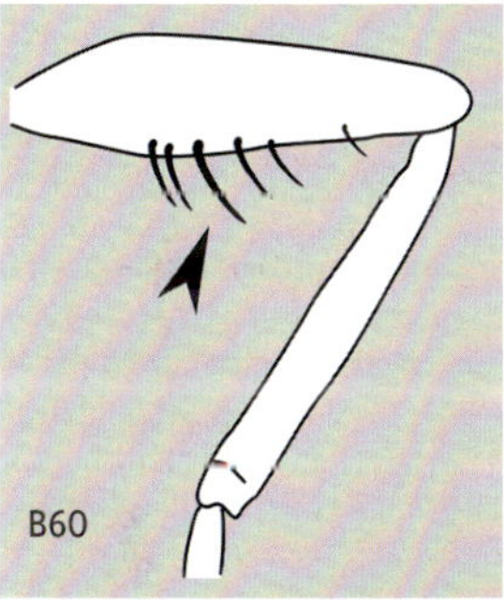
B60

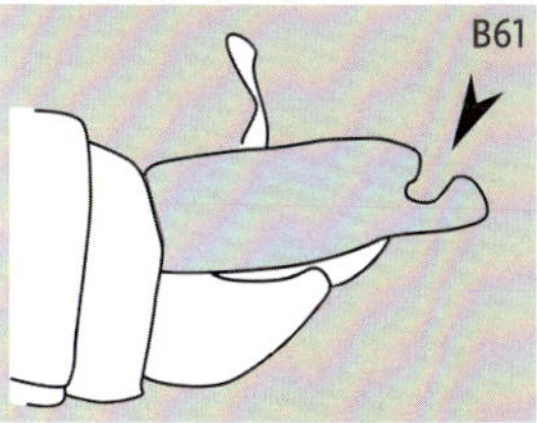
B61

B62

25 » Schenkel vollständig schwarz: → **26**
» Schenkel zumindest auf der Rückseite an der Spitze gelb oder rot (rotbraun) gefärbt: → **33**

26 » Schienen überwiegend rotgelb, nur an der Spitze schwarz: → *Antipalus varipes* **(Seite 190)**
» Schienen schwarz oder nur an der Basis schmal (max. halbe Schienenlänge) rötlich: → **27**

27 » Epandrien lang, schmal und spitz auslaufend (B62): → *Didysmachus picipes* **(Seite 194)**
» Epandrien zur Spitze nicht auffällig verschmälert, dort abgerundet oder eingekerbt/eingeschnitten: → **28**

28 » Epandrien an der Spitze rund endend (B63): → **29**
» Epandrien an der Spitze eingekerbt/eingeschnitten: → **31**

29 » Epandrien in der Längsachse in Seitenansicht gerade (B63). Gonocoxite kürzer als die halbe Länge der Epandrien. Gonostyli überragen die Gonocoxite deutlich (fast doppelt so lang wie diese). Dorsozentralen und Akrostichalen auf dem Brustrückenschild bis fast zum Vorderrand der Brust reichend: → *Dysmachus trigonus* **(Seite 198)**
» Epandrien in der Längsachse in der Seitenansicht s-förmig geschwungen (B64). Gonocoxite länger als die halbe Länge der Epandrien. Gonostyli nicht deutlich länger als die Gonocoxite, von diesen fast vollständig verdeckt. Dorsozentralen und Akrostichalen auf dem Brustrückenschild nur wenig über die Quernaht reichend: → **30**

30 » Schienen vollständig dunkel/schwarz oder mehr oder weniger gleichmäßig dunkelbraun. Distaler Teil des Aedeagus recht lang (B65a), Gonostylus vgl. B65b (nach einem Syntypus gezeichnet): → *Tolmerus atripes* **(Seite 319)** Exemplare aus Deutschland bitte durch Spezialisten bestätigen lassen!
» Schienen auf der Rückseite deutlich heller als auf der überwiegend schwarzen Vorderseite, auf der Rückseite in großen Teilen rotgelb oder dunkel rotbraun. Epandrien oft rotgelb oder rotbraun, aber auch vollständig dunkle Färbung kommt vor. Distaler Teil des Aedeagus recht kurz (B66a), Gonostylus vgl. B66b: → *Tolmerus pyragra* **(Seite 244)**

31 » Epandrien an der Spitze eingeschnitten, an der Unterseite mit fingerförmig ausgezogenem Fortsatz, der länger ist als das obere Ende der Epandrien. Gonocoxite mit langer, dichter abstehender gelber Behaarung (B67): → *Dysmachus hamulatus*

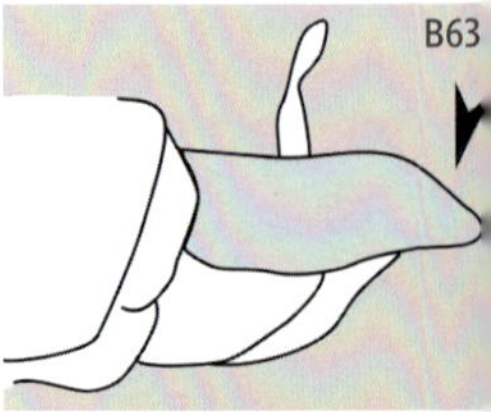
B63

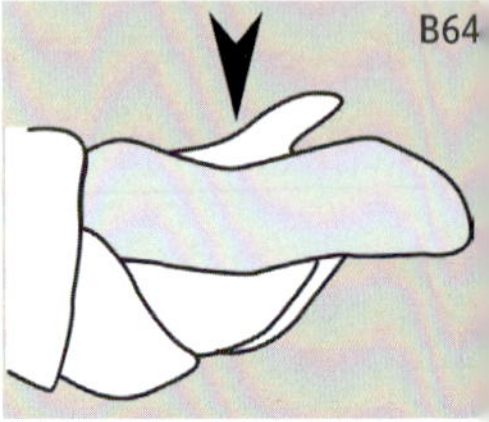
B64

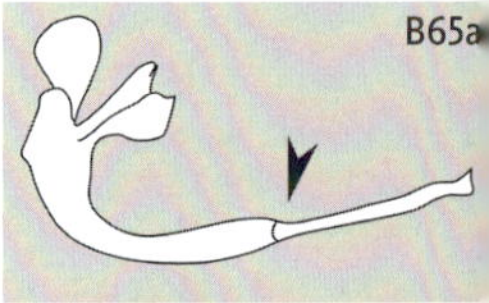
B65a

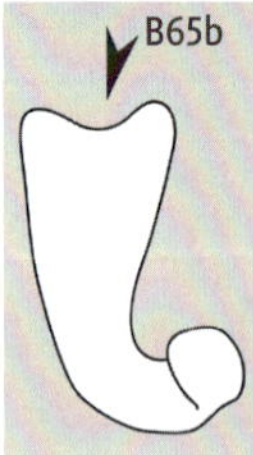
B65b

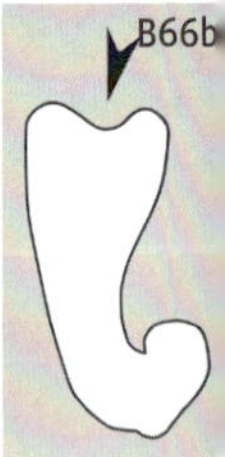
B66b

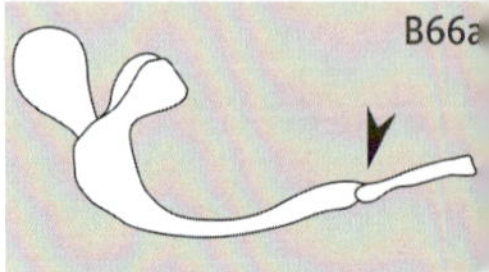
B66a

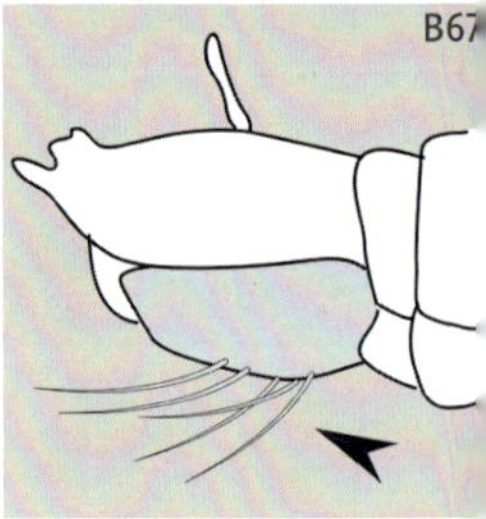
B67

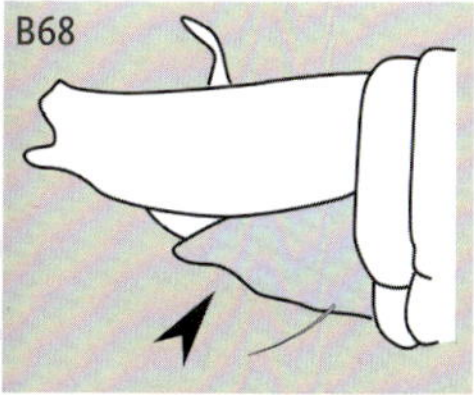
B68

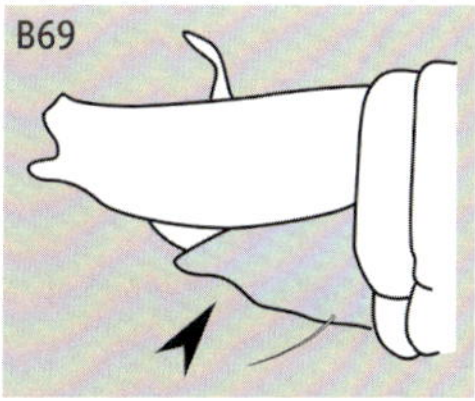
B69

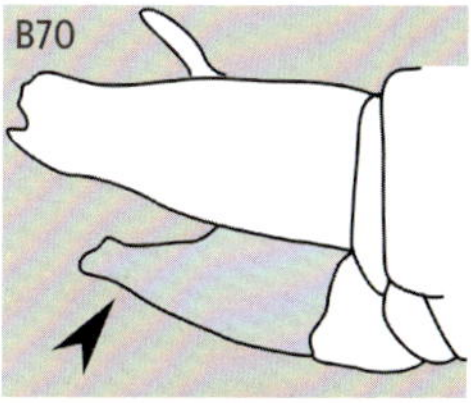
B70

(Seite 318) Exemplare aus Deutschland bitte durch Spezialisten bestätigen lassen!

» Epandrien an der Spitze eingeschnitten, Unterseite nicht mit fingerförmig ausgezogenem Fortsatz, nicht länger als das obere Ende der Epandrien. Gonocoxite ohne lange, abstehende Behaarung (B68): → **32**

32 » Gonocoxite nur etwa halb so lang wie Epandrien, enden in einer kurzen, dornartigen Spitze (B69): → *Dysmachus bimucronatus* **(Seite 317)** Exemplare aus Deutschland bitte durch Spezialisten bestätigen lassen!

» Gonocoxite etwa ¾ so lang wie Epandrien, ohne dornartige Spitze (B70): → *Dysmachus praemorsus* **(Foto auf Seite 42)** Exemplare aus Deutschland bitte durch Spezialisten bestätigen lassen!

33 » Beborstung an den Schenkeln und Schienen überwiegend hell. Rückenplatten des Hinterleibs an den Hinterrändern ohne Borsten oder borstenförmige Haare, die stärker sind als die übrige Behaarung der Rückenplatten. Dorsozentralen in der Regel nur bis zur Quernaht reichend: → *Antiphrisson trifarius* **(Seite 315)** Exemplare aus D bitte durch Spezialisten bestätigen lassen!

» Beborstung an den Schenkeln und Schienen überwiegend schwarz. Rückenplatten des Hinterleibs an den Hinterrändern mit feinen Borsten oder borstenförmigen Haaren, die etwas stärker sind als die übrige Behaarung der Rückenplatten. Dorsozentralen in der Regel in 1–2 Paaren nach vorne über die Quernaht reichend: → **34**

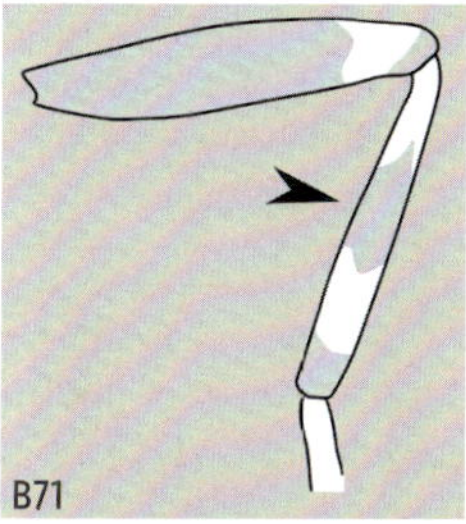
B71

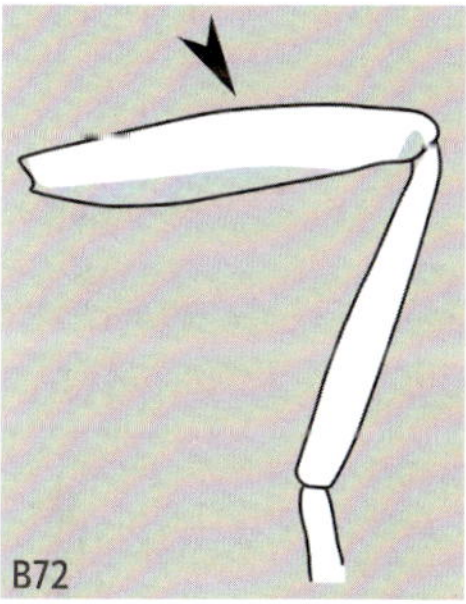
B72

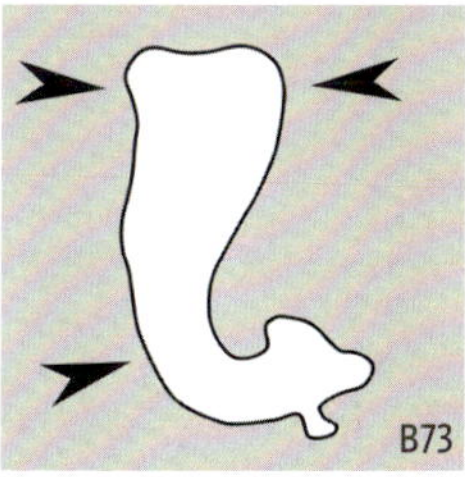
B73

34 » Vorder- und Mittelschienen rotgelb mit schwarzem Ring in der Mitte und schwarzer Spitze (B71), d.h. schwarze Färbung auf der Schienenvorderseite ist vor der Spitze rotgelb unterbrochen; der mittlere schwarze Ring kann auf der Schienenoberseite schmal rotgelb unterbrochen sein. Kurze anliegende Behaarung des Hinterschenkels fast vollständig weiß, nur mit wenigen schwarzen Haaren auf der Unterseite: → **35**

» Vorder- und Mittelschienen ohne schwarzen Ring in der Mitte, d.h. schwarze Färbung auf der Schienenvorderseite zieht sich von der Spitze bis fast zur Schienenbasis oder schwarze Färbung beschränkt sich dort auf die Schienenspitze. Kurze anliegende Behaarung des Hinterschenkels auf der Unterseite weiß und schwarz gemischt: → **36**

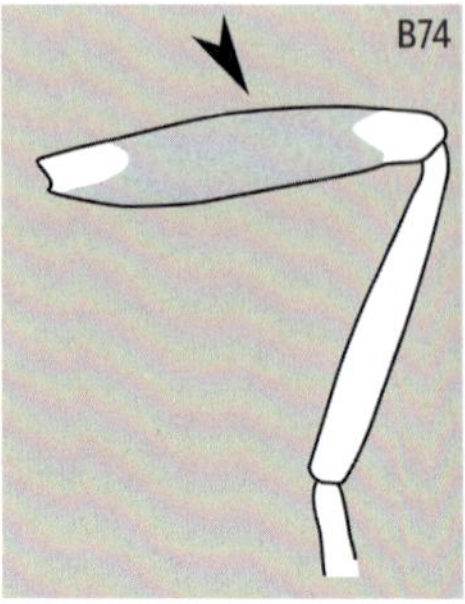

B74

35 » Hinterer Schenkel von hinten betrachtet am Oberrand mit gelbem Streifen, in der Mitte nicht durch schwarze Färbung unterbrochen (B72). Gonostylus schmaler und mit schwächer gewinkelter Basis (B73): → *Tolmerus cingulatus* **(Seite 238)**

» Hinterer Schenkel auf der Rückseite nur an der Basis und Spitze gelb, mindestens im mittleren Drittel schwarz (B74). Gonostylus breiter und mit deutlich gewinkelter Basis (B75): → *Tolmerus cowini* **(Seite 240)** Exemplare aus Deutschland (Binnenland) bitte durch Spezialisten bestätigen lassen!

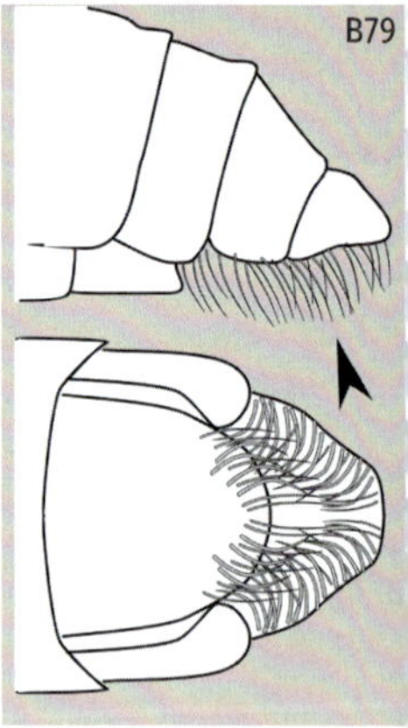

B79

36 » Rotgelbe Färbung auf der Rückseite der Vorderschenkel beschränkt sich auf das Spitzendrittel bzw. die Spitzenhälfte, reicht in der Regel basal nicht über die halbe Schenkellänge hinaus. Epandrien recht schmal, von ähnlicher Gestalt wie bei der häufigen *T. atricapillus*, jedoch meist rötlich gefärbt, selten schwarz, in der Spitzenhälfte mit recht kurzer (max. halbe Epandrienhöhe), halb anliegender Behaarung. Gonocoxite etwas länger, erreichen die Mitte der Epandrien, am Unterrand mit einer Reihe von 2–3 etwas kräftigeren Borsten. Gonostylus an der Spitze deutlich eingesattelt (B76): → *Tolmerus pyragra* **(Seite 244)**

» Rotgelbe Färbung auf der Rückseite der Vorderschenkel erstreckt sich über mehr als die halbe Schenkellänge. Epandrien breiter, deutlich kompakter als bei der häufigen *T. atricapillus*, rotbraun oder schwarz gefärbt, in der Spitzenhälfte mit recht langer (länger als halbe Epandrienhöhe), abstehender Behaarung. Gonocoxite kurz, erreichen die Mitte der Epandrien nicht, am Unterrand mit dichter längerer Behaarung. Gonostylus an der Spitze nur schwach eingesattelt (B77, B78): → **37**

37 » 3. Fühlerglied birnförmig oval, breiteste Stelle leicht basal der Mitte. Gonostylus kurz und an der Spitze breit (B77): → *Tolmerus strandi* **(Seite 246)**

» 3. Fühlerglied lanzettlich oder länglich oval, breiteste Stelle in oder distal der Mitte. Gonostylus länger und an der Spitze schmaler (B78): → *Tolmerus micans* **(Seite 242)**

38 » Ovipositor dachartig mit auffälligen ventralen, rotgelben Haarbürsten (B79), die eine ventral liegende Kammer umschließen: → *Antipalus varipes* **(Seite 190)**

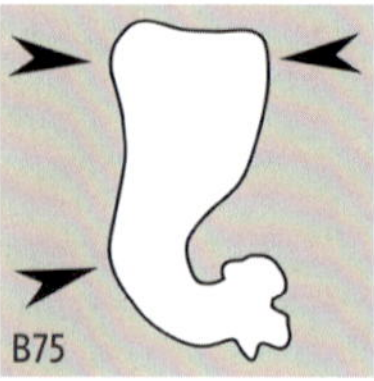

B75

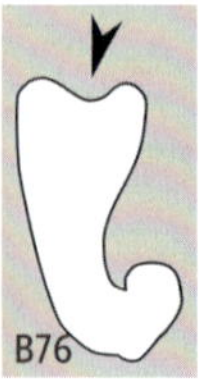

B76

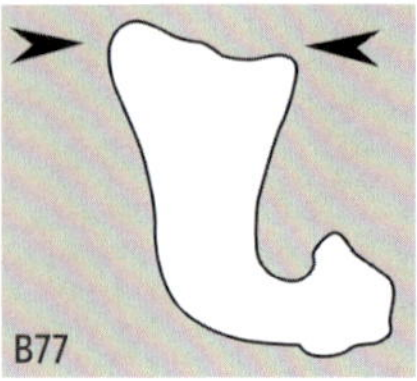

B77

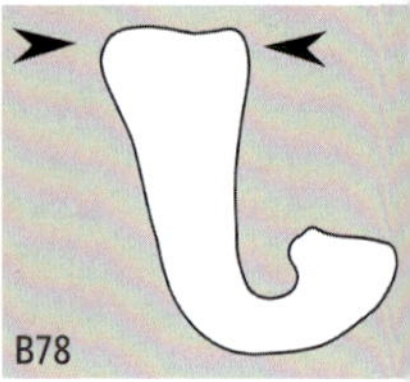

B78

» Ovipositor messerartig oder zugespitzt: → **39**

39 » Ovipositor mit eingeschlossenen, in die letzte Rückenplatte des Hinterleibs eingesenkten Cerci (B80) (Gattungen *Eutolmus* und *Dysmachus*): → **40**

» Ovipositor mit freistehenden Cerci (B81): → **46**

40 » Ovipositor in Seitenansicht in der Mitte deutlich schmaler werdend (B82), Unterkante dadurch s-förmig geschwungen. Ovipositor dorsal betrachtet nicht kontinuierlich, sondern in der Mitte deutlich schmaler werdend: → *Eutolmus rufibarbis* **(Seite 204)**

» Ovipositor in Seitenansicht in der Mitte nicht schmaler werdend (B83), Unterkante dadurch konvex. Ovipositor dorsal betrachtet kontinuierlich schmaler werdend: → **41**

41 » Vorderschenkel an der Unterseite mit kräftigen Borsten (B60): → *Dysmachus fuscipennis* **(S. 196)**

» Vorderschenkel ventral nur behaart oder mit borstenförmigen Haaren: → **42**

42 » Oberrand des Ovipositors in Seitenansicht konkav gebogen, zur Spitze hin nach oben gerichtet (B84): → *Dysmachus trigonus* **(Seite 198)**

» Oberrand des Ovipositors in Seitenansicht konvex gebogen, zur Spitze hin nach unten gerichtet: → **43**

43 » Ovipositor an der unteren Basis mit langen Haaren (B85), diese länger als basale Bauchplatte des Ovipositors in Seitenansicht hoch: → *Didysmachus picipes* **(Seite 194)**

» Ovipositor an der unteren Basis nur kurz behaart, kürzer als basale Bauchplatte des Ovipositors in Seitenansicht hoch: → **44**

44 » Cerci des Ovipositors etwa ein Drittel so lang wie die Rückenplatte des Hinterleibs, in dem diese eingebettet sind (B86): → *Dysmachus hamulatus* **(Seite 318)** Exemplare aus Deutschland bitte durch Spezialisten bestätigen lassen!

» Cerci des Ovipositors nur ein Viertel so lang wie die Rückenplatte des Hinterleibs, in dem diese eingebettet sind (B87): → **45**

45 » Basale Rückenplatte des Ovipositors länger als die folgende Rückenplatte: → *Dysmachus bimucronatus* **(Seite 317)** Exemplare aus Deutschland bitte durch Spezialisten bestätigen lassen!

» Basale Rückenplatte des Ovipositors kürzer als die folgende Rückenplatte: → *Dysmachus praemorsus* **(Foto auf Seite 42)** Exemplare aus Deutschland bitte durch Spezialisten bestätigen lassen!

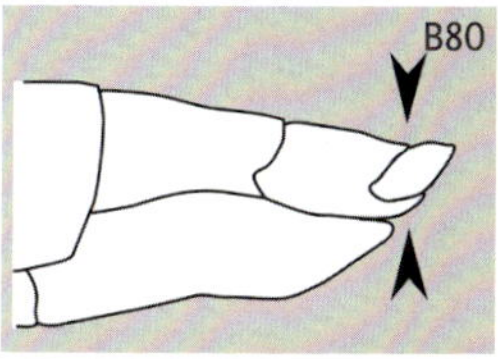

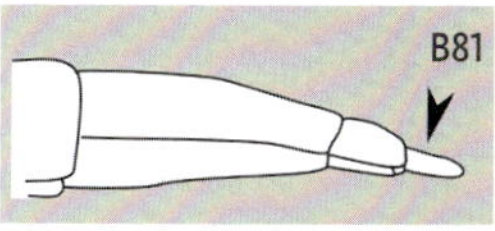

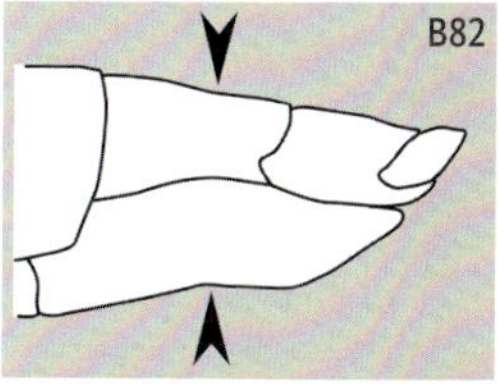

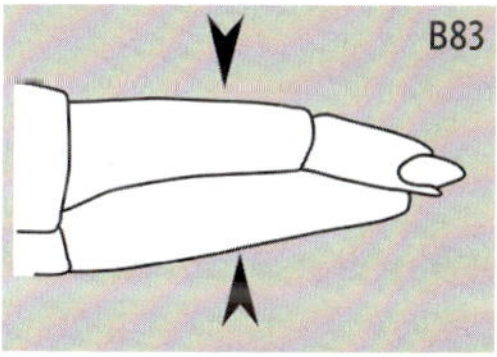

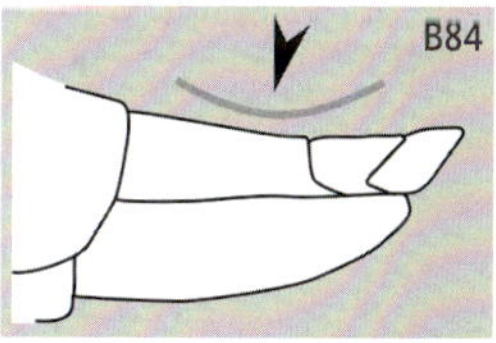

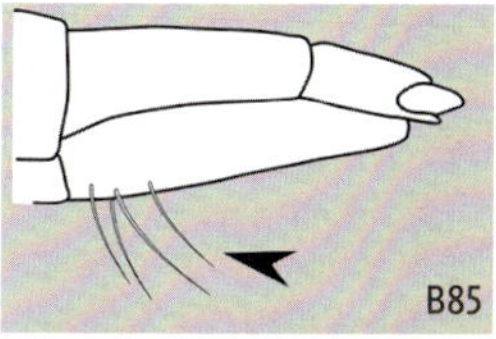

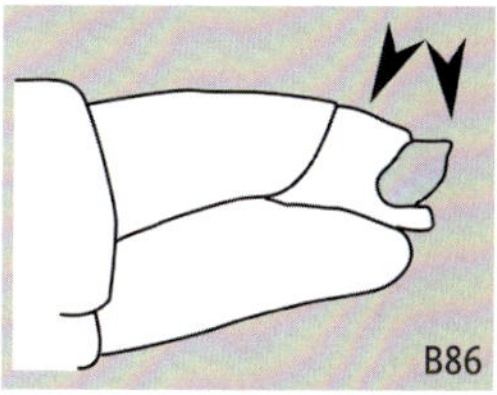

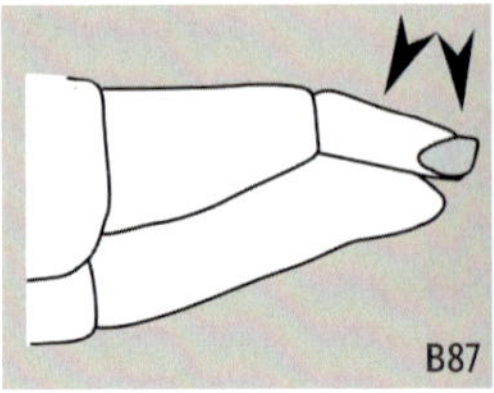

46 » Ovipositor nicht seitlich deutlich abgeflacht, im Querschnitt eher rund oder leicht dorsoventral abgeflacht: → **47**
» Ovipositor seitlich deutlich abgeflacht, im Querschnitt senkrecht länglich oval: → **48**

47 » Schenkel glänzend schwarz. Schienen rot mit schwarzer Spitze. Basale Rücken- und Bauchplatte des Ovipositors lang schwarz und weiß behaart, diese Behaarung länger als die Cerci: → *Pamponerus germanicus* **(Seite 228)**
» Schenkel und Schienen schwarz, jeweils mit rötlichem Längsstreifen. Basale Rücken- und Bauchplatte des Ovipositors kurz weiß behaart, diese Behaarung kürzer als die Cerci: → *Antiphrisson trifarius* **(Seite 315)** Exemplare aus Deutschland bitte durch Spezialisten bestätigen lassen!

48 » Schultern und vorderster Teil des Brustrückenschildes mit sehr kurzen Börstchen, diese noch nicht einmal halb so lang wie das 1. Fühlerglied. Unterseite des Vorderschenkels mit Borsten, davon mindestens einige so dick wie die längeren Borsten auf den Schienen. Länge max. 18 mm, Schildchen mit 2–4 Hinterrandborsten (Gattung *Neoepitriptus*): → **49**
» Zumindest Schultern und meist auch vorderster Teil des Brustrückenschildes mit Haaren, diese (in der Regel deutlich) länger als die halbe Länge des 1. Fühlergliedes. Unterseite der Vorderschenkel ohne Borsten, nur behaart oder mit borstenförmigen Haaren, diese dann deutlich dünner als die Borsten an den Schienen. Wenn Borsten vorhanden (*M. chrysitis*), dann Länge über 18 mm und Schildchen mit mehr als 4 Hinterrandborsten: → **50**

49 » Schenkel schwarz. Vordere Bauchplatten des Hinterleibs mit mehreren verteilt stehenden, mehr oder weniger abstehenden Borsten: → *Neoepitriptus arthriticus* **(Seite 214)**
» Schenkel hinten gelb gestreift. Vordere Bauchplatten des Hinterleibs (meist) mit nur zwei im hinteren Drittel stehenden Borsten, die zur Seite gerichtet sind, also von den Ansatzstellen zu den Spitzen divergieren: → *Neoepitriptus setosulus* **(Seite 216)**

50 » Unterseite der Vorderschenkel mit Borsten. Große gelbgraue Art mit schwarzen Schenkeln, diese vor der Spitze mit rotem Ring. Schienen vollständig rotgelb, Füße rotbraun, letztes Fußglied dunkelbraun/schwarz: → *Machimus chrysitis* **(Seite 206)**
» Unterseite der Vorderschenkel ohne Borsten. Schienen entweder mit deutlichen Anteilen dunkler Färbung in unterschiedlichem Ausmaß oder wenn fast vollständig rotgelb, dann auch Rückseite der Vorderschenkel überwiegend rotgelb: → **51**

51 » Schenkel vollständig schwarz. Schienen zumindest in der Spitzenhälfte auf allen Seiten schwarz. Füße vollständig schwarz: → **52**
» Schenkel auf der Rückseite teilweise rotgelb gefärbt, zumindest im Spitzenviertel. Schienen in der Spitzenhälfte teilweise rotgelb oder rotbraun gefärbt (z.B. auf der Oberseite). Füße teilweise rotgelb/rotbraun oder vollständig schwarz: → **55**

52 » Große Arten (> 15 mm), Schildchen mit meist über 4 (selten nur 4) Hinterrandborsten (abgebrochene Borsten sind anhand der Ansatzstellen zu rekonstruieren). Vorderschenkel mit langer abstehender Behaarung, vor allem ausgedehnt auf der Unterseite. Hinterer Brustrückenschild zusätzlich zu den Dorsozentralen mit dichter, längerer Behaarung: → **53**
» Kleine Arten (<15 mm), Schildchen mit 2–4 Hinterrandborsten. Vorderschenkel mit kurzer, überwiegend anliegender Behaarung, auf der Unterseite nur mit

schmalem Längsstreifen längerer Haare. Hinterer Brustrückenschild zusätzlich zu den Dorsozentralborsten nur mit spärlicher Behaarung: → **54**

53 » Schienen an der Basis etwas rötlich aufgehellt. Lange Borsten auf der Rückseite der Vorder- und Mittelschienen überwiegend hell, Supraalarborsten, Postalarborsten, hintere Dorsozentralborsten, Scutellarborsten und Scutellarbehaarung ebenfalls überwiegend hell. Ovipositor kaum länger als das vorhergehende Tergit: → *Machimus rusticus* **(Seite 212)**

» Schienen an der Basis etwas rötlich aufgehellt. Lange Borsten auf der Rückseite der Vorder- und Mittelschienen überwiegend dunkel, Supraalarborsten, Postalarborsten, hintere Dorsozentralborsten, Scutellarborsten und Scutellarbehaarung ebenfalls überwiegend dunkel. Ovipositor deutlich länger als das vorhergehende Tergit: → *Machimus gonatistes* **(Seite 208)**

» Schienen ganz schwarz, an der Basis nicht rötlich aufgehellt. Lange Borsten auf der Rückseite der Vorder- und Mittelschienen überwiegend dunkel, Supraalarborsten, Postalarborsten, hintere Dorsozentralborsten, Scutellarborsten und Scutellarbehaarung ebenfalls überwiegend dunkel. Ovipositor kaum länger als das vorhergehende Tergit: → *Machimus intermedius* **(Seite 210)**

54 » 7. Rückenplatte des Hinterleibs vollständig bestäubt. Schienen im Gegenlicht erkennbar unterschiedlich dunkel gefärbt erscheinend, außer einer helleren Basis in der Regel teilweise mit heller erscheinenden Längsstreifen: → *Tolmerus pyragra* **(Seite 244)**

» 7. Rückenplatte des Hinterleibs (nach Peus 1954) in der Mitte unbestäubt. Schienen schwarz oder dunkelbraun, im Gegenlicht in der Regel einheitlich gefärbt erscheinend: → *Tolmerus atripes* **(Seite 319)** Exemplare aus Deutschland bitte durch Spezialisten bestätigen lassen!

55 » Vorder- und Mittelschienen rotgelb mit schwarzem Ring in der Mitte und schwarzer Spitze (B71), d.h. schwarze Färbung auf der Schienenvorderseite ist vor der Spitze rotgelb unterbrochen; der mittlere schwarze Ring kann auf der Schienenoberseite schmal rotgelb unterbrochen sein. Kurze anliegende Behaarung des Hinterschenkels fast vollständig weiß, nur mit wenigen schwarzen Haaren auf der Unterseite: → **56**

» Vorder- und Mittelschienen ohne schwarzen Ring in der Mitte, d.h. schwarze Färbung auf der Schienenvorderseite zieht sich von der Spitze bis fast zur Schienenbasis oder schwarze Färbung beschränkt sich dort nur auf die Schienenspitze. Kurz anliegende Behaarung des Hinterschenkels auf der Unterseite weiß und schwarz gemischt: → **57**

56 » Hinterer Schenkel von hinten betrachtet am Oberrand mit gelbem Streifen, in der Mitte nicht durch schwarze Färbung unterbrochen (B72): → *Tolmerus cingulatus* **(Seite 238)**

» Hinterer Schenkel auf der Rückseite nur an der Basis und Spitze gelb, mindestens im mittleren Drittel schwarz (B74): → *Tolmerus cowini* **(Seite 240)** Exemplare aus Deutschland (Binnenland) bitte durch Spezialisten bestätigen lassen!

57 » Vorderschenkel auf der Rückseite mit durchgehendem gelben Streifen von der Spitze fast bis zur Basis reichend, Unterkante des Streifens nahezu parallel zur Oberkante des Schenkels: → **58**

» Vorderschenkel auf der Rückseite nicht mit durchgehendem gelben Streifen, entweder nur im Spitzenviertel/-drittel gelb oder zumindest an der Schenkelba-

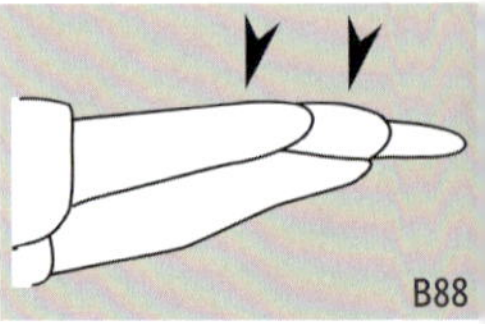

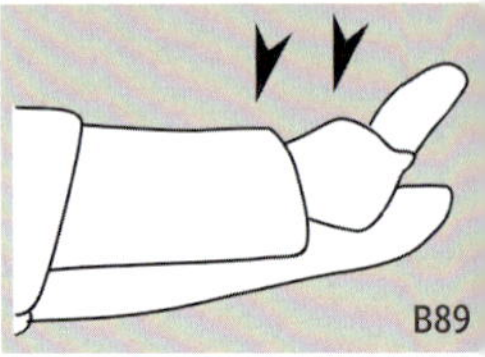

sis breit schwarz, Unterkante der gelben Färbung schräg verlaufend (gelbe Färbung an der Schenkeloberkante ausgedehnter als auf der Schenkelunterkante): → **59**

58 » Vorderschienen fast vollständig rotgelb, an der Spitze auf der Vorderseite in der Regel nur etwas gebräunt. 3. Fühlerglied lanzettlich oder länglich oval, breiteste Stelle in oder distal der Mitte. 2. Rückenplatte des Ovipositors etwa ein Drittel so lang wie dessen basale Rückenplatte (B88): → *Tolmerus micans* **(Seite 242)**

» Vorderschienen fast vollständig rotgelb, aber an der Spitze auf der Vorderseite in der Regel mit schwarzem Fleck. 3. Fühlerglied birnenförmig oval, breiteste Stelle leicht basal der Mitte. 2. Rückenplatte des Ovipositors nur etwa halb so lang wie dessen basale Rückenplatte (B89): → *Tolmerus strandi* **(Seite 246)**

59 » 6. und 7. Bauchplatte des Hinterleibs neben anliegender Behaarung auch mit längeren, halb abstehenden Haaren, diese etwa halb so lang wie die Bauchplatte oder länger. Wangen von schräg vorn betrachtet bis zum Hinterrand des Kopfes durchgehend bestäubt: → *Tolmerus atricapillus* **(Seite 236)**

» 6. und 7. Bauchplatte des Hinterleibs mit anliegender kurzer Behaarung, nur am Hinterrand mit etwas längeren, aber anliegenden Haaren. Wangen von schräg vorn betrachtet am Hinterrand des Kopfes unbestäubt oder nur schwach bestäubt: → *Tolmerus pyragra* **(Seite 244)**

Bestimmungsschlüssel für die Unterfamilie Stichopogoninae

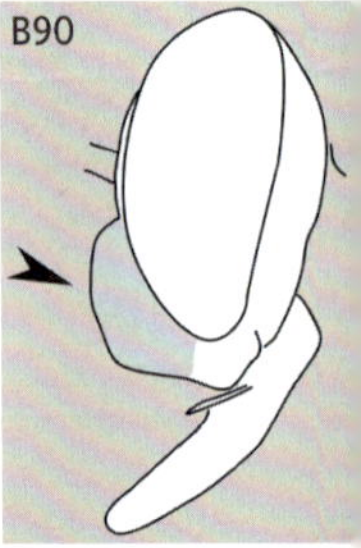

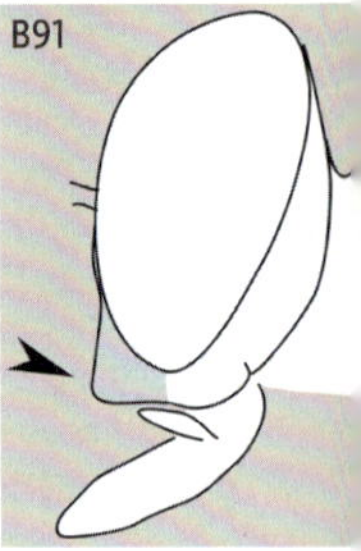

Die durch die stark gesattelten Köpfe charakterisierte Unterfamilie ist mit zwei Gattungen und fünf Arten im Verbreitungsgebiet vertreten. Eine sichere Bestimmung von *Lasiopogon*-Arten ist beim aktuellen Kenntnisstand in der Regel nur im männlichen Geschlecht möglich. Obwohl *L. cinctus* recht häufig ist und deutschlandweit vorkommt, während die anderen bekannten Arten wohl nur im Alpenraum zu erwarten sind, werden hier vorsorglich nur die Männchen ausgeschlüsselt. Merkmale zur Trennung der Weibchen (z.B. Färbung der Diskalborsten an den Seiten der 1. Rückenplatte des Hinterleibs, Färbung der Schwingkölbchen) sind unzuverlässig. Beide Arten der *L. montanus*-Gruppe (*L. montanus* und *L. bellardii*) sind relativ grenznah in der Schweiz oder Österreich nachgewiesen, aber bisher nicht aus Deutschland belegt. Gleiches gilt für *L. immaculatus*. Sie können zweifelsfrei nur anhand der (inneren) Genitalien unterschieden werden (vgl. auch CANNINGS 1996). Exemplare dieser Arten aus Deutschland sollte man sich durch einen Spezialisten bestätigen lassen. Aus dem Alpenraum sind weitere Arten der Gattung *Lasiopogon* bekannt, für die aber noch keine Revision existiert.

1 » Gesicht im Profil mit deutlichem Gesichtshöcker (B90) (Gattung *Lasiopogon*): → **2**

» Gesicht im Profil flach oder Gesichtshöcker auf den Mundrand beschränkt (B91) (Gattung *Stichopogon*): → **4**

2 » Epandrien in Seitenansicht am Ende nahezu gleichmäßig abgerundet. Ober- und Unterrand weitgehend parallel (B92). Gesichtshöcker groß und nach vorne gerichtet (B93): → *Lasiopogon cinctus* **(Seite 292)**

» Epandrien in Seitenansicht am Ende nicht gleichmäßig abgerundet, sondern mit verstärkter Oberecke und Verbreiterung auf der Unterseite in der distalen Hälfte (B94). Ober- und Unterrand dadurch nicht parallel, sondern Unterrand und distaler Rand deutlich eingebuchtet: → *Lasiopogon immaculatus* Exemplare aus Deutschland bitte durch Spezialisten bestätigen lassen!

» Epandrien in Seitenansicht am Ende nicht gleichmäßig abgerundet, sondern mit stärker vorstehender Oberecke, aber ohne unterseitige Verbreiterung in der distalen Hälfte (B95). Gesichtshöcker kleiner und nach unten erweitert (B96): → **3**

3 » Gonostyli kürzer und breiter, mit ausgeprägtem Zahn in der Mitte (B97): → *Lasiopogon montanus* **(Foto auf Seite 125)** Exemplare aus Deutschland bitte durch Spezialisten bestätigen lassen!

» Gonostyli länger und in der Spitzenhälfte schlanker, ohne Zahn in der Mitte (B98): → *Lasiopogon bellardii* Exemplare aus Deutschland bitte durch Spezialisten bestätigen lassen!

4 » Schienen und Fußglieder umfangreich rötlich gefärbt: → *Stichopogon elegantulus* **(Seite 288)**

» Beine vollständig schwarz: → **5**

5 » Knebelbart in mehreren Reihen stehend, in beiden Geschlechtern aus überwiegend schwarzen oder weißen Borstenhaaren bestehend. Stirn in beiden Geschlechtern bestäubt. Rückenplatten 4–5 des Hinterleibs bindenartig grau bestäubt, Rückenplatten 2–3 überwiegend dunkel, ohne größere graue Bestäubungsflecken an den Seiten: → *Stichopogon albofa-*

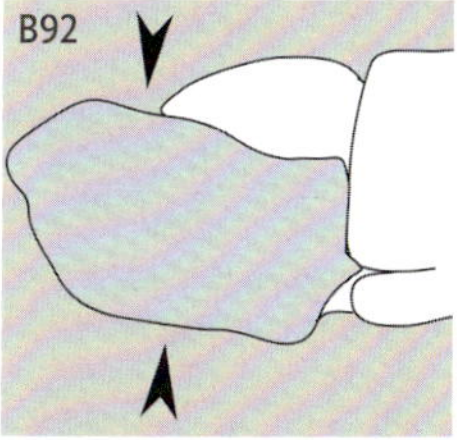
B92

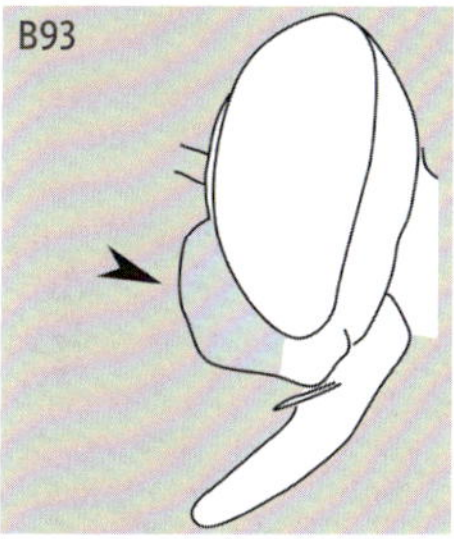
B93

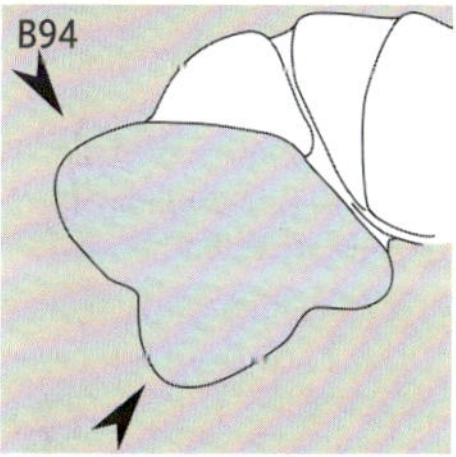
B94

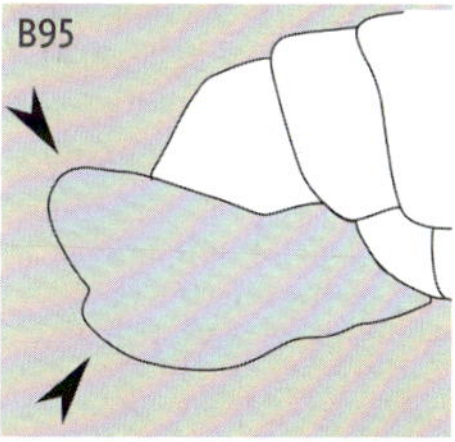
B95

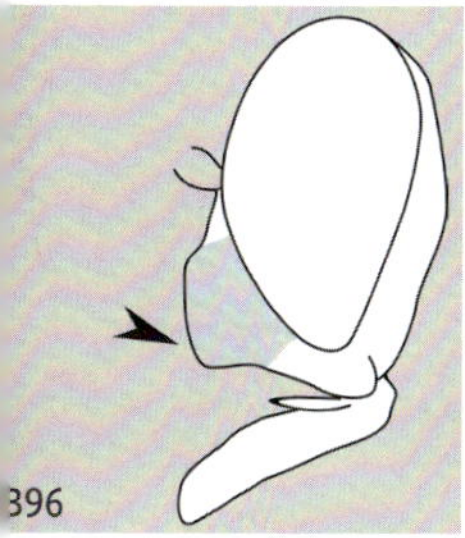
B96

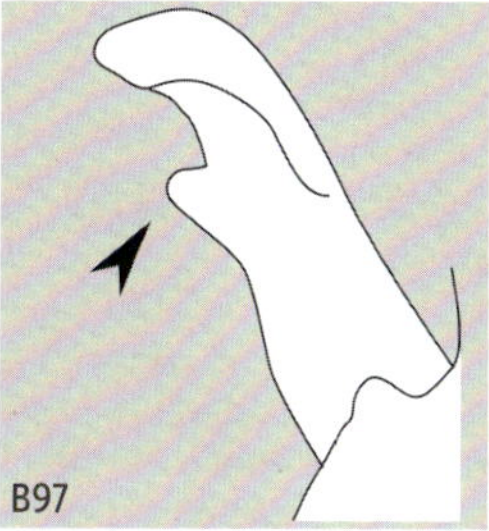
B97

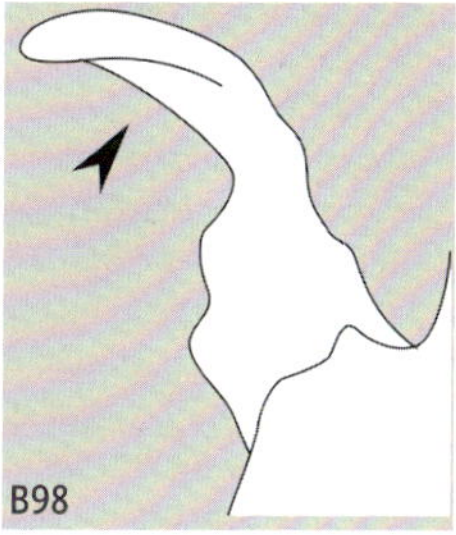
B98

sciatus **(Seite 286)** Verschollen! Exemplare aus Deutschland bitte durch Spezialisten bestätigen lassen!

» Knebelbart fast einreihig stehend und besonders auf der Mitte des Mundrandes konzentriert, beim Männchen aus kräftigen schwarzen, beim Weibchen aus hellen Borsten bestehend. Stirn beim Männchen glänzend schwarz, beim Weibchen bestäubt. Rückenplatten 2–5 des Hinterleibs nicht bindenartig grau bestäubt, sondern mit größeren grauen, dreieckigen Bestäubungsflecken an den Seiten, die am Vorderrand der Rückenplatten schmal verbunden sein können: → *Stichopogon schiner* **(Seite 290)**

Bestimmungsschlüssel für die Unterfamilie Dioctriinae

In Mitteleuropa ist die Unterfamilie nur mit der Gattung *Dioctria* vertreten. Es können durchaus weitere Arten erwartet werden.

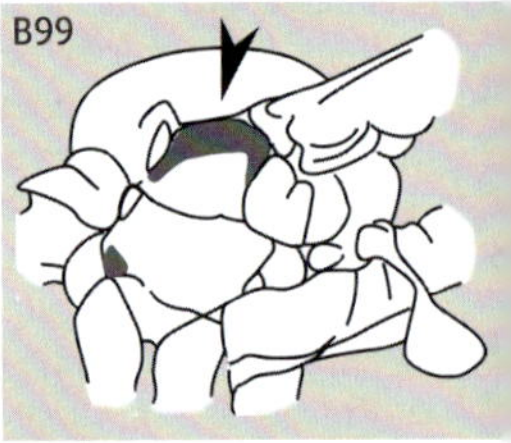

B99

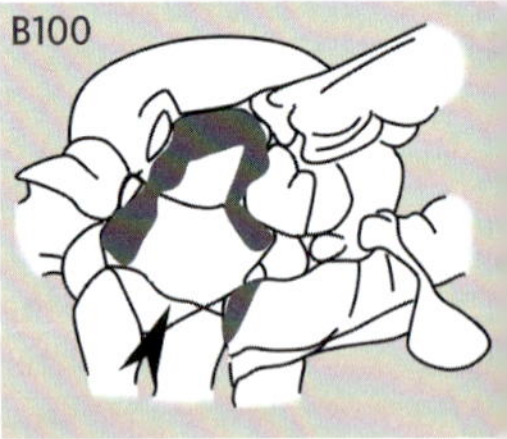

B100

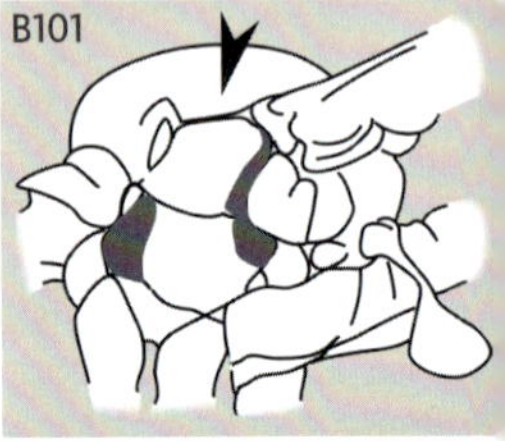

B101

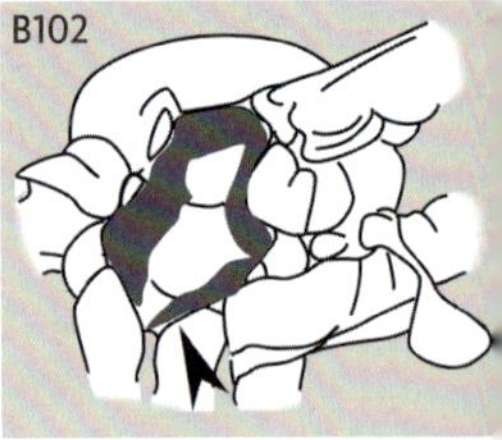

B102

1 » Bestäubung der Brustseiten (Pleurenbinde) auf den Oberrand (Anepisternum) reduziert (B99): → **2**

» Bestäubung auf den Brustseiten (Pleurenbinde) bildet einen fast vollständigen Ring oder fehlt auf dem oberen Rand (Anepisternum) (B100, B101): → **3**

2 » Gesicht im Profil direkt unterhalb der Fühler vorgewölbt. Knebelbart mehrreihig. Schultern und hintere Seitenränder des Brustrückenschildes (Postalarcallus) meist schwarz, höchstens etwas bräunlich aufgehellt, selten rotgelb. Männchen mit schwarzen Beinen, jedoch basale Drittel der Schenkel und Schienen gelb, Weibchen mit rotgelben Beinen. Brustrückenschild kaum bestäubt, nur mit zwei submedianen längs gerichteten Bestäubungslinien: → *Dioctria cothurnata* **(Seite 256)**

» Gesicht im Profil direkt unterhalb der Fühler nicht vorgewölbt. Knebelbart einreihig. Schultern, hintere Seitenränder der Brustrückenschildes und Teile der Brustseiten meist deutlich rot. Männchen wie das Weibchen mit rotgelben Schenkeln und Schienen. Brustrückenschild zu mehr als der Hälfte seiner Fläche bestäubt, hinter der Quernaht nur sublateral mit jeweils bestäubungsfreien Bereichen: → *Dioctria rufithorax* **(Seite 320)** Exemplare aus Deutschland bitte durch Spezialisten bestätigen lassen!

3 » Bestäubung auf dem Oberrand der Brustseiten (Anepisternum) fehlend (B101): → **4**

» Oberrand der Brustseiten ebenfalls bestäubt, Bestäubung auf den Brustseiten bildet daher einen fast vollständigen Ring: → **5**

4 » Hüften gelb. Schenkel des Hinterbeins überwiegend gelb: → *Dioctria lateralis* **(Seite 266)**

» Hüften schwarz. Schenkel des Hinterbeins überwiegend schwarz: → *Dioctria longicornis* **(Seite 270)**

B103

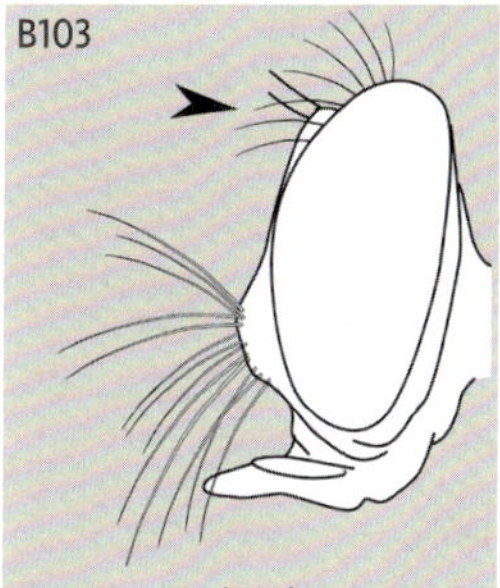

B104

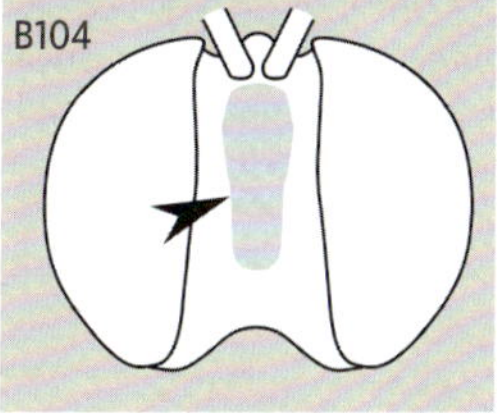

5 » Bestäubung auf den Brustseiten bildet einen fast geschlossenen Ring, auch über den Mittelhüften findet sich Bestäubung (B102): → *Dioctria hyalipennis* **(Seite 264)**

» Bestäubung über den Mittelhüften fehlt (B100): → **6**

6 » Alle Beine schwarz, höchstens die Knie etwas aufgehellt: → **7**

» Zumindest Vorder- und Mittelbeine teilweise gelb: → **8**

7 » Augenrand an der Stirn mit langen und schwarzen Haaren (B103). Brustrückenschild mit längerer Behaarung. Knebelbart mehrreihig: → *Dioctria harcyniae* **(Seite 260)**

» Augenrand an der Stirn kaum behaart. Brustrückenschild nur sehr kurz behaart. Knebelbart einreihig: → *Dioctria atricapilla* **(Seite 252)**

8 » Gesichtsbestäubung in der Mitte durch einen glänzenden Streifen unterbrochen, der fast bis zum Knebelbart hinabreicht (B104). Beine charakteristisch gefärbt (vgl. Foto Artporträt): → *Dioctria oelandica* **(Seite 272)**

» Gesicht ohne schwarzen Mittelstreifen. Beine mit anderer Farbkombination: → **9**

9 » (Mittlere) Rückenplatten des Hinterleibs am seitlichen Vorderrand mit gelben oder roten Flecken oder Streifen, die von oben deutlich sichtbar sind: → **10**

» Rückenplatten des Hinterleibs am seitlichen Vorderrand schwarz (Hinterrand manchmal schmal gelblich; selten sind die Seiten aufgehellt wie bei manchen Exemplaren von *D. rufipes*; dann sind die Hinterschenkel überwiegend ringsum schwarz und nur an der Basis und der Spitze gelb): → **12**

10 » Brustrückenschild nur in geringen Spuren bestäubt, glänzend. 1. Fühlerglied kurz, höchstens 1,2-mal so lang wie das 2. Glied: → *Dioctria bicincta* **(Seite 254)**

» Brustrückenschild überwiegend oder in großen Teilen bestäubt. 1. Fühlerglied mindestens 1,4-mal so lang wie das 2. Glied: → **11**

11 » Brustrückenschild fast vollständig bestäubt und matt. Schultern und meist auch Teile der Seiten des Brustrückens rot. Männchen mit dunkler Flügeltönung in der basalen Hälfte: → *Dioctria humeralis* **(Seite 262)**

» Brustrückenschild in großen Teilen gelblich bestäubt, aber auch mit scharf abgegrenzten glänzenden Längsstreifen und sublateralen glänzenden gerundeten Flecken. Schultern und Seiten des Brustrückens schwarz, selten etwas aufgehellt. Männchen mit vollständig transparenten Flügeln: → *Dioctria linearis* **(Seite 268)**

12 » Arista kürzer als das 2. Fühlerglied (B105). Hinterbeine mit typischer Färbung: Hüften und Schenkelring schwarz, Schenkel überwiegend schwarz, nur

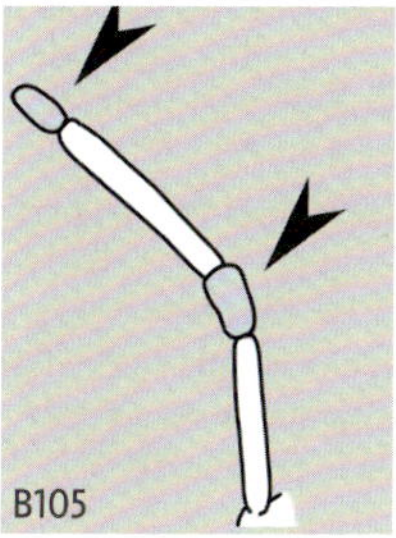

B105

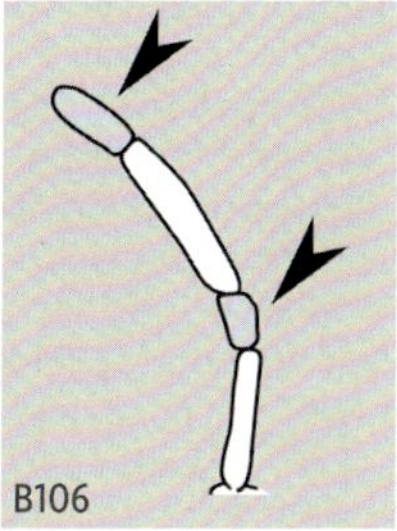

B106

an der Basis und der Spitze schmal gelb, Schienen überwiegend schwarz, nur basal schmal gelb, Fuß schwarz: → **13**

» Arista des Fühlers mindestens von der Länge des 2. Fühlerglieds (B106). Hinterbeine anders gefärbt, mit größeren gelben Farbanteilen: → **14**

13 » Hinterkopf am Oberrand gelb behaart. Taster gelb behaart: → *Dioctria rufipes* **(Seite 274)**

» Hinterkopf dorsal schwarz behaart. Taster schwarz behaart: → *Dioctria sudetica* **(Seite 276)**

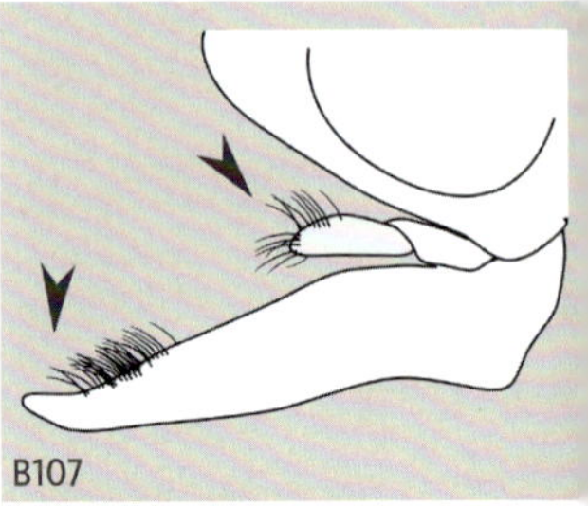

B107

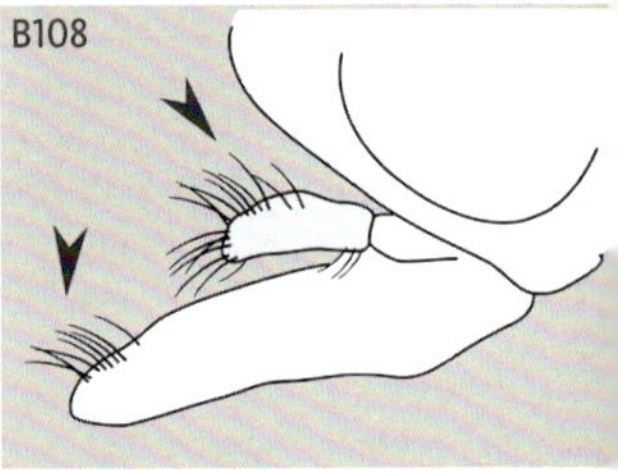

B108

14 » Antennenhöcker groß, dessen Oberkante erreicht in Seitenansicht die Höhe des oberen Augenrandes, Unterseite des Antennenhöckers weitgehend bestäubt. Rüssel in Seitenansicht zugespitzt, Taster eher schmal und zylindrisch (B107). Mundhöhle unterhalb des Knebelbarts weitgehend bestäubt. Pleurenbinde am Vorderrand des Anepisternums sehr breit (etwa halb so breit wie das Anepisternum). Punktierung und Behaarung des Brustrückenschilds recht grob, daher a den unbestäubten Seitenrändern nur schwach glänzend. Männchen mit dunkle Flügeln, nur im Spitzendrittel transparent, Weibchen mit deutlich gelb getönte Flügel: → *Dioctria flavipennis* **(Seite 258)**

» Antennenhöcker kleiner, dessen Oberkante erreicht in Seitenansicht die Höh des oberen Augenrandes nicht. Unterseite des Antennenhöckers weitgehen unbestäubt. Rüssel in Seitenansicht breit abgerundet, Taster eher breit und ab geflacht (B108). Mundhöhle unterhalb des Knebelbarts weitgehend unbestäub Pleurenbinde am Vorderrand des Anepisternums deutlich schmaler (etwa ei Drittel des Anepisternums). Punktierung und Behaarung des Brustrückenschild fein, sodass das Brustrückenschild an den Seitenrändern stärker glänzt. Weibche mit kaum getönten Flügeln (sehr leichte, eher bräunliche Tönung), Männchen ur bekannt: → *Dioctria* spec. aff. *flavipennis* Exemplare aus Deutschland bitte durc Spezialisten bestätigen lassen!

Bestimmungsschlüssel für die Unterfamilie Brachyrhopalinae

Die Brachyrhopalinae sind mit drei Gattungen in Mitteleuropa vertreten.

1 » Gesicht kräftig vorgewölbt, meist die Fühlerbasis erreichend (B109): → **2** (Gattung *Cyrtopogon*)

» Gesicht in Seitenansicht nur schwach oder nicht vorgewölbt (B110): → **8**

2 » Beine vollständig schwarz: → **3**

» Beine an Schienen und/oder Füßen teilweise rot: → **6**

3 » Mindestens 3. Fühlerglied rot gefärbt. Rückenplatten des Hinterleibs in beide Geschlechtern nur mit schmalen Bestäubungsflecken auf den seitlichen Hinterrändern: → *Cyrtopogon fulvicornis* **(Seite 296)**

» Fühler ganz schwarz: → **4**

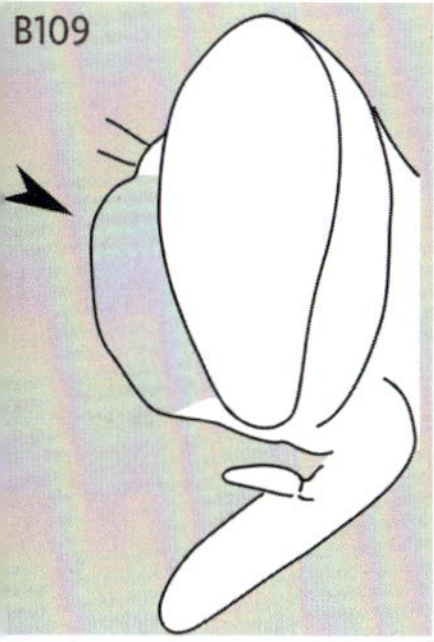
B109

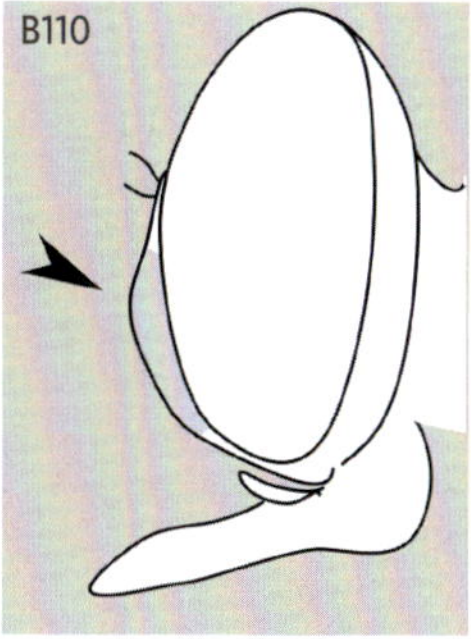
B110

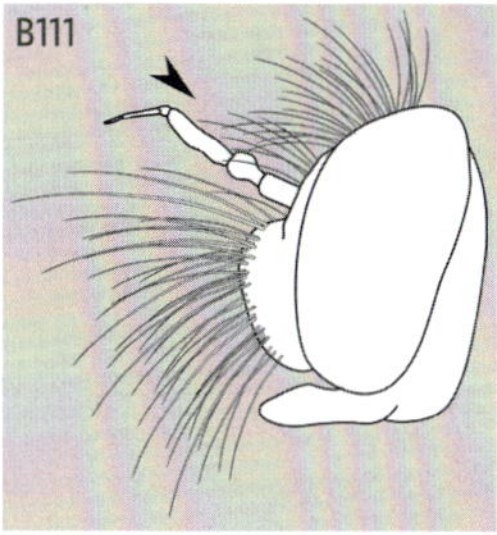
B111

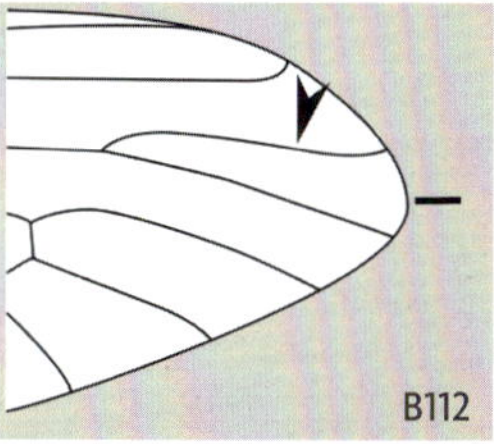
B112

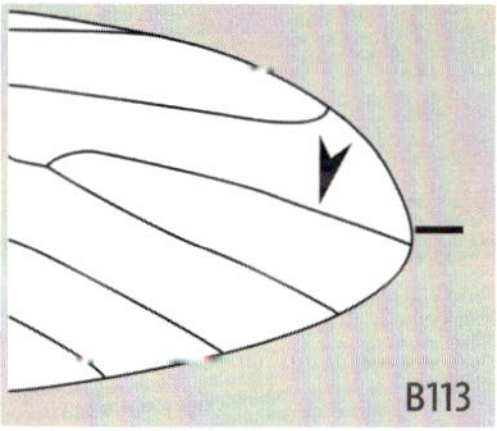
B113

» Knebelbart überragt in der oberen Gesichtshälfte die Fühler deutlich (B111). Knebelbart schwarz: *Cyrtopogon longibarbus (= Palamopogon longibarbus)* Exemplare aus Deutschland bitte durch Spezialisten bestätigen lassen!

» Knebelbart überragt die Fühler nicht, Knebelbart schwarz, weiß oder schwarz-weiß gemischt: → **5**

» Rückenplatten 2–3 des Hinterleibs beim Männchen mit hellgrauem Bestäubungsquerband, beim Weibchen mit schmalen Bestäubungsflecken auf den seitlichen Hinterrändern. Knebelbart schwarz: → *Cyrtopogon lateralis* **(Seite 298)**

» Rückenplatten des Hinterleibs beim Männchen mit schmalen Bestäubungsflecken auf den seitlichen Hinterrändern, beim Weibchen mit Bestäubungsquerbändern entlang der Hinterränder. Knebelbart weiß oder schwarz-weiß gemischt: → *Cyrtopogon meyerduerii* **(Foto auf Seite 124)** Exemplare aus Deutschland bitte durch Spezialisten bestätigen lassen!

» Mindestens 3. Fühlerglied rot gefärbt. Hinterleib auf den Rückenplatten 2–4 auf der Mitte mit gelber Bestäubung, die bis zum Vorderrand reicht und die sich am Hinterrand bis zum Seitenrand zieht, dort aber in eine weiße Bestäubung übergeht: → *Cyrtopogon ruficornis* **(Seite 302)**

» Fühler ganz schwarz. Bestäubung der Rückenplatten 2–4 des Hinterleibs nur auf den Hinterrand beschränkt und in der Regel in der Mitte unterbrochen: → **7**

» Schienen schwarz. Knebelbart von vorne gesehen weiß mit einem schwarzen Mittelstreifen. Männchen mit leicht verlängertem 1. Glied am Vorderfuß und dünnen Gliedern 2–4, Glieder 1–4 dorsal mit einer Reihe langer dunkler Haare. Männchen ohne kräftige Flügelflecken: → *Cyrtopogon flavimanus* **(Seite 294)**

» Schienen rot mit schwarzer Spitze. Knebelbart von vorne gesehen weiß ohne schwarzen Mittelstreifen. Vorderfuß beim Männchen ohne besondere Strukturen. Männchen mit kräftigen Flecken im Spitzendrittel des Flügels, ein weiterer markanter Fleck befindet sich im Bereich der Spitzenhälfte der hinteren Cubitalzelle: → *Cyrtopogon maculipennis* **(Seite 300)**

» Ader R4 des Flügels mündet in die Costa oberhalb der Flügelspitze (B112). Vorderschiene an der Spitze nur mit geraden kräftigen Borsten (Gattung *Holopogon*): → **9**

» Ader R4 mündet in die Costa unterhalb der Flügelspitze (B113). Vorderschien[e] an der Spitze neben geraden auch mit einer kräftigen gekrümmten Borste (B114 (Gattung *Leptarthus*): → **12**

9 » Sehr lang und dicht weiß behaart, besonders auf der Rückenplatte der Brust dem Schildchen und den Bauchplatten des Hinterleibs, nur wenige schwarze Haare beigemengt. Flügel ohne auffällige Tönung: → *Holopogon priscus* **(Seite 321** Exemplare aus Deutschland bitte durch Spezialisten bestätigen lassen!

» Kürzer und weniger dicht behaart. Flügel ganz oder teilweise zumindest leich getönt: → **10**

10 » Flügel zweifarbig, basal ausgedehnt geschwärzt, aber an der Spitze transparent → *Holopogon dimidiatus* **(Seite 304)**

» Flügel gleichmäßig und schwach verdunkelt, wenn zweifarbig, dann an der Basis milchweiß und distal geschwärzt: → **11**

11 » Männchen: Flügel zweifarbig, an der Basis milchweiß und distal geschwärzt. Knebelbart dicht und gelb. Weibchen: Brustrückenschild und Brustseiten recht kurz halb anliegend behaart. Schildchen-Hinterrand überwiegend schwarz behaart. Arista (Fühlerstylus) mindestens 0,5-mal so lang wie das 3. Fühlerglied. Schultercallus in der Regel ganz bestäubt, außen allenfalls sehr schwach glänzend: → *Holopogon nigripennis* **(Seite 308)**

» Männchen: Flügel gleichmäßig getönt, nicht deutlich zweifarbig. Knebelbart locker schwarz-weiß. Weibchen: Brustrückenschild und Brustseiten recht lang abstehend behaart. Schildchen-Hinterrand überwiegend hell behaart. Arista (Fühlerstylus) < 0,5-mal so lang wie das 3. Fühlerglied. Schultercallus in der Regel außen kaum bestäubt, deutlich glänzend: → *Holopogon fumipennis* **(Seite 306)**

12 » Gesicht im Profil deutlich vorgewölbt, in Seitenansicht die vorderen Augenränder überragend (B115). Brustrückenschild auch vor der Quernaht lang und eher abstehend behaart. 1. Fußglied der Hinterbeine beim Männchen schmal und sehr stark verlängert (vgl. Foto Artporträt): → *Leptarthrus brevirostris* **(Seite 310)**

» Gesicht nicht vorgewölbt, in Seitenansicht die vorderen Augenränder kaum überragend (B116). Brustrückenschild vor der Quernaht nur kurz und eher anliegend behaart. 1. Fußglied der Hinterbeine auch beim Männchen normal gebildet: → *Leptarthrus vitripennis* **(Seite 312)**

B114

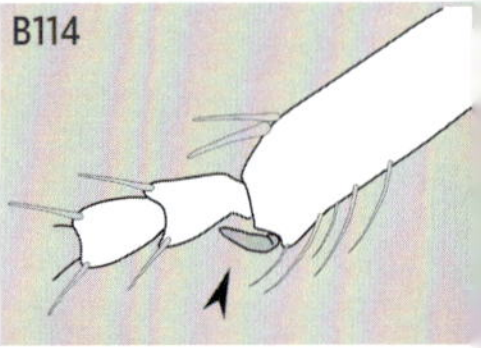

B115

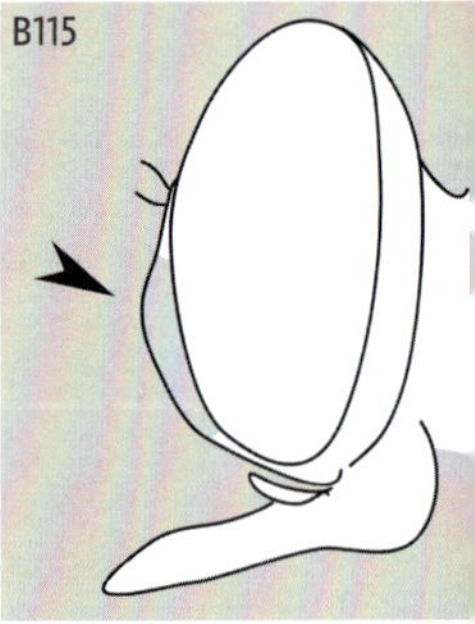

B116

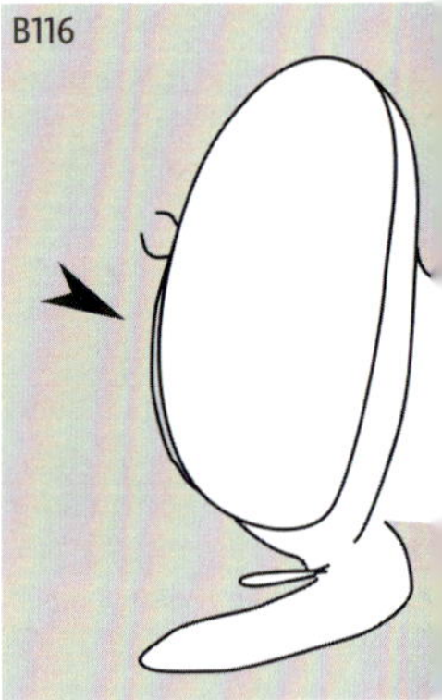

Erläuterungen zu den Artporträts

Die in Deutschland etablierten oder wahrscheinlich etablierten Raubfliegenarten werden hinsichtlich der bestimmungsrelevanten Merkmale, ihrer Verbreitung, ihrer Flugzeiten, ihres Lebensraumes und ihrer Biologie vorgestellt. Für die Arten, deren Etablierung in Deutschland fraglich ist, liegen in der Regel zu mehreren dieser Aspekte nur unzureichende Daten vor. Sie werden deshalb in reduzierter Form in einem separaten Abschnitt besprochen.

Die Arten sind nach den Unterfamilien gruppiert. Dabei wird das phylogenetische Konzept von DIKOW (2009) zugrunde gelegt. Nahe verwandte Arten und Gattungen sind so besser miteinander vergleichbar. Innerhalb der Unterfamilien werden die Gattungen und Arten alphabetisch sortiert, da die phylogenetischen Untersuchungen auf Tribus-Ebene bisher noch zu wenige Gattungen umfassen.

Artnamen: Neben den wissenschaftlichen Namen werden auch die deutschen Trivialnamen wiedergegeben.

Merkmale: Im Sinne einer Kurzdiagnose werden in erster Linie gut sichtbare typische Merkmale aufgeführt, insbesondere solche, die in der Regel auch auf vielen Makrofotos erkennbar sind, vorausgesetzt, sie wurden in lateraler Ansicht aufgenommen. Eine Bestimmung anhand von Fotos bzw. am lebenden Tier ist jedoch in vielen Fällen nicht oder nur mit großer Erfahrung möglich. Ergänzend sollten bzw. müssen in jedem Fall die im Bestimmungsteil genannten Merkmale zu Rate gezogen werden. Auf die Nennung von Unterschieden zu ähnlichen Arten (auch aus anderen Gattungen) wird besonderes Augenmerk gelegt. Eine kurze verbale Größenangabe in fünf Klassen verdeutlicht die Größenrelation im Vergleich zu den anderen heimischen Arten. Die Größenklassen berücksichtigen die bei der Familie der Raubfliegen in Deutschland insgesamt auftretenden minimalen und maximalen Werte. Die Größenklassen „sehr klein“ (5–7 mm mittlere Länge) und „sehr groß“ (> 20 mm mittlerer Länge) umfassen dabei jeweils im Schnitt ca. 8 % der Arten, die Klassen „klein“ (8–10 mm mittlere Länge) und „groß“ (18–20 mm mittlere Länge) durchschnittlich jeweils ca. 16 % der Arten, während die „mittelgroßen“ Arten (11–17 mm mittlere Länge) mit etwa 50 % die artenreichste Gruppe darstellt (C1).

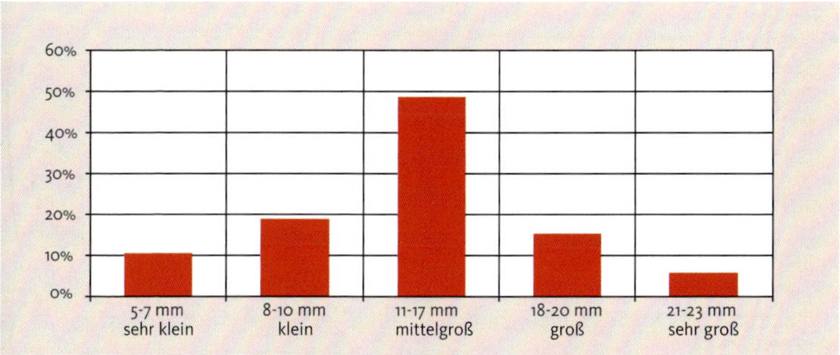

C1: Prozentanteile der Größenklassen der heimischen Raubfliegenarten (bezogen auf die mittlere Körpergröße der jeweiligen Arten).

Länge: Die Körperlänge wird traditionell von der Antennenbasis (also ohne Fühler!) bis zur Hinterleibsspitze inklusive der Genitalien gemessen. Die Längenwerte geben die Spannbreite der bei der jeweiligen Art häufig auftretenden Maße an. Aufgrund besonderer Witterungsumstände, besonders reichem Nahrungsangebot oder Nahrungsmangel während der Larvalentwicklung etc. treten bei fast allen Arten mitunter „Zwergexemplare" oder besonders große Tiere auf. Dann werden ausnahmsweise die in den Artporträts angegebenen Werte unter- bzw. überschritten. Männchen sind bei der Mehrheit der Arten im Durchschnitt etwas kleiner als die Weibchen. Aufgrund von Trocknungsprozessen oder abhängig von Fangmethoden (insbesondere bei Fallen mit Fangflüssigkeiten) können durch Quellungs-, Dehnungs- oder Schrumpfprozesse bei Sammlungsexemplaren teilweise auch z.T. deutlich abweichende Maße auftreten, insbesondere wenn die Abdominalsegmente „überstreckt" sind, gut erkennbar an den sichtbaren, nicht oder nur wenig gefalteten vertikalen Intersegmentalhäuten.

Flugzeit: Die Flugzeiten werden in Monatsdritteln angegeben. Dabei steht „A" für Anfang (1.–10. Tag eines Monats), „M" für Mitte (11.–20. Tag) und „E" für Ende (21. Tag bis Monatsende). Angaben in Klammern sind seltene, meist witterungsbedingte Ausnahmeerscheinungen. Grundlage der Angaben ist der Internetatlas der Raubfliegen Deutschlands. Allgemeine Flugzeitangaben aus der Literatur, insbesondere aus ENGELS „Tierwelt Deutschlands" blieben unberücksichtigt, weil sie anhand der konkreten vorliegenden Daten zahlreicher Einzelbelege nicht immer nachvollziehbar sind.

Gesamtverbreitung: Die Gesamtverbreitung ist im Wesentlichen den aktuellen Katalogen für die zoogeografischen Regionen entnommen, insbesondere LEHR (1988) für die Paläarktis.

Aus Platzgründen werden die Staaten, aus denen die Art nachgewiesen bzw. gemeldet ist, mit ihren internationalen KFZ-Nationalitäten-Kennzeichen angegeben. Die Reihenfolge richtet sich nach dem Alphabet. Dabei bedeuten:

A: Österreich; AL: Albanien; AND: Andorra; ARM: Armenien; AZ: Aserbaidschan; B: Belgien; BG: Bulgarien; BIH: Bosnien und Herzegowina; BY: Weißrussland; CDN: Kanada; CH: Schweiz; CN: China; CY: Zypern; CZ: Tschechien; D: Deutschland; DK: Dänemark; DZ: Algerien; E: Spanien; EST: Estland; ET: Ägypten; F: Frankreich; FL: Liechtenstein; GB: Großbritannien; GE: Georgien; GR: Griechenland; H: Ungarn; HR: Kroatien; I: Italien; IL: Israel; IR: Iran; IRL: Irland; IS: Island; J: Japan; KS: Kirgisistan; KZ: Kasachstan; L: Luxemburg; LT: Litauen; LV: Lettland; M: Malta; MA: Marokko; MC: Monaco; MD: Moldawien; MGL: Mongolei; MK: Mazedonien; MNE: Montenegro; N: Norwegen; NL: Niederlande; P: Portugal; PL: Polen; RKS: Kosovo; RO: Rumänien; RUS: Russland (in Klammern ergänzend Angaben zum Vorkommen in Europa bzw. Sibirien); S: Schweden; SF: Finnland; SK: Slowakei; SLO: Slowenien; SRB: Serbien; SYR: Syrien; TJ: Tadschikistan; TN: Tunesien; TR: Türkei; UA: Ukraine; UZ: Usbekistan; YU: ehem. Jugoslawien (meist keine konkreten Angaben für die Nachfolgestaaten verfügbar).

Leider fehlen gerade für die heutigen Einzelstaaten der ehemaligen Sowjetunion und des ehemaligen Jugoslawien entsprechende Angaben im bereits 1988 (vor der Selbstständigkeit der einzelnen sowjetischen bzw. jugoslawischen Teilrepubliken) erschienenen paläarktischen Katalog. Auch andere Quellen, z.B. nationale Checklisten neueren Datums, liegen aus diesen Staaten nicht oder nur vereinzelt vor. Auf die Aufarbeitung faunistischer Angaben aus Einzelaufsätzen musste aufgrund des damit verbundenenen, nicht vertretbaren Aufwandes weitgehend verzichtet werden.

Verbreitung in Deutschland: Die Verbreitungsangaben für Deutschland sind ebenfalls dem Internetatlas sowie der diesem Atlas zugrunde liegenden Datenbank entnommen. Die Punktdarstellungen in den Nachweiskarten repräsentieren dabei je-

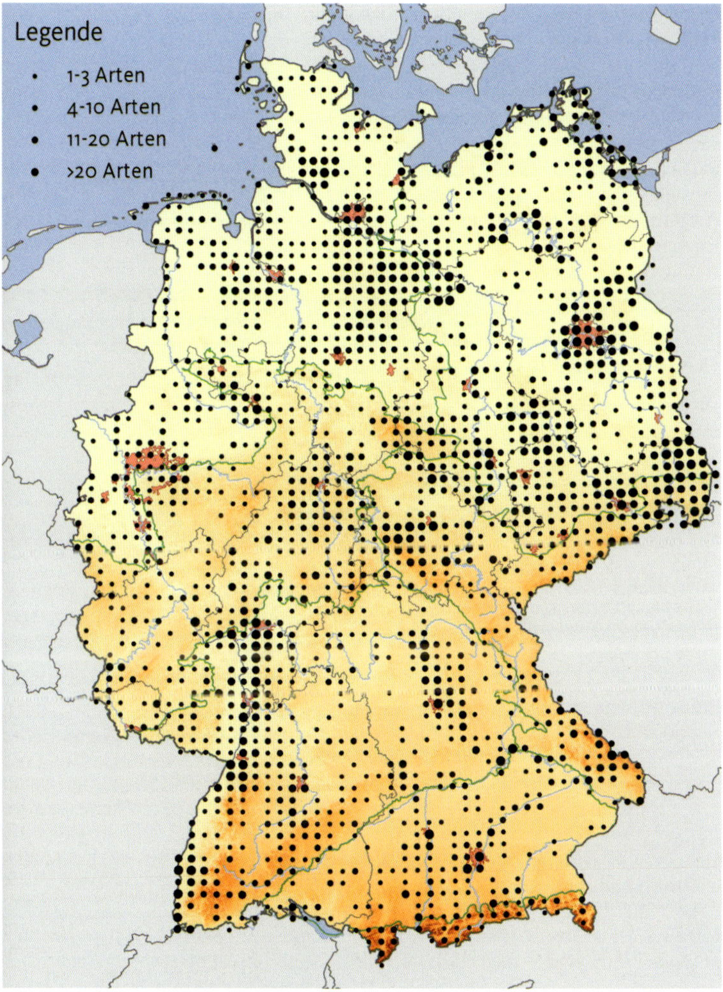

C2: Nachweisdichte von Raubfliegen in Deutschland.

weils ein Messtischblatt (Topografische Karte 1 : 25.000). Auf eine zeitliche Differenzierung wird aus Gründen der besseren Lesbarkeit verzichtet. Bei der Interpretation der Nachweiskarten ist daher zu berücksichtigen, dass gegebenenfalls einige bis viele der Punktdarstellungen Funde repräsentieren, die schon mehrere Jahrzehnte, teilweise schon über hundert Jahre zurückliegen können.

Um eine bessere Bewertung der Nachweiskarten zu ermöglichen, stellt Abbildung C2 die aktuelle Gesamt-Nachweissituation für alle Asilidenarten in Deutschland dar. So kann besser nachvollzogen werden, ob eine Art in einem bestimmten Bereich tatsächlich fehlt oder ob Verbreitungslücken in den Nachweiskarten eher methodische Ursachen haben (geringe Erfassungstätigkeit).

Ergänzend zu den Nachweiskarten wird eine verbale Einschätzung der aktuellen Bestandssituation getroffen. Als Bezugszeitraum wurden die vergangenen 25 Jahre berücksichtigt. Dabei wird folgende Klasseneinteilung vorgenommen, wobei sich 100 % auf die Anzahl der Nachweise der häufigsten heimischen Raubfliegenart *T. atricapillus* bezieht. Die Nachweisanalyse erfolgte zum einen für die Anzahl einzelner Fundorte, zum anderen für die Anzahl belegter Raster der Messtischblätter. Wichen die Einschätzungen dieser beiden Parameter voneinander ab, wurde die Klasse der „größeren" Häufigkeit gewählt.

Häufigkeitsklasse	Klasseneinteilung, in Relation zur Häufigkeit von *Tolmerus atricapillus* (= 100%)
Ausgestorben oder verschollen	0,0 %
Extrem selten	> 0,0–0,5 %
Sehr selten	> 0,5–3,0 %
Selten	> 3,0–12,0 %
Mäßig häufig	> 12,0–30,0 %
Häufig	> 30,0–60,0 %
Sehr häufig	> 60,0–100,0 %

Tab. 7: Definition der Häufigkeitsklassen der heimischen Raubfliegen.

Bei der Beschreibung der Verbreitung wird auf folgende Unterteilungen und Klassen Bezug genommen:

Biogeografische Regionen nach EU-Klassifikation. Deutschland hat dabei Anteile an der atlantischen, der kontinentalen und der alpinen Region (C3).

Großräumige Naturlandschaften nach Definition des Bundesamtes für Naturschutz. Hierbei handelt es sich um eine Aggregation der Regionen im Rahmen der naturräumlichen Gliederung Deutschlands. Wegen der weitgehend fehlenden Relevanz einer Abgrenzung der küstengeprägten Naturlandschaften werden diese hier dem Nordwestdeutschen Tiefland bzw. dem Nordostdeutschen Tiefland zugeordnet.

Nordwestdeutsches Tiefland (NWT): Dieser Raum erstreckt sich im Süden bis zum Mittelgebirgsrand und folgt im Osten weitgehend der ehemaligen innerdeutschen Grenze (Ausnahme z.B. Wendland zur nachfolgenden Region NOT). Er umfasst außerdem die Börden, die aufgrund ihrer Nutzungsgeschichte und ihrer aktuellen Nutzungsintensität mehr Gemeinsamkeiten mit dem Tiefland als mit dem Mittelgebirge aufweisen. Die unmittelbaren Küstenbereiche entlang der Nordseeküste und der westlichen Ostseeküste sind einbezogen.

Nordostdeutsches Tiefland (NOT): Diese Region grenzt im Westen an das Nordwestdeutsche Tiefland, erstreckt sich im Süden bis zum Mittelgebirgsfuß und schließt ebenfalls die Bördengebiete ein. Die unmittelbaren Küstenbereiche entlang der östlichen Ostseeküste sind einbezogen.

Westliche Mittelgebirge (MW): Weserbergland, Harz, Hessisches Bergland, Rheinisches Schiefergebirge und Saar-Nahe-Bergland.

Östliche Mittelgebirge (MO): Thüringer Becken, Erzgebirge, Sächsische Schweiz, Oberlausitz, Thüringisch-Fränkisches Mittelgebirge und Oberpfälzisch-Bayrischer Wald (inkl. Cham-Furter Senke).

C3: Abgrenzung der biogeografischen Regionen und großräumigen Naturlandschaften in Deutschland.

Südwestdeutsches Mittelgebirgs-/Stufenland (MSW): Süddeutsches Stufenland (unter anderem mit Odenwald, Spessart, Coburger Land, Schwäbisch-Fränkische Alb), Südwestdeutsches Stufenland (unter anderem mit dem Pfälzer Wald) sowie Schwarzwald und Oberrheinische Tiefebene.

Alpenvorland (AV): Region südlich der Donau mit der Donauniederung, Iller-Lech-Platte, Niederbayrischem Hügelland, Oberbayrischen Schotterplatten und südlichem Alpenvorland.

Alpen (A): Schwäbisch-Bayrische Voralpen und Nördliche Kalkalpen.

Vereinfacht werden die Höhenstufen nach WILMANNS (1989; Ökologische Pflanzensoziologie) wie folgt definiert:

planar: (-10) 0–150 m über NN
kollin: 151–300 m über NN
submontan: 301–500 m über NN
montan: 501–1100 m über NN
hochmontan: 1101–1600 m über NN
subalpin: 1601–2000 m über NN
alpin: 2001–3000 m über NN
nival: > 3000 m über NN

C4: Lage der regelmäßig verwendeten Verbreitungsangaben.

Lebensraum: Die Terminologie richtet sich so weit wie möglich nach der Liste der Biotoptypen Deutschlands von RIECKEN ET AL. (2006). Auf die Bindung an FFH-Lebensraumtypen wird nur in dem Umfang eingegangen, soweit Arten diesbezüglich als Kennarten oder Indikatorarten gelten können.

Kennarten haben einen Verbreitungsschwerpunkt im Lebensraumtyp, d.h. sie treten in diesem mit einer überdurchschnittlichen Stetigkeit und/oder Individuendichte auf (bezogen auf Stetigkeit und Dichte in allen relevanten Biotoptypen). Relevante Biotoptypen sind dabei alle Biotoptypen, die von der jeweils betrachteten Artengruppe besiedelt bzw. als Fortpflanzungshabitat genutzt werden. So zählen bei den Libellen nur Gewässer zu den relevanten Biotoptypen, bei den Totholzkäfern (oder hier den Arten der Unterfamilie *Laphriinae*) nur Gehölzbestände.

Besondere Indikatorarten sind Charakterarten von natürlicherweise im Lebensraumtyp regelmäßig auftretenden Biotopelementen oder Habitatstrukturen. Diese Arten müssen ihren Verbreitungsschwerpunkt nicht in einem einzigen Lebensraumtyp haben (also keine Kennarten sein), sondern zeigen bestimmte Habitatqualitäten oder typische Mikrostrukturen an (z.B. bestimmte Totholzqualitäten in Wäldern). Das (bodenständige) Auftreten indiziert besondere Habitateigenschaften, die für die positive Bewertung des Erhaltungszustandes von Lebensraumtypen relevant sind (Indikator für die Habitatqualität). Das Vorkommen bzw. Fehlen der Art ist im Regelfall ein Hinweis auf die Ausprägung des Erhaltungsgrads auch im Sinne der dreistufigen FFH-Bewertung (Zustand A, B, C).

Auf die Darstellung der Begleiter wird aus Platzgründen verzichtet. Für eine Bewertung als Differenzialarten ist der Kenntnisstand bei den Raubfliegen unzureichend.

Ansitz: Die Angaben geben jeweils die artspezifischen Präferenzen wieder. Je nach Habitatausstattung, Witterungssituation, aktueller Verhaltensdisposition und weiteren Faktoren sind die Ansitze in der Natur deutlich vielfältiger. Auf eine Gruppierung der Arten zu Ansitzgruppen, wie von verschiedenen Autoren vorgenommen, wird aufgrund der großen Überschneidungen verzichtet.

Biologie: Grundsätzlich umfasst der Begriff zahlreiche Aspekte der Individualentwicklung, des Verhaltens und der Ernährung, der Lebensraumbindung etc. Weder der Platz noch der Kenntnisstand lassen bei der Mehrheit der Arten umfangreiche Angaben zur Biologie vor. Auf die Aspekte Lebensraumbindung und Ansitz, für die in der Regel die meisten Daten vorliegen, wird separat eingegangen.

Zahlreiche Beobachtungen liegen auch zu Beutetieren der jeweiligen Arten vor. Mit entsprechenden Artenlisten ließen sich bei manchen Arten einige Absätze füllen. Da die Mehrheit der Raubfliegenarten als Imagines jedoch wenig spezifisch bei der Auswahl der Jagdbeute ist, wäre damit nur ein eingeschränkter Erkenntnisgewinn verbunden. Derartige Angaben würden auch dazu verleiten, weitere Untersuchungen in diese Richtung vorzunehmen. Dies erscheint wenig lohnenswert. Auf Beutetier-Artenlisten wurde deshalb grundsätzlich verzichtet. Besonderes Augenmerk wurde vielmehr auf Hinweise zum Paarungsverhalten, zur Eiablage und zur Larvalbiologie gelegt. Hierzu liegen nur sehr wenige zusammenfassende Übersichten vor. Die Quellenangaben belegen, dass die Informationen auf eine Vielzahl von Einzelaufsätzen verteilt vorliegen, oft in anderen Sprachen. Es kann nicht ausgeschlossen werden, dass wichtige Informationen bei einzelnen Arten deshalb übersehen worden sind.

Insgesamt wird im Vergleich der einzelnen Arten deutlich, wie defizitär der Kenntnisstand zu biologischen Aspekten tatsächlich noch ist. Jeder Leser sei dazu aufgerufen, durch Dokumentation interessanter Beobachtungen und Befunde dazu beizutragen, die bestehenden Kenntnislücken zu schließen.

Etablierte und wahrscheinlich etablierte Arten

Andrenosoma albibarbe (Meigen, 1820) – Alpen-Mordfliege

Merkmale: Innerhalb der meist an Hummeln oder Wildbienen erinnernden Laphriinen ist die Gattung *Andrenosoma* unter anderem durch einen in Seitenansicht spatelartig abgeflachten und spitz zulaufenden Stechrüssel (breiter als hoch), durch ein breit/kurz ovales drittes Fühlerglied und durch einen verhältnismäßig flachen Hinterleib gekennzeichnet. Die Grundfarbe des Körpers ist schwarz, die Körperbehaarung schwarz und weiß gemischt. Die mittelgroße Alpen-Mordfliege weist jedoch vom 2. Abdominaltergit bis zum Hinterleibsende eine intensive Rotfärbung auf, die nahezu die gesamte Breite der Segmente einnimmt und nur deren seitliche Ränder freilässt. Eine Verwechslung ist bei dieser Art am ehesten mit *Choerades gilva* und *Ch. ignea* möglich, die ebenfalls teilweise rot gefärbte Abdominaltergite aufweisen. Eine Trennung ist leicht unter anderem anhand der Form des Stechrüssels möglich. (vgl. auch *Dasypogon diadema* ♀ mit weißen Seitenflecken auf Hinterleib). **Länge:** 12–16 mm.

Flugzeit: E Mai–E August (Flugzeit in D bisher unzureichend bekannt).

Gesamtverbreitung: A, CH, D, E, F, GR, I, PL, R, RUS (vom europäischen Teil bis zum fernen Osten), SF, TR. In ihrem großen Areal kommt *A. albibarbe* in der Regel jedoch nur sehr zerstreut in höheren (hochmontanen bis subalpinen) Gebirgslagen vor.

Verbreitung in Deutschland: Extrem selten. Die Alpen-Mordfliege ist in D bisher nur von wenigen Fundorten in den Alpen bekannt (Chiemgau-Riesenhütte, Tatzelwurm bei Aschau, Bad Reichenhall, Fall (Isar), Breitenstein, Hinterstein, Staudach). Sie gehört zu den wenigen heimischen Asilidenarten, die in D vorwiegend hochmontane bis subalpine Höhenlagen besiedelt (aber auch im montanen Bereich vorkommt). Sie kommt bis zur Baumgrenze vor. Die alten Meldungen von „*Andrenosoma albilabris*“ (BEUTHIN 1887) bzw. – zitiert und korrigiert – „*Andrenosoma albibarbe*“ (KRÖBER 1931) von Haake bei Hamburg beruhen mit Sicherheit auf einer Fehlbestimmung, möglicherweise einer Verwechslung mit einer der beiden oben genannten, auf dem Hinterleib teilweise rot gefärbten *Choerades*-Arten.

Lebensraum: T. KÄSTNER fand sie auf einer SW-exponierten Waldweide in Steilhanglage auf Kalkstein mit orchideenreichem Trockenrasen, einzelnen Waldkiefern, Fichten und Buchen. In der Schweiz wird sie als Wald- bzw. Waldrandbewohner eingestuft (KEISER 1947). Welche Waldtypen bzw. welche Habitatqualitäten dabei besonders bevorzugt werden, wären reizvolle Themen für nähere Untersuchungen. M. GEBEL beobachtete sie in der Schweiz z.B. in subalpinen Lärchen-Arvenwäldern (Aletschwald). **Ansitz:** Gerne an waagerecht liegenden Stämmen oder Ästen bzw. Stubben von Nadelbäumen (z.B. von *Pinus sylvestris*, *P. cembra* oder nach MUSSO (1981) *Larix decidua* und *Abies* sp.) im Übergang zu offenen Bereichen ansitzend.

Biologie: Die Larvalentwicklung der Alpen-Mordfliege findet vermutlich wie bei den anderen Arten ebenfalls prädatorisch in (Tot-)Holzstrukturen statt.

A. albibarbe ♂, Schweiz, Furkapass, 11.07.2016

Habitat, Schweiz, Furkapass, Juli 2016

Andrenosoma atrum (Linnaeus, 1758) – Schwarze Mordfliege

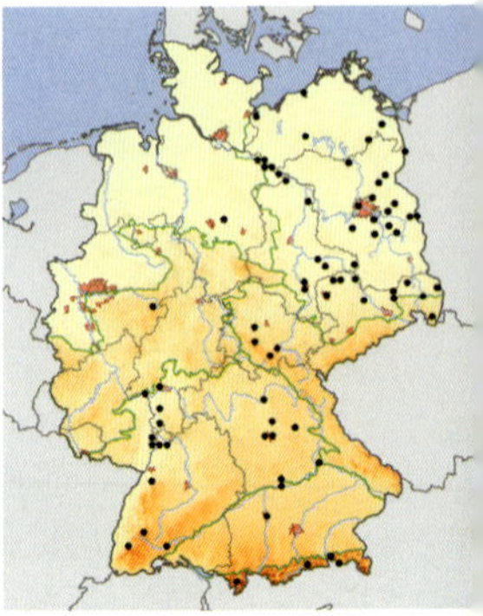

Merkmale: Anders als die Alpen-Mordfliege weist die mittelgroße *A. atrum* eine vollständig schwarze Grundfarbe auch auf dem Hinterleib auf. Die Körperbehaarung ist ebenfalls lang schwarz und weiß gemischt, ohne dass durch eine bestimmte Verteilung unterschiedlich gefärbter Haare markante kontrastreiche Binden oder Partien wie bei vielen *Laphria*- oder *Choerades*-Arten vorhanden sind (sonstige Gattungs-Merkmale vgl. bei *A. albibarbe*). Auffällig ist lediglich der vorherrschend weiße Backenbart (Behaarung der Wangen), wie er jedoch auch bei *A. albibarbe* vorkommt (vgl. auch *D. diadema* ♂ mit gelben Schwingkölbchen, keine Haare auf An- und Katepisternum). **Länge:** 12–20 mm.

Flugzeit: M Juni–A November.

Gesamtverbreitung: A, BG, CH, CZ, D, DK, DZ, E, F, GR, I, IR, PL, R, RUS (europäischen Teil), S, SK, TR, YU.

Verbreitung in Deutschland: Selten. Die Schwarze Mordfliege ist in der kontinentalen Region von der planaren bis hochmontanen Höhenstufe zerstreut verbreitet, aber selten, mit deutlichem Schwerpunkt in der Ebene und Konzentration auf trockenwarme Sandgebiete (Nordostdeutsches Tiefland, fränkische/oberpfälzische Sandgebiete) und große sand- oder kiesgeprägte Flussniederungen (Rhein, Main, Donau, Lech etc.). Sie dringt z.B. in den Dünenzügen der Elbe bis ins niedersächsische Amt Neuhaus vor, fehlt im Nordwestdeutschen Tiefland aber offenbar weitgehend (ein älterer Fund aus dem Raum Burgdorf bei Hannover).

Lebensraum: *A. atrum* bevorzugt besonders lichte und halboffene, trockenwarme Kiefernwälder im Kontakt zu benachbarten Heiden und (Sand-)Trockenrasen, in die sie sehr weit vordringt. So gilt sie als Kennart und besondere Indikatorart für die FFH-Lebensraumtypen 91T0 „Mitteleuropäische Flechten-Kiefernwälder" und 91U0 „Kiefernwälder der sarmatischen Steppe". Die Habitatbindung im deutschen Alpenraum bedarf näherer Untersuchungen. Grundsätzlich geeignet erscheinen lichte (Kiefern-)Nadelwälder an mikroklimatisch und standörtlich besonders begünstigten Sonderstandorten (z.B. offene Waldbereiche auf sehr trockenen, warmen Flussschotterterrassen). **Ansitz:** Meist in geringer Höhe auf unterschiedlichen vertikal oder horizontal ausgerichteten Holzstrukturen, z.B. oberirdische Wurzelpartien, untere Stammabschnitte, liegende Stämme, Holzmasten etc., oft abgesetzt vom Wald im Offenland.

Biologie: Eiablage an Baumrinde und anderen Totholzpartien, vor allem an diversen Kieferarten (*Pinus* sp.); Larven wurden dabei auch in morschen Zaunpfosten oder (unbehandelten?) Holzmasten gefunden. Die Art hat in D eine lange Flugzeit mit nur einer Generation (Tiere aus November möglicherweise eine partielle 2. Generation?). Als eine von wenigen Arten weist sie in S-Europa hingegen zwei Generationen (Frühling, Herbst) auf. Im Zusammenhang damit könnte eine ungewöhnlich lange Embryonalentwicklung im Eistadium (50–56 Tage) stehen, die in SO-Frankreich an Eiern der Herbstgeneration beobachtet wurde (Musso 1981).

A. atrum ♀, Sachsen, Torgau, 18.08.2016

Habitat, Sachsen, Torgau, 18.08.2016

Choerades femorata (Meigen, 1804) – Kleine Mordfliege

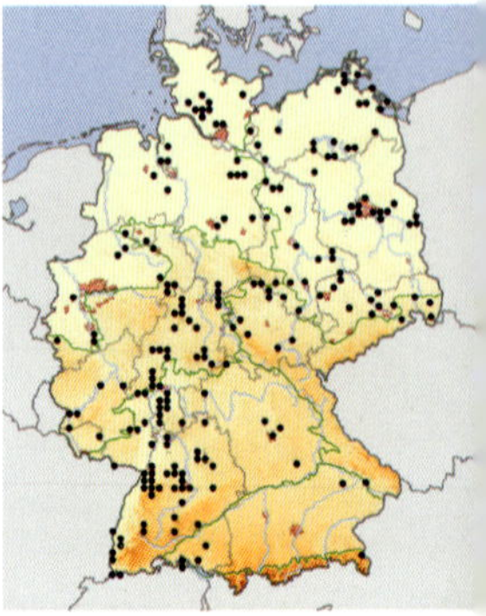

Merkmale: Im Gegensatz zu *Andrenosoma* weisen *Choerades*-Arten (ebenso wie *Laphria*) einen messerartigen (höher als breit), in Seitenansicht rund oder abgestutzt endenden Stechrüssel auf. Von *Laphria* im männlichen Geschlecht zu unterscheiden durch eine Haarbürste statt eines kleinen, seitwärts gerichteten Dorns an der Spitze der Hintertibien und (mit Ausnahme von *Ch. fuliginosa*) durch besondere Auswüchse oder Borsten auf den Genitalien. *Ch. femorata* ist durch folgende Merkmale charakterisiert: vollständig schwarze Grundfarbe auch auf dem Abdomen und den Beinen; Schultern und Pleuren, insbesondere das Anepisternum, aschgrau bestäubt, Behaarung auf dem Anepisternum meist blassgelb und schwarz gemischt, von ähnlicher Dichte wie auf dem benachbarten Scutum; Länge des Stechrüssels etwas kürzer als die Kopfhöhe (= *Ch. marginata*-Gruppe); Unterschiede zu *Ch. marginata*: Scapus (1. Fühlerglied) mindestens dreimal so lang wie Pedicellus (2. Fühlerglied), anliegende Gesichtsbehaarung unter den Fühlern meist silberweiß; männliches Genita ohne Auswüchse, nur mit auffälligen dicht anliegenden Borsten, Genital ist äußerlich nicht von dem bei *Ch. marginata* zu unterscheiden. **Länge:** 10–14 mm.

Flugzeit: M Mai–E September.

Gesamtverbreitung: A, CZ, D, F, H, I, PL, R, SK (Gesamtverbreitung aufgrund taxonomischer Verwirrung unzureichend bekannt).

Verbreitung in Deutschland: Mäßig häufig. In ganz D weit verbreitet und mäßig häufig von der planaren bis in die montane Höhenstufe. Vermutlich ist das weitgehende Fehlen von Nachweisen in Bayern ein Artefakt, das auf eine unterschiedliche Interpretation der Artkonzepte der *Ch. marginata*-Gruppe durch die dort tätigen Dipterologen zurückzuführen ist (vgl. Dunk 1996).

Lebensraum: Die Art bewohnt vorrangig Waldrand- und Waldlichtungssituationen Eine klare Präferenz für bestimmte Waldtypen ist dabei nicht erkennbar, das Spektrum reicht von feuchten Laubwäldern (z.B. Erlenbruchwälder) über Buchenwälder und Eichen-Trockenwäldern bis zu trockenen Nadelforsten, wo sie jeweils oft als stete Begleiter auftritt. Ein leichter Schwerpunkt in submontanen bis montanen Fichtenwäldern rechtfertigt die Einstufung als (schwache) Kennart des FFH-Lebensraumtyps 9413 „Hercynischer Fichtenwald“. Entsprechend vielfältig sind die benachbarten, vor allem während der Beutejagd aufgesuchten Biotope: Niedermoore, Sümpfe, Grünland Sandtrockenrasen. Entlang von Gehölzstrukturen wie etwa Hecken dringt die Art mitunter auch in die offenere Landschaft vor. **Ansitz:** Ohne besondere Ansitzpräferenz sowohl auf liegenden oder stehenden (Tot-)Holzstrukturen (Stämme, Äste, Zweige Baumstubben, Holzstapel etc.) als auch auf Laub von Bäumen und Büschen und au (breiten) Blättern in der Krautschicht.

Biologie: Die fehlende enge Bindung an bestimmte Waldtypen lässt darauf schließen dass die prädatorischen Larven sich in Totholz verschiedener Baumarten entwickeln Die Puppe wurde in feuchtem Eichenholz gefunden.

Ch. femorata ♂, Sachsen-Anhalt, Bad Kösen, 19.07.2016

Choerades fimbriata (Meigen, 1820) – Fransen-Mordfliege

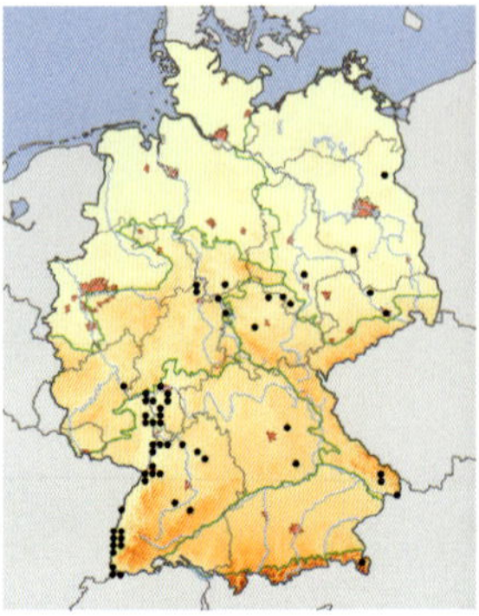

Merkmale: Wie die beiden Arten der *Ch. marginata*-Gruppe weist die mittelgroße *Ch. fimbriata* ebenfalls eine vollständig schwarze Grundfarbe und eine Bestäubung unter anderem auf den Schultern und Pleuren auf, ist von diesen aber unterschieden durch gelb- bzw. hellgraue Bestäubung auf dem Anepisternum, dort mit gelber, dichter Behaarung (dichter als auf dem angrenzenden Scutum), Scapus ca. zweimal so lang wie Pedicellus, an der Unterseite in der Regel gelb behaart, insgesamt deutlich größere Anteile gelber Behaarung vor allem auch an den Beinen, anliegende Gesichtsbehaarung unter den Fühlern in der Regel gelb, seltener gelb-weiß, Stechrüssel länger als Kopfhöhe und an der Spitze leicht nach oben gebogen. ♂ mit weißer, seitwärts gerichteter Behaarung auf dem 1. Hinterleibstergit und weißer Behaarung auf dem hinteren mittleren Scutum. Genital charakteristisch mit langen, breiten, plattenartigen Auswüchsen auf den oberen Haltezangen. **Länge:** 12–18 mm.

Flugzeit: A Juni–M September (A Oktober).

Gesamtverbreitung: A, AL, ARM, CZ, D, F, H, I, IR, PL, R, RUS (europäischer Teil bis W-Sibirien), SF, SK, YU.

Verbreitung in Deutschland: Selten. In der kontinentalen biogeografischen Region zerstreut verbreitet mit einem deutlichen Schwerpunkt in SW-Deutschland (entlang des Oberrheintieflands). Im Nordostdeutschen Tiefland selten, im Nordwestdeutschen Tiefland offenbar fehlend, in den Alpen bisher nur eine Meldung, also vor allem in der kollinen und submontanen Höhenstufe vorkommend. Im ENGEL'schen Schlüssel für D nicht enthalten, daher wohl für Jahrzehnte übersehen; auch die wenigen Fundmeldungen in Bayern sind ein Artefakt, da dort wohl teilweise eine Verwechslung mit *Ch. marginata* vorliegt.

Lebensraum: *Ch. fimbriata* scheint eine Bewohnerin eher lichter, wärmebegünstigter Laubwälder bzw. Laubholz-Gebüsche zu sein (Eichen-Trockenwälder, Eichengebüsche, Buchenwälder auf Kalk). Die bisherigen Kenntnisse rechtfertigen eine Einstufung als Kennart der FFH-Lebensraumtypen 9150 „Orchideen-Kalk-Buchenwälder" und 9170 „Labkraut-Eichen-Hainbuchenwälder". Eine enge Bindung an trockene Standorte besteht bei dieser xylobionten Art nicht, da sie z.B. in Sachsen auch in einem Hartholzauwald und einer Lindenallee in der Elbaue beobachtet wurde (T. KÄSTNER). Wie viele andere Arten der Laphriini bewohnt sie eher Waldrandsituationen im Übergang etwa zu Halbtrockenrasen oder Waldlichtungsfluren. **Ansitz:** Die Art nutzt viele verschiedene Ansitze, meist in niedriger Höhe, neben Totholzstrukturen (Stubben, Holzstapel etc.) auch großflächige Blätter von Laubgehölzen (Eichen, Haselnuss etc.).

Biologie: Die Larven leben in Totholz, wohl vor allem in Laubholz (Buche, Eiche, Ulme, Obstgehölz). Die Überwinterung erfolgt im Larvalstadium; so wurde im Kaiserstuhl am 28.02.2010 eine erwachsene Larve im morschen Holz eines Obstgehölzes gefunden, die anschließend im Keller eines Wohnhauses zum Schlupf am 17.04.2010 gebracht werden konnte (G. KEMUS). Im Freiland erscheint die Art jedoch erst deutlich später im Juni.

Ch. fimbriata ♂, Hessen, Kelsterbach, 14.08.2016

Choerades fuliginosa (Panzer, 1798) – Schlichte Mordfliege

Merkmale: Die mittelgroße Schlichte Mordfliege erinnert Beobachter aufgrund ihrer vergleichsweise langen, am ganzen Körper überwiegend dunkelgelben, auf dem Scutum abstehenden Behaarung und langen Fühler leicht an eine Wildbiene, z.B. der Gattung *Osmia*. Die Grundfarbe an Brust, Hinterleib und Beinen ist durchgehend schwarz. An den Schultern und den oberen Pleuren fehlt die für die *Ch. marginata*-Gruppe und für *Ch. fimbriata* typische graue Bestäubung. Der Scapus ist wie bei *Ch. femorata* mehr als dreimal so lang wie der Pedicellus. Der Stechrüssel ist wie bei *Ch. fimbriata* vergleichsweise lang. Das männliche Genital weist keine besonderen Auswüchse oder Borsten auf (= schlicht!), aber die Spitzen der oberen Haltezangen sind nicht schwarz, sondern gelbbraun. Alle anderen heimischen *Choerades*-Arten haben vollständig schwarze Genitalien. **Länge:** 10–15 mm.

Flugzeit: A Juni–M August (Flugzeit in D nur unzureichend bekannt).

Gesamtverbreitung: A, AL, ARM, B, BG, CH, CZ, D, E, F, GR, H, PL, R, RUS (bis O-Sibirien), S, SF, SK, TR, YU.

Verbreitung in Deutschland: Sehr selten. Die Art ist in Süddeutschland von der planaren bis in die montane Höhenstufe zerstreut verbreitet (in der Schweiz auch in hochmontanen Bereichen). Im Nordwestdeutschen und Nordostdeutschen Tiefland bisher nicht belegt.

Lebensraum: Die Lebensraumansprüche dieser Art sind in D bisher kaum untersucht. Wie viele andere Laphriinen bewohnt sie Kahlschläge, Lichtungs- und Randsituationen in Wäldern sowie lichte Waldpartien. Im Oberrheingraben wurde sie z.B. an Waldrändern von trockenwarmen Kiefern-Buchen-Mischwäldern auf Sand (Doczkal), in der Schweiz von M. Gebel mehrfach auf gebüschreichen Trockenrasen mit angrenzendem Föhrenwald gefunden. **Ansitz:** Aus D liegen zum Ansitz keine dokumentierten Informationen vor; in der Schweiz wurde sie von M. Gebel unter anderem kopfüber auf den Spitzen verdörrter Zweige sowie waagerecht ansitzend auf Blättern an Gebüschrändern beobachtet.

Biologie: Larven- oder Puppenfunde sind von dieser Art bisher nicht bekannt. Wie bei anderen *Choerades*-Arten kann von einer prädatorischen Lebensweise in Totholz ausgegangen werden. Hasbenli et al. (2008) beschreiben die (im Labor abgelegten) dunkelbraunen Eier mit einer Größe von ca. 0,46 mm Breite x 0,52 mm Länge.

Habitat, Schweiz, Termen, 03.07.2016

Ch. fuliginosa ♂, Schweiz, Wallis, 06.07.2016

Choerades gilva (Linnaeus, 1758) – Karminrote Mordfliege

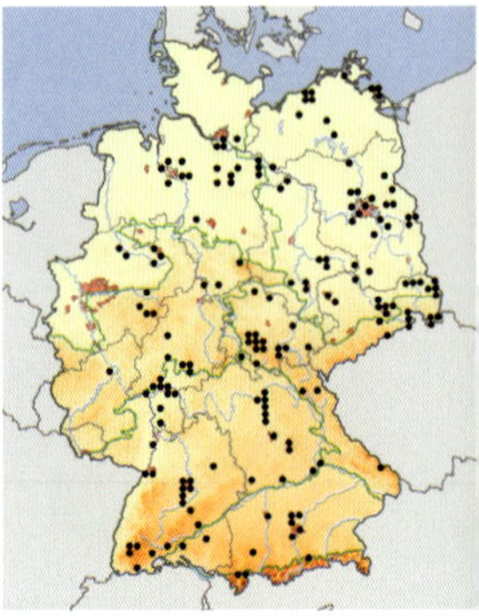

Merkmale: Diese große Mordfliege ist eine der beiden heimischen *Choerades*-Arten mit überwiegend rot gefärbten Hinterleibstergiten. Sie unterscheidet sich von der sehr ähnlichen *Ch. ignea* durch überwiegend schwarze Behaarung/Beborstung des Scutums, des Schildchens und des Knebelbarts (bei *ignea* überwiegend hell/weiß behaart). Die Rotfärbung des Hinterleibs in der Regel kräftiger als bei der Schwesterart. Ein gutes Unterscheidungsmerkmal, das auf Fotos leider nicht zu erkennen ist, findet sich auf dem ersten Hinterleibssternit, das wie die folgenden Sternite unbestäubt ist. Die Genitalien der beiden Arten sind äußerlich nicht zu unterscheiden (vgl. Foto von *Ch. ignea*). Verwechslungsgefahr besteht auch mit *A. albibarbe* (vgl. auch *D. diadema* ♀). **Länge:** 15–20 mm.

Flugzeit: M Mai–M Oktober (A November).

Gesamtverbreitung: A, BG, CH, CZ, D, DK, F, GB, H, I, IR, MGL, N, NL, PL, R, RUS (bis zum fernen Osten), S, SF, SK; auch in der nearktischen Region (Kanada, USA).

Verbreitung in Deutschland: Selten. In D grundsätzlich von der planaren bis in die montane Höhenstufe weit verbreitet. Entlang der Nordseeküste scheint sie jedoch zu fehlen. Die weite Verbreitung täuscht darüber hinweg, dass die Art anscheinend einen deutlichen Bestandsrückgang hinnehmen musste, ohne dass dafür bisher eine plausible Erklärung vorliegt.

Lebensraum: Die Art zeigt (im Tiefland) eine Präferenz für lichte Kiefernwälder, ohne dass eine unmittelbare Bindung an Kiefern oder bestimmte Bodentypen besteht. Die Fundorte sprechen jedoch dafür, dass die Art zumindest im Nordwesten ihres Areals besonders Kiefernwälder auf trockenwarmen Standorten nutzt. In den Mittelgebirgen findet sie sich auch in Fichtenwäldern. Innerhalb dieser Wälder bewohnt sie vor allem Randbereiche (z.B. an Waldwegen), Kahl- und Schirmschläge und Lichtungen. In dichteren Beständen werden ihre Ansprüche in der Regel nicht erfüllt. **Ansitz:** Als Ansitz werden die unteren von der Sonne beschienenen Stammpartien von Bäumen klar bevorzugt, wo die Art in der Regel kopfüber ansitzt. Durch Markierung wurde nachgewiesen, dass sie dabei für mehrere Tage (bis zu 14) recht standorttreu sein kann (Wichmann 1956). Einzelne Ansitzbeobachtungen liegen von anderen Strukturen, z.B. großen hellen Steinen, vor.

Biologie: Die Larvalentwicklung verläuft in Totholz, z.B. unter der Rinde oberflächlicher Wurzeln oder bodennaher Teile von Stubben bzw. in den dort von Käferlarven angelegten Galerien. *Ch. gilva*-Larven ernähren sich dort von anderen Insektenlarven Sie wurden in Kiefern und Fichten, selten auch in Lärchen gefunden, wo sie unter anderem den Larven und Puppen der Käfer *Hylobius abietis*, *Tetropium castaneum*, *T. fuscum* und *T. gabrieli* oder „deren“ Parasiten *Xorides irrigator*, *Atanycolus initiator* und *Helcon aequator* nachstellten. Gewöhnlich leben nur drei bis vier *gilva*-Larven in einem Stock T. Kästner fand am 29.6.2013 frisch geschlüpfte Tiere und deren Puppenhüllen an stehendem Totholz in 1–2 Meter Höhe (Kiefer, Stammdurchmesser ca. 20 cm).

Ch. gilva ♀, Bayern, Harrlach, 17.07.2016

Choerades ignea (Meigen, 1820) – Zinnober-Mordfliege

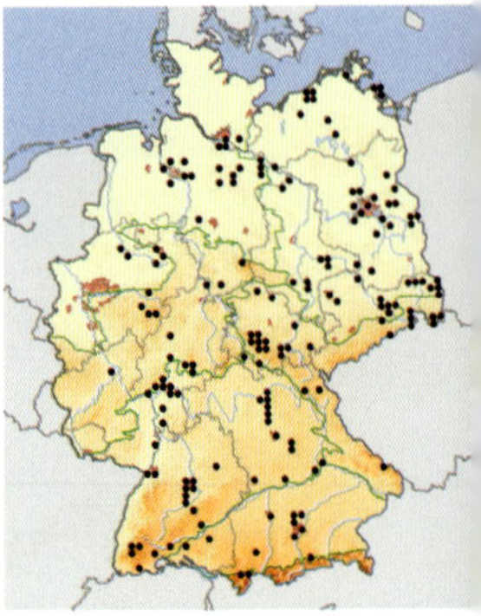

Merkmale: Die große Zinnober-Mordfliege ist im Schnitt noch etwas größer als ihre Schwesterart. Schildchen, vorderes Scutum und Knebelbart sind jedoch überwiegend hell behaart. Das erste Hinterleibssternit ist bestäubt (auf Fotos nicht zu erkennen), während die übrigen Sternite des Abdomens unbestäubt sind. Männliches Genital mit charakteristischen langen, flachen Auswüchsen. Verwechslungsgefahr besteht auch mit *A. albibarbe* (vgl. auch *Dasypogon diadema* ♀). **Länge:** 18–22 mm.

Flugzeit: M Juni–M Oktober.

Gesamtverbreitung: A, CZ, D, E, F, H, I, NL, PL, R, S, SF, SK, RUS (europäischer Teil, W-Sibirien).

Verbreitung in Deutschland: Selten. In den Mittelgebirgen weitgehend fehlend; weitgehend auf die planare bis submontane Höhenstufe beschränkt. Schwerpunkte der Verbreitung sind das Nordostdeutsche Tiefland, das östliche Nordwestdeutsche Tiefland sowie in Süddeutschland das Oberrheintiefland und die fränkischen/oberpfälzischen Sandgebiete.

Lebensraum: Die Art weist eine stärkere Bindung an lichte Kiefernwälder auf als *Ch. gilva*; in den submontanen bis montanen Fichtenwäldern fehlt sie. Sie kann als Kennart der FFH-Lebensraumtypen 91T0 „Mitteleuropäische Flechten-Kiefernwälder“ und 91U0 „Kiefernwälder der sarmatischen Steppe“ gelten. Die Jagdreviere konzentrieren sich hierbei ebenfalls auf Waldrand- und Lichtungssituationen mit höheren Strahlungsgenuss (z.B. Waldwege, Kahlschlagränder, Kontaktzonen zu trockenwarmen Offenland-Biotopen). *Ch. ignea* und *Ch. gilva* können zusammen im selben Gebiet vorkommen. Untersuchungen darüber, wie sich die ökologischen Nischen der beiden Arten voneinander unterscheiden, wären lohnend. **Ansitz:** Bevorzugt vertikal mit dem Kopf nach unten ausgerichtet die unteren, von der Sonne beschienenen Stammpartien, meist von Kiefern.

Biologie: D. Wolff konnte am 24.9.1995 die Paarbildung beobachten: Ein einzeln sitzendes ♂ folgte einem vorbeifliegenden ♀, kopulierte mit diesem in sehr kurzer Zeit noch im Flug und landete mit ihm wieder auf demselben Baumstamm. Die Larven entwickeln sich in Kiefern (wohl vor allem in *Pinus sylvestris*). Er fand außerdem am 31.7.2002 ein frisch geschlüpftes ♀ auf der Rinde eines Kiefernstubbens. Die Puppenexuvie fand sich bodennah unter vergleichsweise lose anheftender Rinde des Stubbens, sodass das Exemplar sich mindestens ca. 15–20 cm unter der Rinde nach außen hervorgearbeitet haben muss. F. Geller-Grimm konnte wiederholt beobachten, wie Tiere beiderlei Geschlechts in einem „Spiralflug“ um die Stämme flogen und so z.B. die am Stamm sitzenden *Phaenops cyanea* (Coleoptera: Buprestidae) aufscheuchten. Er wertet dies als spezialisiertes Jagdverhalten. Die Beute weist einen überdurchschnittlich hohen Anteil totholzbewohnender Käfer auf.

Ch. ignea ♂, Hessen, Rüsselsheim, 12.07.2016

Choerades marginata (Linnaeus, 1758) – Gemeine Mordfliege

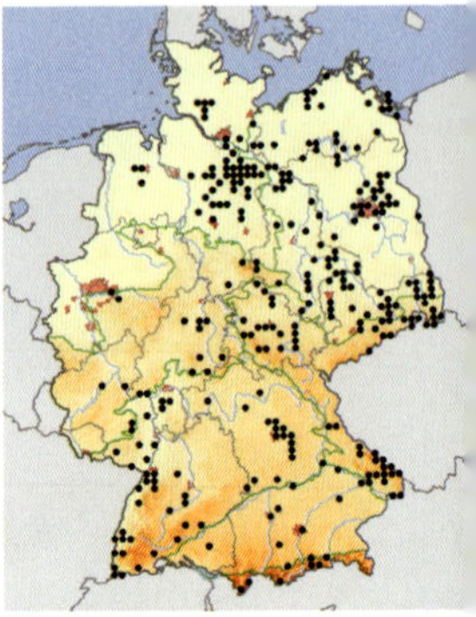

Merkmale: Die mittelgroße Gemeine Mordfliege ist die namensgebende Art der *Ch. marginata*-Gruppe. Merkmale der Gruppe sind die vollständig schwarze Grundfarbe auch auf dem Abdomen und den Beinen, die aschgraue Bestäubung auf den Schultern und Pleuren, insbesondere Anepisternum, und die hell und schwarz gemischte Behaarung auf dem Anepisternum, die von ähnlicher Dichte ist wie auf dem angrenzenden Scutum; Länge des Stechrüssels etwas kürzer als die Kopfhöhe, am Ende nicht aufgebogen. Von *Ch. femorata* unterschieden durch den kurzen Scapus (< 3-mal so lang wie Pedicellus), durch die meist goldgelbe Färbung der anliegenden (!) Gesichtsbehaarung unter den Fühlern. Die männlichen Genitalien unterscheiden sich äußerlich nicht von der Schwesterart. Beim ♂ sind die seitliche Haarbinden auf den Hinterleibstergiten meist heller (weißer) als bei *Ch. femorata*. Ver wechslungsgefahr auch mit *Ch. fimbriata*. **Länge:** 10–15 mm.

Flugzeit: M Mai–E September.

Gesamtverbreitung: A, AL, B, CH, CZ, D, DK, F, GB, H, I, IR, N, NL, PL, R, RUS, S, SI SK, YU.

Verbreitung in Deutschland: Häufig. Die vergleichsweise häufige Art ist in ganz von der planaren bis mindestens in die hochmontane Höhenstufe weit verbreitet. Di Lücken in der Nachweiskarte sind wohl vor allem auf Untersuchungsdefizite zurückzu führen. Nur in den waldarmen Marschregionen an der Nordsee dürfte sie von Natu aus eher selten sein, ohne dort jedoch ganz zu fehlen.

Lebensraum: Abgesehen von der Tatsache, dass die Gemeine Mordfliege als im La valstadium holzbewohnende Art an gehölzgeprägte Biotope gebunden ist, zeugt di vorliegende Literatur von einer weiten ökologischen Potenz. Die Art besiedelt di unterschiedlichsten Typen von Laub-, Misch- und Nadelwäldern sowie Kleingehölzer Der Standort spielt nur eine untergeordnete Rolle; die Spanne reicht von feuchte oder schattigen Waldtypen wie Bruch- und Auwäldern oder Buchenwäldern bis z trockenwarmen Kiefernforsten. Die Art dringt auch weit in die offene Landschaft vo sofern zumindest Einzelbäume, Baumreihen oder Hecken mit Totholz eine erfolgreich Larvalentwicklung ermöglichen. **Ansitz:** Flexibler als z.B. bei *Ch. gilva* oder *Ch. igne* an Baumstümpfen und -stämmen, Holzstapeln, auf Blättern von Sträuchern und Kräu tern; keine eindeutige Bevorzugung vertikaler oder horizontaler Strukturen.

Biologie: Eiablage und Larvalentwicklung entsprechend der geringen Habitatbindun an bzw. in mit Käferlarven (nach Beobachtungen von T. Kästner in Sachsen z.B. vo *Leptura rubra*) besetzten Totholzpartien verschiedener Gehölzarten: Fichte, Kiefe Eiche. Drees (2008) zog ein ♂ aus Buchenästen (*Fagus sylvatica*), die am 27.5.20C von einem vom Sturm gebrochenen, randständigen Altbaum abgesägt worden ware (Schlupf am 27.4.2007).

Ch. marginata ♂, Hessen, Kelsterbach, 13.06.2016

Ch. marginata ♀, Hessen, Stockstadt, 21.06.2011

Choerades rufipes (Fallén, 1814) – Rotbeinige Mordfliege

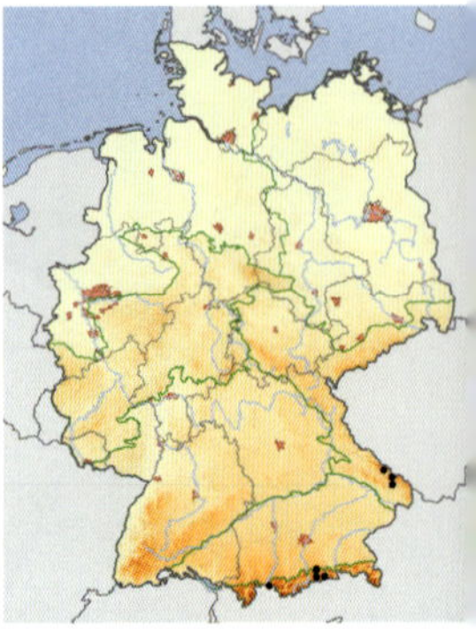

Merkmale: Die mittelgroße Art ist unter den heimischen Laphriinen sofort an den überwiegend (Schenkel, Schienen und Basalglied der Tarsen) leuchtend rot gezeichneten Beinen erkennbar. Die drei bis vier letzten Tarsalglieder sind hingegen schwarz. Schwarz ist auch die Grundfarbe des übrigen Körpers, der überwiegend locker anliegend behaart ist. In Skandinavien kommt die ähnliche *Ch. lapponica* vor, bei der allerdings die ersten zwei Beinpaare überwiegend schwarz gefärbt sind und nur helle (rote) Schienenbasen aufweisen. Lediglich das dritte Beinpaar hat bei *Ch. lapponica* rote Schenkel und (mit Ausnahme der schwarzen Spitze) Schienen. **Länge:** 12–15 mm.

Flugzeit: M Juli–E August (Flugzeit in D nur unzureichend bekannt).

Gesamtverbreitung: A, CH, CZ, D, F, I, R, S, SK. Im Gesamtgebiet allerdings nur bore montan verbreitet, d.h. in großen Teilen der genannten Staaten fehlend.

Verbreitung in Deutschland: Sehr selten. *Ch. rufipes* kommt – soweit bisher bekannt – in D nur in den Alpen und im Bayrischen Wald (Nationalpark) vor. Die Fund liegen in der montanen und hochmontanen Höhenstufe. Eine gezielte Nachsuche i Schwarzwald wäre wünschenswert.

Lebensraum: In der bevorzugt besiedelten Höhenstufe ist die Art ein Bewohner vo montanen/hochmontanen Fichten- (und Tannen-)Wäldern. Hier gilt sie als Kenna des FFH-Lebensraumtyps 9410 „Montane bis alpine bodensaure Fichtenwälder". Ve mutlich besiedelt sie auch andere hochmontane oder subalpine Nadelwälder (z.B. Lä chenwälder). Wie andere Laphriinen scheint sie dabei Rand- und Übergangsbereich zu angrenzenden halboffenen und offenen Biotopen zu bevorzugen (Windwurffläche Moore, Trockenrasen/Grünland). In der Schweiz auch in der subalpinen Stufe. **Ansit** Aus D liegen keine Informationen zum Ansitz vor, in der Schweiz konnte M. Gebel s in unterschiedlicher Haltung (sowohl senkrecht als auch horizontal) auf Totholzstru turen ansitzend beobachten, im nebenstehenden Habitatfoto z.B. auf dem stehende abgestorbenen (Lärchen-?)Stamm am Waldrand links.

Biologie: Larven- oder Puppenfunde sind von dieser Art bisher nicht bekannt. Wie b anderen *Choerades*-Arten kann jedoch auch bei *Ch. rufipes* von einer prädatorische Lebensweise in Totholz ausgegangen werden.

Ch. rufipes ♀, Schweiz, Wallis, 05.07.2016

Habitat, Schweiz, Wallis, 1950 m, sitzend auf Stamm links

Laphria ephippium (Fabricius, 1781) – Sattel-Mordfliege

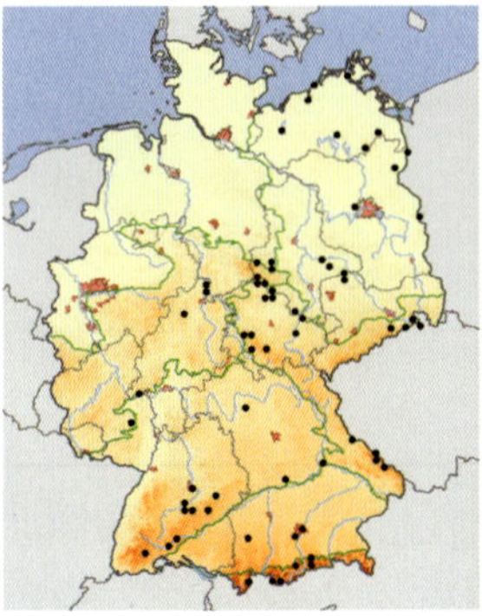

Merkmale: Die *Laphria*-Arten weisen im männlichen Geschlecht einen (auf Fotos in der Regel nicht erkennbaren) Dorn an der Spitze der Hintertibien auf, der *Choerades* fehlt. Die typische helle, unter den Fühlern flach anliegende Gesichtsbehaarung der meisten *Choerades*-Arten fehlt *Laphria* ebenfalls. Durch die lange, teilweise bindenartige Behaarung und die oft gebogene Haltung des Hinterleibs erinnern die heimischen Laphrien den Laien oft an Hummeln. Die große Sattel-Mordfliege hat eine relativ konstante Färbung der Behaarung, die mit Ausnahme einer gelben, langhaarigen Binde (= „Sattel") auf dem hinteren Scutum und dem Schildchen ansonsten vollständig schwarz bzw. dunkelbraun ist. Eine Verwechslung ist am ehesten mit *L. flava* möglich, die teilweise auch in größerem Umfang am vorderen Thorax und den Beinen schwarz behaart, aber am Hinterleib in der Regel überwiegend hell behaart ist. Die oberen Haltezangen sind an der hinteren oberen Ecke weniger stark ausgezogen als bei *L. flava*. **Länge:** 16–25 mm.

Flugzeit: M Mai–E August.

Gesamtverbreitung: A, AL, B, BG, CH, CZ, D, DK, F, FL, H, I, PL, R, RUS, S, SK, YU.

Verbreitung in Deutschland: Selten. Die Sattel-Mordfliege ist von der planaren bis zur subalpinen Höhenstufe zerstreut verbreitet. Nachweise aus dem Nordwestdeutschen Tiefland fehlen bisher, ein Vorkommen in alten Buchenwäldern aus dem Osten dieser Großlandschaft ist jedoch möglich. Die aktuell bekannte nordwestliche Verbreitungsgrenze verläuft vom Taunus über das Weser-Leinebergland und den Harz bis ins westmecklenburgische Küstengebiet.

Lebensraum: Eine ausgeprägte Präferenz für alte Buchenwälder ist unverkennbar. Sie gilt als Kennart der FFH-Lebensraumtypen 9110 „Hainsimsen-Buchenwälder" und 9130 „Waldmeister-Buchenwälder". Die Rotbuche (*Fagus sylvatica*) ist im Tiefland auf trockenwarmen Standorten maßgeblich auch mit Eichen (*Quercus* sp.), in hochmontaner Lage mit Tannen (*Abies alba*) vergesellschaftet. So sind möglicherweise einzelne Lebensraumangaben aus Eichen- bzw. Tannenwäldern zu verstehen. In den grundsätzlich eher schattigen Buchenwäldern werden bevorzugt Lichtungs- und Waldrandsituationen besiedelt. Der Zusammenbruch von ein oder zwei großen alten Buchen schafft dabei schon ausreichend große lichte Stellen. Ein typisches *L. ephippium*-Habitat zeigt das Foto auf Seite 100. **Ansitz:** Der Ansitz wird bevorzugt an eher stärkeren Totholzstrukturen von Buchen (Stämme, starke Äste, Stubben, Klafter etc.) oder anderen Baumarten (z.B. Bergahorn) gewählt, wo die Exemplare sich mehrheitlich horizontal ausrichten. Helle, von der Sonne beschienene Rindenpartien oder frei liegendes Kernholz scheinen dabei besonders attraktiv.

Biologie: Larven wurden bisher vor allem in Rotbuchen gefunden; Krivosheina & Mamaev (1975) berichten auch von Funden in Flatter-Ulme (*Ulmus laevis*) und Wald-Kiefer (*Pinus sylvestris*). Eiablage auch an Esche (*Fraxinus*).

L. ephippium ♂, Kyffhäuser, 19.06.2016

Laphria flava (Linnaeus, 1758) – Gelbe Mordfliege

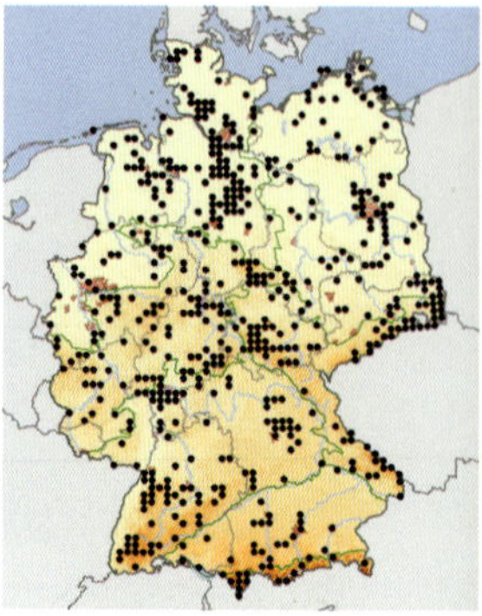

Merkmale: Die große Gelbe Mordfliege erinnert aufgrund ihrer langen Behaarung viele Beobachter an Hummeln, z.B. an die häufige und weit verbreitete Acker-Hummel *Bombus pascuorum*. Kennzeichnend sind eine fast immer hell und lang behaarte Binde auf dem hinteren Scutum und eine gleichzeitig überwiegend helle Behaarung auf den übrigen Körperteilen, die in unterschiedlichem Ausmaß jedoch mit schwarzen Haaren durchsetzt sein können. Verwechslung ist möglich mit *L. ephippium* (Hinterleib dunkel behaart) und mit der deutlich kleineren *Ch. fuliginosa*. Von manchen Autoren wird *L. vulpina* als eigenständige Art betrachtet, so z.B. von Weinberg & Bächli (1995). Der Unterschied in der Farbe der Behaarung (*L. vulpina* weitgehend ohne schwarze Behaarung) rechtfertigt allein keine Trennung von der in dieser Hinsicht sehr variablen *L. flava*. **Länge:** 12–24 mm.

Flugzeit: (E April) A Mai–M September.

Gesamtverbreitung: A, AL, B, BG, CH, CZ, D, DK, DZ, E, F, GB, GR, H, I, IND, IR, MGL, N, NL, PL, R, RUS (bis zum fernen Osten), S, SF, SK, TR, YU.

Verbreitung in Deutschland: Häufig. *L. flava* weist in D keine Verbreitungsgrenze auf, auch wenn sie in waldarmen Regionen seltener ist als in waldreicheren Landstrichen. Funde in D stammen aus der planaren bis zur hochmontanen Höhenstufe.

Lebensraum: Die häufige Gelbe Mordfliege ist hinsichtlich ihres Lebensraums vergleichsweise anspruchslos und besiedelt unterschiedliche Typen von Laub-, Misch- und Nadelwäldern, wo ihre Jagdreviere bevorzugt an Waldrändern, auf Kahl- und Schirmschlägen, Lichtungen etc. liegen. Auch in eher naturferneren Kiefern- und Fichtenforsten ist sie regelmäßig anzutreffen. Sie bewohnt in der Regel etwas größere Wälder, kommt teilweise auch in kleineren Waldbeständen vor, nutzt aber, im Gegensatz z.B. zur häufigen *Ch. marginata*, Hecken, Feldgehölze oder andere sehr kleinflächige oder lineare Gehölzstrukturen weniger und dringt somit nicht so weit in die offene Landschaft vor. **Ansitz:** Auf unterschiedlichen Totholzstrukturen, wie Baumstümpfen, Holzklaftern, liegenden Baumstämmen etc., meist horizontal ansitzend, in Ermangelung geeigneter Ansitzplätze aber mitunter auch an senkrechten Holzstrukturen wie noch stehenden Baumstämmen.

Biologie: Entsprechend der geringen Bindung an bestimmte Waldtypen sind die Larven und Puppen in Totholz diverser Bäume gefunden worden: vor allem Wald-Kiefer (*Pinus sylvestris*) und Fichte (*Picea abies*), aber auch Birke (*Betula*) und Buche (*Fagus*). Die Eiablage erfolgt in Bohrlöchern von Käferlarven oder in Spalten zwischen der Rinde und dem Stammholz. Die Larvalentwicklung dauert – je nach Klima – in der Regel 2–3 Jahre. Die Larven ernähren sich von den Larven/Puppen anderer totholzbewohnender Insekten, z.B. von Bockkäferlarven. Exuvien geschlüpfter Exemplare stecken mitunter in den Bohrlöchern von Käfern.

L. flava ♂, Nordrhein-Westfalen, Diersfordt, 11.06.2010

Habitat, Hessen, Langener Wald, Juli 2016

Laphria gibbosa (Linnaeus, 1758) – Große Mordfliege

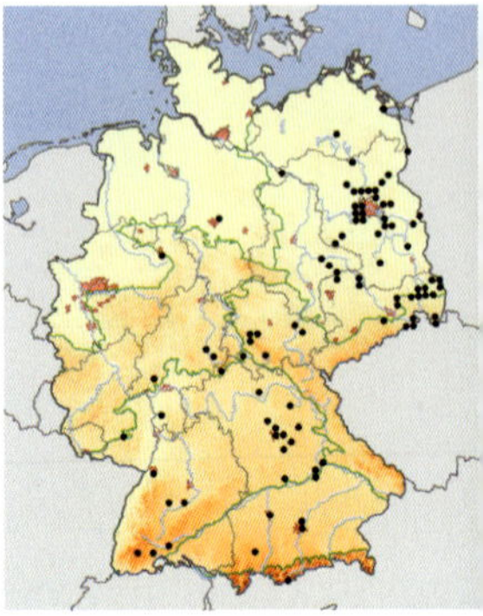

Merkmale: Die auffällige Große Mordfliege ist im Grunde unverwechselbar. Auf vollständig schwarzer Grundfarbe weist sie eine charakteristische überwiegend helle Behaarung auf. Ab dem fünften Hinterleibstergit liegt die weiße oder cremefarbene Behaarung so dicht an, dass die Grundfarbe vollständig überdeckt wird. Damit weist sie gewisse Ähnlichkeiten mit einigen Hummelarten auf, z.B. mit den Erdhummel-Arten *Bombus cryptarum*, *B. lucorum*, *B. terrestris*, der Gartenhummel *B. hortorum* oder der Erdbauhummel *B. subterraneus*, insbesondere mit älteren ausgeblichenen Hummelexemplaren, allerdings fehlen ihr die deutlicher gelb ausgeprägten Binden auf dem Scutum und dem vorderen Hinterleib. **Länge:** 14–26 mm.

Flugzeit: E Mai–E August.

Gesamtverbreitung: A, B, CH, CZ, I, D, E, F, GB, I, N, PL, R, RUS (bis O-Sibirien), S, SF, SK, TR, YU.

Verbreitung in Deutschland: Sehr selten. Die Art hat ihren aktuellen Verbreitungsschwerpunkt im Nordostdeutschen Tiefland und in den fränkischen und oberpfälzischen Sandgebieten, war aber früher insbesondere entlang großer Flüsse in ganz Süddeutschland zerstreut verbreitet. Aus dem Nordwestdeutschen Tiefland gibt es nur einen alten Fundort bei Groß Burgwedel sowie aus der Umgebung von Oerlinghausen. Nachweise aus den Alpen sind bisher nicht bekannt. Überwiegend in der planaren bis submontanen Höhenstufe, vereinzelt auch im montanen Bereich.

Lebensraum: *L. gibbosa* ist ein Bewohner lichter und halboffener trockenwarmer Wälder, insbesondere Kiefernwälder. Sie wird als Kennart der FFH-Lebensraumtypen 91T0 „Mitteleuropäische Flechten-Kiefernwälder" und 91U0 „Kiefernwälder der sarmatischen Steppe" eingestuft. Als Jagdrevier werden wie bei anderen Laphriinen ebenfalls Waldrand- und Lichtungssituationen mit höherem Strahlungsgenuss (z.B. Waldwege, Kahlschlagränder, Kontaktzonen zu trockenwarmen Offenland-Biotopen wie Trockenrasen) bevorzugt. Es scheint vorteilhaft zu sein, wenn die Krautschicht in den Kiefernwäldern aus Flechten, Moosen oder niedrigen Beersträuchern besteht. Dann liegt das Totholz frei, wird weniger von Pflanzen beschattet und weist dadurch günstigere mikroklimatische Bedingungen auf als in stärker bewachsenen Bereichen. **Ansitz:** Auf Stümpfen, Stämmen und anderen Totholzstrukturen.

Biologie: Eiablage in Bohrlöchern von totholzbewohnenden Käfern oder anderen Verletzungs- bzw. Schnittstellen der Rinde. Larvenfunde stammen aus Waldkiefer *Pinus sylvestris*, in Deutschland wohl die von der Art am häufigsten besiedelte Baumart. Krivosheina & Mamaev (1975) berichten von Funden in Mandschurischer Esche (*Fraxinus mandshurica*), die in ihrem natürlichen Verbreitungsgebiet Nordostasien allerdings eher auf frischen feuchten, nährstoffreichen Standorten wächst. T. Kästner stellte in Sachsen ein gemeinsames Auftreten mit dem Marianen-Prachtkäfer *Chalcophora mariana* fest, der größten heimischen Prachtkäferart, deren Larven sich ebenfalls in Kieferntotholz entwickeln.

. gibbosa ♂, Bayern, Harrlach, 27.07.2016

. gibbosa ♀, Bayern, Harrlach, 27.07.2016

Aneomochtherus flavicornis (Ruthé, 1831) – Gelbe Raubfliege

Merkmale: Die große, schlanke Art ist in D die einzige Vertreterin der Gattung *Aneomochtherus*. Typisch für die Neomochtherini sind der kleine, auf das untere Gesichtsdrittel begrenzte Gesichtshöcker und die nur hinter der Quernaht vorkommenden Dorsozentralen. Bei dieser Art sind Brust und Hinterleib (inkl. der Seitenränder) mit Ausnahme der Genitalien gelbgrau bestäubt. Die Beine sind vollständig gelb bzw. rotgelb gefärbt (ohne schwarze Streifen auf der Schenkelvorderseite wie bei *N. pallipes*), die Endglieder der Tarsen dunkler gebräunt. Fühler mit Ausnahme der dunkleren Arista rotgelb. Borsten des Knebelbarts, des Hinterkopfes, des Schildchens und des Hinterleibs weißlich gelb. Männliche Genitalien rotgelb, Epandrien bauchig, an der Spitze daumenförmig stark verschmälert, Ovipositor dunkel, schmal, 3-mal so lang wie hoch. **Länge:** 18–20 mm.

Flugzeit: M Juli–M September (Flugzeit der Art in D unzureichend bekannt).

Gesamtverbreitung: A, BG, CH, CN, CZ, D, F, H, I, R, SK.

Verbreitung in Deutschland: Sehr selten. Diese Art kommt in D aktuell nur noch im Oberrheintiefland von der Schweizer Grenze bis in die Umgebung von Karlsruhe vor. Ältere Nachweise stammen aus dem Rhein-Main-Tiefland, dem östlichen Sachsen (Meißen, Bautzen) und Bad Freienwalde (locus typicus!), die aber schon seit vielen Jahrzehnten nicht mehr bestätigt sind. Alle bekannten Fundorte liegen in der planaren bis submontanen Höhenstufe (< 400 m).

Lebensraum: Die wärmeliebende Gelbe Raubfliege ist ein Bewohner von Halbtrockenrasen (z.B. am Kaiserstuhl und am Dinkelberg bei Grenzach) und Sandtrockenrasen (im übrigen Oberrheintiefland), in der Regel im räumlichen Kontakt zu benachbarten trockenen Gebüschen und Wäldern. Sie gilt zwar als Kennart des FFH-Lebensraumtyps 6212 „Submediterrane Halbtrockenrasen“, jedoch scheint für die Thermoregulation in den heißen Mittagsstunden die Ausweichmöglichkeit in benachbarte Gehölzbestände von großer Bedeutung zu sein. **Ansitz:** Der Ansitz wechselt in Anhängigkeit von den jeweiligen Witterungsverhältnissen. Die Art wird sowohl an Gräsern und Kräutern als auch auf trockenen Zweigen, Sträuchern und Bäumen ansitzend beobachtet.

Biologie: Die Eiablage wurde an eingetrockneten Pflanzenteilen an der Spitze eines krautigen Stängels beobachtet (B. Emig).

. flavicornis ♀, Kaiserstuhl, 02.08.2015

Antipalus varipes (Meigen, 1820) – Goldafterfliege

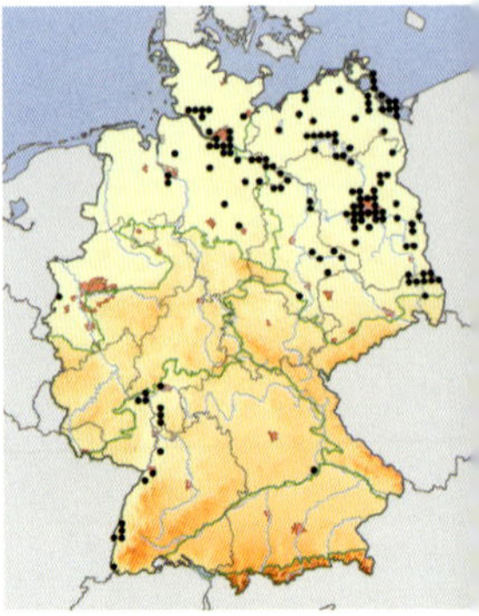

Merkmale: Während die große Goldafterfliege als ♀ in D meist sehr einfach am Ovipositor zu erkennen ist, sind die ♂ schwerer von ähnlichen Arten zu unterscheiden. Gesicht mit kräftigem Gesichtshöcker. Brust und Hinterleib mit Ausnahme der Genitalien vollständig aschgrau bestäubt, seitliche Hinterränder der Abdominaltergite mit Diskalborsten (*P. germanicus* hier ohne oder nur mit schwachen Borsten). Schenkel vollständig schwarz (*M. chrysitis* mit rotem Ring vor der Spitze), Vorderschenkel beim ♀ an der Unterseite mit Borsten, (beim ♂ in der Regel nicht!), Schienen überwiegend hell rötlich, an der Spitze jedoch schwarz (*M. chrysitis* ohne schwarze Spitze), Basalglied der Tarsen rotbraun, Endglieder vollständig schwarz. Flügel normal, keine auffällige Tönung/Färbung wie bei *P. germanicus*. Ovipositor kolbenartig dick, kurz und schwarz, mit auffälliger lange und dichter goldgelber Behaarung, die die Sandkammer umschließt. **Länge:** 20–21 mm

Flugzeit: (E Mai) M Juni–A September.

Gesamtverbreitung: A, AL, B, CH, CZ, D, DK, E, F, GB, H, I, NL, PL, R, RUS (europäischer Teil), SK, YU.

Verbreitung in Deutschland: Mäßig häufig. Die Verbreitung in D entspricht dem Typ einer klassischen Sandart. Die Art ist im Norddeutschen Tiefland weit verbreitet, besitzt aber bisher westlich der Weser nur wenige Vorkommen. In Süddeutschland selten regelmäßige Vorkommen nur im sandreichen Oberrheintiefland. Ein älterer Nachweis bei Kelheim (Donautal?). Eine der wenigen Arten, die weitgehend auf die planare und kolline Höhenstufe beschränkt ist und im submontanen Bereich nur ausnahmsweise vorkommt. Dieses hat vermutlich eher bodenkundliche als klimatische Gründe.

Lebensraum: Die Art besiedelt sowohl offene und halboffene, meist strukturreiche Silbergras- und ausdauernde Sandtrockenrasen, Ackerbrachen auf Sandboden und Heiden auf sandigen Böden (*Calluna*-Heiden) als auch lichte Kiefern- und Eichen-Birkenwälder auf trockenen Sandböden, sofern diese ausreichend große wärmebegünstigte Bestandslücken oder Lichtungen mit offenen Sandflächen oder zumindest sehr schütterem Bewuchs aufweisen. Die Goldafterfliege gilt als Kennart der FFH-Lebensraumtypen 2330 „Offene Grasflächen mit Silbergras und Straußgras auf Binnendünen" und 6120 „Subkontinentale basenreiche Sandrasen". **Ansitz:** Die Fliegen wählen ihren Ansitz sowohl in der grasigen/krautigen Vegetation als auch auf Blättern und Zweigen randlich stehender Büsche und Bäume (teilweise bis in die Kronen, nach KÄSTNER (schriftl. Mitt.) in einem Lufteklektor in einer Alteiche nachgewiesen).

Biologie: Die besondere Form der Eiablage wurde schon im allgemeinen Teil dargestellt. Die ♀ nehmen durch Einstechen des Ovipositors in den Boden Sand in ihre besondere Sandkammer auf. Während der Eiablage werden die Eier mit Körnern aus diesem Sandvorrat beklebt und oberirdisch in Reihe an trockene Stängel und Halme, bodennahe Zweige etc. angeheftet. Nach MUSSO (1981) dauert die Eientwicklung (im Labor bei 25°C) 7–8 Tage. ♀ werden deutlich häufiger beobachtet als ♂.

. *varipes* ♀, Hessen, Eberstadt, 24.07.2015

Asilus crabroniformis Linnaeus, 1758 – Hornissen-Raubfliege

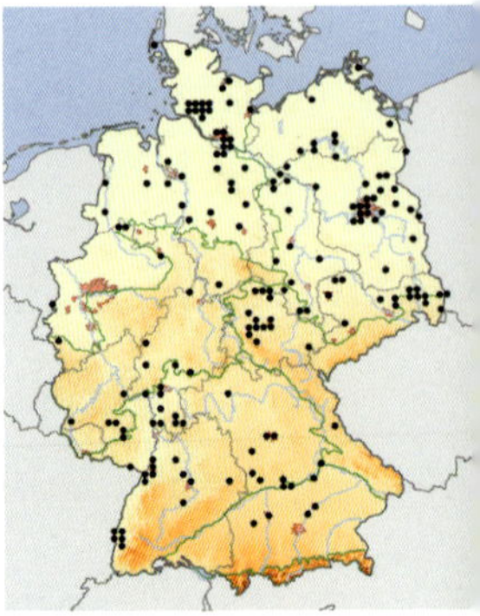

Merkmale: Die sehr große Hornissen-Raubfliege ist innerhalb der heimischen Asiliden unverwechselbar. Der Thorax ist überwiegend rotbraun bis graubraun gefärbt bzw. bestäubt. Die drei ersten Hinterleibstergite sind dunkelbraun bis schwarz gefärbt, während ab dem 4. Tergit das Abdomen goldgelb ist, männliche Genitalien und weiblicher Ovipositor rotgelb. Die Beine sind rotbraun (Schenkel) bzw. rotgelb (Schienen, Tarsen), die beiden Basalglieder der Fühler ebenfalls rotgelb, drittes Fühlerglied und Arista schwarz. Die Ähnlichkeit mit der Hornisse wurde von vielen Autoren hervorgehoben und ist auch in der Namensgebung sowohl des wissenschaftlichen Namens als auch des Trivialnamens dokumentiert. **Länge:** 20–25 mm.

Flugzeit: (A Juni) A Juli–A Oktober (E Oktober).

Gesamtverbreitung: A, B, BG, CH, CZ, D, DK, DZ, E, F, GB, H, I, IR, MA, N, NL, PL, R RUS (europäischer Teil), S, SF, SK, YU.

Verbreitung in Deutschland: Selten. Die Art ist mit Ausnahme der Alpen in allen naturräumlichen Großlandschaften weit verbreitet, aber in vielen Regionen selten geworden. Schwerpunktmäßig werden die planare bis submontane Höhenstufe besiedelt, bei geeigneten Bedingungen auch die untere montane Stufe.

Lebensraum: Es ist eine klare Präferenz für trockene Heiden, Magerrasen, magere Viehweiden und andere offene, spärlich bewachsene Lebensräume auf meist sandigen, trockenen Böden erkennbar, die in der Regel beweidet werden. Sie ist Kennart für den FFH-Lebensraumtyp 6230 „Artenreiche Borstgrasrasen". Eine enge Bindung an bestimmte Weidetierarten (vgl. Stubbs & Drake 2001: Rinder) ist bisher nicht belegt und eher unwahrscheinlich. Nachweise stammen häufig auch von Flächen, die mit Pferden oder Schafen/Ziegen beweidet wurden. Grundsätzlich erscheinen auch Flächen mit größeren Kaninchenvorkommen geeignet, sofern eine ausreichend hohe Koprophagen-Dichte erreicht wird. **Ansitz:** Die Jagd erfolgt meist von bodennahen Strukturen aus, wie z.B. Maulwurfshügeln, Dung, liegenden Ästen, Steinen oder niedrigen Kräutern/Gräsern. Nach Holloway et al. (2003) wird 2–3 Tage alter, bereits trockener Dung bevorzugt.

Biologie: Stärker als andere Asiliden macht *Asilus* auch Jagd auf Beutetiere, die sich laufend oder hüpfend auf dem Boden fortbewegen. Dazu gehören z.B. Heuschrecken. Eiablage an oder im Umfeld von Dung bodennah meist an der Unterseite trockener Strukturen, eingetrocknetem Dung oder direkt in den lockeren Boden. Die Larven leben im Boden von koprophagen Insektenlarven, besonders aus der Gruppe der Blatthornkäfer (z.B. Mistkäfer). Die Larvalentwicklung dauert vermutlich 2–3 Jahre. Weidetiere werden heutzutage oft prophylaktisch mit Arzneimitteln mit langer Wirkdauer gegen Parasiten behandelt. Wenn die Wirksubstanzen im Kot noch nicht abgebaut sind, kann dies die Dungfauna als Nahrungsgrundlage von *A. crabroniformis* erheblich beeinträchtigen und so eine mögliche Gefährdungsursache darstellen.

A. *crabroniformis* ♂, Holland, Tilburg, 27.07.2016

Didysmachus picipes (Meigen, 1820) – Berg-Raubfliege

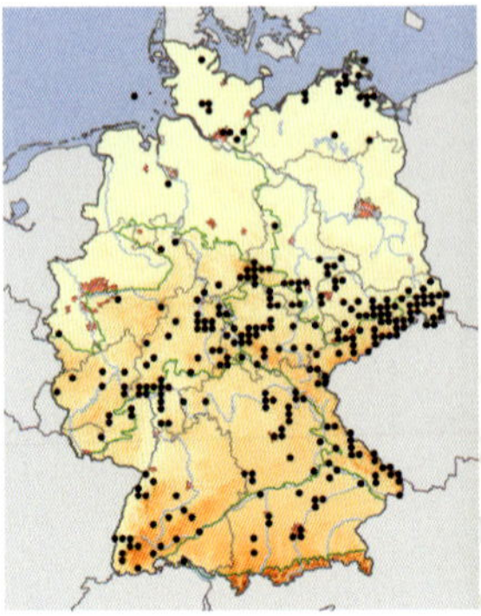

Merkmale: *Didysmachus* und *Dysmachus* sind durch folgende Merkmale gekennzeichnet: starker Gesichtshöcker, Dorsozentralen reichen bis zum Vorderrand des Scutums oder (bei *D. picipes*) zumindest deutlich über die Quernaht, Cerci beim ♀ in letztes Tergit eingesenkt (vgl. auch *Eutolmus*). Beine bei *D. picipes* vollständig schwarz, Vorderschenkel auf der Unterseite nur mit langen, borstenartigen Haaren (bei *D. fuscipennis* mit Stachelborsten), Epandrien des ♂ ohne Einkerbung, an der Spitze lang fingerförmig ausgezogen (andere Arten mit Einkerbung oder bei *D. trigonus* breit abgerundet), Ovipositor an der Unterseite basal mit langen Haaren, Ovipositor-Oberkante in Seitenansicht konvex (bei *D. trigonus* konkav). **Länge:** 14–18 mm.

Flugzeit: (A Mai) M Mai–A August (M September).

Gesamtverbreitung: A, AL, ARM, AZ, B, BG, CH, CZ, D, DK, F, H, I, KZ, N, NL, PL, R, RUS (europäischer Teil bis W-Sibirien) S, SF, SK, TR, YU.

Verbreitung in Deutschland: Häufig. In D weit verbreitet mit deutlich erkennbarem boreomontanen Verbreitungsmuster. In den Mittelgebirgen stellenweise häufig, und auch in den nördlichen Teilen des Norddeutschen Tieflands (Schleswig-Holstein, Vorpommern) regelmäßig vorkommend, fehlt sie offenbar von Natur aus in großen Teilen des Tieflands (z.B. in der Lüneburger Heide, Brandenburg). Das Fehlen von Nachweisen aus den deutschen Alpen dürfte hingegen auf eine geringe Erfassungstätigkeit zurückzuführen sein. Von der planaren bis zur hochmontanen Höhenstufe nachgewiesen, mit einem Schwerpunkt im submontanen Bereich.

Lebensraum: Die Berg-Raubfliege ist hinsichtlich ihres Lebensraums relativ flexibel. Sie ist in offenen bis halboffenen, meist extensiven Grünlandtypen unterschiedlicher Feuchtegrade oft eine der vorherrschenden Asilidenarten. Das Spektrum reicht dabei von Feuchtgrünland über Glatthaferwiesen bis hin zu Halbtrockenrasen. Für den FFH-Lebensraumtyp 6520 „Berg-Mähwiesen“ gilt *D. picipes* als Kennart. Wie bei anderen Arten werden gerne Kontaktzonen zu benachbarten Gehölzen und Wäldern besiedelt. Daneben kommt die Art auch an Wegrändern, auf Schlagfluren, in Gärten oder in lichten Wäldern mit geschlossener Krautschicht vor. **Ansitz:** Entsprechend der weiten ökologischen Potenz nutzt *D. picipes* ganz unterschiedliche Ansitze: Grashalme und -blätter, Zweige, Laub von Laub- und Nadelbäumen, Totholz etc.

Biologie: Eiablage in die Ährchen verschiedener Gräser, z.B. von *Arrhenatherum*, *Bromus*, *Dactylus*, *Deschampsia*, *Festuca*, *Poa*, auch in *Luzula*. Meist werden 2–6 Eier zwischen die Spelzen geheftet. MELIN (1923) fand Larven in verschiedenen (lehmigen und sandigen) Böden, aber „*niemals in purem Sand*“. Dies deckt sich mit dem Fehlen in großflächig durch sandige und trockene Böden geprägten Landschaften in Teilen von N-Deutschland (s.o.) und deutet möglicherweise auf ein höheres Feuchtigkeitsbedürfnis der Larven hin. T. KÄSTNER fand an einem lössbedeckten Trockenhang knapp ein dutzend Puppenhüllen und frisch geschlüpfte Individuen. Die Puppenhüllen schauten hier an offenen Bodenstellen zu ¾ aus dem Boden heraus.

D. picipes ♂ und ♀, Hessen, Bergstraße, Juni 2012

Dysmachus fuscipennis (Meigen, 1820) – Kerbzangen-Raubfliege

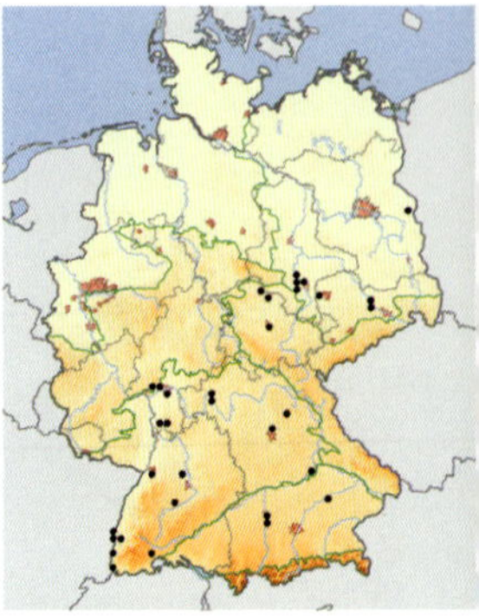

Merkmale: Die große, an Brust und Hinterleib vollständig grau oder gelbgrau bestäubte Art weist ebenfalls vollständig schwarze Beine auf. Die Borsten auf der hinteren Brust, dem Schildchen und dem Hinterleib mehrheitlich hell, auf der vorderen Brust schwarz und auf den Beinen hell und schwarz gemischt. Auf der Unterseite der Vorderschenkel sind basal mehrere kurze Stachelborsten vorhanden (kürzer als der Schenkeldurchmesser), alle anderen Arten der Gruppe ohne Borsten. Bei den ♂ weisen die am Ende deutlich verjüngten oberen Haltezangen im Spitzendrittel auf der Oberkante eine große auffällige Einkerbung auf. Ovipositor auf der Unterseite mit kürzeren Haaren, kürzer als Höhe des Sternits (vgl. *D. picipes*), Oberkante in Seitenansicht konvex, Tergit 9 ca. 2,2-mal so lang wie Tergit 10. **Länge:** 14–22 mm.

Flugzeit: A Mai–M Juli.

Gesamtverbreitung: A, AL, AZ, BG, CH, CZ, D, F, GR, H, I, KZ, PL, R, RUS (europäischer Teil bis W-Sibirien), SK, SRB, TR, YU.

Verbreitung in Deutschland: Selten. Als anspruchsvolle, wärmeliebende Art kommt die Kerbzangen-Raubfliege im Süden und Nordosten von D nur zerstreut in besonders günstigen Regionen vor. Die nordwestliche Verbreitungsgrenze verläuft – soweit bisher bekannt – vom Rhein-Main-Tiefland über das Mitteldeutsche Schwarzerdegebiet (bei Halle/Saale) bis zur Oderbruchkante nördlich Frankfurt (Oder). Sie besiedelt in D die planare bis zur montanen Höhenstufe, mit einem Schwerpunkt im kollinen Bereich.

Lebensraum: *D. fuscipennis* bewohnt (Halb-)Trockenrasen, sowohl auf Festgestein als auch über Lockergestein (z.B. sandig-kiesige fluviatile Ablagerungen im Oberrhein-Tiefland, eiszeitliche Geschiebeböden in NO-D). Eine Einstufung als Kenn- und Indikatorart für die FFH-Lebensraumtypen 6212 „Submediterrane Halbtrockenrasen (*Mesobromion*)“ und 6214 „Halbtrockenrasen sandig-lehmiger basenreicher Böden (*Koelerio-Phleion phleoides*)“ ist gerechtfertigt. Die Habitate sind meist durch eine schüttere, aber höherwüchsige Vegetation gekennzeichnet, sehr spärlich bewachsene, kurzwüchsige Bereiche (Voll-Trockenrasen) werden oft gemieden, können aber zur Thermoregulation im Frühjahr aufgesucht werden. **Ansitz:** Im Frühjahr mitunter auf nacktem Boden oder Steinen, ansonsten in der Krautschicht auf Grashalmen und -blättern oder Laub und Zweige niedriger Büsche, z.B. verbissener Schlehen.

Biologie: Die ♂ führen in der Vegetation in ca. 30 cm Höhe Suchflüge durch und ergreifen die ♀ ohne jedwede Balz. Die Kopula dauert bis zu fast 2 Stunden. Die Eiablage erfolgt – meist am späten Morgen – in die Ährchen verschiedener Süßgräser z.B. *Anthoxantum, Arrhenatherum, Bromus, Dactylis, Poa*. Dabei werden 1–4 Eier zwischen die Spelzen abgelegt. Die Haltung ist dabei charakteristisch und entspricht derjenigen von *D. picipes*, indem die ♀ sich entgegengesetzt zu den Öffnungen der Ährchen auf den Blütenstand setzen und ihren Hinterleib nach vorn unten krümmen, um die Spitze des Ovipositors in die Ährchen einzuführen (ADAMOVIC 1973).

D. fuscipennis ♂, Frankreich, Languedoc-Roussillon, 07.05.2016

Dysmachus trigonus (Meigen, 1820) – Säbel-Raubfliege

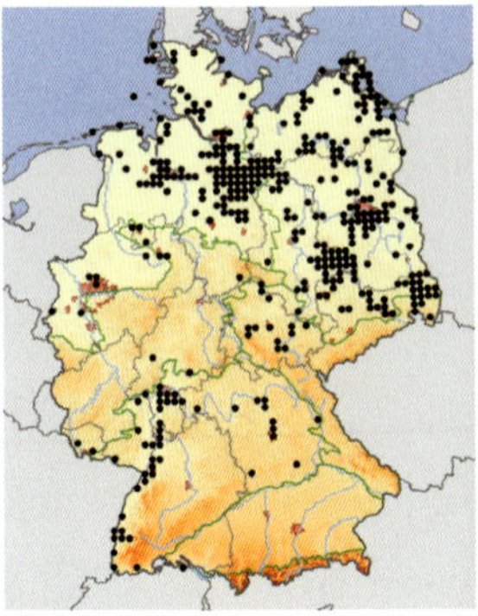

Merkmale: Die mittelgroße Art ist an Brust und Hinterleib grau bestäubt und stark behaart/beborstet, insbesondere auf den ersten Hinterleibstergiten. Dorsozentralen und Acrostichalen reichen lang und dicht bis an den Vorderrand des Scutums. Beine vollständig schwarz, meist an der Schienenbasis schmal (Schienendurchmesser) rötlich, Unterseite der Vorderschenkel ohne kurze Stachelborsten, nur mit langen, borstenförmigen Haaren. Epandrien kurz und am Ende breit abgerundet, ohne Einkerbung und ohne fingerförmige Verschmälerung. Ovipositor-Oberkante in Seitenansicht charakteristisch konkav. **Länge:** 12–18 mm.

Flugzeit: E April–A August (M September).

Gesamtverbreitung: A, AND, B, CH, CZ, D, DK, DZ, E, F, GB, I, N, NL, PL, S, SF, SK, TN.

Verbreitung in Deutschland: Häufig. Die Säbel-Raubfliege zeigt in D das typische Verbreitungsbild einer Art mit deutlicher Präferenz für größere Sandlandschaften. Sie ist im Nordwest- und Nordostdeutschen Tiefland weit verbreitet und stellenweise häufig, während sie südlich der Mittelgebirgsschwelle vor allem in den größeren Flusstälern (z.B. Oberrhein-Tiefland) oder in den wenigen sonstigen (z.B. fränkischen/oberpfälzischen) Sandgebieten vorkommt. Entsprechend tritt sie schwerpunktmäßig in der planaren Höhenstufe auf, dringt unter günstigen Bedingungen in D aber auch bis in den submontanen Bereich vor (in anderen Staaten teilweise deutlich höher).

Lebensraum: Die Art besiedelt in D offene und halboffene Bereiche auf sandigen, meist trockenen Standorten mit mehr oder weniger schütterer Vegetation. Dazu zählen unter anderem Sandtrockenrasen, Heiden auf sandigen Böden (Calluna-Heiden), Ackerbrachen auf Sandboden, trockenwarme Ruderalstandorte auf Sand-, Kies- und Schotterboden, mageres Grünland, grasige Säume nährstoffarmer Standorte etc. Allerdings dringt sie in geringerer Dichte auch in lichte trockene Kiefernwälder vor. *D. trigonus* gilt als dominante Kennart der FFH-Lebensraumtypen 2120 „Weißdünen mit Strandhafer" und 2330 „Offene Grasflächen mit Silbergras und Straußgras auf Binnendünen" sowie als Kennart des Typs 2130 „Graudünen mit krautiger Vegetation". **Ansitz:** Im zeitigen Frühjahr sieht man die Fliegen bevorzugt auf dem vegetationsfreien Boden, gerne auch auf Maulwurfshaufen, sitzen. Ansonsten wählen sie in der Regel Gräser und Kräuter als Ansitz.

Biologie: Die Kopulation erfolgt ohne Balz. F. GELLER-GRIMM beobachtete im Labor Paarungen mit einer Dauer zwischen 6 und 28 Minuten (Ø 14,5), wobei ein ♀ dabei innerhalb von 2 Stunden mit mehreren ♂ kopulierte. Er stellte außerdem fest, dass die Eiablage anders als bei anderen *Dysmachus*-Arten stattfindet: Im Abstand von Ø 20 Sekunden treten Eier aus dem Ovipositor aus und werden Seite an Seite zu Ketten aus 5–12 Eiern verklebt. Diese Eiketten werden in 5–20 cm Höhe an Stängel oder Blätter angeheftet, wenn sie nicht vorher abfallen. Die Larvalentwicklung findet im sandigen Boden statt.

D. trigonus ♀, Hessen, Rüsselsheim, 03.06.2016

Echthistus rufinervis (Meigen, 1820) – Berserkerfliege

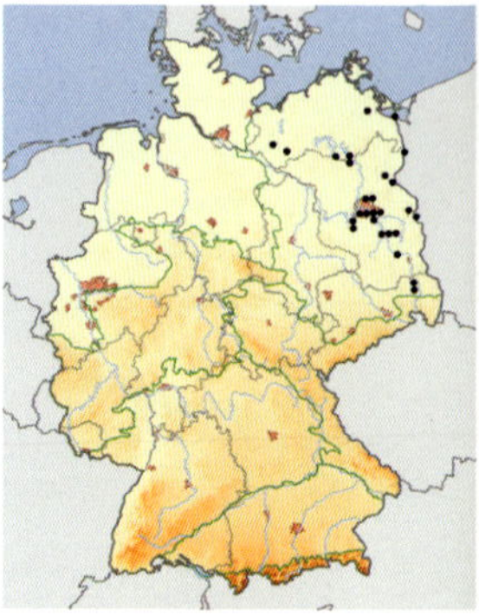

Merkmale: Die Berserkerfliege ist eine sehr große Art mit hellgrauer Bestäubung der Brust und des Hinterleibs sowie überwiegend heller Behaarung/Beborstung. Am lebenden Tier sind die Augen dunkelviolett. Die Schenkel sind vollständig schwarz (bei *M. chrysitis* mit schmalem roten Ring vor der Spitze), an den beiden vorderen Beinpaaren unter- und vorderseitig mit zahlreichen kurzen Stachelborsten; die Schienen vollständig rotgelb (ohne schwarze Spitze), die ersten drei Fußglieder ebenfalls rotgelb, die beiden Glieder an der Fußspitze dunkel/schwarz. An den beiden vorderen Beinpaaren ist das Basalglied der Füße max. 1,5-mal so lang wie das zweite Fußglied (Gattungsmerkmal!). Die oberen Haltezangen sind an der Spitze stark eingebuchtet. Der Ovipositor ist kurz und im Querschnitt eher rund. **Länge:** 20–25 mm.

Flugzeit: A Mai–E Juli.

Gesamtverbreitung: A, BG, CH, CZ, D, F, GR, H, IL, KZ, PL, R, RUS (europäischer Teil bis W-Sibirien), SK, TR, YU.

Verbreitung in Deutschland: Selten. In D beschränkt sich die Verbreitung offenbar auf das Nordostdeutsche Tiefland östlich der Elbe. Der bisher nordwestlichste Fundort liegt bei Viez (bei Hagenow), im Süden kommt die Art bis ins Oberlausitzer Heideland vor. Entsprechend sind bisher nur Funde aus der planaren Höhenstufe bekannt.

Lebensraum: *E. rufinervis* ist ein Bewohner trockenwarmer subkontinentaler Steppenrasen, ausdauernder Sandtrockenrasen mit geschlossener Narbe und – seltener – Heiden auf sandigen Böden (Calluna-Heiden). In Sachsen liegen nach KÄSTNER (2014) solche Biotope zwar im Umfeld der Braunkohlentagebaue, auf Rekultivierungsflächen selbst konnte die Art jedoch nicht gefunden werden, sondern nur auf gewachsenem Boden mit höherer Habitatkontinuität. Sie wird als Kenn- und Indikatorart gut ausgeprägter Bestände der FFH-Lebensraumtypen 2330 „Offene Grasflächen mit Silbergras und Straußgras auf Binnendünen“ und 6120 „Subkontinentale basenreiche Sandrasen“ gewertet. **Ansitz:** Berserkerfliegen sitzen meist in den oberen Zonen auf Blättern und Stängeln der grasigen/krautigen Vegetation an, wechseln aber witterungsabhängig gegebenenfalls auch ihre Ansitze und nutzen dabei freie Bodenstellen oder die Randzonen von Kiefernwäldern.

Biologie: Nach ADAMOVIC (1973) führen ♂ bevorzugt während der Mittagszeit langsame Suchflüge im oberen Bereich der Vegetation durch (und können dabei Opfer der ♀ werden). Die ♂ ergreifen die ♀ ohne besondere Balz. Die Kopulation findet dann meist bis in den Nachmittag statt und kann sogar bis zum Morgen dauern. Die Eiablage erfolgt in die Blattachseln, in enge Blattspreiten oder in die Ährchen von Süßgräsern, seltener auch von Kräutern (z.B. *Salvia, Galium, Coronilla, Lotus*). Meist 2–5 Eier werden dabei seitlich aneinander und an den Eiablageort geheftet. Larvalentwicklung im Boden.

E. rufinervis ♀, *Brandenburg, Panketal, Juni 2011*

Erax barbatus (Scopoli, 1763) – Frühlings-Raubfliege

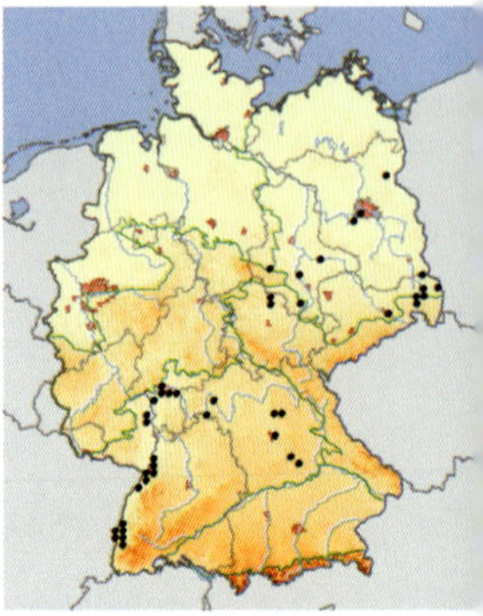

Merkmale: Die mittelgroße *E. barbatus* ist eine braungrau bestäubte sowie lang und dicht behaarte Art mit sehr großem Gesichtshöcker. Kennzeichnend ist das sehr lange und schmale 3. Fühlerglied (8- bis 9-mal so lang wie hoch; Gattungsmerkmal!). Die Oberseite (nicht Hinterrand) des Schildchens und der davorliegende hintere mittlere Teil des Scutums sind auffällig dicht weiß behaart im Kontrast zur schwarzen Behaarung des Schildchen-Hinterrandes und des vorderen Scutums sowie der schwarzen Dorsozentralen. Hinterseiten der Schenkel und Schienen vorherrschend rotbraun gefärbt, die Vorderseiten vorherrschend schwarz. Als einzige Art der heimischen Asilinae besitzen die Flügel dieser Art mehrere kleine dunkle Flecken an Queradern. Ovipositor lang und schmal (3-mal so lang wie hoch). **Länge:** 10–17 mm.

Flugzeit: A März–M Juli (E August).

Gesamtverbreitung: A, B, BG, CH, CZ, D, E, F, GR, I, NL, PL, R, SK, TR, YU.

Verbreitung in Deutschland: Selten. *E. barbatus* ist in D nur sehr zerstreut in wärmebegünstigten Regionen verbreitet. Die nordwestliche Verbreitungsgrenze verläuft vom Rhein-Main-Tiefland über den Kyffhäuser bis in die brandenburgische Schorfheide. Aktuelle Nachweise liegen vor allem aus dem Oberrhein-Tiefland mit dem Kaiserstuhl vor, außerdem aus der Lausitz (Lömischauer Heide), dem Unstrut- und dem Maintal. Nachweise aus dem Alpenvorland fehlen; in den deutschen Alpen wohl von Natur aus fehlend. Die Funde stammen aus der planaren bis submontanen Höhenstufe.

Lebensraum: Ein Biotopkomplexbewohner xerothermer Standorte, auf denen offene und halboffene Bereiche (Halbtrockenrasen, Sandtrockenrasen, Sandheiden) mit gehölzbetonten Partien (Trockengebüsche, lichte Wälder) kleinräumig verzahnt sind. KÄSTNER (2014) beobachtete sie in der Lömischauer Heide nur in den Waldinnenrändern an Wegen und Schneisen bzw. auf Kalamitätsflächen mit hohem *Calamagrostis*-Anteil in der Vegetation. M. GEBEL fand die Art im NSG Kallmuth am Main in Anzahl in Halbtrockenrasen auf Muschelkalkboden. Sie flog nur in mit Gebüschen/Gestrüpp durchzogenen Bereichen (kniehohe junge Schlehen). In offenen, ganz flachwüchsigen Bereichen fand er keine Tiere. Als (schwache) Kennart der FFH-Lebensraumtypen 6212 „Submediterrane Halbtrockenrasen (Mesobromion)“ und 6214 „Halbtrockenrasen sandig-lehmiger basenreicher Böden (Koelerio-Phleion phleoides)“ eingestuft, besiedelt sie dort jedoch vorrangig strukturreiche, teilweise ruderalisierte Bestände im Übergang zu Gehölzen. **Ansitz:** Typisch für eine früh fliegende Art wechselt *E. barbatus* die Ansitze je nach Witterung und nutzt unterschiedliche Strukturen (freie Bodenstellen, Totholz, Blätter/Stängel von Gräsern und Kräutern, Zweige etc.).

Biologie: REDER (2010) beobachtete die Eiablage in vorjährige Fruchtstände von Rainfarn (*Chrysanthemum vulgare*) und Tüpfel-Johanniskraut (*Hypericum perforatum*). Beide Arten können in Halbtrockenrasen als Brache- bzw. Ruderalisierungszeiger angesehen werden.

E. barbatus ♂, *Bayern, Marktheidenfeld, 02.04.2017*

Eutolmus rufibarbis (Meigen, 1820) – Barbarossafliege

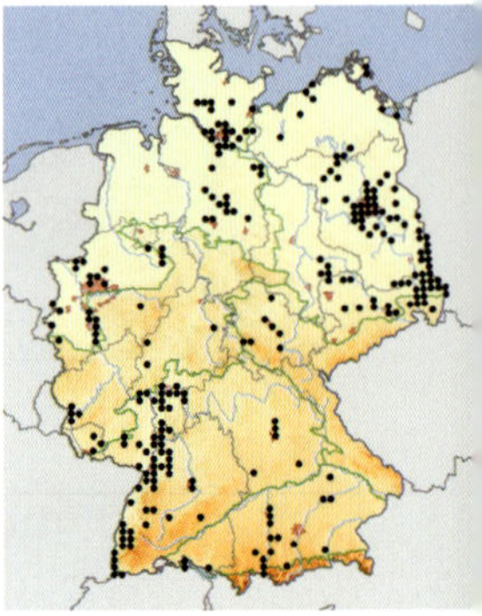

Merkmale: Die Gattung erinnert aufgrund des starken Gesichtshöckers, der nach vorn bis kurz vor die Quernaht reichenden Dorsozentralen sowie des Fortsatzes am 8. Hinterleibssternit des ♂ stark an die *Machimus*-Arten. Bei der großen, grau bestäubten *E. rufibarbis* sind die Beine vollständig schwarz. Der Fortsatz am 8. Sternit ist lang und schmal, nicht wie bei den deutschen *Machimus*-Arten breit und kurz ausgebuchtet; ebenso sind die oberen Haltezangen lang und schmaler als bei *Machimus*, wobei Ober- und Unterrand parallel sind und die Spitze abgerundet ist (ohne Einbuchtungen). Beim Ovipositor sind die Cerci in das letzte Tergit eingesenkt, Ovipositor in Seitenansicht messerartig, in der basalen Hälfte deutlich kräftiger als in der vertikal stark zusammengepressten Spitzenhälfte. Unterkante charakteristisch s-förmig geschwungen, Oberkante sehr leicht konkav. **Länge:** 18–21 mm.

Flugzeit: E Mai–M September.

Gesamtverbreitung: A, B, BG, CH, CN, CZ, D, DK, F, GB, GR, H, I, J, NL, PL, R, RUS (europäischer Teil bis zum fernen Osten), S, SK, TR, YU.

Verbreitung in Deutschland: Häufig. *E. rufibarbis* ist in D von der Ebene bis in die Alpen weit verbreitet und regional mäßig häufig, ihre Präsenz dünnt aber in den küstennahen Bereichen des Nordwestdeutschen Tieflands sowie den montanen Lagen der Mittelgebirge, des Südwestdeutschen Mittelgebirgs-/Stufenlands und der Alpen stark aus.

Lebensraum: Die Barbarossafliege ist ein typischer Bewohner kleinräumlich miteinander verzahnter Vegetationsmosaike aus offeneren Bereichen (z.B. Trockenrasen, Heiden) und Wald- und Gebüschformationen. Als Biotopkomplexbewohner wechselt die Art je nach Witterung die Teilhabitate. F. GELLER-GRIMM stellte z.B. bei seinen Untersuchungen im Oberrhein-Tiefland fest, dass sich an heißen Tagen die bevorzugten Ansitze innerhalb des lichten Kiefern- und Mischwaldes befinden. Sobald aber die Temperaturen fallen und über längere Zeit der Himmel bewölkt ist, wechselt die Art auch auf die offenen Bereiche über. Bei der Habitatwahl präferiert *E. rufibarbis* offenbar trockenwarme, sandige Böden und ist dabei im Nordwesten von D anspruchsvoller als im S oder im NO, wo die Art auch frischere oder wechselfeuchte Bereiche, etwa in Flussauen, annimmt. **Ansitz:** Grasige/krautige Vegetation, gerne an der Spitze höherer Gräser, regelmäßig aber auch auf Baumstämmen, auf Totholz oder auf Blättern am Waldrand.

Biologie: Die Paarung erfolgt ohne erkennbare Balz. Die ♀ zwängen den Ovipositor zur Eiablage in die Blattscheiden von Gräsern (z.B. der Quecke *Agropyron repens*) zwischen Halm und Blatt. Im Schutz der oberen Blattscheide werden Eiketten abgelegt, wobei die Ketten aus 12–18 schräg angeordneten und seitlich aneinandergehefteten Eiern bestehen (ADAMOVIC 1973). Die Larvalentwicklung findet im Boden statt und dauert nach ESIPENKO (1967) 2 Jahre. Zur Verpuppung legen die Larven (wie andere Arten auch) dicht unter der Bodenoberfläche eine „Puppenhöhle" an.

E. rufibarbis ♂, Hessen, Kelsterbach, 12.06.2011

Machimus chrysitis (Meigen, 1820) – Gold-Raubfliege

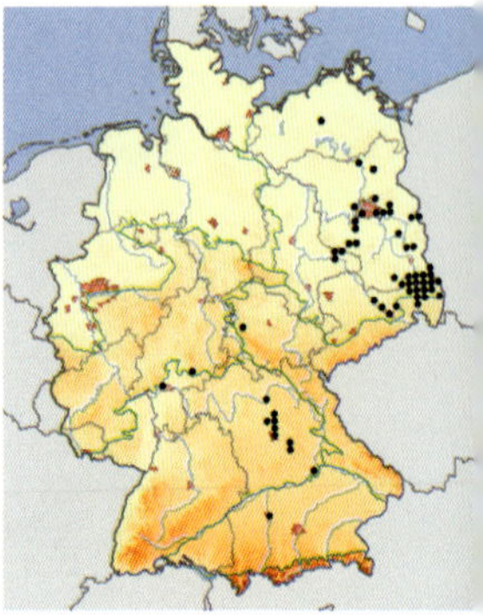

Merkmale: Die deutschen Arten der Gattung *Machimus* zeichnen sich durch folgende Merkmale aus: großer Gesichtshöcker, dessen Abstand zur Fühlerbasis kleiner als die Länge des 1. Fühlergliedes ist; die langen Dorsozentralborsten reichen auf dem Scutum nach vorn über die Quernaht, erreichen aber nicht den Vorderrand. Schultern mit langer, feiner Behaarung; Schildchen am Hinterrand meist mit mehr als 4 Borsten; Abdominalsternite mit feiner Behaarung; Abdominalsternit 8 beim ♂ am Hinterrand bogenförmig konvex ausgebuchtet, dort meist mit längerer Behaarung; Cerci beim ♀ frei, nicht in das vorherige Tergit eingesenkt. Ovipositor seitlich abgeflacht. Die sehr große Gold-Raubfliege ist auf der Brust und dem Hinterleib gelbgrau bestäubt. Von den anderen heimischen *Machimus*-Arten unterscheidet sie sich durch die vollständig rotgelben Schienen. Schenkel vor der Spitze mit rotgelbem Fleck/Ring. Füße ebenfalls überwiegend rötlich, Spitzenglied jedoch dunkel. Epandrium des ♂ an der Spitze schräg und leicht nach ventral verlängert. Die in der Beinfärbung ähnliche *E. rufinervis* mit verkürzten Metatarsen an den vorderen beiden Beinpaaren und ohne rotgelben Fleck an der Schenkelspitze. **Länge:** 19–24 mm.

Flugzeit: M Mai–E August (A Oktober).

Gesamtverbreitung: A, AL, CH, CZ, D, E, F, GR, I, P, PL, R, SK.

Verbreitung in Deutschland: Selten. In D besitzt *M. chrysitis* zwei große Verbreitungszentren, zum einen das Nordostdeutsche Tiefland (Nachweise bisher überwiegend östlich der Elbe), zum anderen die Sandgebiete in Franken und der Oberpfalz. Einzelne historische Nachweise liegen am Lech, an der Donau und im Rhein-Main-Tiefland. Alte Meldungen aus der Umgebung von Birstein und Sondra bedürften der Überprüfung. Als Sandart besiedelt die Art vor allem die planare Höhenstufe, dringt aber auch bis in submontane Lagen vor.

Lebensraum: *M. chrysitis* ist ein Bewohner trockenwarmer, vegetationsarmer, sandgeprägter Lebensräume, z.B. von Sandtrockenrasen (insbesondere Silbergrasrasen) oder lückigen Sandheiden. Als Kenn- und Indikatorart der FFH-Lebensraumtypen 2330 „Offene Grasflächen mit Silbergras und Straußgras auf Binnendünen“, 6120 „Subkontinentale basenreiche Sandrasen“ und 6214 „Halbtrockenrasen sandig-lehmiger basenreicher Böden (Koelerio-Phleion phleoides)“ weist die Art eine recht enge Habitatbindung auf, präferiert aber Gebiete, in denen benachbarte lichte Kiefernwälder oder lockerer Kiefernanflug ein Ausweichen in schattige Bereiche bei großer (Mittags-) Hitze ermöglichen. T. Kästner berichtet in Sachsen auch von Vorkommen auf Silikatmagerrasen im Elbtal. **Ansitz:** In Abhängigkeit von der Witterung wechselt der Ansitz. Die Tiere können sowohl auf dem nackten Sandboden oder auf Gräsern als auch auf (niedrigen) Kiefernzweigen oder Stämmen beobachtet werden.

Biologie: F. Geller-Grimm dokumentierte fotografisch die Eiablage an verschiedene Strukturen, unter anderem in trockene Samenstände und an liegendes Totholz (?), vgl. Kapitel „Eiablage“.

M. chrysitis ♂, Brandenburg, Schönower Heide, Juni 2011

Machimus gonatistes (Zeller, 1840) – Östliche Raubfliege

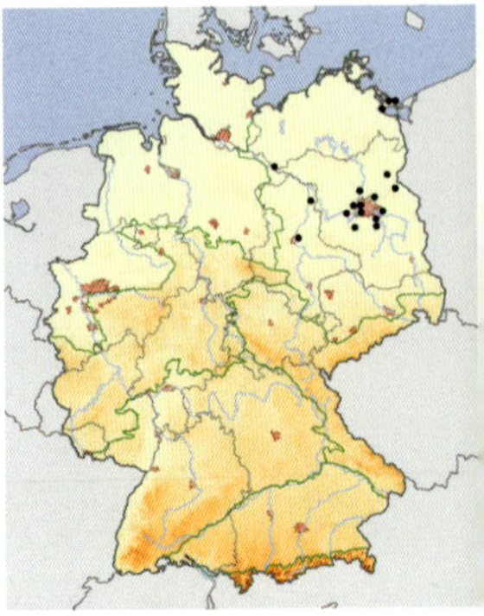

Merkmale: Die sehr große und schlanke Art ist an Brust und Hinterleib grau bestäubt. Die Beine sind mit Ausnahme der Schienenbasis schwarz, diese etwa zu einem Viertel der Schienenlänge rotgelb. Von der sehr ähnlichen und deutlich häufigeren *M. rusticus* durch vorherrschend schwarze Borsten an den Vorderschienen, auf der hinteren Brust und dem Schildchen unterschieden (*M. rusticus* hier mit überwiegend hellen Borsten). Die Epandrien der ♂ an der Spitze leicht verbreitert und konkav eingebuchtet (bei *M. rusticus* gleichmäßig abgerundet). **Länge:** 18–28 mm.

Flugzeit: M Juni–E August.

Gesamtverbreitung: A, BG, CH, CZ, D, DK, GR, H, I, MA, PL, R, RUS (europäischer Teil bis W-Sibirien), SF, SK, TN, YU.

Verbreitung in Deutschland: Sehr selten. Die Östliche Raubfliege ist in D bisher nur aus dem Nordostdeutschen Tiefland nachgewiesen. Ihre Verbreitungsschwerpunkte liegen in der Mark Brandenburg und an der vorpommerschen Ostseeküste. Entlang des Elbtals stößt die Art auf Binnendünen (Klein Schmölener Düne) bis fast nach Niedersachsen vor. Das Vorkommen ist in D auf die planare Höhenstufe beschränkt.

Lebensraum: Ähnlich wie *M. chrysitis* ist auch die Östliche Raubfliege ein Bewohner trockenwarmer, rohbodenreicher, sandgeprägter Biotope. Dazu gehören insbesondere Sandtrockenrasen wie etwa Silbergrasrasen. Sie besiedelt dabei auch Küstendünen an der Ostseeküste, wo *M. chrysitis* bisher nicht nachgewiesen wurde. *M. gonatistes* kann als Kenn- und Indikatorart der FFH-Lebensraumtypen 2120 „Weißdünen mit Strandhafer“ und 2330 „Offene Grasflächen mit Silbergras und Straußgras auf Binnendünen“ gelten. Da auf diesen offenen, vegetationsarmen Sandflächen im Sommer hohe Temperaturen erreicht werden, werden Gebiete mit benachbarten Gehölzstrukturen (z.B. Kiefernwälder) zum bedarfsweisen Aufsuchen schattigerer Bereiche bevorzugt. **Ansitz:** Die Ansitze unterscheiden sich nicht grundsätzlich von denen der Gold-Raubfliege. Die Art sitzt in Abhängigkeit von der Witterung auf dem offenen Boden, in der lückigen grasigen Vegetation oder auf Gehölzstrukturen (Wurzeln, Stammpartien, niedrige Zweige) an.

Biologie: Nach Adamovic (1972) findet die Kopulation meist zur Mittagszeit und am Nachmittag statt. Dabei ergreifen die ♂ die fliegenden oder ruhenden ♀ ohne vorherige Suchflüge oder Balz. Die ♀ legen ihre Eier (meist 2–5) auf/an frische oder abgetrocknete Blüten- oder Samenstände oder Blätter verschiedener Gräser und Kräuter, unter anderem von *Bromus tectorum*, *Bromus arvensis*, *Elymus junceiformis*, *Plantago lanceolata*, *Plantago arenaria* und *Lotus corniculatus*.

M. gonatistes ♂, Brandenburg, Schönower Heide, 08.08.2016

Machimus intermedius (Holmgren, 1842) – Harpunen-Raubfliege

Merkmale: Die große, aschgraue Art ist die einzige der vier heimischen *Machimus*-Arten mit vollständig schwarzen Beinen (die somit keine rotgelben Schienenbasen oder vollständig rotgelbe Schienen aufweist). Beborstung der Vorderschienen, des Schildchens und des hinteren Scutums überwiegend schwarz. Solange der Status der Arten der *M. setibarbus*-Gruppe in D nicht abschließend geklärt ist (vgl. Kapitel „Aktuelle Artenliste"), sollten bei männlichen Exemplaren grundsätzlich die Genitalien untersucht werden. Die Gonostyli weisen eine charakteristische (namensgebende) harpunenähnliche Form auf, mit einem Feld rückwärts gerichteter kurzer schwarzer Börstchen an der Spitze. **Länge:** 17–20 mm.

Flugzeit: M Juni–M September (Flugzeit der Art in D nur unzureichend bekannt).

Gesamtverbreitung: D, S, SF? (als „*setibarbis*"?). Aufgrund fehlerhafter Synonymisierung bzw. Verwechslung mit *M. setibarbis* und *M. cyanopus* ist die Gesamtverbreitung nur unzureichend bekannt.

Verbreitung in Deutschland: Sehr selten. Die Verbreitung der Art ist in D nur unzureichend bekannt, weil Verwechslungen mit *M. setibarbus* und *M. cyanopus* vorgekommen sind. Es zeichnet sich eine zerstreute Verbreitung vor allem in S-Deutschland ab, doch scheint die Art in Ausnahmefällen auch nach NW-Deutschland vorzudringen (Pestruper Gräberfeld?). Aus dem Alpen-Raum fehlen Nachweise, ebenso (erfassungsbedingt?) auch aus dem Alpenvorland. Die wenigen bestätigten Funde liegen in der planaren bis submontanen Höhenstufe. (Bisherige Meldungen von *M. setibarbus* und *M. cyanopus* sind in der Karte mit einem leeren Kreis gekennzeichnet, da sie vermutlich *M. intermedius* zuzuordnen sind, aber noch der Überprüfung bedürfen).

Lebensraum: Bisher liegen noch zu wenige Beobachtungen für eine klare Einschätzung der Habitatansprüche der Harpunen-Raubfliege vor. Es zeichnet sich eine Präferenz für trockenwarme, strukturreiche Biotope auf Sandböden oder skelettreichen Böden ab, die ein Mosaik aus sehr vegetationsarmen Flächen, gras- oder krautreichen Trockenrasen und gehölzgeprägten Partien beinhalten. **Ansitz:** Die Art nutzt verschiedene Strukturen für die Beutejagd. Sie wurde bodennah auf Steinen oder Sand sowie auf stärkeren Totholzstrukturen, aber auch auf Blättern in der grasigen und krautigen Vegetation sowie auf Laub niedriger Zweige beobachtet.

Biologie: Aufgrund der Verwechslung mit anderen Arten der Gruppe liegen keine verlässlichen Hinweise zur Biologie der Art vor.

Habitat am Rand eines Kiefernmischwaldes, Hessen, Kelsterbach

M. intermedius ♂, Hessen, Kelsterbach, 12.07.2016

Machimus rusticus (Meigen, 1820) – Schlichte Raubfliege

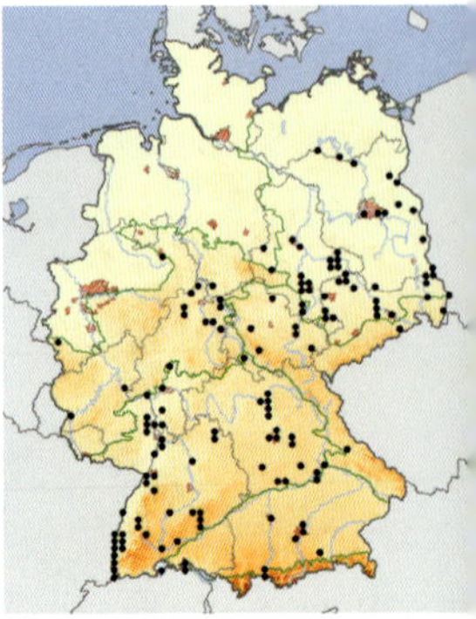

Merkmale: Die große Art ist wie die anderen *Machimus*-Arten an Brust und Hinterleib vollständig (gelbgrau) bestäubt. Die Beine sind wie bei *M. gonatistes* mit Ausnahme der rotgelben Schienenbasen vollständig schwarz. Im Gegensatz zu dieser sehr ähnlichen Art sind bei der Schlichten Raubfliege jedoch die langen Borsten an den Vorderschienen, dem hinteren Scutum und dem Schildchen überwiegend hell gefärbt. Die Epandrien sind am Ende einfach abgerundet und nicht eingebuchtet. Auf Fotos können Exemplare von *N. arthriticus* ähnlich aussehen. Diese besitzen im Gegensatz zu *M. rusticus* jedoch auf der Unterseite der Vorderschenkel Borsten. **Länge:** 15–25 mm.

Flugzeit: (A Mai) E Mai–A August (E August).

Gesamtverbreitung: A, AL, B, BG, CH, CZ, D, E, F, GB, GR, I, IR, KS, KZ, NL, PL, R, RU (europäischer Teil), SK, TR, YU; außerdem Nord-Afrika?

Verbreitung in Deutschland: Mäßig häufig. Die Art ist im Süden und Osten Deutschlands weit verbreitet, fehlt aber im Nordwesten fast völlig. Die Verbreitungsgrenz verläuft vom Niederrhein und Westfalen bis zur Mecklenburgischen Seenplatte. Über wiegend in der planaren bis submontanen Höhenstufe vorkommend, steigt sie in D i günstigen Lagen bis in den hochmontanen Bereich auf. Das Fehlen von Nachweise aus den deutschen Alpen ist vermutlich methodisch bedingt (unzureichende Bearbei tung).

Lebensraum: Die Schlichte Raubfliege weist im Vergleich zu den anderen Vertreter der Gattung die geringsten Ansprüche an den Lebensraum auf. Dennoch ist auch si ein Bewohner trockenwarmer, grasreicher Biotope, z.B. von Halbtrockenrasen ode Sandtrockenrasen. Sie besiedelt dabei meist Bereiche mit geschlossener Vegetatio und kommt dabei regelmäßig auch in verbrachten Stadien vor. Für die FFH-Lebens raumtypen 6120 „Subkontinentale basenreiche Sandrasen" und 6510 „Magere Flach land-Mähwiesen" (hier nur trockenere Varianten) gilt die Art als Kennart, für den Ty 6212 „Submediterrane Halbtrockenrasen" sogar als dominante Kennart. Aufgrund de größeren Vegetationsdichte ist sie weniger auf Gehölzanteile (Schatten) im Habita angewiesen, weil ein Ausweichen bei größerer Hitze auch in die dichtere, schattige re untere Vegetationszone möglich ist. **Ansitz:** Bevorzugter Ansitz sind Blätter un Blütenstände von Gräsern und Kräutern, gerne in den oberen Zonen der Vegetation.

Biologie: Die ♀ legen ihre (1–3) Eier meist auf die Unterseite von Blütenständen ode Ähren sowie trockenen oder frischen Blättern von Gräsern (ADAMOVIC 1972). Eiablag wurde auch in die Blattachseln von Gräsern beobachtet. MUSSO (1978) untersuchte di Larval- und Pupalentwicklung dieser Art sehr intensiv. Seine Ergebnisse sind in de Grundzügen im Kapitel „Individualentwicklung" beschrieben.

M. rusticus ♂, Hessen, Bergstrasse, 16.07.2009

Neoepitriptus arthriticus (Zeller, 1840) – Seiden-Raubfliege

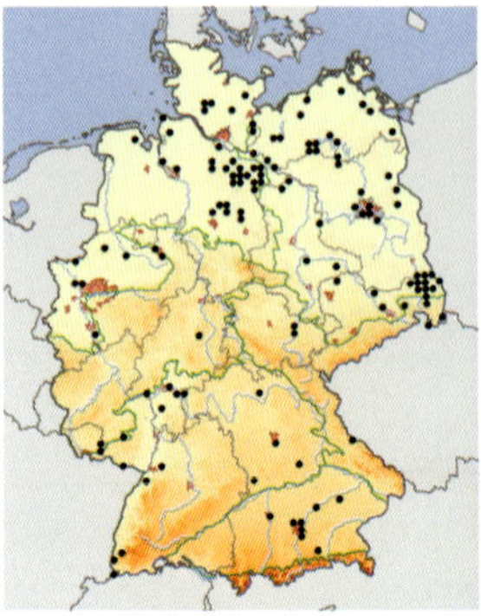

Merkmale: Die in D mit nur 2 Arten vertretene Gattung unterscheidet sich von den ähnlichen Arten der *Machimus*-Gruppe (*Machimus*, *Tolmerus*) durch einen nur mittelgroßen Gesichtshöcker, bei denen der Abstand der Knebelbart-Borsten größer ist als bei den anderen Gattungen. Schultern mit kurzen Börstchen statt feiner, längerer Behaarung, Vorderschenkel auf der Unterseite mit Borsten, deren Farbe wie die der anderen Borsten sowohl hell als auch dunkel sein kann; Abdominalsternite mit Borsten oder borstenartigen starken Haaren. Beim ♂ ist der Hinterrand des 8. Abdominalsternits gerade und nicht ausgebuchtet wie bei *Machimus*. Die mittelgroße, gelbgrau bestäubte Seiden-Raubfliege hat überwiegend schwarz gefärbte Beine. Nur die Schienenbasen sind rotgelb gefärbt. Der Übergang zur schwarzen Färbung ist sehr fließend und am Vorder- und Mittelbein stärker ausgeprägt (außen ca. ⅓–½ der Schienenlänge) als am Hinterbein. Abdominalsternite jeweils mit mehreren abstehenden Borsten bzw. borstenförmigen Haaren (sonstige Unterscheidung zu *N. setosulus* siehe dort). **Länge:** 16–18 mm.

Flugzeit: E Mai–A August.

Gesamtverbreitung: A, B, BG, CH, CN, CZ, D, DK, E, F, GB, I, N, NL, PL, R, RUS (europäischer Teil), S, SF, SK.

Verbreitung in Deutschland: Mäßig häufig. Die Verbreitung der Art in D klassifiziert die Seiden-Raubfliege als (schwache) Sandart. Im Nordwest- und Nordostdeutschen Tiefland ist sie weit verbreitet, in S-Deutschland nur zerstreut und meist in anderen Sandgebieten oder Flusstälern. In den Mittelgebirgen eher selten. In den Alpen wohl fehlend. Bei der Höhenlage ist ein deutlicher Schwerpunkt in der planaren Stufe erkennbar, bei geeigneten Bedingungen kommt sie aber bis in den niederen montanen Bereich vor.

Lebensraum: Die Literaturangaben zur Habitatbindung der Seiden-Raubfliege sind insofern erstaunlich, als dass sie auf eine Bevorzugung von ackerbaulich geprägten Landschaftsbestandteilen hindeuten, z.B. Ackerbrachen oder Feldrainen. Auf mehrjährigen Ackerbrachen kann sie in erstaunlich hoher Dichte auftreten. Diese Brachen zeichnen sich durch sandig-lehmige Böden mit hoher, von Gräsern dominierter, aber in Bodennähe trotzdem lückiger Vegetation aus. Die Art kommt auch auf Sandtrockenrasen, Sandheiden und trockenwarmen, lückigen Ruderalfluren (etwa in Sand- und Kiesgruben) vor. Sie kann als (schwache) Kennart für die FFH-Lebensraumtypen 6120 „Subkontinentale basenreiche Sandrasen" und 6214 „Halbtrockenrasen sandig-lehmiger basenreicher Böden (Koelerio-Phleion phleoides)" gelten. **Ansitz:** *N. arthriticus* wählt ihren Ansitz in Abhängigkeit von der Witterung sowohl auf kleinen vegetationsfreien Sandflächen, die sich bei Sonnenschein leicht erwärmen, als auch auf Grashalmen und -blättern.

Biologie: Trotz der relativen Häufigkeit sind spezielle Beobachtungen zur Biologie der Art bisher nicht bekannt geworden und wären daher sehr wünschenswert.

N. arthriticus ♂, Hessen, Kelsterbach, 22.06.2015

Neoepitriptus setosulus (Zeller, 1840) – V-Borsten-Raubfliege

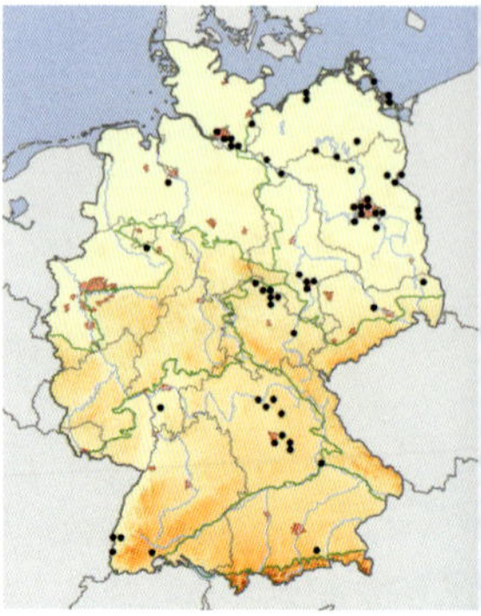

Merkmale: Die Art ist mittelgroß, aber durchschnittlich kleiner als *N. arthriticus*. Aufgrund der auf der Rückseite überwiegend rot gefärbten Schenkel und Schienen an *Tolmerus* erinnernd, aber von diesen durch die Bedornung auf der Unterseite der Vorderschenkel gut zu unterscheiden (*N. arthriticus*-Schenkel einfarbig dunkel). Vorderseite der Schenkel und Schienen hingegen überwiegend schwarz/dunkel. Die Abdominalsternite weisen in der hinteren Hälfte zwei charakteristisch v-förmig schräg stehende und zu den Seiten divergierende Borsten auf (*N. arthriticus* mit mehreren gerade abstehenden Borstenhaaren). Ansonsten ist der Körper überwiegend hell, kurz und anliegend behaart. Epandrien der ♂ schmal und am Ende leicht nach unten gebogen und mit mehreren ventral abstehenden, längeren Haaren. **Länge:** 11–14 mm.

Flugzeit: M Juni–A Oktober.

Gesamtverbreitung: A, B, BG, CH, CZ, D, F, I, KZ, NL, PL, R, RUS (europäischer Teil), SK, TR, YU.

Verbreitung in Deutschland: Selten. Die Art ist in D zerstreut verbreitet, fehlt aber weitgehend im Nordwesten. Die meisten der wenigen Funde aus dem Nordwestdeutschen Tiefland sind älteren Datums. Ein Schwerpunkt der Verbreitung liegt im Nordostdeutschen Tiefland, ferner in den fränkischen/oberpfälzischen Sandgebieten, im Oberrheintiefland sowie im Thüringer Becken (Kyffhäuser und benachbarte Höhenzüge). In den deutschen Alpen vermutlich von Natur aus fehlend. Entsprechend der Verbreitung liegen die meisten Funde in der planaren Höhenstufe, sie kommt allerdings unter günstigen Bedingungen auch bis in den unteren montanen Bereich vor.

Lebensraum: *N. setosulus* besiedelt in D verschiedene Typen von Halbtrockenrasen und Sandtrockenrasen auf Sand und Festgestein. Meist sind diese Trockenrasen durch schüttere Vegetation gekennzeichnet; je weiter nordwestlich die Funde liegen, desto spärlicher ist oft die Vegetation (z.T. Silbergrasrasen). Für die FFH-Lebensraumtypen 6120 „Subkontinentale basenreiche Sandrasen" und 6214 „Halbtrockenrasen sandig-lehmiger basenreicher Böden (Koelerio-Phleion phleoides)" kann sie als Kennart gelten. **Ansitz:** Je nach Witterung sitzt sie zur Jagd auf Gräsern in der Krautschicht oder auch direkt auf dem Boden an vegetationsfreien Stellen an; an heißen Tagen auch auf Blättern von Bäumen und Sträuchern.

Biologie: Die Paarung findet oft am späten Vormittag statt, wobei die ♂ ohne Suchflug oder Balz die fliegenden oder ruhenden ♀ „überfallartig" ergreifen. In einem Fall dauerte die Kopulation 55 min. Die ♀ legen die (4–5) Eier in niedriger Höhe von etwa 10 cm in Blüten- oder Samenstände von Kräutern (z.B. *Trifolium arvense*, *Trifolium campestre*, *Plantago lanceolata*, *Crepis setosa*) oder Gräsern (ADAMOVIC 1972).

N. setosulus ♀, *Thüringen, Kyffhäuser, 06.08.2014*

Neoitamus cothurnatus (Meigen, 1820) – Knoten-Strauchdieb

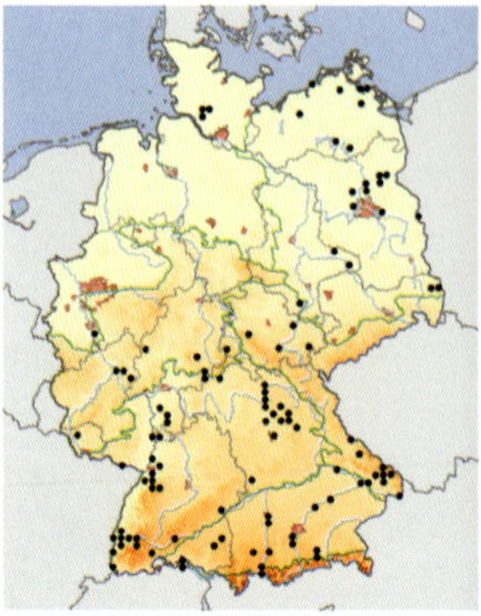

Merkmale: Die Gattung *Neoitamus* ist durch mehrere Merkmale klar gegenüber anderen in D vertretenen Asilinen-Gattungen abgegrenzt: Die Occipitalen (Borsten an der oberen Kante des mittigen Hinterkopfes) sind lang und fein und etwa auf halber Länge mehr oder weniger rechtwinklig nach vorn gebogen. Gesichtshöcker schmal, aber etwas über die halbe Höhe des Gesichts reichend; bei den ♀ sind die Hinterleibssegmente 6 und 7 unbestäubt, vergleichsweise lang und schmal und so quasi Bestandteil des Ovipositors. Beim ♂ sind die vorderen Hinterleibstergite 1–5 bestäubt, während die Tergite 7–8 unbestäubt sind. Bei *N. cothurnatus*-♂ ist das Tergit 6 ebenfalls bestäubt, während es bei *N. cyanurus* und *N. socius* unbestäubt ist. Epandrien an der Spitze komplex mit Einschnitt und knotenartiger Struktur (bei *N. cyanurus/socius* weniger komplex). Die langen rück- und seitwärts gerichteten Borsten an der Vorderschiene überwiegend hell (bei den anderen beiden *Neoitamus* schwarz), 1. Glied am Vorderfuß wie bei *N. socius* teilweise hell (aber mitunter auch dunkel). Beinfärbung ansonsten bei allen drei Arten ähnlich mit schwarzen Schenkeln und überwiegend gelben/rotgelben Schienen. Die ♀ sind nur schwer und nur anhand mikroskopischer Merkmale sicher zu unterscheiden. *N. cothurnatus*-♀ auf Sternit 6 mit schmaler, längs gerichteter Bestäubungslinie, die den anderen beiden Arten fehlt. **Länge:** 12–17 mm.

Flugzeit: M Mai–A August.

Gesamtverbreitung: A, CH, CN, CZ, D, DK, F, FL, GB, I, NL, R, RUS (europäischer Teil), S, SF, SK, YU.

Verbreitung in Deutschland: Selten. Die Art ist in S-Deutschland weit verbreitet, die Funde im Nordostdeutschen Tiefland sind eher zerstreut, während sie im Nordwestdeutschen Tiefland selten sind. Bisherige aktuelle Funde stammen dort aus der Umgebung von Itzehoe. Die Funde verteilen sich recht gleichmäßig auf die planare bis montane Höhenstufe; auch aus dem hochmontanen Bereich liegen einzelne Beobachtungen vor.

Lebensraum: Über die Habitatansprüche des Knoten-Strauchdiebs besteht bisher noch kein klares Bild. Die Mehrheit der Beobachtungen stammt von gehölzgeprägten Bereichen im Kontakt zu offenen oder halboffenen Biotopen sehr unterschiedlichen Charakters. Die Gehölze können Laub-, Misch- oder Nadelwälder und -forsten sowie Feldgehölze, Gebüsche oder Hecken sein. Die offenen Biotope wurden als Ackerrandstreifen, Magerrasen, Moore und Sümpfe, Ufer- und Staudensäume, Grünland etc. beschrieben. **Ansitz:** Der Ansitz wie bei den anderen *Neoitamus*-Arten auf Blättern und Zweigen von Gehölzen oder auf Blättern in der niedrigeren vorgelagerten Vegetation.

Biologie: M. GEBEL beobachtete Eiablage mehrfach an den Spitzen trockener, auf dem Boden liegender Ästchen (in etwa 30 cm Höhe).

N. cothurnatus ♂,
Baden-Württemberg, Schwetzingen, 18.05.2016

Neoitamus cyanurus (Loew, 1849) – Gemeiner Strauchdieb

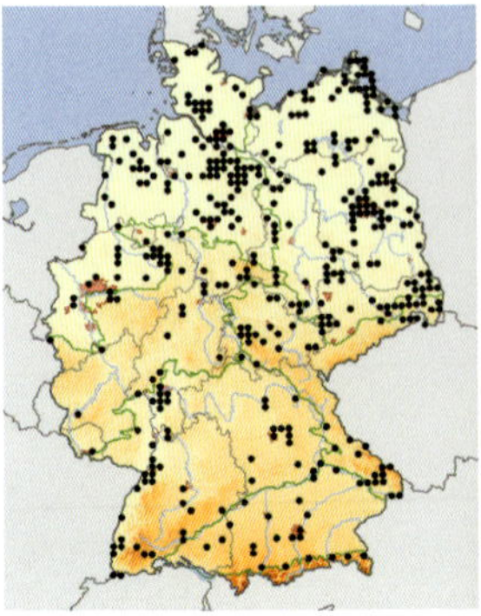

Merkmale: Zu den allgemeinen Körpermerkmalen vgl. die Gattungsmerkmale unter *N. cothurnatus*. Die mittelgroße *N. cyanurus* als häufigste Art dieser Gattung hat vorherrschend schwarze Borsten an den Vorderschienen (wie *N. socius*) und ein vorherrschend schwarzes 1. Glied am Vorderfuß. Das ♂ wie *N. socius* mit unbestäubtem 6. Hinterleibstergit; Epandrien ± lang oval und am Ende gleichmäßig abgerundet, Ober- und Unterrand dabei ± parallel. Aedeagus breit und rötlich mit kurzem schmalen Endstück (auf Fotos oft gut zu sehen). ♀ wie *N. socius* ohne Bestäubung auf dem 7. Hinterleibssternit; Mikro-Behaarung höchstens am äußeren distalen Ende der basalen Radialzelle vorhanden. **Länge:** 12–17 mm.

Flugzeit: A Mai–A September.

Gesamtverbreitung: A, B, BG, CH, CZ, D, DK, F, GB, GR, H, I, IR, IRL, NL, PL, R, RUS (europäischer Teil bis zum fernen Osten), S, SF, SK, TR.

Verbreitung in Deutschland: Häufig. Die Art ist in ganz D häufig und weit verbreitet. Eine Verbreitungsgrenze ist nicht erkennbar. Als gehölzgebundene Art dürfte sie von Natur aus nur auf manchen Nord- und Ostseeinseln fehlen. Bisher in D von der planaren bis zur montanen Höhenstufe nachgewiesen.

Lebensraum: Der Gemeine Strauchdieb besiedelt Wälder und Kleingehölze der unterschiedlichsten Ausprägungen. Dies reicht von dunklen Fichtenforsten bis hin zu lichten trockenwarmen Kiefernwäldern. Eine engere Bindung an bestimmte Standorte ist nicht erkennbar. Die häufige Art dringt entlang von Hecken auch in die offene Landschaft vor und findet auch in Gärten, Parks etc. in Siedlungsbereichen geeignete Lebensbedingungen vor. In Waldbereichen am ehesten entlang von Waldinnen- und -außenrändern zu finden. **Ansitz:** Die Tiere dieser Art sitzen üblicherweise auf Blättern und Zweigen von Sträuchern und Bäumen an, an Gehölzrändern, seltener auch auf Blättern niedrig wachsender Kräuter oder Gräser.

Biologie: Die Eiablage erfolgt in die Spitzen von Zweigen verschiedener Baumarten. Der lange Ovipositor wird dabei in der Regel von oben unter den Zweig gebogen und nach oben geschoben, um die Eier an/in verschiedene Strukturen, wie z.B. Knospen, junge Blätter, Rinde oder kleine Zapfen (Erle), abzulegen. BELING (1882) fand die Larven und Puppen dieser Art *„im Laubholzwalde unter der Laubdecke im Boden"* sowie *„in einem etwa 40jährigen Fichtenbestande in von früheren Maulwurfshügeln etc. herrührenden Bodenerhebungen"*.

N. cyanurus ♂, Hessen, Langen, 11.06.2016

Neoitamus socius (Loew, 1871) – Kleiner Strauchdieb

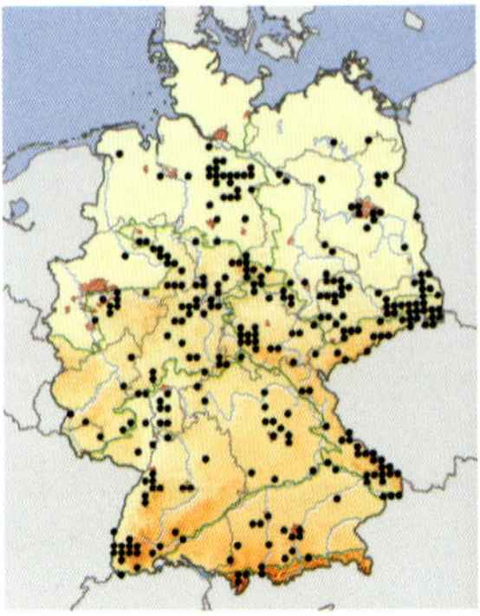

Merkmale: Zu den allgemeinen Körpermerkmalen vgl. die Gattungsmerkmale unter *N. cothurnatus*. Auch die mittelgroße *N. socius* besitzt vorwiegend schwarze Borsten an den Vorderschienen (wie *N. cyanurus*), aber ein teilweise helles 1. Glied am Vorderfuß (wie *N. cothurnatus*). Das ♂ wie *N. cyanurus* mit unbestäubtem 6. Hinterleibstergit; Epandrien am Ende an der Unterkante schräg abgestutzt und daher in Seitenansicht ± dreieckig erscheinend, 8. Hinterleibssternit am Hinterrand mit auffälliger, dichter, anliegender schwarzer Behaarung. ♀ wie *N. cyanurus* ohne Bestäubung auf dem 7. Hinterleibssternit; Mikro-Behaarung wie bei *N. cothurnatus* über die gesamte Länge der basalen Radialzelle des Flügels vorhanden, überwiegend am Vorderrand verteilt. **Länge:** 12–18 mm.

Flugzeit: (E April) E Mai–E August (M Oktober).

Gesamtverbreitung: A, AL, B, BG, CH, CZ, D, DK, E, F, H, PL, R, RUS (europäischer Teil bis O-Sibirien), S, SF, SK, YU.

Verbreitung in Deutschland: Häufig. Der Kleine Strauchdieb ist in D weit verbreitet und scheint nur in den küstennahen, klimatisch gemäßigteren Regionen von NI, SH und MV deutlich seltener zu sein (oder teilweise gänzlich zu fehlen?). Die Art besiedelt die planare bis hochmontane Höhenstufe mit einer deutlichen Präferenz für die montanen Mittelgebirgslagen. Nach bisherigem Kenntnisstand scheint *N. socius* in höheren Lagen damit der häufigste *Neoitamus* zu sein, während er in der Ebene in der Häufigkeit deutlich hinter *N. cyanurus* zurücktritt.

Lebensraum: *N. socius* ist wie *N. cyanurus* vor allem ein Wald(rand-)Bewohner und kommt sowohl in Nadel- als auch in Misch- und Laubwäldern vor. An vielen Stellen treten beide Arten zusammen auf. Der Unterschied in den jeweiligen ökologischen Nischen lässt sich bisher noch nicht ausreichend beschreiben. Aufgrund der Präferenz für kühlere Lagen kann *N. socius* als Kennart für den FFH-Lebensraumtyp 9180 „Schlucht- und Hangmischwälder" sowie als dominante Kennart für den Typ 9413 „Hercynischer Fichtenwald" bewertet werden. Wie andere Waldarten auch bevorzugt der Kleine Strauchdieb dabei jedoch Habitatstrukturen mit regelmäßiger Sonneneinstrahlung, wie Waldwege, Waldränder oder Lichtungen. **Ansitz:** Das Ansitzverhalten ist mit dem von *N. cyanurus* vergleichbar (vor allem Blätter und Zweige von Sträuchern und Bäumen, seltener auch auf Blättern in der benachbarten Krautschicht).

Biologie: Eiablage vermutlich ähnlich wie bei *N. cyanurus*. MELIN (1923) beschreibt die Puppe, verzichtet aber leider auf die Mitteilung der Fundumstände.

N. socius ♂, *Sachsen, Seiffen, 20.06.2015*

Neomochtherus geniculatus (Meigen, 1820) – Garten-Raubfliege

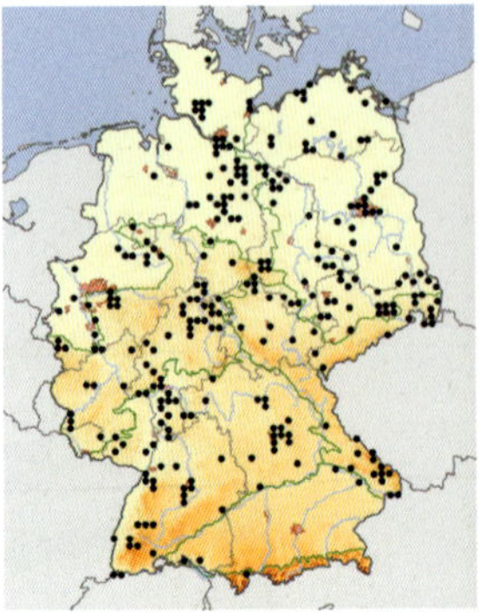

Merkmale: Die Neomochtherini sind in D durch einen eher kleinen Gesichtshöcker (Oberkante erreicht die halbe Höhe des Gesichts nicht), durch Dorsozentralen, die auf den hinter der Quernaht liegenden Teil des Scutums beschränkt sind (nur bei *N. geniculatus* 1–2 Paare auch vor der Quernaht), durch einen (im Vergleich etwa zur *Machimus*-Gruppe) lang gestreckten Ovipositor mit freien, unbedornten Cerci sowie bauchig aufgetriebenen Epandrien, die an ihrer Spitze einen komplexen Aufbau mit Einschnitten und Loben aufweisen, charakterisiert. Die beiden heimischen *Neomochtherus*-Arten sind an den seitlichen Rändern und auf der Unterseite des Hinterleibs überwiegend oder größtenteils unbestäubt. Die mittelgroße *N. geniculatus* hat fast vollständig schwarz gefärbte Schenkel (an der Spitze vor allem der Vorderbeine schmal gelb), überwiegend gelb gefärbte Schienen (an der Spitze schwarz), Füße mit Ausnahme des hellen Basalgliedes überwiegend schwarz (vgl. *Neoitamus*-Arten mit oft ähnlicher Beinfärbung; vgl. auch *Neomochtherus alpinus*, Foto auf S. 124). **Länge:** 12–16 mm.

Flugzeit: E Mai–A Oktober.

Gesamtverbreitung: A, AL, B, BG, CH, CZ, D, E, F, GE, NL, PL, SK.

Verbreitung in Deutschland: Häufig. In ganz D weit verbreitet, größere Lücken bei den Nachweisen (Alpenvorland, Alpen) sind wohl vor allem auf Erfassungsdefizite zurückzuführen. Trotz der weiten Verbreitung liegen die Fundorte bisher nur im planaren bis montanen Höhenbereich, Beobachtungen aus der hochmontanen Stufe fehlen.

Lebensraum: Die eher anspruchslose Garten-Raubfliege ist ein typischer Gehölzbewohner und tritt regelmäßig in verschiedenen Nadel-, Misch- und Laubwäldern auf. Eine engere Bindung an bestimmte Standorte oder Waldtypen ist nicht erkennbar, allerdings werden sonnenexponierte Waldrandsituationen (Lichtungen, Waldmäntel) bevorzugt. Sie dringt hierbei weit in Siedlungen vor und kann mitunter auch in kleinen Gartenanlagen in dicht bebauten Stadtteilen von Großstädten beobachtet werden. Die Art fliegt regelmäßig durch geöffnete Fenster in Räume ein. **Ansitz:** Wie die *Neoitamus*-Arten sitzt die Garten-Raubfliege gerne auf Blättern und Zweigen von Gehölzen an, nutzt aber auch Baumstämme und Totholz als Ansitze.

Biologie: Bisher fehlen trotz der Häufigkeit der Art Beobachtungen zur Eiablage. Beling (1875) berichtet von mehreren Larvenfunden: zwei Larven auf einer Viehruhe im Fichtenwald in der mit Kuhdung vermischten humosen Erde, vereinzelte Larven in vermoderten Laubholzstöcken (!), ferner auf einem Kuhlager im Laubholzwald im Kuhdung, unter der Nadeldecke des Bodens in einem Kiefernbestande und einmal auch unter einem Stein im Wald. Nach seinen Zuchten dauert die Puppenruhe ca. 3 Wochen. (Nicht in allen Fällen konnte Beling offenbar Imagines aus Larven/Puppen züchten; insbesondere gibt er keine Zucht für die Exemplare aus den Laubholzstöcken an; deren Artzugehörigkeit ist also aufgrund des damaligen (geringen) Kenntnisstands der Larvalstadien als fraglich zu werten).

N. geniculatus ♂, Hessen, Egelsbach, 21.06.2016

Neomochtherus pallipes (Meigen, 1820) – Striemen-Raubfliege

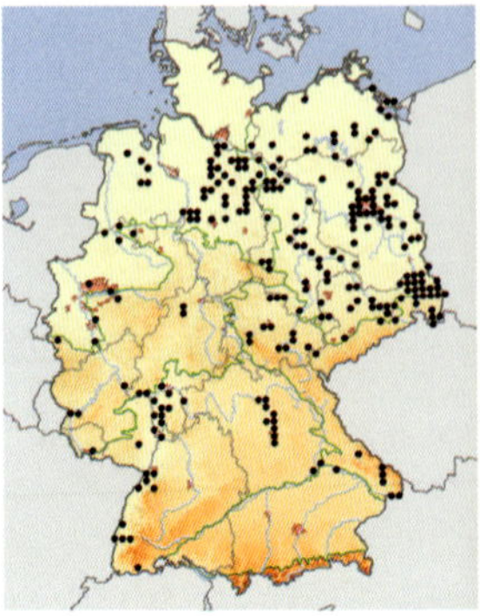

Merkmale: Die mittelgroße Striemen-Raubfliege ist an Brust und Hinterleib grau bestäubt, letzterer allerdings lateral (schmal) und ventral überwiegend glänzend. Anders als bei *N. geniculatus* Dorsozentralen nur hinter der Quernaht. Die Art ist eine der wenigen Asilinen in D mit vorherrschend gelben/rotgelben Beinen. Die Schwarzanteile hängen dabei wohl auch von der Temperatursumme während der Puppenruhe ab. Schenkel rotgelb, auf der Vorderseite in der Regel mit einem braunen oder schwarzen Längsstriemen, dessen Länge variieren kann. Schienen ganz gelb oder an der Spitze/auf der Vorderseite verdunkelt. **Länge:** 13–16 mm.

Flugzeit: (A Mai) M Juni–A September (A Oktober).

Gesamtverbreitung: A, B, BG, CH, CZ, D, E, F, GB, GR, NL, PL, R, RUS (europäischer Teil), SF, SK, YU; außerdem Nordamerika.

Verbreitung in Deutschland: Häufig. Die Art ist im Norddeutschen Tiefland weit verbreitet, jedoch schwerpunktmäßig in den altpleistozänen Moränenlandschaften und den Ostsee-Küstendünen. In den jungpleistozänen Moränenlandschaften mit regelmäßig stärker anlehmigen Böden ist sie auch dort deutlich seltener. Südlich der Mittelgebirgsschwelle konzentrieren sich die Vorkommen auf das Oberrhein-Tiefland und die fränkischen/oberpfälzischen Sandgebiete, ansonsten kommt die Art nur sehr zerstreut vor. Überwiegend unterhalb von 400 m in der planaren bis submontanen Höhenstufe, in günstigen Lagen auch in montanen Lagen.

Lebensraum: Die Art zeigt in D eine deutliche Bevorzugung trockenwarmer, offener bis halboffener Lebensräume im Kontakt zu lichten Wäldern und Forsten. Das Spektrum reicht hierbei von Silbergrasrasen über ausdauernde Sandtrockenrasen, trockenwarme Ruderalfluren bis hin zu Sandheiden. Bei den angrenzenden Gehölzen handelt es sich oft um lichte Kiefernbestände oder trockene Eichen-Birkenwälder, nach T. Kästner regelmäßig auch mitten in wärmeliebenden Eichen-Trockenwäldern im Bereich schütter bewachsener Felspartien. **Ansitz:** Hinsichtlich des Ansitzes zeigt sich diese Art recht variabel. Sie wurde im Offenland auf vegetationsfreiem Boden, an Gräsern, auf Blättern von Kräutern etc. sowie am Waldrand auf Blättern und Zweigen von Sträuchern und an Baumstämmen beobachtet. Vermutlich wechselt sie ihren Standort in Abhängigkeit vom tageszeitlichen Temperaturverlauf.

Biologie: Eiablage wurde offenbar bisher noch nicht beobachtet. Die Larvalentwicklung findet wohl im Boden statt. Drees (2008) berichtet darüber, dass bei seinen Funden im Sauerland *„anscheinend die Felsen essentiell für diese Art sind – wenigstens im regenreichen Sauerland –, denn am Südabfall des Klusenberges wurden gerade in unmittelbarer Nähe einer Felskanzel etliche immature, noch weiche Imagines gefunden.“* Vermutlich sind die Felsen nur mittelbar von Bedeutung, indem sie möglicherweise für günstige trockenwarme Bedingungen (Regenschatten?) im oberen Bodenhorizont sorgen. In anderen (Sand-)Gebieten bedarf es solcher Strukturen nicht.

N. pallipes ♀, *Bayern, Harrlach, 16.07.2016*

Pamponerus germanicus (Linnaeus, 1758) – Alabasterfliege

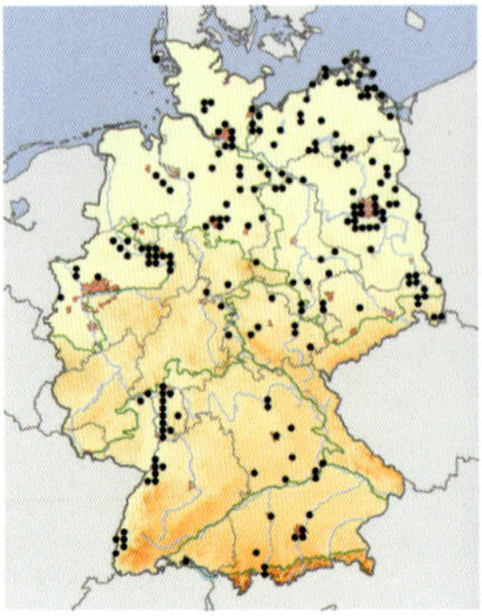

Merkmale: Die große Alabasterfliege ist eine der wenigen Arten mit Geschlechtsdimorphismus unter den heimischen Asilinen. Brust und Hinterleib braungrau bestäubt, Gesicht mit großem, deutlich über die halbe Höhe hinaus reichenden Gesichtshöcker, die Occipitalen in der oberen Hälfte leicht nach vorn gebogen (vgl. *Neoitamus* mit anderer Hinterleibsbestäubung und anderen Genitalien). Schenkel schwarz, Schienen überwiegend rotgelb, nur etwa Spitzen-Siebtel schwarz, Basalglieder der Füße rotgelb, bis zum schwarzen Endglied Schwarzanteile zunehmend. Flügel in den distalen 2 Dritteln stärker verdunkelt als bei Asilinen sonst üblich, beim ♂ basales Drittel im Kontrast dazu halbtransparent kalkweiß gefärbt (Foto auf Seite 67), beim ♀ basales Drittel weitgehend transparent. Epandrien im Spitzenviertel mit kräftigem, nach innen gerichteten Zahn, Ovipositor kurz und nicht seitlich abgeflacht. Bei ungünstigem Beobachtungs-/Aufnahmewinkel mit *A. varipes* zu verwechseln, aber anhand der Genitalien in beiden Geschlechtern meist leicht zu unterscheiden. **Länge:** 18–21 mm.

Flugzeit: (A April) A Mai–E Juli (M August).

Gesamtverbreitung: A, CH, CZ, D, DK, F, GB, H, I, KZ, N, NL, PL, R, RUS (europäischer Teil bis O-Sibirien), S, SF, SK, YU.

Verbreitung in Deutschland: Mäßig häufig. Im Norddeutschen Tiefland weit verbreitet, konzentriert sich die Verbreitung südlich der Mittelgebirgsschwelle auf Flussniederungen (z.B. das Oberrheintiefland) oder Sandgebiete („schwache" Sandart). An der Ostseeküste regelmäßig auf Dünen vorkommend (auch auf Inseln wie Hiddensee), scheint die Art auf den Nordseeinseln weitgehend zu fehlen (bisher nur von Amrum belegt). Als Sandart in D vor allem in der planaren Höhenstufe vorkommend, dringt aber auch bis in den unteren montanen Bereich vor.

Lebensraum: Es handelt sich augenscheinlich um einen Biotopkomplexbewohner, der Vegetationsmosaike aus Wald- und Gehölzpartien sowie offenen bis halboffenen Bereichen bevorzugt. Oft handelt es sich um Waldlichtungs- oder Waldrandsituationen auf frischen bis trockenen Standorten mit benachbarten Magerrasen, Ruderalfluren, Ackerbrachen, Schlagflächen etc. Die Art dringt mitunter zwar recht weit in lichte (Laub-)Wälder vor, hält sich üblicherweise aber an Waldrändern auf. *P. germanicus* kann als (schwache) Kennart des FFH-Lebensraumtyps 9190 „Alte bodensaure Eichenwälder auf Sandböden mit Stieleiche" gelten. Die Habitatbindung auf Küstendünen sollte näher untersucht werden. **Ansitz:** Die Art jagt meist von Blättern randständiger Bäume und Büsche, seltener auch aus der benachbarten Krautschicht.

Biologie: MELIN (1923) beobachtete mehrere ♀ bei der Eiablage, die – auf einem Grashalm sitzend – jeweils 3 Eier einfach in die Vegetation bzw. auf den Boden fallen ließen, ohne sie anzuheften. Larven fand er im Sand eines Dünenbereichs (bis in eine Tiefe von 0,5 m). RATZEBURG (1844) schreibt: *„Um die frühern Stände zu beobachten, muss man gegen Ende des Mai auf sandigen, mit Stöcken und sparsamer Vegetation besetzten Stellen den Boden genau durchspähen; die Puppen sitzen dicht unter der Oberfläche."*

P. germanicus ♀, Baden-Württemberg, Schwetzingen, 17.05.2016

Philonicus albiceps (Meigen, 1820) – Sand-Raubfliege

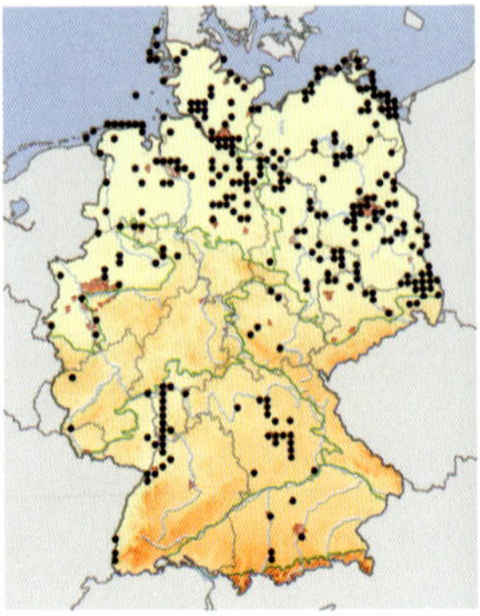

Merkmale: Die mittelgroße Art hat eine schwarze Grundfarbe, die an der Brust und am Hinterleib aber fast vollständig durch eine (sand-)graue Bestäubung verdeckt ist. Gesichtshöcker klein, erreicht nicht die halbe Höhe des Gesichts, mit überwiegend weißem Knebelbart. Dorsozentralen nur hinter der Quernaht. Die Beine sind vollständig schwarz und dabei weiß anliegend kurz behaart, Beinbeborstung ebenfalls überwiegend weiß. Epandrien im letzten Drittel mit einem kräftigen nach innen gerichteten Zahn; Ovipositor nicht seitlich abgeflacht, mit freien Cerci, die an der Spitze mehrere kräftige Dornen/Borsten tragen (Alleinstellungsmerkmal unter den in D vorkommenden Asilinen). **Länge:** 12–20 mm.

Flugzeit: E Mai–A Oktober.

Gesamtverbreitung: A, AL, B, BG, CH, CY, CZ, D, DK, E, F, FL, GB, GR, H, I, IR, IRL, IS, IL, L, M, MGL, N, NL, P, PL, R, RUS (europäischer Teil bis O-Asien), S, SF, SK, TR, YU.

Verbreitung in Deutschland: Häufig. *Ph. albiceps* zeigt das klassische Verbreitungsbild einer Sandart. Im Norddeutschen Tiefland in den Moränenlandschaften und entlang der Küsten weit verbreitet, konzentrieren sich die Vorkommen südlich der Mittelgebirgsschwelle auf Flusstäler (insbesondere das Oberrhein- und das Rhein-Main-Tiefland) sowie größere Sandgebiete wie in Franken und der Oberpfalz. Auf den Dünen der Nord- und Ostseeinseln ist sie eine dominante Art, die sogar auf der Helgoländer Düne vorkommt. Entsprechend der Verbreitung liegt ein klarer Schwerpunkt in der planaren Höhenstufe, in D steigt sie bis in die submontane Stufe auf.

Lebensraum: Die Sand-Raubfliege ist eine Charakterart der Küstendünen und trockener, vegetationsarmer Sandfluren im Binnenland. In ausdauernden Sandtrockenrasen, Sandheiden und trockenwarmen Ruderalfluren konzentrieren sich die oft kleineren Populationen meist auf kleinflächige Bereiche mit vegetationsfreien Stellen (Sandwege, Abgrabungsstellen, Böschungen), in Auen z.B. auf Schwemmsandinseln. Soweit in der Literatur Wälder als Biotop angegeben werden, dürfte es sich auch hierbei um sandige Waldwege, sandige Waldlichtungen etc. handeln. Mitunter werden auch sehr schmale sandige Wege und Trampelpfade innerhalb dichterer und höherer Vegetation angenommen. *Ph. albiceps* kann als dominante Kennart für die FFH-Lebensraumtypen 2120 „Weißdünen mit Strandhafer", 2130 „Graudünen mit krautiger Vegetation" und 2330 „Offene Grasflächen mit Silbergras und Straußgras auf Binnendünen" gelten. **Ansitz:** In aller Regel jagt die Art von vegetationsfreien oder -armen Sandflächen aus.

Biologie: Die Eiablage erfolgt direkt einzeln in den Sandboden und zwar meist während der frühen Nachmittagsstunden im Schatten von Gräsern (F. Geller-Grimm). Nach erfolgter Ablage der Eier wischt das ♀ mit den Dornen des Ovipositors über die Ablagestelle und verschließt sie so wieder. Larvalentwicklung nach Melin (1923) bevorzugt zwischen Pflanzenwurzeln. Die Larven finden sich bis in eine Tiefe von 0,5 m – vermutlich, um die besonders trockenen oberen Bodenbereiche zu meiden.

Ph. albiceps ♂, Nordrhein-Westfalen, NSG Spey, 16.07.2014

Ph. albiceps ♀, Polen, Smolnica, 09.06.2006

Rhadiurgus variabilis (Zetterstedt, 1838) – Nordische Raubfliege

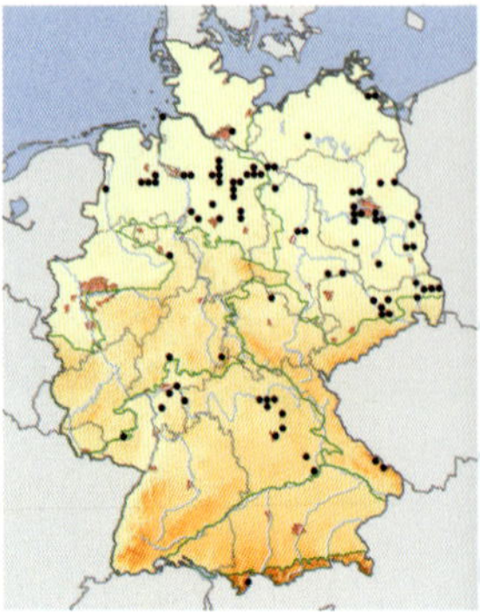

Merkmale: Auf den ersten Blick aufgrund der Färbung an eine *Tolmerus* erinnernd, ist die mittelgroße Art anhand des glänzenden, schwarzen, großen Gesichtsflecks über dem starken Gesichtshöcker unter den heimischen Asilinen unverwechselbar. Brust und Hinterleib aschgrau bestäubt, Dorsozentralen in 1–2 Paaren vor die Quernaht reichend, Schenkel schwarz, Schienen in unterschiedlicher Ausdehnung rotgelb, meist an der Spitze und auf der Vorderseite dunkel/schwarz, 1. Fußglied überwiegend rotgelb, die 3 Spitzenglieder schwarz; Epandrien in Seitenansicht leicht s-förmig geschwungen, in Dorsalansicht im Spitzendrittel mit nach innen gerichtetem großen Zahn, Ovipositor kurz und nicht seitlich abgeflacht (wie bei *Tolmerus*), sondern eher konisch oder in der Vertikalen leicht abgeflacht, letztes Sternit auffällig vertikal abgestutzt. **Länge:** 12–15 mm.

Flugzeit: M Mai–M August (A September).

Gesamtverbreitung: A, B, CH, CZ, D, DK, F, GB, N, NL, PL, RUS (europäischer Teil bis O-Asien), S, SF, SK.

Verbreitung in Deutschland: Selten. Im Norddeutschen Tiefland weit verbreitet, vor allem in den Altmoränenlandschaften. In den Jungmoränenlandschaften und auf den Inseln seltener oder ganz fehlend. In den Mittelgebirgslagen zerstreut verbreitet und auch im Alpenraum vorkommend. Im Oberrheingraben oder anderen Gebieten mit besonders hoher Jahresdurchschnittstemperatur ganz oder weitgehend fehlend. Hinsichtlich der Höhenlage wenig anspruchsvoll: Zwar aufgrund der weiten Verbreitung im Tiefland überwiegend in der planaren Stufe, aber als eine der wenigen Asilinen bis in den subalpinen Bereich vordringend.

Lebensraum: Die einzige Asilinen-Art in D mit mittel- und nordeuropäischem Verbreitungsschwerpunkt besiedelt vorzugsweise Mosaike mit Waldlichtungs- und Waldrandsituationen auf trockenen Sandstandorten und benachbarten Offenlandbiotopen. Meist handelt es sich um lichte Kiefernwälder bzw. -forsten (z.B. auch Schlagflächen) mit Kontakt zu Silbergrasrasen, Sandtrockenrasen oder Sandheiden, auch auf sekundären Standorten wie Sand- und Kiesgruben oder Tagebauen. Obwohl die Nordische Raubfliege ein Biotopkomplexbewohner ist, kann sie als Kennart der FFH-Lebensraumtypen 4030a „Calluna-Heide des Tieflandes" und 5130b „Wacholder-Zwergstrauchheiden" gelten. **Ansitz:** Als Ansitz werden gerne offene Bodenstellen, Steine, liegende Zweige, Zapfen, Äste und (auch stehende) Stämme gewählt.

Biologie: Das ♀ legt die Eier einzeln bodennah an verschiedene Strukturen ab, z.B. kleine Zweige, (Kiefern-)Nadeln, Zapfen, Moos, Flechten etc. (MELIN 1923). SMITH (1989) berichtet von (Larven-?)Funden in sandigen Böden am Rande von Kiefernwäldern im Hochland (Schottlands). Die Puppenruhe dauert nach den Beobachtungen von MELIN etwa 3 Wochen.

R. variabilis ♂, Niedersachsen, Göhrde, 29.05.2016

Stilpnogaster aemula (Meigen, 1820) – Glänzende Raubfliege

Merkmale: Die mittelgroße Art ist unverkennbar unter den heimischen Asilinen durch die glänzenden Hinterleibstergite, die nur an den Hinterrändern schmal grau bestäubt sind. Im Übrigen mit mittelgroßem Gesichtshöcker, Brust aschgrau bestäubt, Dorsozentralen in 2–3 Paaren bis vor die Quernaht, Schenkel schwarz, Schienen überwiegend rötlich, im Spitzendrittel schwarz (auf der Vorderseite zieht sich die schwarze Färbung weiter Richtung Schienenmitte), Basalglied der Füße rötlich, restliche Glieder (überwiegend) schwarz. Epandrien schwarz, im Spitzendrittel mit großem nach innen und oben gerichteten Zahn. Ovipositor mit freien Cerci und leicht seitlich zusammengedrückt. **Länge:** 14–16 mm.

Flugzeit: E Juni–E August (Flugzeit der Art in D unzureichend bekannt).

Gesamtverbreitung: A, CH, CZ, D, F, I, PL, R, SK.

Verbreitung in Deutschland: Sehr selten. Die Glänzende Raubfliege ist in D bisher nur aus den Alpen, den Östlichen Mittelgebirgen (Bayrischer Wald, Thüringer Wald, Erzgebirge) sowie dem Harz belegt (Nachsuche in anderen höheren Mittelgebirgen, etwa dem Schwarzwald, wäre wünschenswert). Eine der wenigen Asilinen-Arten, die im planaren Bereich fehlen und ihren Schwerpunkt in der submontanen bis hochmontanen Höhenstufe haben (aber selten auch kollin auftreten).

Lebensraum: Die wenigen Funde sprechen für einen Bewohner montaner Nadelwälder, in D wohl vor allem Fichtenwälder. Auch diese Art wird in der Regel eher an lichteren Stellen und Waldrandsituationen beobachtet. Noch unter etwas Vorbehalt (wenige aktuelle Funde) kann *St. aemula* als Kennart des FFH-Lebensraumtyps 9143 „Hercynischer Fichtenwald" eingestuft werden. **Ansitz:** M. Gebel fand die Art in der Schweiz vor allem auf dünnen, trockenen (unbenadelten) Zweigspitzen innerhalb lichter Wälder in Höhen zwischen 1700 und 2000 m über dem Meeresspiegel, T. Kästner ein Exemplar im Erzgebirge in einem Fichtenwald auf den Blättern junger Ebereschen.

Biologie: Zu dieser Art liegen noch keine Hinweise zur Biologie (Individualentwicklung) vor. Nach Andersson (1999) leben die Larven als Räuber von anderen Insektenlarven; eine Quelle für diese Beobachtung gibt der Autor allerdings nicht an.

t. aemula ♂, Schweiz, Wallis, 08.07.2016

Tolmerus atricapillus (Fallén, 1814) – Gemeine Raubfliege

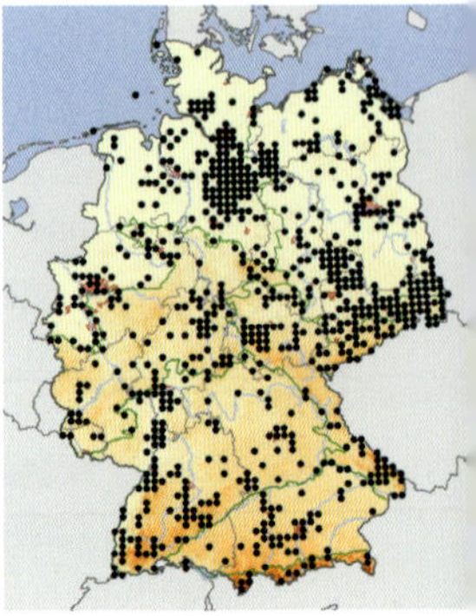

Merkmale: *Tolmerus* ist (unter anderem aufgrund der oft variablen Beinfärbung) eine der am schwierigsten zu bestimmenden Gattungen und weist die Merkmale der Gattung *Machimus* auf mit folgenden Unterschieden: Schildchen am Hinterrand meist mit 2–4 Borsten; Abdominalsternit 8 beim ♂ am Hinterrand ohne Ausbuchtung oder mit charakteristischer „Sternitgabel" (nur *T. atricapillus*), ein an der Spitze meist doppelspitziger Fortsatz. Die mittelgroße Gemeine Raubfliege ist als ♂ an der Sternitgabel leicht zu erkennen. Brust und Hinterleib aschgrau bestäubt. Wangen bis zum Hinterkopf bestäubt; Schenkel schwarz, auf der Rückseite an der Spitze rotgelb (am Vorderschenkel mit distal-ventral nach basal-dorsal verlaufender Grenzlinie der Färbung). Schienen rotgelb, an der Spitze mit schwarzem Ring, auf der Vorderseite meist auf vorherrschender Läng schmal schwarz (nur Basis rotgelb), auf der Rückseite im basalen Drittel mit schwar zem Fleck (kann fehlen), der in der Regel keine Verbindung zum Streifen der Vorderse te aufweist, Behaarung der Abdominalsternite schwarz und weiß gemischt, abstehen und lang. Epandrien leicht geschwungen, Gonocoxite an der Unterkante mit 2–3 meis dunklen Borsten, Ovipositor seitlich abgeflacht. **Länge:** 14–18 mm.

Flugzeit: (A Juni) A Juli–M Oktober (A November).

Gesamtverbreitung: A, B, BG, CH, CZ, D, DK, F, GB, I, KZ, N, NL, PL, R, RUS (europä scher Teil bis O-Asien), S, SF, SK.

Verbreitung in Deutschland: Sehr häufig. Die häufigste Raubfliegenart in D ist allge mein verbreitet und weist keine größeren Verbreitungslücken auf. Möglicherweise au einigen Nordseeinseln fehlend, aber auf Helgoland vorhanden. Von der planaren bi zur subalpinen Höhenstufe vertreten.

Lebensraum: *T. atricapillus* ist hinsichtlich ihrer Habitatansprüche recht anspruchs los. Sie besiedelt sowohl zeitweise feuchte als auch trockene Böden. Auf nahezu ve getationslosen Stellen (z.B. Silbergrasrasen) ist sie genauso anzutreffen wie in dich bewachsenen, offenen Bereichen (etwa Fettwiesen, Ruderalfluren) oder in nicht allz schattigen Laub-, Misch- und Nadelwäldern. Sie kommt auch in Siedlungsbereiche vor. **Ansitz:** *T. atricapillus* zeigt die größte Vielfalt bei der Wahl ihrer Ansitze. Das Spek trum reicht von vegetationsfreien Bodenstellen über diverse Strukturen der Gras Kraut- und Strauchschicht bis zu Ansitzen an stehenden Stämmen, Mauern etc.

Biologie: Die Eiablage erfolgt an verschiedenen, meist bodennahen Strukturen, z.B trockene Blütenköpfe von Habichtskräutern und Seggen (MELIN 1923) oder nach GOC (1979) unter Holzstückchen und Kiefernzapfen (in den Sandboden?). T. KÄSTNER be obachtete die Eiablage in die Knospenschuppen eines abgestorbenen Zweiges eine Wildapfels in etwa 2,5 Meter Höhe (5 Eier, Larvenschlupf nach 3 Tagen). Larven wurde in lehmiger Erde (beweidete Ackerbrache) bzw. Ackererde sowie im Nadelholzwal gefunden (BELING 1882), dürften aber sehr unterschiedliche Böden zur Entwicklun nutzen. Die Puppenruhe dauert zwischen etwa 3 und 5 Wochen (MELIN 1923).

T. atricapillus ♂, Hessen, Rüsselsheim, 17.08.2014

Tolmerus cingulatus (Fabricius, 1781) – Burschen-Raubfliege

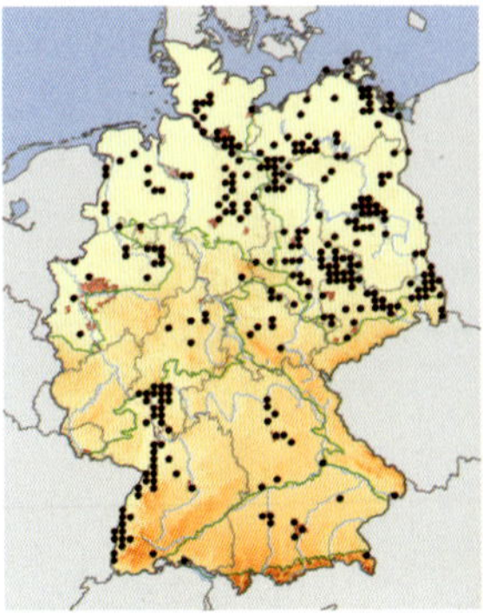

Merkmale: Eine mittelgroße Art mit gelb- oder braungrau bestäubter Brust und Hinterleib. Arista in der Regel kurz (½ bis ⅔ der Länge des 3. Fühlergliedes). Schenkel schwarz mit rotgelben Streifen auf der Rückseite, auch Hinterschenkel mit durchgehendem rotgelben Streifen (vgl. *T. cowini*). Schienen rotgelb mit schwarzer Spitze und schwarzem Ring etwas oberhalb der Mitte (Ring kann auf der Ober- und Unterseite unterbrochen sein). ♂ ohne Sternitgabel, Epandrien schmal und gerade oder nur leicht geschwungen, Gonocoxite mit borstenartigen, hellen Haaren, Ovipositor seitlich abgeflacht. Von der Schwesterart *T. cowini* in der Regel nur bei Betrachtung unterm Mikroskop zu trennen (unter anderem anhand der innen liegenden Gonostyli). **Länge:** 10–13 mm.

Flugzeit: (A Juni) A Juli–E September.

Gesamtverbreitung: A, AL, AZ, B, BG, CH, CZ, D, DK, F, GB, H, I, IR, MGL, N, NL, PL, R, RUS (europäischer Teil), S, SF, SK, TR, YU.

Verbreitung in Deutschland: Häufig. *T. cingulatus* ist allgemein verbreitet, zumindest im Norddeutschen Tiefland, in den Mittelgebirgen und im Alpenvorland jedoch deutlich seltener und mit ähnlichem Verbreitungsbild wie bei Sandarten. In den Alpen bisher noch ohne Nachweise, ebenso wie auf den Nordseeinseln. Mit deutlichem Schwerpunkt in der planaren Höhenstufe kommt die Art bis in den montanen Bereich vor.

Lebensraum: Ausdauernde Sandtrockenrasen, Sandheiden sowie frische und trockene Wiesen, grasige Wegränder, trockenwarme Ruderalflächen und Brachen etc. sind die typischen Lebensräume dieser Art in D. Die von ihr bevorzugten Teilbereiche weisen dann aber meist eine zwar schüttere, aber mehr oder weniger geschlossene Vegetation auf. Sehr offene Trockenrasen, z.B. Silbergrasrasen, meidet sie weitgehend. **Ansitz:** Diese Art jagt bevorzugt von Blättern und Grashalmen der oberen Vegetationsschicht in den von ihr besiedelten offenen Habitaten aus.

Biologie: Es erfolgt keine Balz, vielmehr fliegt das ♂ ruhende oder vorbeifliegende ♀ direkt an. Die Eiablage erfolgt nach ADAMOVIC (1972) meist in einer Anzahl von 3–5 Stück an Blüten- und Samenstände sowie Blätter verschiedener Pflanzenarten, z.B. (auf dem Balkan) *Mentha pulegium*, *Rorippa sylvestre*, *Plantago major*, *Veronica longifolia* (in D sind aufgrund anderer Lebensräume andere Pflanzenarten zu erwarten). Die Larvalentwicklung findet im Boden statt, die Puppenruhe dauert nach MELIN (1923) zwischen etwa 3 und 5 Wochen.

Nach MELINS Beobachtungen hat die Burschen-Raubfliege bei der Ansitzjagd meist nur einen kleinen Aktionsradius von unter 25 cm (der jedoch auch von der jeweiligen Raumstruktur im Gebiet abhängen dürfte).

T. cingulatus ♂, Hessen, Egelsbach, 14.07.2014

Tolmerus cowini (Hobby, 1946) – Cowin's Raubfliege

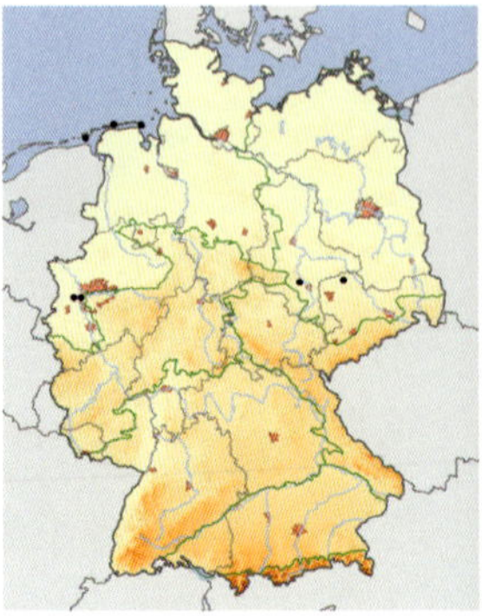

Merkmale: *T. cowini* ist die Schwesterart von *T. cingulatus*, und im Durchschnitt etwas größer als diese. Die Bestäubung ist eher aschgrau und die Körperzeichnung meist etwas dunkler. Arista in der Regel kurz (½ bis ⅔ der Länge des 3. Fühlergliedes). Beinfärbung wie bei *T. cingulatus*, aber insgesamt Schwarzanteile ausgedehnter, Schenkel-Rückseite meist nur mit rotgelben Flecken, insbesondere Hinterschenkel rückseitig nur mit basalem und distalem rotgelben Fleck, selten diese Flecken fast verbunden. ♂ ohne Sternitgabel, Epandrien leicht geschwungen, Gonocoxite mit borstenartigen, hellen Haaren, Ovipositor seitlich abgeflacht. Von der Schwesterart *T. cingulatus* in der Regel nur bei Betrachtung unterm Mikroskop sicher zu trennen (unter anderem anhand der innen liegenden Gonostyli). **Länge:** 10–13 mm.

Flugzeit: A Juni–A August (Flugzeit der Art in D unzureichend bekannt).

Gesamtverbreitung: B, D, F, GB, H, IRL, NL, R, YU.

Verbreitung in Deutschland: Extrem selten. Cowin's Raubfliege zeigt ein besonderes Verbreitungsbild. Bisher nur von drei Regionen bekannt: zum einen im Nordwestdeutschen Tiefland von mehreren ostfriesischen Inseln (Borkum, Baltrum, Mellum) und vom Niederrhein (Krefeld, Uerdingen; eine mehrmalige Kontrolle dieser Fundstelle blieb in den Jahren 2014–2016 ohne Nachweis) sowie aktuell von zwei Fundorten im südlichen Nordostdeutschen Tiefland (bei Seeburg am Süßen See und bei Wöllnau). Die wenigen Funde liegen alle in der planaren Höhenstufe. In den Mittelgebirgen und den Alpen fehlend (möglicherweise teilweise mit der deutlich häufigeren Schwesterart *T. cingulatus* verwechselt)?

Lebensraum: Auf den ostfriesischen Inseln vor allem in den (älteren) Dünen sowie in Strandwallbereichen. Am Niederrhein in einem Mosaik in Ufernähe zwischen Sand, Kiesdamm und Büschen. Im NSG „Galgenberg und Fuchshöhlen“ in der Kontaktzone einer Ackerbrache, eines Ackerrains und benachbarter Halbtrockenrasen. Für die FFH-Lebensraumtypen 2120 „Weißdünen mit Strandhafer“ und 2130 „Graudünen mit krautiger Vegetation“ gilt sie als Kennart. **Ansitz:** Der Ansitz wird meist auf Blättern und Halmen der grasigen Vegetation gewählt, weniger häufig auch auf dem nackten Boden.

Biologie: Hinweise zur Biologie bzw. zur Individualentwicklung liegen bisher noch nicht vor.

T. cowini ♂, Sachsen-Anhalt bei Seeburg, 18.06.2016

Tolmerus micans (Meigen, 1820) – Marmorierte Raubfliege

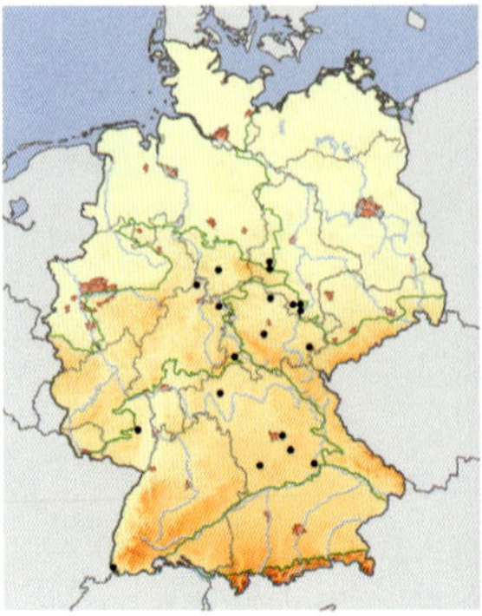

Merkmale: Die mittelgroße Marmorierte Raubfliege ist kontrastreich asch- und braungrau an Brust und Hinterleib bestäubt. Gesichtshöcker im horizontalen Querschnitt (wie bei *T. strandi*) eher halbrund als trapezförmig wie bei den anderen *Tolmerus*. 3. Fühlerglied lang oval oder lanzettlich, breiteste Stelle in der Mitte (bei *T. strandi* meist etwas vor der Mitte). Behaarung des Metanotalhöckers hell, schwarz-weiß gemischt oder selten ganz schwarz, Vorderschenkel auf der Rückseite meist vollständig gelblich, Vorderschienen mit Ausnahme der schwarzen Spitze meist vollständig gelb (ohne schwarzen Längsstrich auf der Vorderseite). ♂ ohne Sternitgabel, Epandrien breit oval, länger hell behaart, auch Gonocoxite mit feinerer heller Behaarung anstatt Beborstung, Ovipositor lateral abgeflacht. Von der Schwesterart *T. strandi* in der Regel nur bei Betrachtung unterm Mikroskop sicher zu trennen (unter anderem anhand der innen liegenden Gonostyli), basales Tergit des Ovipositors etwa 3-mal so lang wie das folgende. **Länge:** 12–16 mm.

Flugzeit: M Juni–E September (Flugzeit der Art in D unzureichend bekannt).

Gesamtverbreitung: B, CZ, D, F(?). Aufgrund der Vermischung mit anderen Arten ist die Gesamtverbreitung nur unzureichend bekannt.

Verbreitung in Deutschland: Selten. Die xerotherme Marmorierte Raubfliege kommt fast ausschließlich sehr zerstreut in den niederen Mittelgebirgslagen vor und greift nur wenig auf kleinen „Höhenzügen" mit isolierten Festgestein-Blöcken ins Norddeutsche Tiefland über (wie z.B. in den Harslebener Bergen). Die Höhenverbreitung scheint im kollinen und submontanen Bereich zu liegen, greift aber auch in die planaren und unteren montanen Lagen über. In S-Deutschland hat es möglicherweise in der Vergangenheit Verwechslungen mit *T. strandi* gegeben.

Lebensraum: Die Mehrheit der Vorkommen findet sich auf vegetationsarmen Trockenrasen. Meist handelt es sich um niedrigwüchsige Volltrockenrasen mit Steinfluren und Offenbodenbereichen (nicht gemeint sind flächige Felspartien), seltener um Sandtrockenrasen. Es handelt sich um eine Kennart und besondere Indikatorart für den FFH-Lebensraumtyp 6213 „Trockenrasen (Xerobromion)". **Ansitz:** Zur Jagd sitzen die Fliegen meist auf niedrigen Steinen, auf Steingrus oder auf niedrigen Blättern bodennah an.

Biologie: Auch für diese Art fehlen bisher Beobachtungen zur Biologie und zur Individualentwicklung.

T. micans ♂, Thüringen, Helmershausen, 13.08.2014

T. micans ♀, Thüringen, Helmershausen, 13.08.2014

Tolmerus pyragra (Zeller, 1840) – Kleine Raubfliege

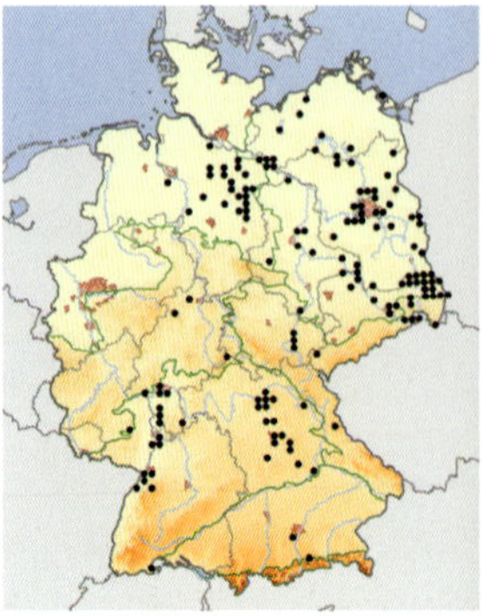

Merkmale: Die mittelgroße *Tolmerus pyragra* ist unter den heimischen Asilinen eine der kleinsten Arten. Sie ist aschgrau an Brust und Hinterleib bestäubt. Im Gegensatz zu *T. atricapillus* sind die hinteren Wangenecken in der Regel glänzend. 3. Fühlerglied lang oval oder lanzettlich. Metanotalhöcker in der Regel hell behaart. Beinfärbung sehr variabel, ähnlich wie bei *T. atricapillus*, aber im Durchschnitt Schwarzanteile etwas ausgedehnter, Vorderschenkel-Rückseite oft fast vollständig schwarz und Rotanteile an den Schienen oft eher dunkelrotbraun. Vermutlich daher in manchen Fällen als *T. atripes* falsch bestimmt. Behaarung der hinteren Abdominalsternite kurz anliegend schwarz, nur an den Hinterrändern mit etwas längeren, halb anliegenden Haaren (vgl. *T. atricapillus*). ♂ ohne Sternitgabel, Epandrien lang und leicht geschwungen, fast immer rotbraun, seltener auch dunkler, Gonocoxite am unteren Rand mit 2–3 längeren Borsten, Ovipositor lateral zusammengedrückt. **Länge:** 11–14 mm.

Flugzeit: (A Juni) M Juni–A Oktober (A November).

Gesamtverbreitung: A, AL, BG, CH, CZ, D, F, GR, I, M, PL, RUS (europäischer Teil), SK.

Verbreitung in Deutschland: Mäßig häufig. Eine im Norddeutschen Tiefland weitverbreitete Art, die aber in den küstennahen Marsch- und Geestgebieten offenbar deutlich seltener ist. Südlich der Mittelgebirgsschwelle als Sandart nur zerstreut vor allem in Flusstälern (z.B. dem nördlichen Oberrheintiefland) oder in Sandgebieten wie in Franken und der Oberpfalz. Eine vorzugsweise planare Art, die aber bis in den unteren montanen Bereich bei günstigen Bedingungen vorkommt.

Lebensraum: Die Kleine Raubfliege ist ein Bewohner von Sandtrockenrasen und Sandheiden mit spärlicher Vegetation. Besonders zuzusagen scheinen ihr vegetationsarme Sandfluren am Rande lichter Kiefernbestände mit einer Streuauflage aus Kiefernnadeln, Kiefernzapfen, kleinen Zweigen und Rindenstückchen. Sie dringt teilweise weit, z.B. entlang von Wegen und Pfaden, in lichte Kiefernwälder vor. Sie kann als dominante Kennart des FFH-Lebensraumtyps 91To „Mitteleuropäische Flechten-Kiefernwälder" sowie als Kennart der Typen 91Uo „Kiefernwälder der sarmatischen Steppe" und 2330 „Offene Grasflächen mit Silbergras und Straußgras auf Binnendünen" gewertet werden. **Ansitz:** Sie wählt ihren Ansitz oft auf kleinen am Boden liegenden Zweigen, Kiefernzapfen oder -nadeln, ansonsten auch auf dem nackten Boden oder an stehenden Baumstämmen.

Biologie: D. WOLFF beobachtete in der Lüneburger Heide die Eiablage. Ein ♀ klebte in der Kontaktzone Kiefernwald/Magerrasen Eier einzeln nur wenige Zentimeter über der sandigen Bodenoberfläche an die Unterseite von trockenem Kieferndetritus (Nadeln, Zweige).

T. pyragra ♂, Hessen, Kelsterbach, 22.07.2014

Tolmerus strandi Duda, 1940 – Strand's Raubfliege

Merkmale: Die mittelgroße Art ist kontrastreich asch- und braungrau an Brust und Hinterleib bestäubt. Gesichtshöcker im horizontalen Querschnitt (wie bei *T. micans*) eher halbrund als trapezförmig wie bei den anderen *Tolmerus*. 3. Fühlerglied schmal birnenförmig, breiteste Stelle meist etwas basal zur Mitte (vgl. *T. micans*). Behaarung des Metanotalhöckers fast immer ganz schwarz. Vorderschenkel auf der Rückseite meist nur in der oberen Hälfte gelblich, Vorderschienen mit Ausnahme der schwarzen Spitze meist vollständig gelb oder mit schwachem schwarzen Längsstrich auf der Vorderseite. ♂ ohne Sternitgabel, Epandrien breit oval, länger hell behaart, auch Gonocoxite mit feinerer heller Behaarung anstatt Beborstung, Ovipositor lateral nur wenig abgeflacht, im Querschnitt teilweise fast rundlich. Von der Schwesterart *T. micans* in der Regel nur bei Betrachtung unterm Mikroskop sicher zu trennen (unter anderem anhand der innen liegenden Gonostyli), basales Tergit des Ovipositors etwa 2-mal so lang wie das folgende. **Länge:** 12–15 mm.

Flugzeit: (E Juni) M Juli– A Oktober (A November).

Gesamtverbreitung: CZ, D, PL, SK.

Verbreitung in Deutschland: Sehr selten. Strand's Raubfliege ist eher lokal oder sehr zerstreut verbreitet, vor allem im Nordostdeutschen und im östlichen Nordwestdeutschen Tiefland. Weitere Vorkommen finden sich in den Sandgebieten in Franken und der Oberpfalz. Die Vorkommen in Baden-Württemberg und bei Hainsfarth bedürfen der Überprüfung. Hier liegt möglicherweise eine Verwechslung mit *T. micans* vor. Vorbehaltlich dieser Überprüfung liegen die Vorkommen in der planaren (hier der Schwerpunkt) bis zur unteren montanen Höhenstufe.

Lebensraum: Die bekannten Fundorte lassen sich als meist vegetationsarme oder eher schütter bewachsene Sandtrockenrasen in der Kontaktzone zu trockenwarmen, südexponierten Kiefernwaldrändern charakterisieren. Der spärliche Bewuchs besteht meist aus lückig stehenden Grashorsten (Silbergras, Drahtschmiele, Rotes Straußgras). Die Art wird als Kennart der FFH-Lebensraumtypen 2330 „Offene Grasflächen mit Silbergras und Straußgras auf Binnendünen" und 91To „Mitteleuropäische Flechten-Kiefernwälder" klassifiziert. **Ansitz:** Die Art wählt wohl witterungsabhängig ihren Ansitz an auf dem Boden liegenden Kiefernzweigen und -nadeln bzw. direkt auf dem Boden, an Blättern, Halmen und Rispen von Gräsern oder mehr im Bestandsinneren an Stämmen und Ästen.

Biologie: Für Strand's Raubfliege liegen bisher keine Beobachtungen zur Biologie und zur Individualentwicklung vor.

T. strandi ♂, Sachsen, Hoyerswerda, 17.08.2016

Dasypogon diadema (Fabricius, 1781) – Große Wolfsfliege

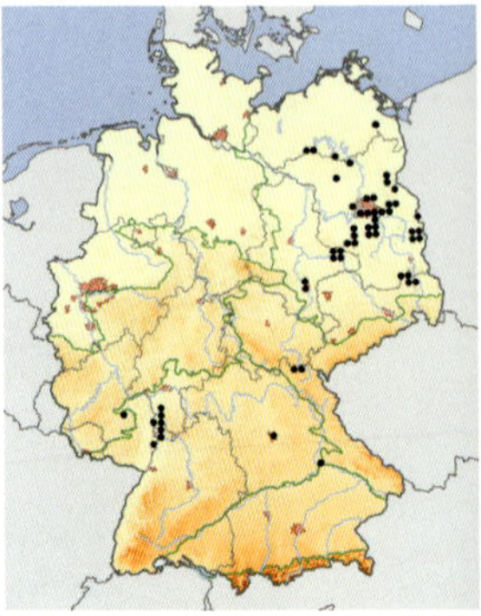

Merkmale: Die beiden Vertreter der Dasypogoninen in Deutschland sind durch einen kräftigen Auswuchs an der Spitze der Vorderschiene gekennzeichnet, dem ein gekrümmter Dorn aufsitzt. Die Große Wolfsfliege weist einen deutlichen Geschlechtsdimorphismus auf: Während die ♂ fast vollständig schwarz sind und auch geschwärzte Flügel besitzen, sind die ♀ durch einen teilweise rot gefärbten Hinterleib, weiße Bestäubungsflecken auf den mittleren Abdominaltergiten und hellere Flügel gekennzeichnet. Die Beinfärbung der ♀ kann außerdem von rot bis schwarz variieren. Anders als bei *M. teutonus* ist der Fühler vollständig dunkel. Ferner fehlen deren typische gelb bestäubte Streifen und Flecken auf dem Thorax. **Länge:** 18–26 mm.

Flugzeit: (A Juni) M Juni–A August (E August).

Gesamtverbreitung: A, AL, BG, CZ, D, E, F, GB, GR, H, I, IR, PL, R, RUS (europäischer Teil), SK, TR, YU. Die Meldungen aus S-Europa und Nordafrika sind aufgrund möglicher Verwechslung mit neu beschriebenen *Dasypogon*-Arten als kritisch zu werten.

Verbreitung in Deutschland: Selten. Aktuell konzentriert sich die Verbreitung auf Sandgebiete im Nordostdeutschen Tiefland (Mark Brandenburg, südliches Mecklenburg, Oberlausitzer Heideland) und im Nördlichen Oberrheintiefland mit einem deutlichen Schwerpunkt in der planaren Höhenstufe, ausnahmsweise bis zur submontanen Stufe. Alte Funde (vor 1945) stammen unter anderem aus dem Nahetal bei Bad Münster am Stein, von Halle (Saale), Bad Steben, Nürnberg und Regensburg.

Lebensraum: Die Große Wolfsfliege bewohnt in Deutschland trockenwarme lückige Magerrasen und Heiden auf Sandböden (auch in Hanglage), die meist ein Mosaik aus höherwüchsigen, oft blütenreichen Stellen (bevorzugte Beute sind oft Blütenbesucher) und genügend vegetationsfreien bzw. -armen Sandflächen bieten. Dieser Biotoptyp findet sich unter anderem auf Binnendünen, militärischen Übungsplätzen oder – z.B. in Berlin – auf brach gefallenen Bahnanlagen oder extensiv genutzten Flugplätzen. Sie gilt als Kennart der FFH-Lebensraumtypen 2330 „Offene Grasflächen mit Silbergras und Straußgras auf Binnendünen“ und 6120 „Subkontinentale basenreiche Sandrasen“. **Ansitz:** Gerne sitzt die Art auf vegetationsarmen Sandstellen, wählt ihren Ansitz aber auch in der schütteren Gras- und Krautschicht.

Biologie: *D. diadema* macht bevorzugt Jagd auf große Hautflügler, z.B. Hummeln, Bienen und Wespen, die während des Fluges erbeutet werden und in ihrem Lebensraum oft in großer Anzahl vorkommen. Sie ist damit eine der wenigen Arten mit einer Präferenz auf ein bestimmtes Beutetierspektrum. Das ♀ legt die Eier in den Boden ab und verklebt dabei mehrere Eier mit Sand, sodass kleine „Sandkokons“ mit einem Durchmesser von ca. 4,5 mm entstehen (Geller-Grimm 1998). Die Larvalentwicklung erfolgt im sandigen Boden, die Puppenruhe dauert (bei etwa 20 °C) etwa 4 Wochen (Musso 1981).

D. diadema, Hessen, Darmstadt, 18.06.2011

Molobratia teutonus (Linnaeus, 1767) – Kleine Wolfsfliege

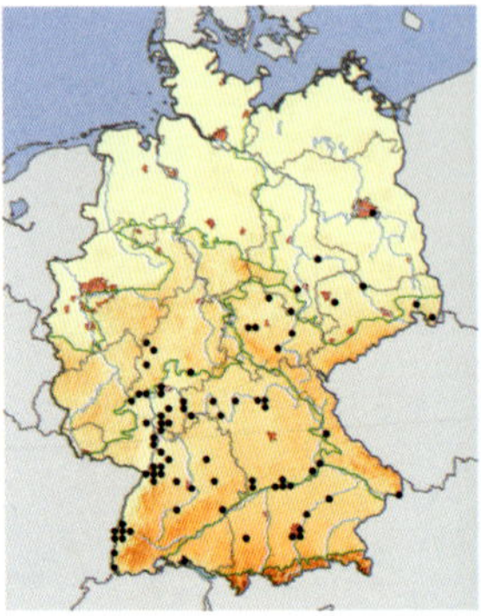

Merkmale: Die Kleine Wolfsfliege ist eine vergleichsweise große, farbenprächtige Art. Die Grundfarbe ist zwar überwiegend schwarz, jedoch sind die Brustseiten teilweise (Anepisternum, oberes Katepisternum, Metanepisternum) dicht goldgelb bestäubt, ebenso das Gesicht. Zweites und drittes Fühlerglied gelb, Schenkel und Schienen gelb (beim ersten Schienenpaar meist nur basal), Füße schwarz. Die Hinterleibstergite 2–6 weisen an ihren Hinterrändern lateral weiße Bestäubungsflecken auf, Hinterleibssternite 2–6 an den Hinterrändern ebenfalls weiß bestäubt. Vorderschienen-Spitze wie *D. diadema* mit Auswuchs und stark gekrümmtem Dorn. **Länge:** 17–21 mm.

Flugzeit: (M Mai) E Mai–E Juli.

Gesamtverbreitung: A, AL, B, BG, CH, CN, CZ, D, DK, E, F, GR, H, I, IR, NL, PL, R, RUS (europäischer Teil), S, SK, TR, UA, YU.

Verbreitung in Deutschland: Selten. Die Art ist vom Oberrheintiefland durch das gesamte Südwestdeutsche Mittelgebirgs-/Stufenland über die Östlichen Mittelgebirge bis ins südliche Nordostdeutsche Tiefland verbreitet, dabei von der planaren bis in die montane Höhenstufe vorkommend. Sie kommt zerstreut auch in den Westlichen Mittelgebirgen (z.B. Taunus, Lahntal und Westerwald) und im Alpenvorland vor. Im Nordwestdeutschen Tiefland wohl fehlend, in den deutschen Alpen bisher nicht nachgewiesen.

Lebensraum: *M. teutonus* ist eine Bewohnerin des feuchten bis trockenen, artenreichen, extensiv genutzten Graslandes. Die Vegetation ist in der Regel weitgehend geschlossen (und bei guter Ausprägung meist blütenreich). Das Spektrum reicht vom *Calthion* (Feuchtwiesen) über das *Arrhenatherion* (Glatthaferwiesen) bis zum *Mesobromion* (Halbtrockenrasen). Es gibt Hinweise darauf, dass die Larvalentwicklung sich eher auf feuchtere, frischere Standorte konzentriert, während die von den Imagines besiedelten Bereiche – auch abhängig von den menschlichen Nutzungsintervallen (z.B. Mahdterminen) – das weitere Umfeld einbezieht. In Flussauen stellen auch extensiv gepflegte Hochwasserdämme wichtige Lebensräume dar. Die Kleine Wolfsfliege gilt als Kennart der FFH-Lebensraumtypen 6510 „Magere Flachland-Mähwiesen" und 6210 „Submediterrane Halbtrockenrasen (Mesobromion)". **Ansitz:** Die Kleine Wolfsfliege sitzt in der Regel gerne in den oberen Bereichen der Krautschicht auf Blütenständen, größeren Blättern, Grasrispen etc. an, am Rande des Graslandes auch gerne in niedriger Höhe auf Laub von Gebüschen.

Biologie: Wie *D. diadema* zeigt auch die Kleine Wolfsfliege eine Bevorzugung größerer Stechimmen in der Beutewahl. In Lebensräumen mit hohem Angebot an blütenbesuchenden Insekten kann die Art trotz ihres meist langsamen, „schwerfällig" anmutenden Fluges sehr erfolgreich bei der Jagd sein. Vorläufige Beobachtungen deuten darauf hin, dass die Larven der Art sich in trockeneren Gebieten in Bereichen mit etwas höherer Bodenfeuchtigkeit entwickeln. Weitere Untersuchungen dazu wären wünschenswert.

M. teutonus ♀, Hessen, Bergstraße, 12.06.2012

Dioctria atricapilla Meigen, 1804 – Schwarze Habichtsfliege

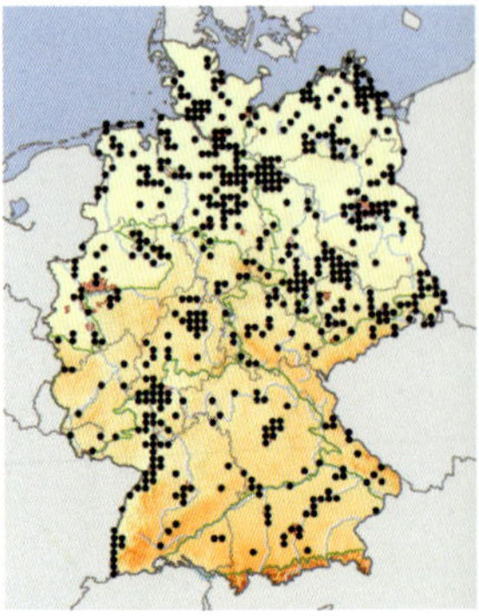

Merkmale: Die Dioctriinae bzw. die Gattung *Dioctria* umfassen in D sehr kleine bis mittelgroße Arten mit untereinander recht ähnlichem Habitus. Kennzeichnend sind: Gesichtshöcker fehlend oder sehr klein, der Knebelbart ist auf den Mundrand bzw. das untere Fünftel des Gesichts beschränkt. Der Stylus weist die gleiche Breite wie das 3. Fühlerglied auf und ist am Ende breit abgerundet. Auf den Brustseiten findet sich eine sogenannte Pleurenbinde (dichte, goldgelbe oder silberfarbene Mikrobehaarung), die unterbrochen oder in einzelne Flecken aufgelöst sein kann. Die kleine Schwarze Habichtsfliege ist eine von zwei *Dioctria*-Arten in D mit vollständig schwarzen Beinen. Sie kann aber leicht durch das Fehlen der langen borstenartigen Haare an den inneren Augenrändern auf der Stirn, der kurzen Scutum-Behaarung sowie dem nur einreihigen Knebelbart von *D. harcyniae* unterschieden werden. *D. atricapilla* ist eine Art mit deutlichem Geschlechtsdimorphismus. Der Knebelbart des ♂ ist schwarz, beim ♀ hell. Die Augen sind beim lebenden Tier blau (♂) oder dunkeloliv (♀). Auch die Flügelfärbung ist beim ♂ kontrastreicher dunkel-hell gefärbt. **Länge:** 9–12 mm.

Flugzeit: (E April) A Mai–E Juli (E September).

Gesamtverbreitung: A, B, BG, CH, CZ, D, DK, F, GB, H, I, KZ, MGL, NL, PL, R, RUS (europäischer Teil), S, SF, SK, TR.

Verbreitung in Deutschland: Sehr häufig. Die Schwarze Habichtsfliege kommt in D überall in geeigneten Biotopen vor, Nachweise fehlen bisher nur aus dem Alpenraum, was aber vermutlich auf Erfassungsdefizite zurückzuführen ist. Entsprechend stammen die Funde aus dem planaren bis montanen Bereich, mit deutlichem Schwerpunkt in der planaren Höhenstufe.

Lebensraum: Eine recht anspruchslose Art, die feuchte bis trockene Biotope besiedelt. Extrem trockene Böden scheint sie hingegen zu meiden, ebenso sehr vegetationsarme Habitate. Im Übrigen besiedelt sie eine breite Spanne unterschiedlicher Lebensräume, z.B. extensiv genutztes Grünland, Brachen, Feldraine, Waldränder und lichte Wälder. Auch typische Siedlungsbiotope, z.B. Ruderalflächen oder Gärten, werden angenommen. Für die FFH-Lebensraumtypen 6510 „Magere Flachland-Mähwiesen" und 6520 „Berg-Mähwiesen" wird sie als dominante Kennart gewertet. In Wäldern in der Regel nur an Waldinnen- und -außenrändern, seltener in sehr lichten Wäldern auch im Bestandsinneren. **Ansitz:** Meist auf Blättern oder an Stängeln von Gräsern und Kräutern im oberen lückigen Drittel der Krautschicht.

Biologie: Zur Partnerfindung führen die ♂ Suchflüge durch. Haben sie ein ♀ entdeckt, vollführen sie in ca. 10–30 cm Abstand Balzflüge, indem sie ein wenig schräg oberhalb vom ♀ hin und her schwingen, am äußersten Punkt meist kurz anhalten (T. Kästner: kurzer Schwirr-Standflug), und dabei ab und zu Richtung ♀ vorstoßen. Nach T. Kästner wird Paarungsbereitschaft des ♀ durch Anheben der Hinterbeine und kurzes Flügelschlagen angezeigt. Eiablage und Individualentwicklung noch unbekannt. Als Beute ist neben Insekten in einem Fall auch eine kleine Spinne dokumentiert.

D. atricapilla ♂, Nordrhein-Westfalen, Wesel, 01.06.2007

D. atricapilla ♀, Nordrhein-Westfalen, Wesel, 06.06.2005

Dioctria bicincta Meigen, 1820 – Zierliche Habichtsfliege

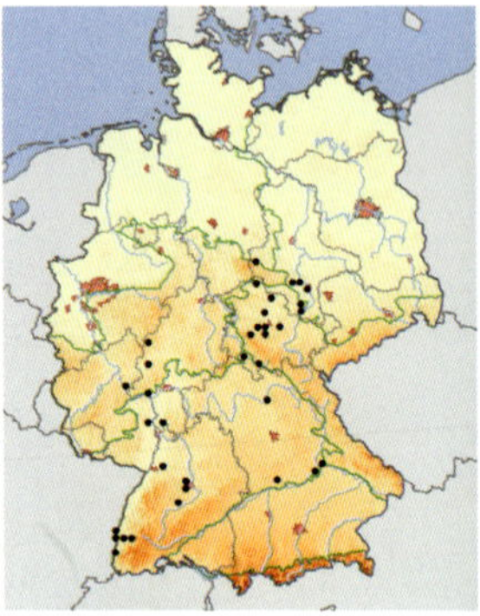

Merkmale: Die Zierliche Habichtsfliege ist eine kleine Art mit stark glänzendem Scutum. 1. Fühlerglied kurz, höchstens 1,2-mal so lang wie das 2. Glied, Stirnhöcker klein, Knebelbart hell und einreihig, Pleurenbinde fast vollständig, nur am Hinterrand des Katepisternums unterbrochen, Hüften gelb, Schenkel gelb, Schienen überwiegend gelb, an der Spitze leicht verdunkelt, nur Hinterschiene oft stärker (z.B. ventral beim ♀, fast vollständig beim ♂) dunkel/schwarz, Fußglieder geschwärzt, Basalglied des Hinterfußes deutlich verdickt, sowohl beim ♀ als auch – besonders stark – beim ♂, Hinterleib schwarz mit gelben Seitenflecken jeweils auf der Grenze der vorderen Segmente. **Länge:** 7–9 mm.

Flugzeit: (M Mai) A Juni–E Juli.

Gesamtverbreitung: A, B, CH, D, E, F, GR, I, NL, PL, YU.

Verbreitung in Deutschland: Sehr selten. Die Zierliche Habichtsfliege kommt in D nur sehr zerstreut in wärmebegünstigten Mittelgebirgslagen vor und strahlt bisher nur im nördlichen und östlichen Harzvorland mit seinen isoliert vorgelagerten, durch Festgestein geprägten Höhenrücken ins Norddeutsche Tiefland vor. Aus dem Alpenvorland und den Alpen bisher keine Beobachtungen. Entsprechend der Verbreitung liegt der Schwerpunkt der Höheneinnischung im submontanen und kollinen Bereich. Sie kommt aber auch in der planaren Stufe vor.

Lebensraum: Die Art ist ein Bewohner strukturreicher trockenwarmer Halbtrockenrasen. Gerne besiedelt sie Gebiete, die randlich schattenspendende Gehölzstrukturen aufweisen, z.B. Streuobstbestände oder lichte Waldbereiche. So beobachteten D. Wolff und M. Gebel am Kyffhäuser, dass viele Exemplare sich während der besonders heißen Stunden des Tages unter einen lichten Schirm älterer Kiefern zurückzogen und sich dort in der Grasschicht aufhielten. *D. bicincta* ist eine Kennart der FFH-Lebensraumtypen 6212 „Submediterrane Halbtrockenrasen" und 6240 „Steppenrasen". **Ansitz:** Dieser wird in der Regel an Halmen und Blättern diverser Gräser und Kräuter gewählt. In den Niederlanden wurde die Art hingegen der Gruppe zugeordnet, die von Blättern von Bäumen und Sträuchern jagt (Aartsen & Goot 1981). (Ungewöhnlich ist auch die dortige Beobachtung des Vorkommens in feuchten Laubwäldern (ebenda), die so nicht auf D übertragen werden kann.)

Biologie: Musso (1978) berücksichtigt die Art zwar in seinen Bestimmungsschlüsseln für die Larven und Puppen von Asiliden, gibt aber bei dieser Art keine näheren Fundumstände an (Laborzuchten?). Weitere Beobachtungen zur Individualentwicklung sind nicht bekannt.

D. bicincta ♂, Kyffhäuser, 22.06.2013

Dioctria cothurnata Meigen, 1820 – Beulen-Habichtsfliege

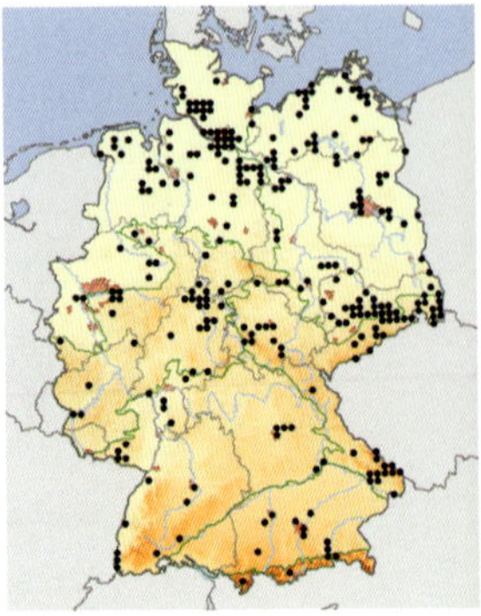

Merkmale: Die mittelgroße Beulen-Habichtsfliege besitzt unterhalb des Stirnhöckers eine Vorwölbung des Gesichts („Beule"). Stechrüssel an der Spitze breit abgestutzt/abgerundet, nicht zugespitzt wie bei der Mehrheit der anderen Dioctrien. Taster recht breit, Pleurenbinde stark reduziert und auf den oberen Bereich des Anepisternums beschränkt. Schulterbeulen schwarz oder – eher selten – rötlich, Brustseiten schwarz. Eine Art mit deutlichem Geschlechtsdimorphismus: ♂ mit dunkelvioletten Augen (lebende Tiere!), ♀ dunkeloliv, beim ♂ Beine vorherrschend schwarz, nur Basis und Spitze der Schenkel sowie Basis der Schienen gelb, beim ♀ Schenkel und Schienen gelb. Im Nordostdeutschen Tiefland gibt es eine ähnliche Form (mit vollständiger Pleurenbinde), deren Status weiterer Untersuchungen bedarf (vgl. Kapitel „Anregungen für weitere Untersuchungen"). **Länge:** 12–14 mm.

Flugzeit: (M Mai) M Juni–A September.

Gesamtverbreitung: A, B, BG, CH, CZ, D, DK, F, GB, FL, PL, R, RUS (europäischer Teil bis W-Sibirien), SF, SK.

Verbreitung in Deutschland: Mäßig häufig. Im Grunde weist diese Art in D offenbar keine größeren Verbreitungslücken auf und kommt in allen naturräumlichen Regionen vor, z.B. auch in den Alpen (dort etwa in den Flusstälern). Möglicherweise auf den Nordseeinseln fehlend. Die Fundorte liegen in allen Höhenstufen vom planaren bis zum montanen Bereich.

Lebensraum: *D. cothurnata* besiedelt verschiedene offene und halboffene Biotoptypen auf frischen bis trockenen Standorten mit geschlossener, aber oft schütterer Vegetation. Hierzu zählen z. B. mesophiles Grünland, Sandackerbrachen, Wegraine oder lückige Ruderalfluren, in seltenen Fällen auch strukturreiche Sandheiden mit größeren Anteilen von Heidelbeeren. Auf typischen Sandtrockenrasen ist die Art nur ausnahmsweise zu finden. Die limitierenden Faktoren (Trockenheit?) sind bisher nicht näher untersucht. T. Kästner berichtet in Sachsen von einem regelmäßigen Vorkommen in sehr feuchten Habitaten wie Mädesüß-Hochstaudenfluren. Er vermutet, dass die Art sehr hohe Ansprüche an die Luftfeuchte besitzt. Im Dresdner Umland zeichnet sich in vielen Bachtälern von der Aue bis zu den Hangoberkanten folgende Zonierung ab: direkt in der Bachaue entlang der Ufer-Hochstaudenflur ist *D. cothurnata* zu finden, in den mesophilen Wiesen am Unterhang *D. atricapilla*, in Waldrandbereichen bewaldeter Hänge *D. rufipes*, an unbewaldeten Hängen und auf Trockenrasen *D. longicornis*, an Oberhängen mit Büschen etc. im Übergang zum landwirtschaftlich genutzten Hochplateau *D. linearis*, *D. hyalipennis* und *D. lateralis* (je nach Bestockungsgrad). In anderen Staaten wird sie auch in Waldbiotopen gefunden. **Ansitz:** Die Fliegen sitzen meist an Halmen und auf Blättern von Gräsern und Kräutern in der oberen Krautschicht.

Biologie: Die Biologie ist trotz der mäßigen Häufigkeit weitgehend unbekannt. Larvalentwicklung wohl im Boden, Eiablage wohl wie bei *Dioctria* üblich durch einfaches Fallenlassen der Eier in die Krautschicht.

D. cothurnata ♂, Hessen, Moerfelden, 28.07.2010

Dioctria flavipennis Meigen, 1820 – Östliche Habichtsfliege

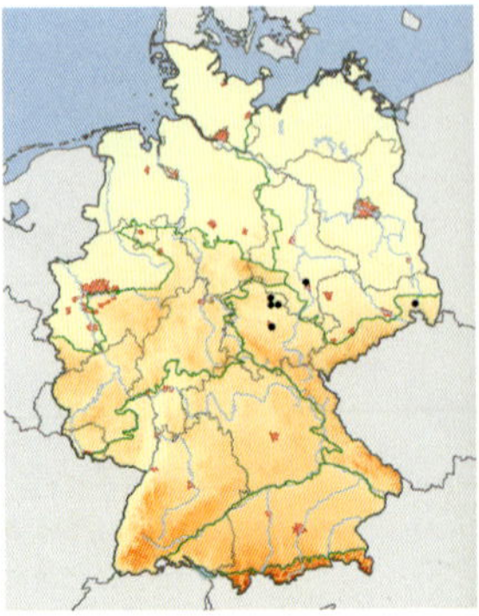

Merkmale: Eine mittelgroße Art mit fast vollständiger und am Vorderrand des Anepisternums sehr breiter Pleurenbinde, diese nur am Hinterrand des Katepisternums unterbrochen. Gesicht und auch Unterseite des Stirnhöckers vollständig bestäubt. Stylus mindestens so lang wie das 2. Fühlerglied. Stirnhöcker recht groß, in Seitenansicht liegt sein Ende auf gleicher Höhe wie der obere Augenrand. Auch diese Art weist einen ausgeprägten Geschlechtsdimorphismus auf. Lebende ♂ mit kräftig metallisch grünen Augen und größtenteils dunkel getönten Flügeln, ♀ mit normaler bräunlich oliver Augenfarbe und eher gelbbräunlich gefärbten Flügeln. Hinterleib schwarz, teilweise mit kleinen gelben Seitenflecken, Beine überwiegend gelb, die vier Spitzenglieder aller Füße verdunkelt, manchmal auch die Hinterschiene in der Mitte leicht verdunkelt. **Länge:** 10–14 mm.

Flugzeit: M Juni–A Juli (Flugzeit der Art in D nur unzureichend bekannt).

Gesamtverbreitung: A, BG, CH, CZ, D, F, H, IR, KS, KZ, PL, R, RUS (europäischer Teil bis W-Sibirien), SK, TR.

Verbreitung in Deutschland: Extrem selten. Die Verbreitung der Östlichen Habichtsfliege bedarf der Überprüfung. Gesicherte Nachweise stammen vom Kyffhäuser, der Hainleite etc. sowie der Umgebung von Halle (Saale), also aus dem mitteldeutschen Trockengebiet. Der Fund aus Bautzen bedarf aufgrund einer möglichen Verwechslung mit *Dioctria spec. aff. flavipennis* (vgl. Bestimmungsschlüssel) möglichst einer Nachkontrolle; ältere Meldungen aus Mecklenburg-Vorpommern beruhen nach Sichtung der Belege im Prager Museum auf Fehlbestimmungen.

Lebensraum: Hierbei handelt es sich um eine offenbar sehr anspruchsvolle Art, die sich an den bisher bekannten Fundorten mitunter auf kleinflächige, besonders zusagende Teilhabitate beschränkt. So weist z.B. das ca. 290 Hektar große NSG „Porphyrlandschaft bei Gimritz“ zwar großflächige (oft bodensaure), z.T. sehr lückige und teilweise auch sehr dichte Halbtrockenrasen und Trockenrasen auf. Dennoch wurde *D. flavipennis* dort in den größten Teilen des NSG nicht gefunden, sondern ausschließlich in Beständen der Fiederzwenke *Brachypodium pinnatum*, die nur wenige Tausend Quadratmeter einnahmen. Trotz der wenigen bekannten aktuellen Fundorte kann die Art vorläufig als Kennart des FFH-Lebensraumtyps 6212 „Submediterrane Halbtrockenrasen“ eingestuft werden. **Ansitz:** Wie viele andere Dioctrien auch sitzen die Tiere meist auf Halmen und Blättern von Gräsern und Kräutern an.

Biologie: Nach Lehr (1965) führen die ♂ auch bei dieser Art Balzflüge durch, wobei sie teilweise hinter dem ♀ mit teilweise schräg aufgestelltem Hinterleib schweben und dabei ab und zu auf dieses „herabstoßen“. Im Labor erfolgte die Eiablage jeweils einzeln (Candan et al. 2004).

Habitat, Halbtrockenrasen, Sachsen-Anhalt, Mücheln.
Foto: Danny Wolff.

Die Östliche Habichtsfliege *Dioctria flavipennis* zählt zu den seltensten Raubfliegenarten in Deutschland. Trotz intensiver Nachsuche ist es nicht gelungen, an den beiden einzigen, den Autoren konkret bekannten und aktuellen Fundorten in Deutschland ein Makrofoto von dieser Art zu machen. Die Populationsdichte ist an beiden Vorkommen offenbar so gering, dass ein Nachweis nicht in jedem Jahr gelingt. So stammt die letzte Beobachtung von *D. flavipennis* in dem hier gezeigten Habitat im Naturschutzgebiet „Porphyrlandschaft bei Gimritz“ bei Wettin aus dem Jahr 2013, obwohl sie in jedem Folgejahr auf der nur zweitausend Quadratmeter großen Nachweisfläche mehrfach gesucht wurde. Es kann auch nicht ausgeschlossen werden, dass sie hier aufgrund fehlender Pflege (nicht in Beweidung einbezogen) dieses Teils des Naturschutzgebietes bereits verschwunden ist. Das zweite aktuelle Vorkommen liegt im Naturschutzgebiet „Südwest-Kyffhäuser“, wo sie zwar bereits seit langer Zeit bekannt ist, aber Nachweise ebenfalls nur im Abstand mehrerer Jahre gelingen (letztmalig 2016). Aufgrund mehrerer Hundert Hektar großen Halbtrocken- und Steppenrasen am Südabhang des Kyffhäusers wird die Art dort wohl noch geeignete Lebensräume finden.

Dioctria harcyniae Loew, 1853 – Wimpern-Habichtsfliege

Merkmale: Die kleine *D. harcyniae* weist wie *D. atricapilla* eine vollständig schwarze Grundfärbung auf der Brust, dem Hinterleib und auch an den Beinen auf. Von letzterer Art durch lange, schwarze borstenförmige Haare („Wimpern") an den inneren Augenrändern auf der Stirn (Alleinstellungsmerkmal unter den heimischen Dioctrien), durch eine recht lange Behaarung des Scutums sowie durch einen (sehr) kleinen Gesichtshöcker mit mehrreihigem Knebelbart unterschieden. **Länge:** 7–9 mm.

Flugzeit: M Mai–A Juli (Flugzeit der Art in D nur unzureichend bekannt).

Gesamtverbreitung: BG, CH, CZ, D, E, F, GE, H, R, RUS (europäischer Teil), YU.

Verbreitung in Deutschland: Sehr selten. In D offenbar sehr lokal nur in besonders wärmebegünstigten Regionen vorkommend, z.B. im Nördlichen Oberrheintiefland, am Mittelrhein, am Main bei Bamberg, an der Donau bei Kelheim oder im Ostharz, Kyffhäuser und Umgebung. Die Höheneinnischung zeigt einen Schwerpunkt im kollinen Bereich, Fundorte liegen aber auch in der planaren und submontanen Stufe.

Lebensraum: Der Lebensraum ist in der Regel wohl durch ein Mosaik aus Halbtrockenrasen und wärmeliebenden Gebüschen gekennzeichnet. So flog die Art auf den Rheinhängen bei Urbar bevorzugt in der Kontaktzone zwischen Halbtrockenrasen und einer Schlehenhecke. Bei Worms besiedelt sie einen Hohlweg, wo sich das Besiedlungszentrum im lockeren Bewuchs aus Gräsern, Hochstauden und niedrigen Büschen an einer SW-exponierten Lösswand befand. Auch diese Dioctrie ist eine Kennart für den FFH-Lebensraumtyp 6212 „Submediterrane Halbtrockenrasen". **Ansitz:** Bei Urbar saßen die Tiere in der Krautschicht, häufig aber auch auf den Zweigspitzen niedriger verbissener Schlehen. Bei Worms wurden Halme und Blätter diverser Gräser und Kräuter genutzt (D. WOLFF).

Biologie: Beobachtungen zur Biologie bzw. zur Individualentwicklung liegen bisher nicht vor.

D. harcyniae ♀,
Rheinland-Pfalz, Worms-Pfeddersheim, 26.05.2014

Dioctria humeralis Zeller, 1840 – Matte Habichtsfliege

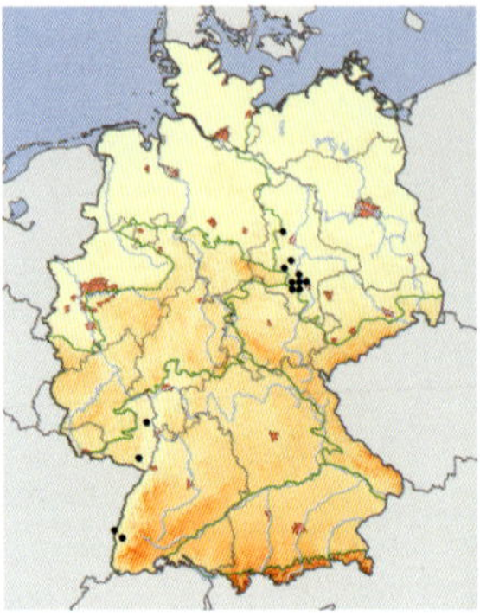

Merkmale: Diese kleine Art besitzt ein fast vollständig (schwach) bestäubtes Scutum, welches deshalb matt erscheint. Knebelbart einreihig, Pleurenbinde fast vollständig, diese nur am Hinterrand des Katepisternums unterbrochen. Schultern und Notopleuron in der Regel rötlich, meist auch Brustseiten teilweise rötlich gefärbt, die rötliche Färbung an der Brust kann bei dunklen Exemplaren stark reduziert sein. Hinterleib meist mit gelben Flecken an den Seiten. Hüften und Schenkel rotgelb, auch Schienen überwiegend gelblich, Vorderschiene in der Spitzenhälfte jedoch oft verdunkelt, Füße überwiegend dunkel, vor allem an Vorder- und Mittelbeinen. Basalglied des Hinterbeins kaum verdickt. Flügel beim ♂ in Basalhälfte geschwärzt, beim ♀ kaum verdunkelt **Länge:** 7–9 mm.

Flugzeit: E Mai–A Juli (M August).

Gesamtverbreitung: AZ, BG, CN(?), CZ, D, F, H, KZ, PL, RUS (europäischer Teil bis W-Sibirien), SK, UA, YU.

Verbreitung in Deutschland: Sehr selten. Die Matte Habichtsfliege weist eine besondere disjunkte Verbreitung in D auf. Zum einen besitzt sie mehrere Vorkommen im Oberrheintiefland, zum anderen liegt ein Verbreitungsschwerpunkt zwischen dem Ostharz und Halle (Saale), wo die Art meist S-exponierte Hänge besiedelt, z.B. entlang der Saale und ihrer Nebengewässer. Die Fundorte liegen mehrheitlich in der planaren Höhenstufe, einzelne auch in der kollinen Stufe.

Lebensraum: Die wärmeliebende Art ist ein Bewohner von Halbtrockenrasen. Im Hallenser Raum ist eine deutliche Bevorzugung dichter Fiederzwenken-Bestände (*Brachypodium pinnatum*) zu beobachten. Diese gelten teilweise als Indiz für ein Brachfallen oder eine zu geringe Nutzungs-/Beweidungsintensität von Halbtrockenrasen, scheinen jedoch den Bedürfnissen dieser Art entgegenzukommen. Auch ein gewisser Verbuschungsgrad scheint für diese Art eher positiv zu sein, weil sich die Tiere während der heißesten Tagesstunden gerne im Schatten der Büsche unter deren Zweigen aufhalten. *D. humeralis* gilt als Kennart des FFH-Lebensraumtyps 6212 „Submediterraner Halbtrockenrasen". **Ansitz:** Auch diese Art nutzt als Ansitz meist die Halme und Blätter von Gräsern und Kräutern für die Jagd.

Biologie: Beobachtungen zur Biologie bzw. zur Individualentwicklung liegen bisher auch für diese *Dioctria*-Art nicht vor.

D. humeralis ♂,
Sachsen-Anhalt, Mansfeld, Land, 22.06.2013

Dioctria hyalipennis (Fabricius, 1794) – Gemeine Habichtsfliege

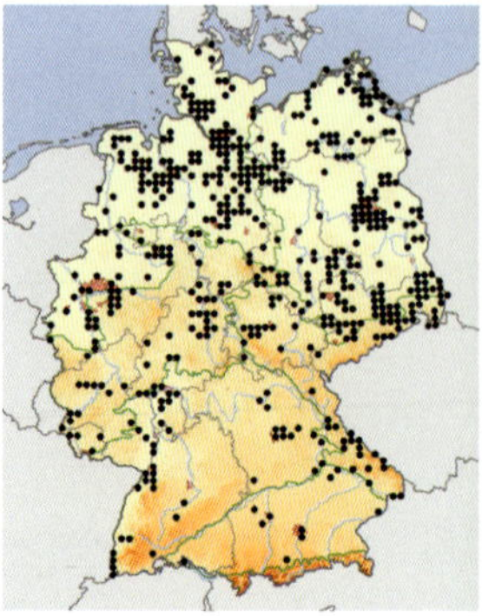

Merkmale: Die kleine Gemeine Habichtsfliege besitzt nur einen kleinen Stirnhöcker und einen einreihigen Knebelbart. Die Pleurenbinde ist bei dieser Art „geschlossen", d.h. auch der Hinterrand des Katepisternums ist bestäubt (Alleinstellungsmerkmal bei heimischen Dioctrien). Scutum schwach bestäubt, jedoch zentral mit unbestäubter Längslinie und unbestäubten Seitenflecken, in dorsaler Ansicht unbestäubte Flecken mit unscharfen Rändern, Flügel transparent, Hinterleib schwarz, allenfalls mit sehr kleinen gelben Seitenflecken, Hüften schwarz, Beinfärbung recht variabel, wohl abhängig von der Temperatur während der Larval- und Pupalentwicklung. Vorder- und Mittelschenkel und -schienen überwiegend gelb, aber dorsal teilweise geschwärzt, Spitzen der Schienen schwarz, Hinterschenkel und -schienen meist deutlich dunkler, bei hellen Tieren zumindest Schenkel dorsal in der Spitzenhälfte verdunkelt und Schienenspitze dunkel, bei dunklen Tieren zumindest Hinterschenkelbasis schmal gelb und Schenkelspitze ventral gelb, Schienenbasis dann schmal gelb, Füße meist schwarz, nur Basalglieder teilweise gelb. **Länge:** 9–12 mm.

Flugzeit: (E April) M Mai–M August (A September).

Gesamtverbreitung: A, B, BC, BY, CH, CZ, D, DK, DZ, E, F, GB, H, I, IR, NL, PL, R, RUS (europäischer Teil), S, SF, SK, TN, UA, YU; außerdem Nordamerika.

Verbreitung in Deutschland: Sehr häufig. Ohne erkennbare größere Verbreitungslücken in D. Das vollständige Fehlen von Nachweisen aus den Alpen ist vermutlich methodisch bedingt (geringe Erfassungsintensität). Möglicherweise auf den Nordseeinseln fehlend. Von der planaren bis zur montanen Höhenstufe auftretend.

Lebensraum: Als eine der häufigsten Raubfliegenarten zeigt sich die Gemeine Habichtsfliege hinsichtlich der besiedelten Habitate recht anspruchslos, bevorzugt jedoch Jagdreviere in Gehölznähe. Sie besiedelt sowohl feuchte als auch trockene Biotoptypen und bewohnt unter anderem lichte Wälder, Wald- und Gebüschränder sowie Hecken, tritt aber auch im Offenland auf Wegrainen, Wiesen und Ruderalfluren sowie vergleichbaren Biotopen auf. Sie dringt dabei auch in Siedlungsbereiche vor (Gärten, Parks etc.). **Ansitz:** Wahl des Ansitzes recht vielfältig: sowohl in der Krautschicht auf Blättern und Stängeln als auch in der Strauch- und Baumschicht auf Blättern/Nadeln und Zweigen.

Biologie: Nach T. Kästner pendelt das ♂ beim Balzflug kontinuierlich hin und her, anders als bei *D. atricapilla*. Eiablage einzeln, Eier werden nicht an Strukturen angeheftet, sondern frei abgelegt; sie fallen dabei z.B. zunächst auf die Oberfläche von Laubblättern, bevor sie weiter in die Vegetation rollen (Melin 1923). Beling (1882) fand die Larve *„in humoser Erde unter einer Wiesenhecke"*, Melin in mehr oder weniger sandigem Boden, oft durchsetzt mit Pflanzenwurzeln, mitunter auch in Maulwurfshaufen, oft am Rande von Gehölzstrukturen. Die Pupalentwicklung dauert nach diesem Autor etwa 17–21 Tage.

D. hyalipennis ♀,
Nordrhein-Westfalen, Diersfordt, 21.06.2010

Dioctria lateralis Meigen, 1804 – Gefleckte Habichtsfliege

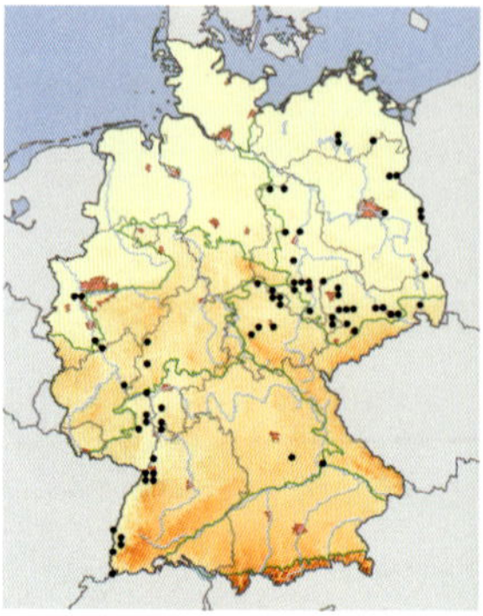

Merkmale: Die Art ist von sehr kleiner Statur. Der Stirnhöcker ist klein, der Knebelbart hell und einreihig, Augen bei beiden Geschlechtern bräunlich oliv. 3. Fühlerglied etwa so lang wie 1. und 2. Glied zusammen (vgl. *D. longicornis*). Scutum stark glänzend, Pleurenbinde am vorderen und oberen Rand des Anepisternums unterbrochen und dadurch mit *D. longicornis* eng verwandt, von der sie sich unter anderem durch gelbe Hüften unterscheidet (*D. longicornis*: schwarz), Flügel transparent, Hinterleib schwarz mit deutlichen gelben Seitenflecken, Vorder- und Mittelbeine vollständig gelb oder rotgelb, Hinterschenkel überwiegend gelb, in der Spitzenhälfte mit dunklem Ring oder dorsal etwas verdunkelt, Hinterschienen beim ♂ oft überwiegend schwarz, beim ♀ oft ganz oder überwiegend gelb, Hinterfuß braun oder schwarz (♂) bzw. gelb (♀), Basalglied schwach verdickt. **Länge:** 7–9 mm.

Flugzeit: M Mai–E August.

Gesamtverbreitung: A, B, BG, CH, CZ, D, DZ, ET, F, H, NL, KZ, PL, R, RUS (europäischer Teil), SK, UA.

Verbreitung in Deutschland: Selten. In S- und O-Deutschland nur zerstreut verbreitet. Die wenigen Nachweise aus Bayern vermutlich nur methodisch bedingt. Die nordwestliche Arealgrenze verläuft in D vom Niederrhein bis ins südliche Mecklenburg-Vorpommern. Die Höheneinnischung umfasst die planare bis submontane Höhenstufe.

Lebensraum: Die wärmeliebende Art ist ein Bewohner von Halbtrockenrasen und Sandtrockenrasen mit weitgehend geschlossener Grasnarbe. Meist handelt es sich um Bestände auf S-exponierten Hanglagen. Eine teilweise Verbuschung/Verbrachung wird toleriert, denn die Kontaktzonen zu thermophilen Gebüschen und Wäldern werden während besonders heißer Tagesstunden gerne zur Regulation der Körpertemperatur aufgesucht. *D. lateralis* ist eine Kennart der FFH-Lebensraumtypen 6212 „Submediterraner Halbtrockenrasen“, 6240 „Steppenrasen“ und 5130a „Beweidete oder inzwischen brachgefallene Halbtrockenrasen und trockene Magerrasen“. **Ansitz:** Wie bei den anderen Halbtrockenrasen-Dioctrien sitzt auch diese Art gerne auf Halmen und Blättern von Gräsern und Kräutern in der Krautschicht an.

Biologie: Beobachtungen zur Biologie bzw. zur Individualentwicklung liegen bisher auch für diese *Dioctria*-Art nicht vor.

D. lateralis ♂,
Sachsen-Anhalt, Wettin, 21.6.2014

Dioctria linearis (Fabricius, 1787) – Gestreifte Habichtsfliege

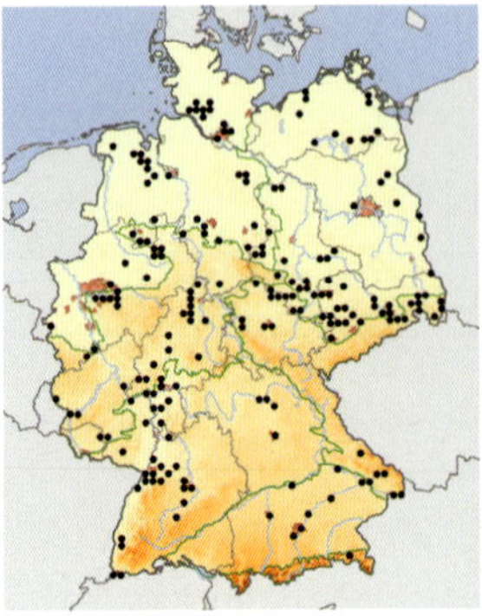

Merkmale: Eine mittelgroße Art von großer Ähnlichkeit mit *D. hyalipennis*. Stirnhöcker klein, Knebelbart in der Mitte mehrreihig. Scutum mit kräftiger gelber Bestäubung, die sich gegenüber den unbestäubten Bereichen scharf abgrenzt, sodass sich ein streifenförmiges Zeichnungsmuster ergibt. Pleurenbinde fast vollständig, diese – anders als bei *D. hyalipennis* – am Hinterrand des Katepisternums unterbrochen. Hinterleib mit deutlichen hellgelben Seitenflecken, Hüften hellgelb (*D. hyalipennis*: überwiegend schwarz), Beinfärbung ähnlich wie bei *D. hyalipennis*, Gelbtönung dabei oft etwas heller, dunkle Exemplare seltener als bei der Schwesterart. **Länge:** 9–13 mm.

Flugzeit: (A Mai) M Mai–M August.

Gesamtverbreitung: A, AL, B, BG, CH, CZ, D, DK, F, GB, I, IR, H, NL, PL, R, RUS (europäischer Teil), SK, UA, YU.

Verbreitung in Deutschland: Mäßig häufig. In ganz D ohne erkennbare größere Verbreitungslücken verbreitet, auf den Nordseeinseln möglicherweise jedoch als Waldart von Natur aus fehlend. Die Art besiedelt die planare bis montane Höhenstufe.

Lebensraum: Dies ist eine der wenigen Raubfliegenarten Mitteleuropas, die bevorzugt das Innere von Laub- bzw. Mischwäldern besiedelt. Dabei nutzt sie gerne halbschattige Waldwege und lichte Bestände auf frischen bis feuchten Böden, z.B. von (mesophilen) Buchen-, Erlen-Eschen-, Eichen-Hainbuchen- oder Schluchtwäldern etc. Entlang von breiten Hecken, Alleen und anderen Gehölzstrukturen auch in die halboffene Landschaft vordringend. **Ansitz:** Oftmals können die Tiere auf breiten Blättern in niedriger Höhe sitzend beobachtet werden (z.B. *Mercurialis perennis*, *Alnus glutinosa*, *Stachys sylvatica*, *Impatiens parviflora* etc.).

Biologie: Auch bei dieser Art konnte T. Kästner eine Balz mit Schwirr-Pendelflug des ♂ beobachten. Beling (1882) fand Larven *„in humoser Erde unter Wiesenhecken, auch in lichten Waldesrändern in der Nähe von Wiesen“*. Nach seinen Beobachtungen dauert die Puppenruhe etwa 4 Wochen.

D. linearis ♀,
Sachsen-Anhalt, Eckartsberga, 29.06.2017

Dioctria longicornis Meigen, 1820 – Kleine Habichtsfliege

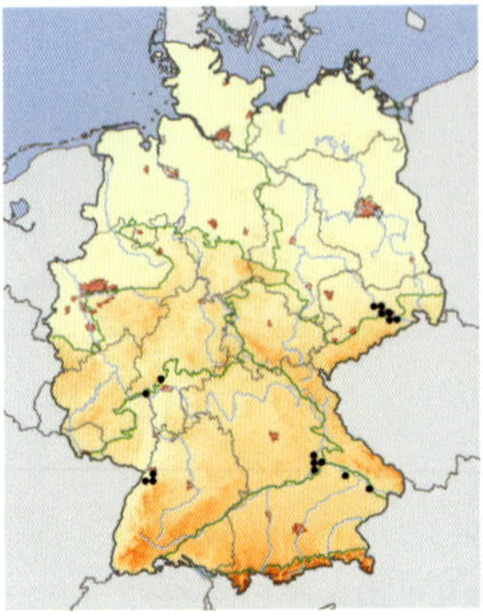

Merkmale: Als Schwesterart von *D. lateralis* ebenfalls sehr klein. Ebenfalls mit kleinem Stirnhöcker, 3. Fühlerglied deutlich länger als 1. und 2. Glied zusammen (vgl. *D. lateralis*). Scutum stark glänzend, Pleurenbinde am vorderen und oberen Rand des Anepisternums wie bei *D. lateralis* unterbrochen. Von dieser Art unterscheidet sie sich unter anderem durch schwarze Hüften und durch überwiegend schwarze Hinterschenkel. **Länge:** 6–7 mm.

Flugzeit: M Mai–E Juli (Flugzeit der Art in D nur unzureichend bekannt).

Gesamtverbreitung: A, AL, B, BG, CZ, D, F, NL, PL, R, SK, YU.

Verbreitung in Deutschland: Sehr selten, viel stärker als *D. lateralis* nur sehr lokal vorkommend. Aktuelle Zentren liegen an den Hängen im Elbtal zwischen Dresden und Meißen, der südlichen Umgebung von Karlsruhe im Oberrheintiefland, der Umgebung von Regensburg sowie weiter donauabwärts bei Pleinting. Historische Funde stammen vom SO-Rand des Taunus, sind dort aber seit über 100 Jahren nicht mehr bestätigt. Als wärmeliebende Art in D wohl nur im planaren bis submontanen Bereich auftretend.

Lebensraum: Wie die Schwesterart ist *D. longicornis* eine Bewohnerin trockenwarmer, offener oder leicht verbuschter Lebensräume, insbesondere von Halbtrockenrasen. Im Raum Dresden fand Kästner (2014) die Kleine Habichtsfliege auch auf mageren, artenreichen Glatthaferwiesen (*Arrhenatherum elatius*). Eine Beobachtung von D. Wolff weist darauf hin, dass nur bestimmte Ausprägungen von Halbtrockenrasen den Ansprüchen der Art genügen. So kam sie auf dem mehrere Hektar großen S- und SO-Hang des Kohlbergs bei Pirna mit bodensauren, teilweise ruderalisierten Magerrasen nur auf einer kleinen, wenige Quadratmeter großen Fazies der Fiederzwenke *Brachypodium pinnatum* vor. Eine direkte Bindung an diese Grasart ist zwar nicht anzunehmen, sie könnte aber ein Zeiger für bestimmte Bodenverhältnisse sein oder unter ihrem Wurzelfilz möglicherweise günstige Entwicklungsbedingungen für die Larven bieten. Nach T. Kästner tritt die Art im Dresdner Elbtal dort auf, wo kleinflächig Kalkpläner (Brandungsablagerungen des ehemaligen Kreidemeeres) oder Kalkmergel (postglaziale Anwehungen) kleinflächig auftreten. Die Art gilt als Kennart des FFH-Lebensraumtyps 6212 „Submediterrane Halbtrockenrasen". **Ansitz:** Mehrheitlich wird die Art in der Krautschicht beobachtet, wo sie gerne auf Blättern und den oberen Stängelabschnitten von Gräsern ansitzt. Kästner (2014) beobachtete sie teilweise aber auch auf Blättern von Schlehen- und Rosengebüschen, die in Halbtrockenrasen oder Glatthaferwiesen eingestreut waren.

Biologie: Auch bei dieser *Dioctria*-Art liegen keine speziellen Hinweise zur Biologie oder Individualentwicklung vor.

D. longicornis ♀,
Sachsen, Dresden, Gamighübel 09.06.2017

Dioctria oelandica (Linnaeus, 1758) – Große Habichtsfliege

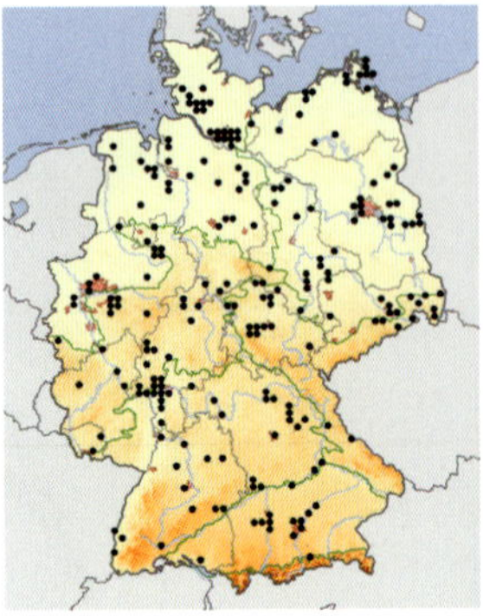

Merkmale: Die große *D. oelandica* ist die größte Art der Gattung in D. Gesicht in Frontalansicht in der Mitte mit einem senkrechten unbestäubten schwarzen Streifen, der von der Fühlerbasis bis zum Knebelbart reicht. Scutum überwiegend glänzend, aber beiderseits der Mitte mit je einer bestäubten Längslinie, vor allem beim ♀. Pleurenbinde fast vollständig, diese am Hinterrand des Katepisternums unterbrochen, Anepimeron mit einigen längeren zarten Haaren. Beim ♂ Flügel fast vollständig geschwärzt, beim ♀ meist nur entlang der Adern angeraucht. Schenkel gelb, Schienen überwiegend gelb, im Spitzenviertel oder – am Hinterbein – Spitzendrittel schwarz, Füße schwarz. Hinterleib schwarz. **Länge:** 15–20 mm.

Flugzeit: E April–A Juli (A August).

Gesamtverbreitung: A, AL, B, BG, CH, CZ, D, DK, F, GB, H, NL, PL, R, RUS (europäischer Teil), S, SF, SK, YU.

Verbreitung in Deutschland: Selten. Als Waldart allgemein in D verbreitet ohne erkennbare größere Verbreitungslücken. Das bisherige Fehlen in den deutschen Alpen vermutlich nur methodisch bedingt (Erfassungsdefizite). Auf den Nordseeinseln wohl fehlend. Die Art kommt von der planaren Höhenstufe bis in den montanen Bereich vor.

Lebensraum: Dies ist eine Art, die nicht nur an Waldrändern vorkommt, sondern auch teilweise in die Waldbestände selbst vordringt. Dabei handelt es sich meist um Laub- und Mischwälder, z.B. mesophile Buchenwälder, Erlen-Eschenwälder, Eichen-Birkenwälder oder Eichen-Hainbuchenwälder. Insgesamt ist die Präferenz für frische und feuchte Standorte etwas weniger ausgeprägt als bei *D. linearis*. **Ansitz:** Die Jagd erfolgt in der Regel von breiten Blättern in der Kraut- und Strauchschicht aus.

Biologie: Beling (1882) fand Larven „*in humoser Erde im Laubholzwalde, auch unter Feldhecken und einmal auf einem Feldwege in einem frischen Maulwurfshügel*". Nach seinen Beobachtungen dauert die Puppenruhe zwischen zwei und vier Wochen. Diese große Art weist anders als die häufigeren Offenland- oder Waldrand-Dioctrien (*D. atricapilla, D. hyalipennis, D. rufipes*) meist nur niedrige Populationsdichten auf und wird deshalb meist nur in Einzelexemplaren oder wenigen Tieren beobachtet.

D. oelandica ♀, Österreich, Burgenland, 25.05.2015

Habitat, mehrjähriger Kahlschlag, Mittelwaldstruktur, Österreich, Burgenland

Dioctria rufipes (De Geer, 1776) – Höcker-Habichtsfliege

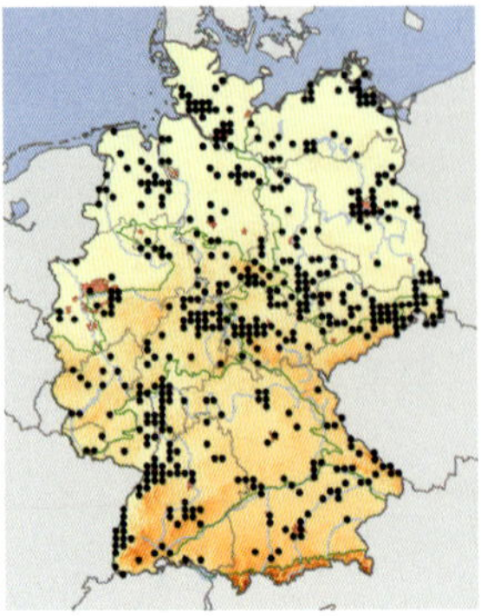

Merkmale: Stirnhöcker groß (kürzester Abstand zwischen dessen Spitze und dem Augenrand meist etwas länger als 2. Fühlerglied). Scutum überwiegend glänzend, aber beidseits der Mitte mit je einer bestäubten Längslinie. Pleurenbinde fast vollständig, diese am Hinterrand des Katepisternums unterbrochen, Flügel transparent, Beinfärbung recht konstant: Vorder- und Mittelschenkel gelb, Vorder- und Mittelschiene überwiegend gelb, an der Spitze verdunkelt, Hinterschenkel fast vollständig schwarz, nur an der Basis und der Spitze schmal gelb, Hinterschiene fast vollständig schwarz, nur basal schmal gelb, Füße bei allen Beinpaaren dunkel/schwarz. Von der ähnlichen *D. sudetica* durch helle Behaarung am hinteren oberen Augenrand und am Taster zu unterscheiden. **Länge:** 8–15 mm.

Flugzeit: (M April) A Mai–M Juli (E August).

Gesamtverbreitung: A, B, BG, CH, CZ, D, DK, F, H, GB, H, I, KS, KZ, MGL, NL, PL, R, RUS (europäischer Teil bis W-Sibirien), S, SF, SK, YU.

Verbreitung in Deutschland: Häufig. Von den Küsten der Nord- und Ostsee bis nach S-Deutschland allgemein verbreitet und ohne größere Verbreitungslücken. Das bisher vollständige Fehlen von Nachweisen aus den deutschen Alpen ist wohl methodisch bedingt (Erfassungsdefizite). Die Art ist zumindest in den größeren Flusstälern auch dort zu erwarten. Im Übrigen von der planaren bis zur montanen Höhenstufe regelmäßig anzutreffen.

Lebensraum: Die Höcker-Habichtsfliege ist recht anspruchslos und besiedelt sowohl Waldränder von Laub-, Misch- und Nadelwäldern (dringt dabei auch in lichte Waldbestände vor) als auch Grünland unterschiedlicher Ausprägung, von Feuchtgrünland bis zu Halbtrockenrasen, meist in dichter, grasiger Vegetation. In der Ackerlandschaft ist sie zumindest an breiteren Wegrändern und an Feldgehölzen, Hecken etc. regelmäßig anzutreffen. Eine ausgeprägte Präferenz für eine bestimmte Bodenfeuchtestufe ist nicht erkennbar. In vielen FFH-Lebensraumtypen ist sie steter Begleiter, im Lebensraumtyp 6510 „Magere Flachlandmähwiesen" ist sie dominante Kennart und auch im Typ 6520 „Berg-Mähwiesen" kann sie als Kennart gewertet werden. **Ansitz:** Der Ansitz ist sehr variabel (Halme und Blätter von Gräsern oder Kräutern, Laub von Bäumen etc.).

Biologie: Bei dieser Art wurde mehrfach beobachtet, dass sie sich bei Störung/Gefahr bei kühlem Wetter in die dichte bodennahe Vegetation fallen lässt, während sie bei warmem Wetter wegfliegt. Auch bei dieser Art beobachtete T. Kästner Schwing-Pendelflug über dem ♀ mit kurzem Verharren an den Pendelspitzen. In Laborhaltung legte die Art mindestens 80 Eier ab, das ♀ trug danach noch weitere Eier im Abdomen, sodass insgesamt von einer höheren Eizahl ausgegangen werden kann (Melin 1923). Die Eientwicklung dauerte in seinen Untersuchungen etwa 18 Tage. Brindle (1968) fand *D. rufipes*-Larven in sandigem Boden in einem Garten.

D. rufipes ♂,
Sachsen, Deutschneudorf, 29.05.2015

Dioctria sudetica Duda, 1940 – Böhmische Habichtsfliege

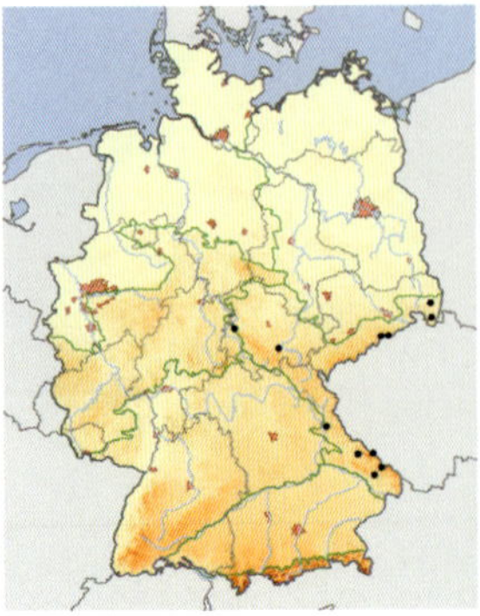

Merkmale: Dies ist eine der häufigen *D. rufipes* sehr ähnliche und deshalb erst spät beschriebene Art. Von der Schwesterart vor allem durch schwarze Behaarung am hinteren oberen Augenrand, schwarze Behaarung der Taster sowie einen kleineren Stirnhöcker (kürzester Abstand zwischen dessen Spitze und dem Augenrand meist etwas kürzer als 2. Fühlerglied) unterschieden. Im Übrigen *D. rufipes* in der Färbung und Größe recht ähnlich, aber an den inneren Genitalien der ♂ von dieser deutlich zu unterscheiden. **Länge:** 8–13 mm.

Flugzeit: E Juni–E Juli (Flugzeit der Art in D nur unzureichend bekannt).

Gesamtverbreitung: A, CZ, D, PL. Die Gesamtverbreitung dürfte aufgrund der späten Beschreibung der Art noch teilweise ungeklärt sein.

Verbreitung in Deutschland: Sehr selten. Eine Art, von der bisher ausschließlich Nachweise aus den Östlichen Mittelgebirgen vorliegen (Bayerischer Wald, Oberpfälzer Wald, Erzgebirge, Zittauer Gebirge, Thüringer Wald). Vermutlich wegen der großen Ähnlichkeit mit *D. rufipes* und der erst späten Artbeschreibung noch stellenweise übersehen. Vorkommen könnten z.B. im Harz oder auch in den deutschen Alpen noch vermutet werden. Eine der wenigen Arten mit offenbar deutlicher Bevorzugung montaner Lagen (submontan–hochmontan). Nachweise aus der planaren–kollinen Stufe fehlen bisher.

Lebensraum: Die wenigen Beobachtungen ergeben insgesamt noch kein ganz klares Bild der Habitatbindung. Funde liegen von Windwurfflächen oder anderen eher offenen Biotoptypen (Grünland, brachgefallene Borstgrasrasen etc.) in enger räumlicher Vernetzung mit Vorwäldern, Waldmänteln und anderen aufgelichteten Partien von naturnahen montanen Fichten-/Tannenwäldern und hochmontanen Fichtenwäldern vor. Auch wenn die Art innerhalb des Waldes offenbar die Kontaktzonen bevorzugt, kann sie vorläufig als schwache Kennart des FFH-Lebensraumtyps 9413 „Hercynischer Fichtenwald“ eingestuft werden. **Ansitz:** Die wenigen vorliegenden Beobachtungen beziehen sich auf Exemplare, die auf Blättern in der Krautschicht ansaßen.

Biologie: Von dieser in D sehr seltenen Art fehlen bisher spezifische Hinweise zur Biologie oder zur Individualentwicklung.

D. sudetica ♂,
Sachsen, Deutschneudorf, 28.05.2015

Leptogaster cylindrica (De Geer, 1776) – Gemeine Schlankfliege

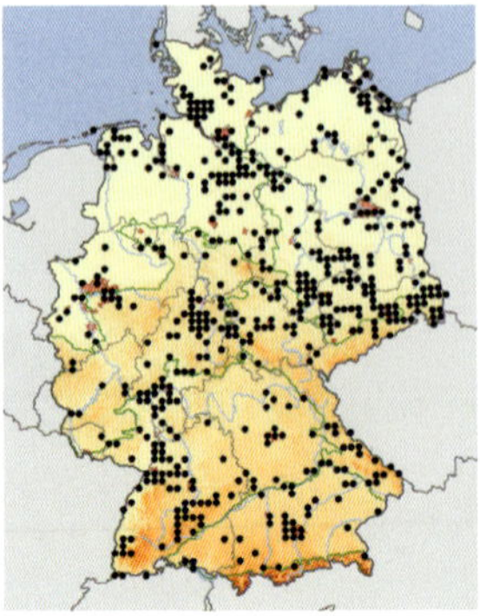

Merkmale: Die Unterfamilie Leptogastrinae bzw. die Gattung *Leptogaster* sind durch diverse Merkmale klar abgegrenzt. Folgende sind regelmäßig auch auf Fotos gut zu erkennen: Fehlen von Haftlappen am Fuß, sehr schlanker Hinterleib, dabei Segment 2 mindestens 3-mal so lang wie breit (bzw. in Seitenansicht 3-mal so lang wie hoch). Die mittelgroße *L. cylindrica* besitzt einen schwarzen Stechrüssel (gelb bei *L. subtilis*), dunkle Längsstreifen in der distalen Hälfte der Hinterschenkel (dunkle Querringe bei den anderen *Leptogaster*-Arten), einen leicht verdunkelten Längsstreifen auf den Hinterleibstergiten (Querbinden bei *L. guttiventris*), Hinterschienen zur Spitze gleichmäßig verdickt (vgl. *L. pubicornis*). Epandrien im mittleren Drittel breit, aber ohne besondere dorsale oder ventrale Lappen, im letzten Drittel plötzlich verjüngt und spitz zulaufend, Oberkante dort bogenförmig ausgeschnitten. **Länge:** 11–18 mm.

Flugzeit*:* M Mai–M August (A September).

Gesamtverbreitung: A, AL, B, BG, CH, CZ, D, DK, DZ, E, F, FL, GB, H, I, IR, MGL, N, NL, PL, R, RUS (europäischer Teil bis O-Asien), S, SF, SK, TR, YU.

Verbreitung in Deutschland: Sehr häufig. *L. cylindrica* ist in ganz D von der planaren bis zur montanen Höhenstufe häufig und weit verbreitet. Mit Ausnahme der Alpen, aus denen bisher keine Nachweise vorliegen, kommt sie in allen naturräumlichen Großlandschaften vor. Das Fehlen in den Alpen ist vermutlich durch Defizite in der Erfassungstätigkeit zu erklären. Zumindest in den größeren Flusstälern ist auch dort mit der Art zu rechnen.

Lebensraum: Die Art besiedelt verschiedene gehölzfreie, meist von Süßgräsern dominierte Biotoptypen, unter anderem Wiesen, Sandmagerrasen, Halbtrockenrasen, Ruderalfluren, Brachen, Wegraine etc. Dabei werden sowohl feuchte und frische als auch trockene Böden angenommen. Ihre Habitate zeichnen sich meist durch eine lückige Vertikalstruktur in der oberen Krautschicht aus, im Übrigen ist die Vegetation in der Regel jedoch mehr oder weniger geschlossen. Einförmig strukturierte Grasbestände, z.B. häufig gemähtes Intensivgrünland, werden weitgehend gemieden. **Ansitz:** Die Art ist kein typischer Ansitzjäger; vielmehr patrouillieren die Tiere auf ihren Jagdflügen gerne in der weniger dichten obersten Vegetationsschicht. Der Ansitz wird ansonsten meist an überständigen Grashalmen oder auf Blättern gewählt; bei schlechter Witterung suchen die Tiere jedoch die geschütztere dichtere untere Vegetationsschicht auf.

Biologie: *L. cylindrica* weist neben der Ansitzjagd eine weitere Jagdstrategie (Suchflüge in der Krautschicht) auf. Entsprechend ergreift sie auch meist sitzende Beute, unter anderem kleine Fliegen, kleine Zikaden, Pflanzenläuse und – für Asiliden eher ungewöhnlich – auch Spinnen. Melin (1923) beschreibt die Eiablage wie folgt: „*Diese Art lässt sich gewöhnlich einfach in der normalen Ruheposition auf einem Grashalm nieder und legt, unter Verzerrung des Abdomens, jeweils ein Ei zur Zeit ab, das zum Boden in die Krautschicht fällt.*“

L. cylindrica ♂, Hessen, Langen, 02.06.2017

Habitat, Thüringen, Kindel am Hainich, 18.06.2005. Foto: Danny Wolff

Leptogaster guttiventris Zetterstedt, 1842 – Wald-Schlankfliege

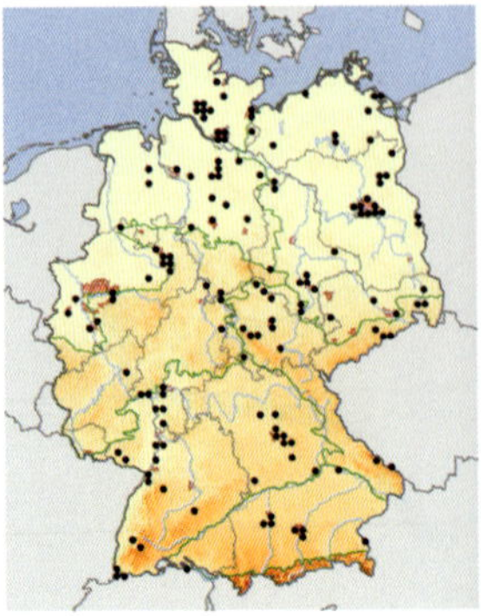

Merkmale: Die Wald-Schlankfliege ist im Schnitt nur wenig kleiner als die vorherige Art (*L. cylindrica*). Von ihr unterscheidet sie sich unter anderem durch dunkle Querbinden auf den Abdominaltergiten und dunkle Ringe in der distalen Hälfte der Hinterschenkel. Der Stechrüssel ist dunkel (gelb bei *L. subtilis*), die Hinterschiene gleichmäßig zur Spitze verbreitert (vgl. *L. pubicornis*). Epandrien im mittleren Drittel in Seitenansicht eher dreieckig durch ventralen Lobus, zur Spitze gleichmäßig verjüngend, im Spitzendrittel dorsal ohne besonderen Ausschnitt. **Länge:** 8–13 mm.

Flugzeit: (M April) M Mai–E August (A Oktober).

Gesamtverbreitung: A, B, CH, CZ, D, DK, F, GB, H, IR, KZ, NL, PL, RUS (europäischer Teil bis W-Sibirien), S, SF, SK.

Verbreitung in Deutschland: Mäßig häufig. *L. guttiventris* ist ebenfalls in ganz Deutschland von der planaren bis zur montanen Höhenstufe weit verbreitet, dabei aber offenbar etwas weniger häufig. Auch bei dieser Art fehlen bisher Nachweise aus den Alpen, was vermutlich durch Defizite in der Erfassungstätigkeit zu erklären ist. Zumindest in den größeren Flusstälern ist auch dort mit der Art zu rechnen.

Lebensraum: Die Art besiedelt meist frische bis halbtrockene, halboffene Gras- und Staudenfluren. Obwohl sich die Lebensräume von *L. guttiventris* und *L. cylindrica* stark überlappen, zeichnet sich für die Wald-Schlankfliege eine Präferenz für Biotoptypen ab, die stärker durch Gehölze geprägt oder beeinflusst sind, z.B. Waldlichtungen und Schlagflächen, breite Waldwege, Heiden und entwässerte Moore in Kontakt zu Wäldern, brachgefallene und teilweise verbuschte Halbtrockenrasen etc. **Ansitz:** Bezüglich des Jagdverhaltens finden sich keine Unterschiede im Vergleich zu *L. cylindrica*.

Biologie: Eiablage vermutlich ähnlich wie bei *L. cylindrica*, aber bisher nicht beschrieben. Melin (1923) fand eine erwachsene Larve (kurz vor der Verpuppung) in sandigem Boden unter Birken am Rande einer Eisenbahnlinie.

.. *guttiventris* ♀, *Sachsen-Anhalt, Bad Kösen, 19.06.2016*

Leptogaster pubicornis Loew, 1847 – Kleine Schlankfliege

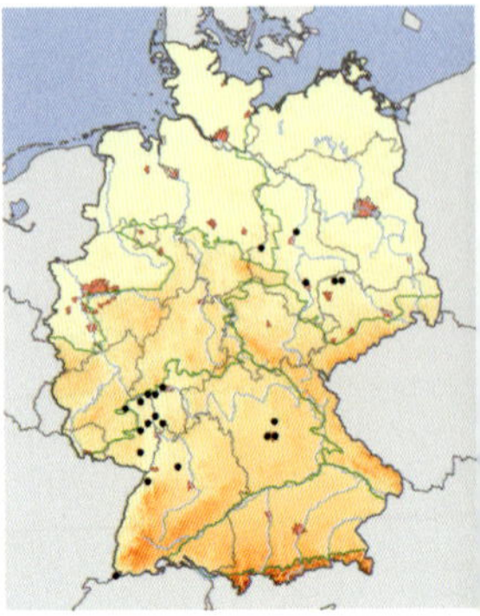

Merkmale: Die kleinste Art der Gattung in D zeichnet sich durch folgende Merkmale gegenüber den anderen Leptogastrinen aus, von denen mitunter ähnlich kleine Zwergexemplare auftreten. Der Stechrüssel ist dunkel (gelb bei *L. subtilis*), 3. Fühlerglied ventral zusätzlich zur samtartigen Mikrobehaarung mit sehr kurzer Behaarung, dunkle Ringe in der distalen Hälfte der Hinterschenkel (längs gestreift bei *L. cylindrica*), die Hinterschiene gleichmäßig zur Mitte hin erweitert, dann deutlich schmaler werdend (damit in der Mitte am breitesten), Epandrien im mittleren Drittel in Seitenansicht sowohl dorsal als auch ventral mit großem Lobus, dadurch im Spitzendrittel abrupt verschmälert, an der Oberkante am Beginn des Spitzendrittels mit deutlicher Ecke und nicht mit gleichmäßigem Bogenausschnitt. **Länge:** 7–8 mm.

Flugzeit: M Juni–A August (Flugzeit der Art in D nur unzureichend bekannt).

Gesamtverbreitung: BG, CH, CZ, D, F, GR, H, I, IR, KS, KZ, RUS (europäischer Teil), SK, UZ, TR.

Verbreitung in Deutschland: Selten. Die Vorkommen konzentrieren sich in D auf 3 Regionen: das Oberrhein- und Rhein-Main-Tiefland mit benachbarten Bereichen, den Großraum um Erlangen und Nürnberg sowie die wärmebegünstigte Region östlich des Harzes und des Thüringer Waldes. Die Höheneinnischung beinhaltet die planare bis submontane Stufe. Bei Netzfängen kann die Art in der Masse der oft im selben Gebiet vorkommenden *L. cylindrica* leicht übersehen werden, sodass mit Vorkommen in weiteren Regionen gerechnet werden kann.

Lebensraum: Die bisherigen Funde kennzeichnen die Kleine Schlankfliege als Bewohner trockenwarmer Sand- und Halbtrockenrasen. Es werden also sowohl Trockenrasen auf Locker- als auch Festgestein angenommen. *L. pubicornis* kann als Kennart des FFH-Lebensraumtyps 6212 „Submediterrane Halbtrockenrasen“ gewertet werden. **Ansitz:** Als Bewohner von Trockenrasen sitzt die Art wie *L. cylindrica* gerne an Grashalmen und Blättern an. Ob die Art ebenfalls Suchflüge zur Jagd durchführt, bedarf weiterer Untersuchungen.

Habitat, Hessen, Weilbacher Kiesgrube

Biologie: Beobachtungen zur speziellen Biologie bzw. zur Individualentwicklung fehlen bisher.

L. pubicornis ♂, Hessen, Flörsheim, 26.06.2016

Leptogaster subtilis Loew, 1847 – Klöppel-Schlankfliege

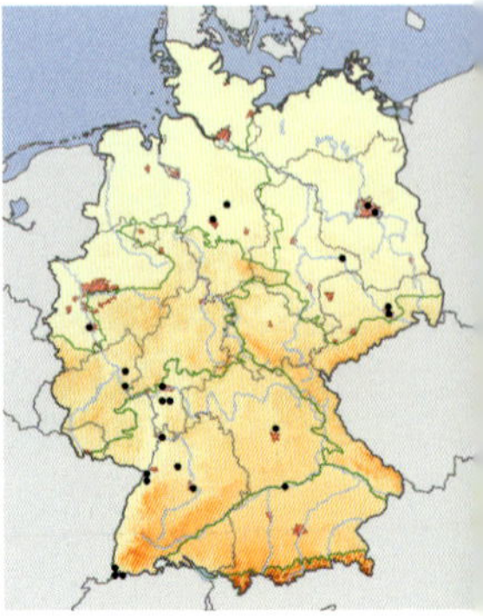

Merkmale: Die Klöppel-Schlankfliege unterscheidet sich deutlich von den anderen 3 Arten der Gattung: Der Stechrüssel ist gelb oder gelbbraun. 3. Fühlerglied kurz (so lang wie die ersten beiden Fühlerglieder zusammen) und am Ende abgestutzt, nicht spitz zulaufend, Scutum mit un- oder schwach bestäubtem und (schwach) glänzendem Mittelstreif und ebensolchen Seitenflecken, dunkle Ringe in der distalen Hälfte der Hinterschenkel, Epandrien im Spitzendrittel am Ende nicht zugespitzt, sondern mit charakteristischer klöppelartiger Verdickung, die auf der Innenseite typische Felder kurzer Dornen aufweist. Nach Dikow (schriftl. Mitt.) ist eine Zuordnung zur Gattung *Lobus* zu prüfen, aber noch nicht formal vollzogen.
Länge: 7–11 mm.

Flugzeit: M Juni–M September (Flugzeit der Art in D unzureichend bekannt).

Gesamtverbreitung: A, B, BG, CH, CZ, D, E, F, I, NL, SK, SLO.

Verbreitung in Deutschland: Selten. Ein klares Verbreitungsmuster ergibt sich be dieser Art bisher nicht. Ein großer Anteil der Funde stammt aus Ortslagen und betrifft Einzelexemplare. Freilandfunde mit mehreren Exemplaren stammen unter anderem aus dem Oberrheintiefland. Die Fundorte liegen in der planaren bis submontanen Hö henstufe. Ein auffällig großer Anteil der Funde stammt aus den letzten 3 Jahrzehnten Möglicherweise befindet sich die Art aktuell in Ausbreitung.

Lebensraum: Auch bezüglich der Habitatbindung besteht noch kein klares Bild (mehrmals wurde die Klöppel-Schlankfliege in Wohnungen oder Gewächshäusern gefunden). Diese Funde in Gebäuden müssen auf umherstreifende Exemplare bezogen werden. In welchem Umfang dies auch auf Freilandfunde zutrifft, bedarf der Überprüfung Interessant sind daher Funde mit mehreren Exemplaren: „*Am Dinkelbergrand stammen sieben Exemplare aus einer Schlagflur im Buchenwald auf dem Gipfel eines kleinen steilen Hügels [...] sowie ein Belegtier aus einem forstlich seit langem ungenutzten Flaumeichen Sommerlindenwald mit Buchs am Steilhang*“ (Wolff 2017). In Malaisefallenfängen im Oberrheintiefland trat die Art subdominant oder dominant sowohl in weitgehend gehölzfreien ruderalisierten Sandtrockenrasen als auch in den Kontaktzonen zwischen Sandtrockenrasen und trockenwarmen Mischwäldern auf (Wolff & Doczkal in Vorb.)
Ansitz: Beobachtungen zum Ansitzverhalten im Freiland fehlen bisher (weitgehend).

Biologie: Beobachtungen zur speziellen Biologie bzw. zur Individualentwicklung fehlen bisher ebenfalls. Sehr wünschenswert wären Beobachtungen und Hinweise zu einer möglichen weiteren Ausbreitung der Klöppel-Schlankfliege (im Zuge des Klimawandels?).

L. subtilis ♂, Hessen, Langen, Juli 2011

Stichopogon albofasciatus (Meigen, 1820) – Großer Sandwicht

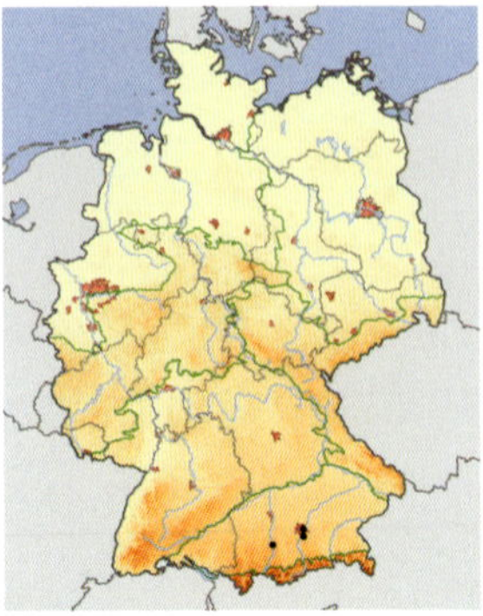

Merkmale: Die Stichopogoninen sind sehr kleine bis kleine, meist teilweise grau bestäubte Raubfliegen, die als gemeinsames Merkmal in Frontalansicht von der Fühlerbasis nach oben stark divergierende Augenränder aufweisen. Bei der Gattung *Stichopogon* ist das Gesicht nicht vorgewölbt und der Knebelbart beschränkt sich auf den Mundrand oder das untere Viertel des Gesichts. Bei der kleinen *St. albofasciatus* liegen die Knebelbartborsten mehrreihig übereinander (Untergattung *Echinopogon*), bei den anderen Arten sind diese nur schirmartig am Mundrand angeordnet. Knebelbart schwarz oder schwarz-weiß gemischt. Stirn schwach bestäubt. Die Beine sind vollständig schwarz wie bei *St. schineri* (teilweise gelb bei *St. elegantulus*). Hinterleib insbesondere auf dem 4. und 5. Tergit mit dreieckigen Bestäubungsflecken, die am Tergitvorderrand mittig zusammenfließen können. **Länge:** 5–10 mm.

Flugzeit: August (Flugzeit der Art in D nur unzureichend bekannt).

Gesamtverbreitung: A, AZ, BG, D, E, F, GR, H, MA, PL, R, RUS (europäischer Teil), TR, YU.

Verbreitung in Deutschland: Ausgestorben oder verschollen. Eine offenbar in D schon immer extrem seltene Art, deren einzige hier bisher bekannte Vorkommen an der Isar bei München und bei Epfach am Lech schon seit vielen Jahrzehnten nicht mehr bestätigt worden sind. Die letzten bekannten Nachweise an der Isar stammen aus dem Jahr 1935.

Lebensraum: An der Isar stammen alle Nachweise von Kiesbänken. Aus der Literatur bzw. den Sammlungsetiketten lässt sich leider nicht entnehmen, ob es sich dabei um tief liegende, regelmäßig dem Hochwasserregime unterliegende Kiesbänke mit größeren Kieselsteinen oder um höher liegende, seltener überflutete Bänke mit feinerem Material und zumindest teilweise schütterer Vegetation handelt. Dennoch kann die Art vorläufig als Kennart des FFH-Lebensraumtyps 3220 „Alpine Flüsse mit krautiger Ufervegetation“ eingestuft werden, der z.B. entlang von Isar, Lech und Stillach weit ins Alpenvorland ausstrahlt und durch Schotter- und Geröllflächen oder teilweise sandige Materialablagerungen geprägt ist. **Ansitz:** Konkrete Dokumentationen zum Ansitzverhalten liegen für die Art aus Deutschland nicht vor. Vermutlich sitzt die Art wie andere Vertreter der Gattung bodennah vor allem auf kleinen Steinen und Kies/Sand an.

Biologie: Für diese in D verschollene Art liegen keine Beobachtungen zur Individualentwicklung vor. Sollte die Art an den alpinen Flüssen wieder nachgewiesen werden können, wären spezielle Untersuchungen dazu und zur engeren Habitatbindung sehr wertvoll.

St. albofasciatus ♂,
Nordspanien, 07.07.2017. Foto: Ramón M. Batlle

Habitat Kiesbank, Nordspanien, 02.07.2009. Foto: Ramón M. Batlle

Stichopogon elegantulus (Wiedemann, 1820) – Kleiner Sandwicht

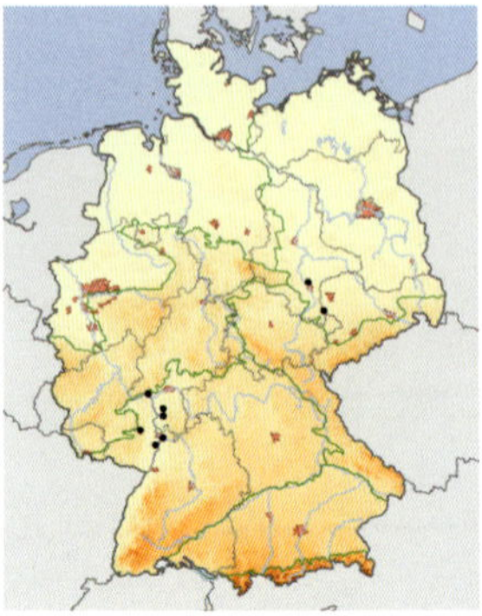

Merkmale: Die sehr kleine Raubfliegenart *St. elegantulus* ist die einzige Art der Gattung, die teilweise gelbrot gefärbte Beine aufweist, und zwar in der basalen Hälfte der Schienen und an den basalen Fußgliedern. Der Umfang der hellen Färbung kann individuell schwanken, sie ist aber immer deutlich ausgeprägt. Der Knebelbart besteht aus einem dichten Haarschirm, der auf den Mundrand beschränkt ist (Untergattung *Stichopogon*). Hinterleibstergite überwiegend braun bestäubt, insbesondere auf den vorderen Tergiten lateral am Vorderrand schmale, grau bestäubte rechteckige Flecken, die in der Mitte manchmal zusammenfließen. Die Seitenkanten der Hinterleibstergite oft durchgehend grau bestäubt, ebenso wie das 8. Tergit vollständig grau bestäubt ist. **Länge:** 4–5 mm.

Flugzeit: (A Mai) E Juni–M August (M September).

Gesamtverbreitung: A, BG, CH, D, DZ, E, ET, F, I, IL, H, KS, M, MA, P, RUS (europäischer Teil), SK, TN, TR, YU.

Verbreitung in Deutschland: Sehr selten. Der Kleine Sandwicht weist in D zwei disjunkte Areale auf. Die meisten Funde stammen aus dem Nördlichen Oberrheintiefland mit seinen Dünen und Talsandterrassen. Ein zweites Gebiet mit lediglich zwei Fundorten liegt im SW des Nordostdeutschen Tieflands (altes, nicht mehr bestätigtes Vorkommen in der Dölauer Heide sowie ein aktuelles Vorkommen aus dem Tagebau Profen). Die Funde beschränken sich auf die planare bis kolline Höhenstufe.

Lebensraum: Die Art ist auf offene Sandflächen angewiesen, die klimatisch günstig liegen. Im Nördlichen Oberrheintiefland konnten die Tiere nach gezielter Suche bisher auf (fast) allen Dünenstandorten nachgewiesen werden (F. Geller-Grimm). Die Verteilung von *S. elegantulus* in den Vorkommensgebieten zeigt, dass die Tiere bevorzugt im Randbereich größerer Sandflächen anzutreffen sind. Die Art gilt als Kennart des FFH-Lebensraumtyps 2330 „Offene Grasflächen mit Silbergras und Straußgras auf Binnendünen". Nach den Beobachtungen von Jessat (2011) ist die Art an dem einzigen bekannten aktuellen Fundort in Sachsen-Anhalt eng an die offenen, fast vegetationsfreien Sandflächen von Motocross-Fahrspuren gebunden. Die benachbarten, schütter bewachsenen Sandflächen wurden nicht aufgesucht. **Ansitz:** Die Tiere sitzen meist direkt auf dem Sand. Während der Mittagshitze wechseln sie jedoch ihr Verhalten. *S. elegantulus* bevorzugt dann kleine Unebenheiten (wie z.B. verdörrte Blätter, Nadeln, Zweige, Samen) als Ansitz auf dem Boden. Dabei versuchen sie durch gestreckte Beine einen maximalen Abstand vom Untergrund zu erreichen. Bei Bodentemperaturen von über 40 °C verlagern sie ihren Aktionsradius in beschattete Bereiche am Rand der Düne. Bei starkem Wind flüchten sie in Fahrspuren oder in den Windschatten von Gräsern.

Biologie: Von dieser sehr kleinen, bodennah jagenden Raubfliege wurde mehrfach dokumentiert, dass sie Springschwänze (*Collembola*) erbeutet. Dies stellt eine Besonderheit dar, weil die meisten Raubfliegenarten in der Regel fliegende Beute fangen.

St. elegantulus ♂, Hessen, Eberstadt, 13.07.2015

Habitat, Hessen, Eberstädter Düne

Stichopogon schineri Koch, 1872 – Schiner's Sandwicht

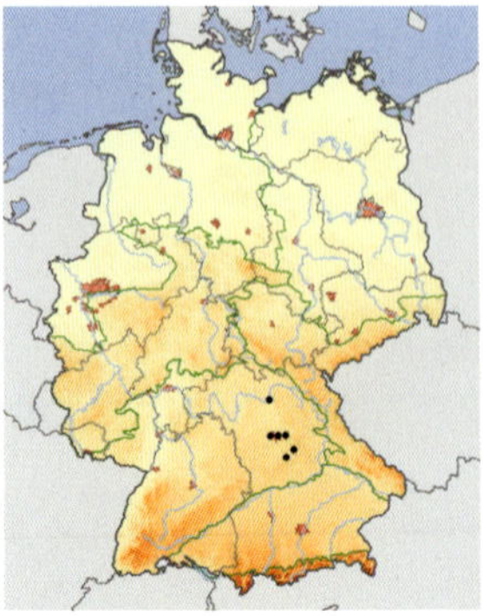

Merkmale: Diese sehr kleine Art gehört ebenfalls zur Untergattung *Stichopogon*, besitzt also ebenfalls einen auf den Mundrand beschränkten, recht dichten Knebelbart, der beim ♂ vorherrschend schwarz, beim ♀ vorherrschend hell gefärbt ist. Die Art weist weitere Merkmale eines Geschlechtsdimorphismus auf: Am lebenden Tier weisen die Augen der ♂ einen violetten, die der ♀ einen grünlichen Schimmer auf. Die Stirn der ♂ ist glänzend (bei *St. albofasciatus* bestäubt), beim ♀ bestäubt oder nur sehr schwach matt glänzend. Die Beine sind vollständig schwarz. Hinterleibstergite überwiegend schwach glänzend, nur schwach bräunlich bestäubt, an den Vorderrändern mit beim ♂ schmalen, beim ♀ breiteren dreieckigen, grauen Bestäubungsflecken, 8. Hinterleibstergit vollständig bestäubt. **Länge:** 5–8 mm.

Flugzeit: A Juli–A August (Flugzeit der Art in D nur unzureichend bekannt).

Gesamtverbreitung: BG, CH, D, E, F, GR, I, IR, MA, YU.

Verbreitung in Deutschland: Sehr selten. Alle bekannten Vorkommen in D liegen in den fränkischen und oberpfälzischen Sandgebieten (Fränkisches Keuper-Lias-Land). Die Höheneinnischung beschränkt sich auf die kolline und submontane Stufe.

Lebensraum: Wie *St. elegantulus* ist auch diese Art ein Bewohner trockenwarmer, vegetationsarmer Sandfluren. An den Fundorten konzentriert sich die Besiedlung z.B. auf einen offenen Sandweg zwischen älteren Kiefern (Dunk 1995) oder auf offene Sanddünen (Dunk & Hable 2006). Das Foto auf Seite 96 zeigt ein typisches Habitat. Es handelt sich um eine Kennart des FFH-Lebensraumtyps 2330 „Offene Grasflächen mit Silbergras und Straußgras auf Binnendünen". **Ansitz:** Meist direkt auf dem Sand sitzend, die Art nutzt aber gegebenenfalls auch bodennahe kleine Steine, Zapfen, Nadeln, Zweige etc.

Biologie: Nach dem Bau des Ovipositors erfolgt die Eiablage wohl direkt in den sandigen Boden. Konkrete Beobachtungen fehlen jedoch bisher.

St. schineri ♂, Bayern, Oberpfalz, 16.07.2016

St. schineri ♀, Bayern, Oberpfalz, 16.07.2016

Lasiopogon cinctus (Fabricius, 1781) – Gemeiner Grauwicht

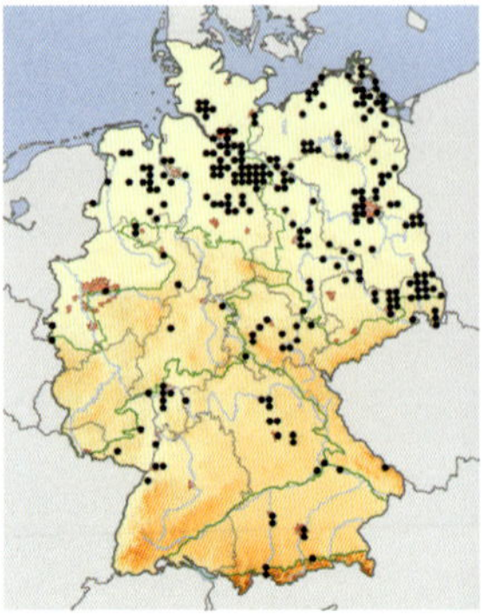

Merkmale: *Lasiopogon*-Arten besitzen ebenfalls nach oben deutlich divergierende Augenränder im Bereich der Stirn. Es handelt sich um kleine bis mittelgroße, meist dunkel gefärbte, teilweise asch- oder braungrau bestäubte Raubfliegen, die einen kräftigen, mindestens die halbe Gesichtshöhe einnehmenden Gesichtshöcker mit entsprechend hoch reichendem Knebelbart besitzen. Die Bestimmung der mitteleuropäischen Arten ist schwierig und oft nur durch Untersuchung der äußeren und inneren männlichen Genitalien möglich, die groß und auffällig sind. In D bisher nur die mittelgroße *L. cinctus* zweifelsfrei belegt (mit weiteren Arten ist jedoch zu rechnen, vgl. Kapitel „Anregungen für weitere Untersuchungen"). Sie ist vollständig dunkel und auf der Brust aschgrau bestäubt. Hinterleibstergite an den Hinterrändern bzw. an den hinteren Ecken unscharf grau bestäubt. Abgesehen von etwaigen anderen *Lasiopogon*-Arten am ehesten mit *Cyrtopogon lateralis* zu verwechseln, die auch auf Fotos meist anhand der scharf begrenzten intensiveren Bestäubungsflecken (♀) oder dem Bestäubungsband (♂) auf dem Hinterleib unterschieden werden kann. **Länge:** 7–12 mm.

Flugzeit: (A April) M April–E Juni (A August).

Gesamtverbreitung: A, B, BG, CH, CZ, D, DK, E, F, GB, GR, H, I, N, NL, PL, R, RUS (europäischer Teil), S, SF, SK, YU.

Verbreitung in Deutschland: Mäßig häufig. Im Norddeutschen Tiefland ist die Art weit verbreitet und häufig. Südlich der Mittelgebirgsschwelle nimmt die Häufigkeit dagegen deutlich ab; hier konzentrieren sich die Funde z.B. auf das Nördliche Oberrheintiefland, auf die fränkischen und oberpfälzischen Sandgebiete sowie auf die Täler größerer Flüsse wie z.B. Donau, Lech und Isar. Die Höheneinnischung hat einen klaren Schwerpunkt in der planaren Stufe, sie beinhaltet aber auch den kollinen bis unteren montanen Bereich.

Lebensraum: *L. cinctus* bewohnt sowohl weitgehend geschlossene Wälder, wenn sie nur im Frühjahr ein paar Lichtflecken aufweisen, als auch offenere Bereiche, wie z.B. Magerrasen, Ruderalfluren, Gärten etc. An den Boden werden keine besonderen Anforderungen gestellt. (Für einen Artkomplex spricht der Umstand, dass die Art im Norden häufiger zu sein scheint als im Süden, sie im Süden jedoch stärker an trockene, warme Mikrohabitate gebunden zu sein scheint. Dies würde aber der Theorie der relativen Standortkonstanz widersprechen.) **Ansitz:** Gerne auf offenem Boden, Holzstämmen, Steinen, Falllaub etc. In Ermangelung derartiger Strukturen alternativ auch auf besonnten, großflächigen Blättern.

Biologie: F. GELLER-GRIMM beobachtete, dass ♂ bei der Paarung mit ihren Beinen etwa alle 20–40 Sek. für einen kurzen Moment den Hinterleib des ♀ „betrillern" (Funktion ungeklärt). Eiablage direkt in den (oft sandigen) Boden. Dafür weist der Ovipositor mit seinen „Dornen" und dem umgestalteten Sternit 8 besondere Anpassungen auf. Nach der Eiablage wird das Bohrloch durch seitliche Bewegungen des Ovipositors verschlossen. Die Larven halten sich bis zu einer Tiefe von 0,5 m auf (MELIN 1923).

L. cinctus ♂, Hessen, Kelsterbach, 24.04.2016

Cyrtopogon flavimanus (Meigen, 1820) – Feder-Makelfliege

Merkmale: Die Gattung zeichnet sich unter anderem durch ein gleichmäßig vorgewölbtes Gesicht (ohne abgesetzten Gesichtshöcker) und einen bis zur Fühlerbasis reichenden Knebelbart aus. Die Hinterschienen sind zur Spitze nicht wie bei *Holopogon* oder *Leptarthrus* keulenartig erweitert. Anders als bei *Lasiopogon* finden sich auf dem vorderen Scutum keine Dorsozentralen. Die kleinen bis mittelgroßen Arten sind oft kontrastreich bestäubt oder gefärbt und weisen meist geschlechtsspezifische Unterschiede auf. Die mittelgroße *C. flavimanus* besitzt ein deutlich vorgewölbtes Gesicht, insbesondere unter den Fühlern, wo es kantig abgesetzt erscheint. Der Knebelbart ist lang und überwiegend hell. Direkt unter den Fühlern ist die Behaarung teilweise länger als diese. Fühler vollständig schwarz/dunkel. Die Beine sind mit Ausnahme der Füße schwarz. Die Füße sind rotgelb, nur basale Hälfte des 1. Gliedes und das 5. Glied dunkel. Das ♂ besitzt ein leicht verlängertes 1. Fußglied sowie dünne Glieder 2–4, Glieder 1–4 dorsal mit einer Reihe langer dunkler Haare (Feder), beim ♀ Vorderfuß normal entwickelt. Flügel ohne auffällige Flecken. Beide Geschlechter auf den Abdominaltergiten nur mit schmalen Bestäubungsflecken auf den hinteren Seitenrändern. **Länge:** 12–15 mm.

Flugzeit: E Juni–M Juli (Flugzeit der Art in D nur unzureichend bekannt).

Gesamtverbreitung: A, CZ, D, F, I, SF, SK.

Verbreitung in Deutschland: Extrem selten. Die Art ist von drei Funden aus dem Alpenraum bekannt: im Jahr 2000 Heuberg mit Kitzstein bei Rosenheim (DUNK 2007), im Jahr 2009 Buralpkopf bei Oberstaufen (WOLFF ET AL. 2010) sowie im Jahr 2016 am Hochries (KÄSTNER in Vorb.). Die Fundorte liegen im hochmontanen bis subalpinen Bereich. Es konnten jeweils nur Belege von Einzeltieren bzw. von wenigen Tieren erbracht werden. Obwohl alle Fundorte in geringer Entfernung zur deutsch-österreichischen Grenze liegen (< 7 km, teilweise < 500 m), entsprechen sie den bisher z.B. aus der Schweiz bekannten Lebensraumansprüchen. Dennoch sind hier weitere Kontrollen an den Fundorten und im weiteren deutschen Alpenraum sinnvoll, um die Kontinuität der Vorkommen zu überprüfen.

Lebensraum: Die wenigen Funde der Art in Deutschland sprechen für einen Biotopkomplexbewohner, der lückige subalpine Nadelwälder aus Fichten, Lärchen etc. im Mosaik mit subalpinen bis alpinen Gebirgsrasen oder Hochstauden- und Hochgrasfluren der hochmontanen bis alpinen Stufe besiedelt. **Ansitz:** Die Art nutzt gerne Felsblöcke und Steine als Ansitz, wechselt aber bei heißer Witterung auch in benachbarte lichte Gehölzstrukturen.

Biologie: Für diese Art liegen bisher keine Beobachtungen zur Biologie vor. Die besondere Struktur der Vordertarsen spricht für ein spezifisches Balzverhalten der Männchen.

C. flavimanus ♂,
Schweiz, Wallis-Täsch, 14.07.2017

C. flavimanus ♀, Schweiz, Wallis-Täsch, 12.07.2017

Cyrtopogon fulvicornis (Macquard, 1834) – Nachtwächter-Makelfliege

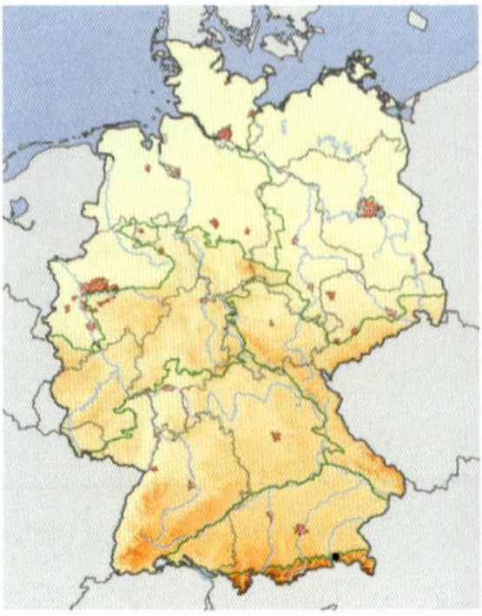

Merkmale: Die mittelgroße Nachtwächter-Makelfliege ist eine überwiegend dunkel gefärbte Raubfliege mit vollständig schwarzen Beinen. Von der einzigen anderen heimischen *Cyrtopogon*-Art mit vollständig schwarzen Beinen – *C. lateralis* – durch das überwiegend rotgelbe 3. Fühlerglied (inkl. Arista) leicht zu unterscheiden. Der Knebelbart ist überwiegend schwarz. Kontrastierend dazu eine sehr dichte weiße Hinterhauptbehaarung. Die Stirn beiderseits hellgrau bestäubt (bei *C. lateralis* gelbgrau). Bei beiden Geschlechtern – anders als bei *C. lateralis*, wo das ♂ auch Bestäubungsbänder auf dem 2. und 3. Tergit aufweist – auf den Abdominaltergiten nur mit schmalen Bestäubungsflecken auf den hinteren Seitenrändern. **Länge:** 12–14 mm.

Flugzeit: A Juli–M Juli (Flugzeit der Art in D nur unzureichend bekannt).

Gesamtverbreitung: A, CH, D, F, I.

Verbreitung in Deutschland: Extrem selten. Von dieser Art sind nur zwei bisher unveröffentlichte Funde aus dem deutschen Alpenraum bekannt (Dunk & Hable 2006, Kästner in Vorb., M. Gebel). Kästner gelang der Fang eines Einzeltiers am Hochries bei Samerberg auf dem Gratweg zum Karkopf, also in nur geringer Entfernung (< 1 km Entfernung) von der deutsch-österreichischen Grenze; dieser Fund konnte später durch M. Gebel mit mehreren Individuen bestätigt werden. Für den zweiten Fundort fehlen konkrete Einzeldaten. Auch bei dieser Art sind weitere Kontrollen an den Fundorten und im weiteren deutschen Alpenraum sinnvoll, um die auf der Grundlage der wiederholten Nachweise in einem potenziell gut geeigneten Lebensraum angenommene Etablierung in D zu überprüfen.

Lebensraum: Diese Makelfliegen-Art bewohnt vermutlich noch etwas höhere Lagen als *C. flavimanus* und besiedelt dort subalpine Gebirgsrasen und Hochgrasfluren im Komplex mit subalpinen Nadelwälder aus Fichten, Lärchen, Bergkiefern etc. **Ansitz:** Die Beobachter berichten übereinstimmend von einer Bevorzugung von größeren Steinen, Baumstubben und ähnlichen aus der krautigen Vegetation herausragenden Strukturen.

Biologie: Von dieser Art liegen ebenfalls keine spezifischen Beobachtungen zur Lebensweise vor.

C. *fulvicornis* ♀, Bayern, Hochries, 1540 m, 05.07.2017

Habitat, Bayern, Hochries, 05.07.2017

Cyrtopogon lateralis (Fallén, 1814) – Kleine Makelfliege

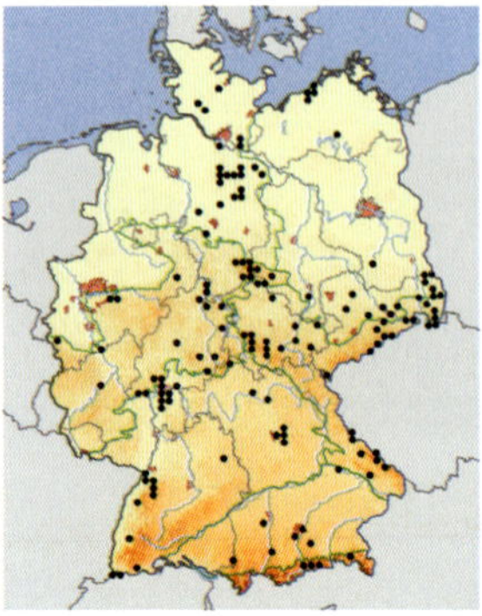

Merkmale: Die kleine *C. lateralis* ist in der Grundfarbe vollständig schwarz, besitzt als ♂ auf den Abdominaltergiten 2 und 3 ein hellgraues Bestäubungsquerband, die ♀ auf den Abdominaltergiten mit scharf begrenzten Bestäubungsflecken an den seitlichen Hinterecken. Der Knebelbart ist schwarz, die Fühler ebenso. Flügel besonders bei den ♂ (gleichmäßig) dunkel getönt und beim lebenden Tier im Sonnenlicht teilweise schwarzviolett irisierend. **Länge:** 9–12 mm.

Flugzeit: (A Mai) M Mai–A August.

Gesamtverbreitung: A, B, BG, CH, CZ, D, DK, F, H, I, N, PL, R, RUS (europäischer Teil), S, SF, SK.

Verbreitung in Deutschland: Mäßig häufig. Die Kleine Makelfliege ist in D weit verbreitet und kommt dabei in allen naturräumlichen Großlandschaften vor. Während sie jedoch z.B. in der Lüneburger Heide recht weit verbreitet ist, fehlen Funde im mittleren Nordostdeutschen Tiefland bisher noch völlig (methodisch bedingt?). Im Norden dieser Großlandschaft handelt es sich um alte, seit mehr als 70 Jahren nicht mehr bestätigte Vorkommen. Die Vorkommen liegen von der planaren bis zur hochmontanen Stufe, es ist jedoch eine klare Verschiebung in den montanen Bereich zu erkennen.

Lebensraum: Die Kleine Makelfliege besiedelt in D verschiedene Laub-, Misch- oder Nadelwaldtypen, z.B. lichte Kiefern- oder Lärchenforsten, Fichtenwälder, Birken-Stieleichenwälder oder Buchenwälder. Sie konzentriert sich dabei in der Regel jedoch auf Waldinnenränder (Waldwege, Lichtungen etc., vgl. Foto auf Seite 100). Eine der wenigen Arten, die z.B. Windwurflöcher in ansonsten schattigen Buchen- oder Fichtenwäldern recht schnell besiedelt. **Ansitz:** Typischerweise sitzt die Art an Baumstämmen und an Baumstubben an, sowohl horizontal als auch vertikal ausgerichtet.

Biologie: Die Eiablage erfolgt in den Boden (D. Wolff; Gutzeit & Kästner 2014). (Dunk & Hables (2006) Hinweis zum Vorkommen der Larven in Totholz beruht auf einem Fehler).

C. lateralis ♂, *Kyffhäuser*, 21.06.2016

C. lateralis ♀, *Bayern, Steigerwald*, 12.06.2014

Cyrtopogon maculipennis (Macquart, 1834) – Gefleckte Makelfliege

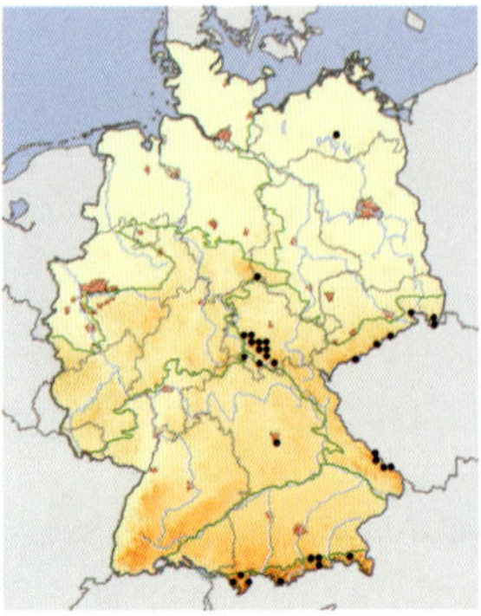

Merkmale: Der Name der mittelgroßen Gefleckten Makelfliege bezieht sich auf die 2 auffälligen dunklen Flügelflecken. Ein größerer Fleck nimmt den größten Teil des Spitzendrittels des Flügels ein, ein weiterer markanter Fleck befindet sich im Bereich der Spitzenhälfte der hinteren Cubitalzelle. Die Flecken sind beim ♂ etwas stärker ausgeprägt, beim ♀ oft nur eine schwache Tönung. Die Fühler sind schwarz, der Knebelbart schwarz-weiß oder vorherrschend weiß. Brust matt, teilweise dunkelgrau oder braungrau bestäubt. Die Schenkel sind schwarz, die Schienen rot mit schwarzem Spitzendrittel oder -viertel. Basale Fußglieder meist rot, die Glieder an der Spitze schwarz. Im Übrigen weisen die Beine keine besonderen Strukturen auf. Hinterleib überwiegend glänzend mit schmalen grauen Bestäubungsflecken an den Hinterrändern bzw. den hinteren Seitenecken der Tergite. **Länge:** 9–14 mm.

Flugzeit: E Mai–E Juli (Flugzeit der Art in D nur unzureichend bekannt).

Gesamtverbreitung: A, BG, CH, CZ, D, F, H, I, PL, R, RUS (europäischer Teil bis O-Asien), S, SF, SK, YU; außerdem Nordamerika (CDN [Ontario]).

Verbreitung in Deutschland: Sehr selten. Die Gefleckte Makelfliege kommt vorwiegend in den Östlichen Mittelgebirgen (Erzgebirge, Bayrischer Wald, Elbsandsteingebirge, Zittauer Gebirge, Thüringer Wald, hier mit überwiegend älteren Funden) und den Alpen vor. Dazu passt ein Nachweis aus dem Harz. Nicht ganz ins Bild passen ältere Funde aus Nürnberg-Fischbach (Dunk 1994) und aus der Umgebung von Waren an der Müritz (Jacobs 2005), beide aus dem Jahr 1942. Alle Höhenstufen von der submontanen bis zur subalpinen Zone werden besiedelt. Der Schwerpunkt liegt (methodisch bedingt?) in der montanen Stufe. Vermutlich würde sich bei intensiver Erfassung in den Alpen der Schwerpunkt in den hochmontanen und subalpinen Bereich verlagern.

Lebensraum: Beobachtungen liegen aus lichten Bereichen in diversen Nadelwäldern und -forsten vor (Windwurfflächen, Wege, Schlagflächen, Bachtäler). Neben Fichtenbeständen stammen Nachweise z.B. auch aus Bergkiefer-Beständen (*Pinus mugo*). Die Art kann als Kennart der FFH-Lebensraumtypen 9413 „Hercynischer Fichtenwald" und 9411 „Subalpiner Fichtenwald" gewertet werden. Keiser (1947) bezeichnet in CH *„die subalpine Weide als ihren eigentlichen Lebensraum, wo sie sich in den insektenreichen Lägerfluren in großer Menge einstellt. Recht allgemein war sie auch an feuchten Waldrändern und in den Waldrand-Karfluren zu finden und konnte stellenweise in Waldlichtungen beobachtet werden"*. **Ansitz:** *C. maculipennis* nutzt Steine, liegendes und stehendes Totholz, aber auch die Rinde lebender Bäume (Stämme, Äste) als Ansitz.

Biologie: Der Geschlechtsdimorphismus bei der Flügelfärbung hängt mit der artspezifischen Balz zusammen. Diese findet z.B. auf Rinde/Holz oder auf Blättern ansitzend statt, wobei sich ♂ und ♀ mit etwa einer Körperlänge Abstand einander direkt zugewandt gegenübersitzen (vgl. auch Beschreibung durch T. Kästner auf Seite 66).

C. maculipennis ♂, *Schweiz, Furkapass 02.07.2016*

C. maculipennis ♀, *Schweiz, Simplonpass, 05.07.2016*

Cyrtopogon ruficornis (Fabricius, 1794) – Große Makelfliege

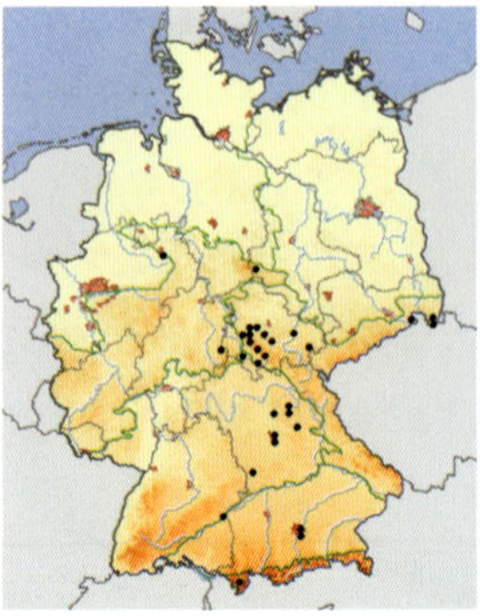

Merkmale: Eine mittelgroße Art mit starker, fast pelziger, teilweise dunkler, teilweise heller Behaarung, letztere vor allem auf dem Abdomen. Der Knebelbart ist schwarz-gelb gemischt. Das 3. Fühlerglied rotgelb, nur Basalglieder schwarz. Brust überwiegend matt mit asch- bis graubrauner Bestäubung. Schenkel schwarz, Schienen rotgelb mit schwarzem Spitzendrittel, Füße rotgelb, nur die beiden Spitzenglieder dunkel oder schwarz. Glieder des Vorderfußes beim ♂ verlängert, Vorderfuß dadurch insgesamt länger als die Vorderschiene, beim ♀ zwar leicht verlängert, aber nicht länger als Vorderschiene. Hinterleib auf den Tergiten 2–4 auf der Mitte mit gelber Bestäubung, die sich am Hinterrand seitlich bis zum Tergitrand zieht, dort aber in eine weiße Bestäubung übergeht. Die ♀ besitzen auf dem Tergit 5 eine gelbe Bestäubung am Hinterrand, die den ♂ fehlt. **Länge:** 10–19 mm.

Flugzeit: M Mai–A August (A September) (Flugzeit in D unzureichend bekannt).

Gesamtverbreitung: A, BG, CH, CZ, D, F, I, PL, R, SK, YU.

Verbreitung in Deutschland: Aktuelle Bestandssituation unbekannt. Die Art hat offenbar einen Verbreitungsschwerpunkt in den Östlichen Mittelgebirgen, dringt aber nach Westen in benachbarte Mittelgebirgslandschaften vor (Harz, Teutoburger Wald, Schwäbische und Fränkische Alb). Die Funde liegen mehrheitlich in der submontanen bis montanen Höhenstufe. Es handelt sich fast vollständig um ältere Nachweise. Der jüngste bekannte Fund stammt aus der Sächsischen Schweiz aus dem Jahr 1970. Die Ursachen hierfür sind unbekannt. Ein einfaches „Übersehen" erscheint bei dieser großen, auffälligen Art unwahrscheinlich, allerdings steht eine intensive Nachsuche in den Alpen noch aus.

Lebensraum: Aus D liegen keine verwertbaren Habitatangaben zu dieser Art vor. Dunk & Hable (2006) bezeichnen sie lediglich als „Gebirgsart?". In der Schweiz beobachtete M. Gebel die Große Makelfliege in Vegetationsmosaiken aus hochmontanen Nadelwäldern und offeneren Bereichen, Keiser (1947) berichtet von Vorkommen *„in der Nähe des Waldrandes oder im schüttern Lärchenwald"*. **Ansitz:** M. Gebel beobachtete Ansitz auf vertikal oder horizontal ausgerichteten Stämmen und Zweigen oder auf dem Boden liegenden Holzstücken.

Biologie: M. Gebel stellt in der Schweiz fest, das im Vergleich zu anderen Arten *C. ruficornis* recht „scheu" ist und bei Annäherung schnell hoch in die „Föhren" fliegt. Die besondere Gestalt des Vorderfußes beim ♂ spricht auch bei dieser Art für eine artspezifische Balz, die bisher aber noch nicht beschrieben wurde.

C. ruficornis ♂, Schweiz, Wallis, 06.07.2016

C. ruficornis ♀, Schweiz, Wallis, 06.07.2016

Holopogon dimidiatus (Meigen, 1820) – Kleine Rabaukenfliege

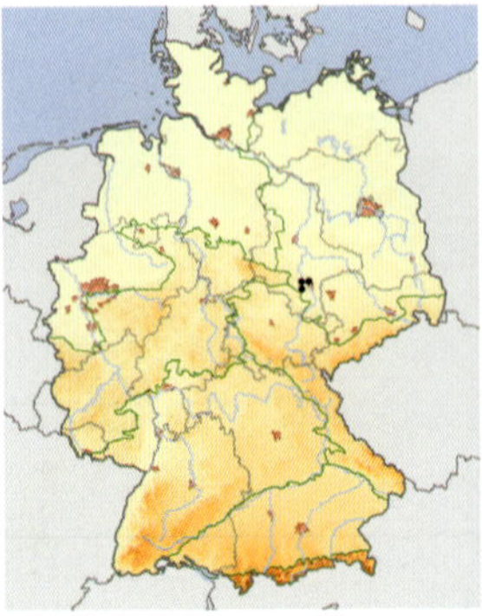

Merkmale: Kennzeichnend für die sehr kleinen Arten der Gattung *Holopogon* sind die stark keulenartig verdickten Hinterschienen und das ebenfalls verdickte Basalglied des Hinterfußes. Das Gesicht ist kaum vorgewölbt und besitzt keinen Gesichtshöcker, aber einen bis an die Fühlerbasis reichenden Knebelbart. Dieser ist bei der Kleinen Rabaukenfliege bei den ♂ überwiegend schwarz, bei den ♀ fast ausschließlich hell/weiß. Die Flügel sind bei beiden Geschlechtern zweifarbig, und zwar in den basalen zwei Dritteln geschwärzt und an der Spitze transparent. Scutum und Hinterleib stark glänzend. Hintere Hälfte des Scutums und des Schildchens kaum behaart, aber mit deutlichen schwarzen Borsten. **Länge:** 4–5 mm.

Flugzeit: E Juni–E Juli (Flugzeit der Art in D nur unzureichend bekannt).

Gesamtverbreitung: A, CZ, D, F, GR, H, I, IR, KZ, PL, R, RUS (europäischer Teil bis W-Sibirien), SK, YU.

Verbreitung in Deutschland: Extrem selten. Die Kleine Rabaukenfliege ist bisher nur aus einem relativ eng begrenzten Gebiet nordwestlich von Halle (Saale) bekannt. Das Verbreitungsareal reicht an der Saale nördlich bis Wettin, im Osten bis Teicha und im Südwesten bis an die Nordhänge des Süßen Sees (Seeburg). Alle bekannten Fundorte liegen in der planaren Höhenstufe. Es handelt sich um einen vom Hauptareal hochgradig isolierten „Vorposten", für den die Bundesrepublik nach den Kriterien des Bundesamtes für Naturschutz in besonderem Maße Verantwortung trägt.

Lebensraum: Bei den beiden bekannten aktuellen Fundorten konzentrieren sich die bevorzugt besiedelten Bereiche auf S-exponierte Hanglagen mit Halbtrockenrasen, bei Wettin sind diese schon teilweise mit Weißdorn zugewachsen. Bei Seeburg (vgl. Foto auf Seite 97) saßen die Tiere im Bereich der waagerechten, von Fiederzwenke, Odermennig etc. dominierten schmalen Terrassen vor allem auf Blättern von Gräsern und Kräutern, während sie auf den schmalen Böschungen mit deutlich lückigerer Vegetation vor allem auf den Ähren von *Festuca* sp. saßen. Mit diesen Funden kann die Art vorläufig als Kennart des FFH-Lebensraumtyps 6212 „Submediterrane Halbtrockenrasen" gelten. **Ansitz:** Anders als die beiden häufigeren *H. fumipennis* und *H. nigripennis* sitzt die Art vor allem auf überhängenden Ähren höherer Gräser an und offenbar nur recht selten auf dürren Spitzen (niedriger Zweige).

Biologie: Für die erst seit wenigen Jahren aus D bekannte Art liegen noch keine Beobachtungen zur Individualentwicklung vor.

H. dimidiatus ♀,
Sachsen-Anhalt, Seeburg,
25.06.2013

Holopogon fumipennis (Meigen, 1820) – Braune Rabaukenfliege

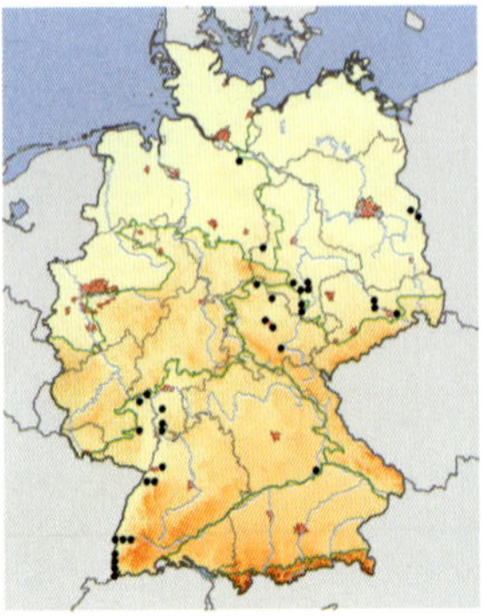

Merkmale: Die sehr kleine *H. fumipennis* hat in beiden Geschlechtern einen schwarz-weiß gemischten Knebelbart, als ♂ mit mehr schwarzen Haaren als beim ♀. Der Stylus des Fühlers < 0,5-mal so lang wie das 3. Fühlerglied. Scutum insbesondere in der vorderen Hälfte bestäubt. Schultern bestäubt, an der Seite jedoch teilweise matt glänzend. Scutum abstehend länger und dicht behaart, in der hinteren Hälfte und auf dem Schildchen überwiegend weiß. Flügel des ♂ gleichmäßig auf ganzer Fläche getönt, ebenso beim ♀. Die Unterscheidung der ♀ von *H. nigripennis*-♀ ist oft schwierig und trotz der angegebenen Merkmale nur mit einiger Erfahrung möglich. **Länge:** 5–7 mm.

Flugzeit: (M Mai) A Juni–A August.

Gesamtverbreitung: A, B, CH, CZ, D, F, GR, H, I, PL, R, RUS (europäischer Teil), SK, TR, YU.

Verbreitung in Deutschland: Sehr selten. Die Braune Rabaukenfliege kommt in D nur zerstreut vor. Schwerpunkte der Verbreitung sind das Oberrheintiefland, das südliche Nordostdeutsche Tiefland und das Thüringer Becken mit seinen Randplatten. Einzelvorkommen sind von Kelheim, aus dem Nördlichen Harzvorland sowie vom Lüneburger Kalkberg bekannt. Der Lüneburger Fundort ist deutlich isoliert. Es kann nicht ausgeschlossen werden, dass die Art in früheren Zeiten hierher durch den Menschen verschleppt wurde (etwa als Larven in an kultivierten Pflanzen anhaftender Erde). In unmittelbarer Nähe des Kalkbergs befindet sich das ehemalige Michaeliskloster. Die Höheneinnischung erstreckt sich von der planaren bis zur submontanen Stufe.

Lebensraum: Die Art besiedelt vorzugsweise halboffene, trockenwarme Habitate. Dies sind insbesondere teilweise verbuschte oder mit Wäldern verzahnte Halbtrocken- oder Magerrasen. Die Art kommt dabei sowohl auf skelettreichen Kalk- als auch auf Sand- oder silikatisch sauer verwitternden Gesteinsböden vor. *H. fumipennis* gilt als Kennart der FFH-Lebensraumtypen 2330 „Offene Grasflächen mit Silbergras und Straußgras auf Binnendünen“, 5130a „Beweidete oder inzwischen brachgefallene Halbtrockenrasen und trockene Magerrasen“, 6212 „Submediterrane Halbtrockenrasen“ und 6240 „Steppenrasen“. **Ansitz:** Die Fliegen nutzen vor allem dürre Zweigspitzen von Rosen, Schlehen, Weißdorn-Büschen und anderen Sträuchern und unteren Zweigen von Bäumen als Ansitz. Zum „Scannen“ ihrer Umgebung drehen sie sich dabei oft ruckartig hin und her. Bei hohen Temperaturen wechseln die Tiere gerne in benachbarte schattige Zonen von Wäldern, wo sie dann z.B. auf den Nadeln von Kiefern ansitzen.

Biologie: Nach FRAUENFELD (1866) wurden Larven Anfang Mai *„im trockenen Donausande“* (bei Wien) gefunden. Sie verpuppten sich (künstlich gehältert) Anfang Juni *„und nach 14 Tagen erschien die Fliege“*.

H. fumipennis ♂,
Hessen, Eberstadt, 23.07.2015

Holopogon nigripennis (Meigen, 1820) – Schmuck-Rabaukenfliege

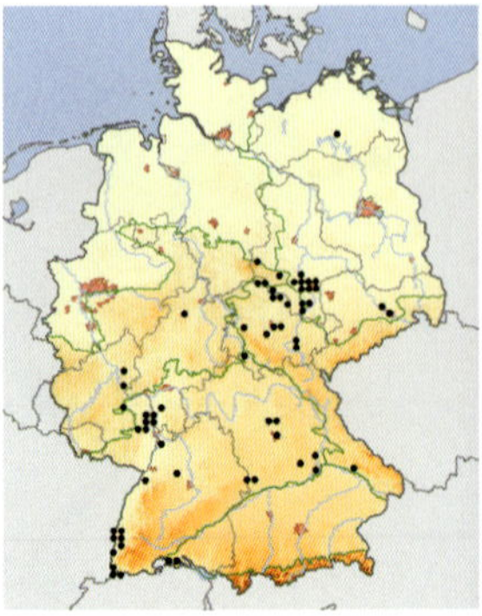

Merkmale: Die ebenfalls sehr kleine *H. nigripennis* ist als ♂ schon aus einiger Entfernung mit bloßem Auge gut erkennbar: Kennzeichnend für dieses Geschlecht ist der sehr dichte und gelb gefärbte Knebelbart sowie die zweifarbigen Flügel, die im basalen Drittel milchweiß und in den distalen zwei Dritteln geschwärzt sind. Diffizile Unterschiede beim ♀ zu *H. fumipennis*-♀ sind: Der Stylus ist > 0,5-mal so lang wie das 3. Fühlerglied. Das Scutum ist in der vorderen Hälfte vergleichsweise kurz und halb anliegend behaart. Schildchen meist schwarz-weiß behaart. Die Schultern sind in der Regel vollständig bestäubt. Die Flügel sind wie bei *H. fumipennis*-♀ ebenfalls gleichmäßig leicht getönt. **Länge:** 6–8 mm.

Flugzeit: A Mai–A August (E August).

Gesamtverbreitung: A, B, BG, CH, CN, CZ, D, F, GR, I, IR, KZ, MGL, PL, RUS (europäischer Teil bis O-Asien), SK.

Verbreitung in Deutschland: Selten. Die Art ist in den Mittelgebirgslandschaften recht weit verbreitet, ebenso im Oberrheintiefland und dem südlichen Nordostdeutschen Tiefland. Im Alpenvorland bisher nur in der Bodenseeregion. Nachweise aus dem Nordwestdeutschen Tiefland und den Alpen fehlen (bisher). Der nördlichste Fundort liegt bei Waren (Müritz). Die Schmuck-Rabaukenfliege besiedelt die planare bis submontane Höhenstufe.

Lebensraum: Die Lebensraumansprüche von *H. nigripennis* sind denen von *H. fumipennis* sehr ähnlich; beide Arten kommen mitunter auch am selben Fundort vor. *H. nigripennis* ist ebenfalls thermophil und besiedelt verschiedene Typen von (teilweise verbuschten) Halbtrocken- oder Magerrasen, sowohl auf Sandböden als auch auf Festgestein. Trockenwarme Säume entlang von wärmeliebenden Gebüschen werden ebenfalls besiedelt. Entsprechend ist auch die Schmuck-Rabaukenfliege eine Kennart der FFH-Lebensraumtypen 5130a „Beweidete oder inzwischen brachgefallene Halbtrockenrasen und trockene Magerrasen", 6212 „Submediterrane Halbtrockenrasen" und 6240 „Steppenrasen". **Ansitz:** Auch bei dieser Art sitzen die Fliegen gerne auf dürren Zweigspitzen von Rosen, Schlehen, Weißdorn-Büschen und anderen Sträuchern sowie auf unteren Zweigen von Bäumen an. Die ruckartigen Drehungen können bei *H. nigripennis* ebenfalls beobachtet werden.

Biologie: Der deutliche Geschlechtsdimorphismus, insbesondere die markante Flügelzeichnung und der auffällige gelbe Knebelbart des ♂ dürfte bei der Balz eine besondere Rolle spielen (vgl. Fotos auf S. 66). Die Larvalbiologie ist für diese Art bisher noch nicht beschrieben.

H. nigripennis ♂,
Hessen, Pfungstadt, 25.06.2013

Leptarthrus brevirostris (Meigen, 1804) – Echte Schneidenfliege

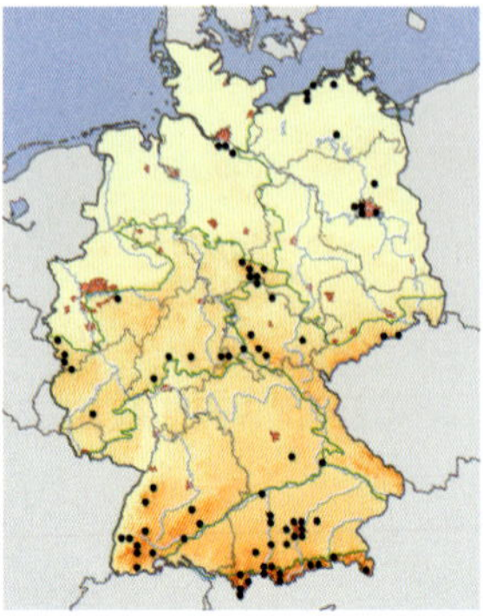

Merkmale: Von allen anderen heimischen Asiliden-Gattungen unterscheiden sich die *Leptarthrus*-Arten durch einen s-förmig gekrümmten Dorn an der Spitze der Vorderschiene, der – anders als bei den Dasypogoninen – nicht auf einem Fortsatz der Schiene aufsitzt. Gesicht ohne abgesetzten Gesichtshöcker, aber mit fast an die Fühlerbasis reichendem langen und dichten Knebelbart. Anders als bei den heimischen *Holopogon*-Arten sind die Schienen teilweise rötlich gefärbt. Die kleine *L. brevirostris* ist als ♂ leicht an dem verlängerten und abgeflachten, dadurch messerartig wirkenden Basalglied des Hinterfußes zu erkennen (Echte Schneidenfliege). Im Übrigen von *L. vitripennis* durch das leicht vorgewölbte Gesicht, durch lange Behaarung des Scutums auch vor der Quernaht und durch meist schwarze Basalglieder der Füße unterschieden. Knebelbart beim ♂ vorwiegend schwarz, beim ♀ hell oder schwarz (gemischt). Abdomen recht grob punktiert, nur das ♀ mit weißen Bestäubungsflecken an den seitlichen Hinterrändern (bei *L. vitripennis* auch das ♂). Flügelspitze des ♂ mit dunklem Fleck. **Länge:** 9–12 mm.

Flugzeit: (M Mai) A Juni–E Juli (A August).

Gesamtverbreitung: A, AL, BG, CH, CZ, D, DK, F, GB, I, R, RUS (europäischer Teil), S, SK, TR, YU.

Verbreitung in Deutschland: Selten. Die Verbreitung in D ist nicht einfach zu deuten und erinnert am ehesten an ein boreomontanes Verbreitungsbild. In den Mittelgebirgslagen und Alpen recht weit verbreitet, vor allem in den montanen Lagen. In den Alpen steigt sie bis in den subalpinen Bereich auf. Im Norddeutschen Tiefland kam die Art früher im Hamburger Großraum und den Jungmoränenlandschaften vor, ist dort aber seit Jahrzehnten verschollen.

Lebensraum: Die Echte Schneidenfliege ist ein Bewohner von mageren Grünländereien (in montaner Lage) und von (teilweise verbrachten) Halbtrockenrasen. Eine Bevorzugung von Übergangsbereichen zwischen Gehölzstrukturen und offenen Bereichen zeichnet sich ab. Aufgrund der regelmäßigen Besiedlung ist eine Einstufung als Kennart des FFH-Lebensraumtyps 6520 „Berg-Mähwiesen“ gerechtfertigt. **Ansitz:** Ähnlich wie *Holopogon*-Vertreter sitzt die Art gerne auf Zweigspitzen oder auf Grasähren zur Jagd an.

Biologie: Die Balz wurde von T. KÄSTNER beobachtet und beschrieben (vgl. Seite 66). Von dieser Art konnte eine Eiablage an einem *Luzula campestris*-Blütenstand beobachtet werden (WOLFF ET AL. 2014); SMITH (1989) erwähnt Eiablage an Knaulgras (*Dactylis glomerata*). PARMENTER (1952) berichtet von einem Puppenfund vertikal ausgerichtet in der Erde unter einem Stein.

L. brevirostris ♂, Schweiz, Wallis, 07.07.2016

Leptarthrus vitripennis (Meigen, 1820) – Falsche Schneidenfliege

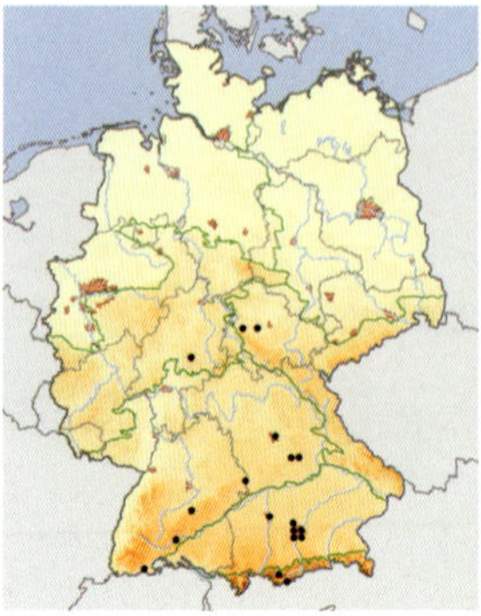

Merkmale: Der kleinen Falschen Schneidenfliege fehlt beim ♂ das charakteristische verlängerte Basalglied (*L. brevirostris*) am Hinterfuß. Das Gesicht ist flach und in Seitenansicht nicht vor die Augenränder vorgewölbt. Das Scutum besitzt vor der Quernaht eine kurze, anliegende Behaarung. Die Flügel sind beim ♂ an der Basis getönt, nicht an der Spitze wie bei *L. brevirostris*. Schienen meist mit ausgedehnterer rötlicher Färbung, Hinterschiene an der Spitze nur schmal dunkel, Basitarsen in der Regel ebenfalls rötlich. Beide Geschlechter mit seitlichen Bestäubungsflecken in den hinteren Winkeln der Abdominaltergite (beim ♂ allerdings kleiner). **Länge:** 7–12 mm.

Flugzeit: M Juni–M Juli (Flugzeit der Art in D nur unzureichend bekannt).

Gesamtverbreitung: A, B, CH, D, F, GB, GR, PL, R, RUS (europäischer Teil), S, SK.

Verbreitung in Deutschland: Sehr selten. Anders als die Schwesterart kommt *L. vitripennis* nur südlich der Mittelgebirgsschwelle vor und ist dort nur zerstreut verbreitet. Aktueller Schwerpunkt sind die Schwäbische und Fränkische Alb sowie der Alpenraum. Alte Funde vor allem im Alpenvorland, etwa bei München, bedürfen der Überprüfung. Die Höhenverbreitung umfasst die submontane bis hochmontane Stufe.

Lebensraum: Die Falsche Schneidenfliege besiedelt vor allem montane Wiesen oder Weiden, teilweise auch Waldlichtungen, z.B. innerhalb eines Buchen-Mischwaldes. CHR. BAUSCH beobachtete sie z.B. auf einer kleinen, mit Wald umgebenen, sehr artenreichen Magerwiese bzw. Halbtrockenrasen auf etwa 550 m Höhe. *L. vitripennis* kann vorläufig als Kennart des FFH-Lebensraumtyps 6520 „Berg-Mähwiesen“ angesehen werden. **Ansitz:** Auch diese Art nutzt Ähren und Halme von Gräsern, niedere Zweige oder ähnliche Strukturen als Ansitz.

Biologie: Von dieser Art liegen bisher keine Beobachtungen zur Individualentwicklung vor.

L. vitripennis ♀, Baden-Württemberg, Schmitzingen, 12.06.2010.
Foto: Christoph Bausch

Arten mit zweifelhafter Etablierung

In diesem Abschnitt werden mehrere Arten vorgestellt, für die zwar glaubwürdige oder belegte Meldungen aus D vorliegen, deren Nachweise sich aber auf wenige Einzeltiere, oft aus grenznahen Regionen, beziehen. Ihre (gegebenenfalls ehemalige) dauerhafte Etablierung (d.h. kontinuierlich in D vorkommende Populationen über einen Zeitraum von mindestens 25 Jahren) konnte bisher nicht bestätigt oder mit ausreichender Wahrscheinlichkeit angenommen werden (Wolff 2017). Es kann wie bei anderen Insektengruppen nicht ausgeschlossen werden, dass diese Asiliden-Arten in D bisher z.B. nur als (sporadische) Irrgäste auftreten oder nur vorübergehend kleine Populationen gebildet haben. Die Bestimmung dieser Arten ist teilweise anspruchsvoll und mitunter nur anhand von Genitalmerkmalen sicher möglich. Beobachtungen dieser Raubfliegen sind von besonderem Interesse. Zur Absicherung der Bestimmung sollten möglichst Belegexemplare einem Spezialisten vorgelegt werden.

Belastbare Daten zur Flugzeit, zu den Lebensraumansprüchen, zum Ansitz und zur Biologie in D liegen nicht vor, sodass auf diese Aspekte in diesem Abschnitt nicht näher eingegangen werden kann.

Laphriinae – Laphriini

Choerades castellanii Hradský, 1962 – Castellani's Mordfliege

Merkmale: Ähnlich den Arten der *Ch. fimbriata*- und der *marginata*-Gruppe (Beine schwarz, Grundfarbe des Hinterleibs vollständig schwarz, Brustseiten und Schultern bestäubt). Aufgrund der z.T. dichten, überwiegend goldgelben Behaarung und dem vergleichsweise langen Rüssel *Ch. fimbriata* ähnlicher als *Ch. marginata/femorata*. Das ♂ trägt auf dem letzten sichtbaren Hinterleibstergit 2 Dornen mittig am Hinterrand, die den anderen Arten fehlen. Genitalien des ♂ deutlich verschieden (ohne zusätzliche dorsale verwachsene Haarplatten wie bei *Ch. fimbriata*, aber komplexer als bei *Ch. marginata/femorata*). Weitere diffizilere Unterscheidungsmerkmale zu *Ch. fimbriata* (die aber vorsorglich durch weitere Untersuchungen noch bestätigt werden müssen, um Überschneidungen durch innerartliche Variationen auszuschließen) sind: 1. Hinterleibstergit mit gelben (*castellanii*) statt weißen (*fimbriata*) Haaren. Fühlerglieder 1 und 2 schwarz behaart, bei *fimbriata* zumindest teilweise gelb behaart. Nach Hradský (1962) weist *castellanii* direkt unter den Fühlern lange (so lang wie die Fühler) und dabei winklig gebogene Haare auf (*fimbriata*: Haare nur so lang wie die ersten beiden Fühlerglieder zusammen, nicht winklig gebogen). **Länge:** 12–17 mm.

Gesamtverbreitung: D, SK.

Verbreitung in Deutschland: Extrem selten. Diese erst spät beschriebene Art ist bisher nur mit einem ♂ vom 3.7.1997 aus dem Bienwald belegt (Geller-Grimm et al. 2003). Der Fundort liegt in geringer Entfernung (< 5 km) zur deutsch-französischen Grenze. Außerhalb von D existieren mehrere Meldungen, jedoch ausschließlich aus der Slowakei, aus der sie auch erstmals beschrieben wurde. Sie ist bisher, insbesondere im weiblichen Geschlecht, nur unzureichend charakterisiert (GELLER-GRIMM 2003). Dies kann eine Ursache für die geringe Anzahl bzw. für das Fehlen weiterer Nachweise aus anderen Staaten sein.

Antiphrisson trifarius – Südliche Raubfliege, ♂, Spanien, 30.05.2016. Foto: Piluca Álvarez-Fidalgo

Asilinae – (bisher ohne Triben-Zuordnung nach DIKOW 2009)

Antiphrisson trifarius (Loew, 1849) – Südliche Raubfliege

Merkmale: Eine mittelgroße, stark grau, gelbgrau und braungrau bestäubte Raubfliege. Gesicht mit deutlichem Gesichtshöcker, der etwas über die halbe Höhe des Gesichts nach oben reicht. Knebelbart in der oberen Hälfte hell, in der unteren Hälfte schwarz behaart. Stechrüssel vergleichsweise kurz, 3. Fühlerglied lanzettlich mit kurzer Arista, die etwa halb so lang ist wie das 3. Fühlerglied. Scutum kurz behaart, nur hinter der Quernaht mit längeren Borsten, Schenkel und Schienen auf der Rückseite mehrheitlich rötlich, auf der Vorderseite überwiegend schwärzlich gefärbt. Hinterleib vollständig gelbgrau und braungrau bestäubt, marmoriert erscheinend, mit kurzer anliegender Behaarung, an den seitlichen Hinterrändern der Abdominaltergite ohne stärkere Borsten. Epandrien des ♂ rötlich, länglich schmal, ohne besondere Strukturen. Ovipositor des ♀ schwarz, nicht seitlich zusammengedrückt, sondern eher leicht abgeflacht, vergleichsweise kurz und in Aufsicht dadurch lang dreieckig. **Länge:** 14–18 mm.

Gesamtverbreitung: AL, D, E, ET, F, GR, H, I, IL, IR, KZ, RUS (europäischer Teil), SK, SYR, TN, TR, YU.

Verbreitung in Deutschland: Ausgestorben oder verschollen. Für diese Art liegen aus D nur 2 alte Belege vor, die beide aus dem Südlichen Oberrhein-Tiefland stammen (Tuniberg bei Munzingen, Istein). In beiden Fällen wurden jeweils nur Einzeltiere nachgewiesen (MIKSCH ET AL. 1993). Das Oberrhein-Tiefland mit seinen Wärmeinseln gehört zu den am besten asilidologisch untersuchten Regionen in D, in denen nicht nur Dipterologen, sondern auch andere Entomologen Raubfliegen als Beifänge mitgesammelt haben. Hinweise auf weitere Belege fehlen jedoch. Beide Fundorte liegen nahe der deutsch-französischen Grenze (< 25 km Entfernung). Die Monate Mai und Juni waren in den Fundjahren 1922 und 1954 im Verhältnis zur Durchschnittstemperatur der jeweiligen Dekade überdurchschnittlich warm. Ein sporadisches Einfliegen lässt sich nicht ausschließen.

Cerdistus erythrurus – Gebirgs-Raubfliege, ♂, Südtirol, Kaltern, 22.08.2013. Foto: Friedhelm Riedel

Asilinae – Neomochtherini

Cerdistus erythrurus (Meigen, 1820) – Gebirgs-Raubfliege

Merkmale: Die kleine Art besitzt als Vertreter der Neomochtherini nur einen kleinen Gesichtshöcker, der sich ebenso wie der Knebelbart auf das untere Drittel des Gesichts beschränkt; dieser besteht oben aus schwarzen, unten aus hellen Borsten. Fühler überwiegend dunkel, das breit elliptische 3. Fühlerglied kann auch teilweise rötlich gefärbt sein, Arista etwa so lang wie das 3. Fühlerglied. Brust vollständig bestäubt, Dorsozentralen auf dem Scutum reichen in wenigen Paaren vor die Quernaht hinaus. Die Schenkel sind schwarz, die Schienen etwa in der Basalhälfte rötlich, wobei sich die rötliche Färbung dorsal (außen) etwas weiter zur Spitze zieht als auf der Vorderseite. Die Füße sind überwiegend dunkel. Abdominaltergite und -sternite fast vollständig bestäubt, Tergite teilweise nur sehr schmal an den Seitenrändern glänzend, Tergit 8 überwiegend glänzend, Sternit 7 beim ♂ am Hinterrand mit auffälliger langer, nach hinten gerichteter dunkler oder heller Behaarung. Genitalien des ♂ rot. **Länge:** 8–11 mm.

Gesamtverbreitung: A, D, E, F, GR, I, YU.

Verbreitung in Deutschland: Extrem selten. Neunachweis für D! Am 22.6.2015 gelang M. ZAPF ein Fotobeleg eines einzelnen ♂ dieser Art aus dem nördlichen Schwarzwald bei Gernsbach (ca. 19 km Entfernung zur deutsch-französischen Grenze). Ältere Meldungen dieser Art aus D (PULS 1864, KRÖBER 1910, FISCHER 1963, ROTH 1964) haben sich nach Überprüfung entweder als Fehlbestimmung (unter anderem Verwechslung mit *Tolmerus*-Arten) herausgestellt oder müssen aufgrund fehlender Belegexemplare und der untypischen Lage der „Fundorte" (Hamburger Umgebung, Berliner Umgebung) als zweifelhaft eingestuft werden.

Asilinae – (bisher ohne Triben-Zuordnung nach DIKOW 2009)

Dysmachus bimucronatus (Loew, 1854) – Warzen-Raubfliege

Merkmale: Die mittelgroße Art hat wie die anderen heimischen *Dysmachus*-Arten vollständig schwarze Beine; starke Borsten auf der Unterseite der Vorderschenkel fehlen. Von den anderen Arten und von der sehr ähnlichen (bisher nicht aus D belegten) *D. praemorsus* am besten anhand der Genitalien zu unterscheiden: Die ♂ besitzen obere Haltezangen mit deutlichem Einschnitt direkt an der Spitze (ähnlich wie *D. praemorsus*), die Oberkante ist nicht eingekerbt. Die Gonocoxite sind länger als die halbe Länge der oberen Haltezangen und weisen am Ende jeweils eine charakteristische (namensgebende) Spitze (Warze) auf, die *D. praemorsus* fehlt. Bei den ♀ ist die Oberkante des Ovipositors in Seitenansicht konvex, die Unterseite basal ohne auffällige lange Behaarung, vorhandene Behaarung kürzer als Höhe des Sternits, das 8. Tergit ist länger als das 9. Tergit (bei *D. praemorsus* ist das 8. Tergit kürzer als das 9.). **Länge:** 7–13 mm.

Gesamtverbreitung: A, BG, CZ, D, F, H, I, R, RUS (europäischer Teil bis W-Sibirien), SK, TR, YU.

Verbreitung in Deutschland: Extrem selten. Neunachweis für D! Neben dem bei GELLER-GRIMM ET AL. (2003) von Mühlheim an der Eis (23.6.1994) als *D. praemorsus* gemeldeten ♀ und dem von REDER (2010) ebenfalls unter diesem Namen aus der Kaolingrube Monsheim gemeldeten ♂ (9.5.1998), die beide nach erneuter Überprüfung durch D. WOLFF nunmehr *D. bimucronatus* zugeordnet werden, existieren zwei weitere Belege aus derselben Kaolingrube vom 28.5.2013 (♂, ♀). Die beiden Fundorte Mühlheim an der Eis und Monsheim liegen nur ca. 6 Kilometer auseinander und etwa 60 km von der deutsch-französischen Grenze entfernt. Kann die kleine Population in den kommenden Jahren weiter bestätigt werden, ist die Art als etabliert anzusehen. Der

Fund aus Mühlheim lag ca. 1 km nordwestlich am Rande der Bundesstraße B271 und ist nach 1994 in eine neue Weinbaufläche umgewandelt worden. Der Monsheimer Fund liegt auf einer S-exponierten Grubenböschung mit Halbtrockenrasen und Trockengebüschen.

Asilinae – (bisher ohne Triben-Zuordnung nach DIKOW 2009)

Dysmachus hamulatus (Loew, 1854) – Rotschopf-Raubfliege

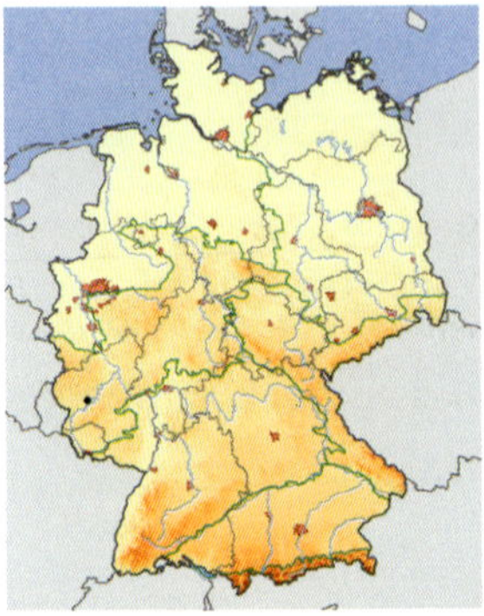

Merkmale: Eine mittelgroße *Dysmachus*-Art mit ebenfalls vollständig schwarzen Beinen. Vorderschenkel auf der Unterseite mit langer, heller Behaarung, ohne Borsten. Akrostichalen vergleichsweise kurz. 3. Fühlerglied vergleichsweise kurz, oval, kürzer als die beiden ersten Fühlerglieder zusammen. Von den anderen heimischen Arten anhand der Genitalien am einfachsten zu unterscheiden: Epandrien des ♂ an der Spitze eingekerbt, Spitze ventral mit kurzem fingerförmigem Fortsatz. Gonocoxite mit langer, auffälliger rotgelber Behaarung, die bei *D. bimucronatus* fehlt (Rotschopf). Bei den ♀ ist die Oberkante des Ovipositors in Seitenansicht konvex, die Unterseite basal ohne auffällige lange Behaarung, vorhandene Behaarung kürzer als Höhe des Sternits, Cerci des Ovipositors etwa ein Drittel so lang wie das 10. Abdominaltergit, in das diese eingebettet sind (bei *D. bimucronatus* nur ein Viertel so lang). **Länge:** 10–12 mm.

Gesamtverbreitung: E, F, I, R.

Verbreitung in Deutschland: Extrem selten. Neunachweis für D! M. WEITZEL fing am 2.6.2003 ein ♂ dieser Art in der Umgebung von Wittlich. Dieser Ort liegt am Moseltal, das als Einwanderungsroute für Arten aus den wärmeren südwesteuropäischen Regionen bekannt ist. Er liegt etwa 30 km von der deutsch-französischen Grenze entfernt. Die Durchschnittstemperatur im Mai 2003 lag in Rheinland-Pfalz 1–2 °C über dem langjährigen Mittel.

Die Art war mit Ausnahme von ENGEL (1930) zwar bisher nicht in deutschsprachigen Bestimmungsschlüsseln berücksichtigt; eine Verwechslung mit anderen Arten scheint dennoch bisher nicht vorgekommen zu sein, da bei der Durchsicht von Museumssammlungen bisher keine weiteren Belege bekannt geworden sind.

Asilinae – Neomochtherini

Premochtherus aquitanus (Tsacas, 1964) – Gallische Raubfliege

Merkmale: Die mittelgroße Gallische Raubfliege ist im Vergleich zu anderen heimischen *Neomochtherini*-Arten am ehesten mit *A. flavicornis* zu verwechseln. Von dieser unterscheidet sie sich unter anderem dadurch, dass die Schenkel einen unscharf abgegrenzten dunklen Fleck oder Ring aufweisen (beim Exemplar aus D relativ lange dunkle Streifen auf der Vorderseite aller Schenkel, insbesondere am Hinterbein) und die Fühler nicht vollständig gelb, sondern teilweise gelbbraun oder gänzlich braun ge-

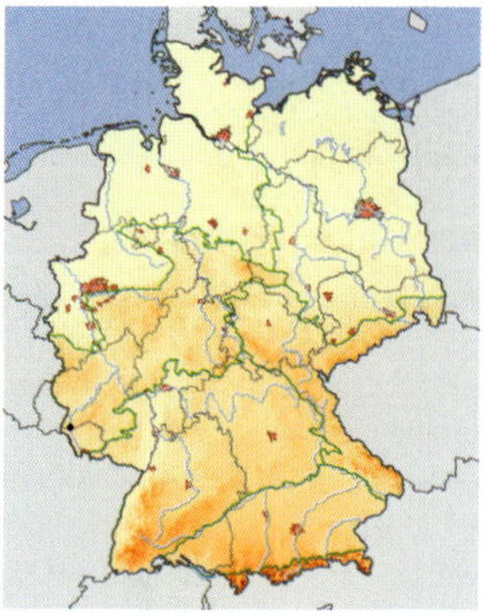

färbt sind. Auch das Belegexemplar aus D besitzt überwiegend dunkle Fühler. Epandrien rotbraun, distal mit komplexen Strukturen (Einschnürungen und Loben, Loben abgerundet), Gonocoxite lang gebogen und zur Spitze stark verjüngt und dort abgerundet (bei der ähnlichen, aus D bisher nicht zweifelsfrei belegten *A. flavipes* sind die Gonocoxite am Ende breiter abgestutzt, ebenso wie das distale untere Ende der Epandrien). Von *N. pallipes* mit ihren ebenfalls überwiegend gelb gefärbten Beinen durch vollständig bestäubte Abdominalsternite unterschieden. Das ♀ von *P. aquitanus* ist bisher noch nicht beschrieben. **Länge:** 14–15 mm.

Gesamtverbreitung: CH, D, E, F.

Verbreitung in Deutschland: Ausgestorben oder verschollen. Neunachweis für D! M. WEITZEL fing am 3.6.1979 ein ♂ auf der ehemaligen Saarinsel zwischen Taben und Hamm (Bestimmung erfolgte durch G. TOMASOVIC). Infolge strombaulicher Maßnahmen existiert diese Saarinsel heute nicht mehr. Eine Nachsuche am konkreten Fundort ist daher nicht mehr möglich. Er lag nur etwa 14 km von der deutsch-französischen Grenze entfernt. Das Saar-/Moselsystem ist als Einwanderungsroute für südwesteuropäische Arten bekannt.
Die Gallische Raubfliege ist erst mit dem Werk von WEINBERG & BÄCHLI (1995) in einem deutschsprachigen Bestimmungsschlüssel enthalten. Das Belegtier weist jedoch dunkle Basalglieder am Fühler auf (3. Fühlerglied fehlend) und schlüsselt hiernach irrtümlich nach *A. flavipes* auf.

Asilinae – (bisher ohne Triben-Zuordnung nach DIKOW 2009)

Tolmerus atripes Loew, 1854 – Düster-Raubfliege

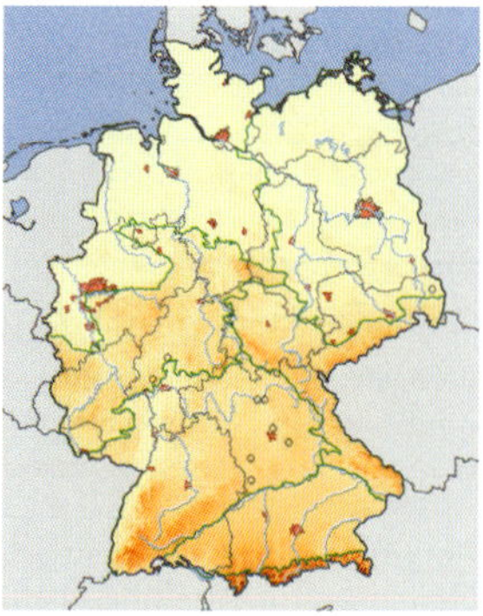

Merkmale: Diese mittelgroße Art ist recht schwer von dunkel gefärbten Exemplaren anderer *Tolmerus*-Arten zu unterscheiden, insbesondere von *T. pyragra*, die hinsichtlich der Beinfärbung recht variabel ist. Die Schenkel sind fast vollständig schwarz, die Schienen dunkel (eher dunkelbraun als schwarz, im Gegenlicht oft teilweise durchscheinend), die Füße dunkelbraun bis schwarz. Dabei sind die Schienen bei *T. atripes* in der Regel mit gleichmäßiger dunkler Färbung, während bei dunklen Exemplaren von *T. pyragra* zumindest die Schienenbasis und die Schienenrückseite heller rotbraun sind im Vergleich zu den noch dunkleren Schienenvorderseiten. Am sichersten gelingt die Unterscheidung wohl anhand des männlichen Aedeagus, doch bedarf dieses Merkmal noch einer Überprüfung bei einer größeren Individuenanzahl. **Länge:** 13–14 mm.

Gesamtverbreitung: A, B, BG, CH, CZ, D?, E, F, GR, H, I, PL, R, SK, TR, YU.

Verbreitung in Deutschland: Aktuelle Bestandssituation unbekannt. Es muss davon ausgegangen werden, dass viele (oder alle?) Nachweise Verwechslungen mit anderen *Tolmerus*-Arten, insbesondere mit *T. pyragra*, darstellen. Aus diesem Grunde bedürfen alle vorhandenen Belege einer Überprüfung – eine Aufgabe, die bis zur Drucklegung dieses Buches nicht bewältigt werden konnte. Die noch nicht überprüften, zweifelhaften Meldungen sind in der Nachweiskarte mit einem offenen Kreis dargestellt.

Bemerkung: Auch die Nachweise dieser „kryptischen" Art aus den anderen unter „Gesamtverbreitung" aufgeführten mittel- und südeuropäischen Ländern sind überprüfungswürdig, weil bisher eine detaillierte Beschreibung unter Einbeziehung der Genitalien und damit schlüssige Abgrenzung zu ähnlichen Arten noch aussteht. Jüngere Beschreibungen und Zeichnungen von *T. atripes* beruhen nach bisheriger Kenntnis bisher nicht auf einem Typusexemplar.

Dioctriinae – Dioctriini

Dioctria rufithorax Loew, 1853 – Rote Habichtsfliege

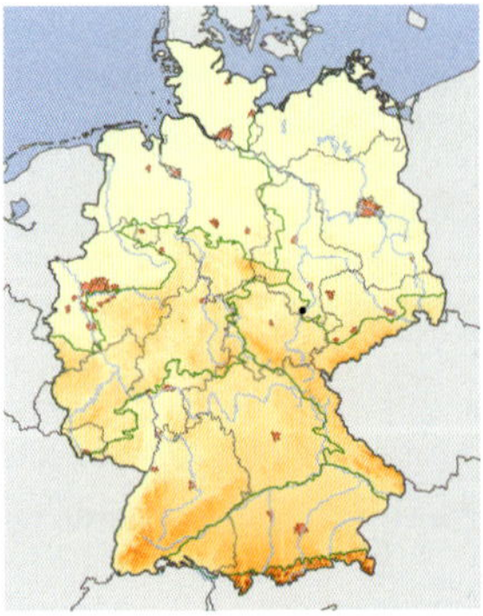

Merkmale: Die kleine Rote Habichtsfliege weist unter allen heimischen Habichtsfliegen den größten Rotanteil in der Färbung der Brust auf. Schultern, seitliche (hintere) Ränder des Scutums und Schildchen sind in der Regel ebenso rotgelb wie große Teile der Brustseiten. Am ehesten mit *D. humeralis* zu verwechseln, die sich jedoch durch eine fast vollständige Pleurenbinde von *D. rufithorax* unterscheidet, deren Pleurenbinde auf den Oberrand (Anepisternum) reduziert ist. Außerdem ist das Scutum von *D. humeralis* fast vollständig matt bestäubt, während bei *D. rufithorax* auf dem hinteren Scutum sublateral noch ein breiterer unbestäubter Streifen vorhanden ist. Von hellen *D. cothurnata*-Exemplaren mit roten Schultern durch ein anderes Gesichtsprofil (ohne Vorwölbung unter den Fühlern), durch einen einreihigen Knebelbart (*D. cothurnata*: mehrreihig), durch ausgedehntere Bestäubung auf dem Scutum und beim ♂ zusätzlich durch die vollständig rotgelben Beine zu unterscheiden (bei *D. cothurnata*-♂ distale Zweidrittel der Schenkel und Schienen schwarz, Füße schwarz). **Länge:** 8–10 mm.

Gesamtverbreitung: AL, BG, D, F, GR, H, PL, YU.

Verbreitung in Deutschland: Ausgestorben oder verschollen. Der einzigen Meldung von Rapp (1942) liegt ein Einzeltier aus dem Jahr 1942 aus der Umgebung von Roßbach bei Naumburg (Saale) zugrunde (Überprüfung durch F. Geller-Grimm). Eine Nachsuche etwa am Göttersitz bei Naumburg oder im nördlich von Roßbach liegenden NSG „Tote Täler" verlief bisher erfolglos. Da weder der genaue Fundort noch etwaige Habitatansprüche in D bekannt sind, gleichen die Kartierungen vor Ort jedoch einer Suche nach der Nadel im Heuhaufen. Das Beispiel von *Holopogon dimidiatus* zeigt jedoch, dass mitunter mehrjährige Kontrollen notwendig sind, bevor Arten wieder belegt werden können.

Brachyrhopalinae – (bisher ohne Triben-Zuordnung nach DIKOW 2009)

Holopogon priscus (Meigen, 1820) – Greise Rabaukenfliege

Merkmale: Wie die anderen heimischen *Holopogon*-Arten weist auch die sehr kleine Greise Rabaukenfliege eine vollständig schwarze Grundfarbe auf, die vor allem an den Brustseiten, auf den Hüften und auf dem Gesicht von einer grauen Bestäubung überdeckt ist. Der Knebelbart ist recht lang und weiß behaart. Die Körperbehaarung auf dem Scutum, dem Scutellum, dem Abdomen und den Beinen ist im Ganzen recht lang, abstehend und weiß behaart, dunklere Haare sind vor allem auf dem hinteren Scutum und den Tarsen beigemengt. Bei beiden Geschlechtern sind die Flügel transparent und weisen keine dunkle Tönung auf. **Länge:** 6–7 mm.

Gesamtverbreitung: A, CZ, D, F, H, KS, KZ, PL, RUS (europäischer Teil bis W-Sibirien), SK, TJ, TR, YU.

Verbreitung in Deutschland: Extrem selten. Für *H. priscus* liegt nur ein Nachweis von zwei ♂ und einem ♀ aus dem NSG „Oderberge" auf der Westseite der Oder bei Lebus vom 29.5.1992 vor. Der Fundort liegt unmittelbar an der deutsch-polnischen Grenze. Obwohl Brandenburg zumindest historisch zu den asilidologisch intensiver besammelten Regionen in D zählt, fehlen historische Nachweise der Art. Auch in jüngerer Zeit vorgenommene Exkursionen an die Oderhänge in Brandenburg, z.B. durch DEGEN oder FLÜGEL, erbrachten keine weiteren Nachweise, auch wenn eine gezielte Nachsuche am unmittelbaren Fundort bei Lebus noch aussteht. Der Mai 1992 lag hinsichtlich der Lufttemperatur deutlich über dem Dekadendurchschnitt. Ein sporadisches Einfliegen bei günstiger Witterung oder ein nur vorübergehendes Vorkommen kann bei der derzeitigen Datenlage nicht ausgeschlossen werden.

Holopogon priscus – Greise Raubfliege, ♀, Ukraine, 23.05.2015. Foto: Serhey Ruban

Literaturverzeichnis

Weiterführende oder zusammenfassende Literatur ist durch folgende nachgestellte, fett gedruckte Kürzel besonders kenntlich gemacht:
[Best] – Bestimmung; **[Bio]** – Biologie, Individualentwicklung; **[Syst]** – Systematik, Phylogenie etc.

AARTSEN, B. V. & GOOT, V. S. V. D. (1981): De jachtgewoonten van een aantal roofvliegen in Nederland (Diptera: Asilidae). Entomologische Berichten 41: 97–101, Amsterdam.

ADAMOVIC, Z. R. (1972): The mating behaviour and the oviposition of some robber-flies (Diptera, Asilidae). Ekologija 7: 207–225, Belgrad. **[Bio]**

ADAMOVIC, Z. R. (1973): The mating habits and egg-laying of some Echthistus, Eutolmus and Dysmachus species of the robber flies (Diptera, Asilidae). Bulletin du Museum d'Histoire Naturelle (B) 28: 111–133, Belgrad. **[Bio]**

ANDERSSON, H. (1999): Red-listed or rare invertebrates associated with hollow, rotting, or sapping trees or polypores in the town of Lund. Entomologisk Tidskrift, 120, 169–183.

BARKEMEYER, W. (1994): Raub-, Schnepfen-, Stilett und Waffenfliegen von den jungen Düneninseln Mellum und Memmert (Diptera). Oldenburger Jahrbuch 94: 381–402, Oldenburg.

BECKER, TH. (1923): Revision der Löw'schen Asilica in Linnaea Entomologica 1848–49. 91 S. Verlag Fritz Wagner, Wien.

BELING, TH. (1875): Beitrag zur Metamorphose der zweiflügeligen Insecten. Archiv für Naturgeschichte, Jg. 41: 31–57, Berlin.

BELING, TH. (1882): Beitrag zur Metamorphose der zweiflügligen Insecten aus den Familien Tabanidae, Leptidae, Asilidae, etc. Archiv für Naturgeschichte, Jg. 48: 186–240, Berlin.

BEUTHIN, H. (1887): Erster Beitrag zur Kenntnis der Dipteren der Umgegend von Hamburg. Verhandlungen des Vereins für naturwissenschaftliche Unterhaltung zu Hamburg 6: 46–86, Hamburg.

BOSÁK, J., HRADSKÝ, M. & HROCHOVÁ, M. (2010): A reinstatement of the genus Dichropogon BEZZI, 1910 (Diptera, Asilidae, Stichopogoninae), with a description of a new species from Tibet (China). Zpravy Vlastivedneho muzea v Olomouci 299: 11–19.

BRAUNS, A. (1959): Autökologische Untersuchungen über die thalassicolen Zweiflügler (Diptera) im schleswig-holsteinischen Bereich der Nord- und Ostsee. Archiv für Hydrobiologie 55: 453–594, Stuttgart.

BRINDLE, A. (1968): Taxonomic notes on the larvae of British Diptera – No. 25: The larva and pupa of Dioctria rufipes (DeGeer) (Asilidae). Entomologist 101: 213–216.

BROEK, R. V. D. & SCHULTEN, A. (2013): Fotogids Roofvliegen van Nederland en België (Diptera – Asilidae). URL: http://www.iwg.njn.nl/sites/www.iwg.njn.nl/files/tabellen/Fotogids%20Roofvliegen%20(Asilidae)% 201.0-2013.pdf [aufgerufen am: 01.05.2017].

CANDAN, S., SULUDERE, Z., HASBENLÍ, A., CAGIRAN, N., LAVIGNE, R. & SCARBROUGH, A. (2004): Ultrastructure of the chorion of Dioctria flavipennis MEIGEN, 1820 (Diptera: Asilidae: Stenopogoninae) compared with those of fourteen Asilid species from the mid-atlantic region of North America. Proceedings of the Entomological Society of Washington 106: 811–825, Washington.

CANNINGS, R. A. (2002): The systematics of Lasiopogon Loew (Diptera: Asilidae). Royal British Columbia Museum Handbook, 360 S., Victoria.

DANISH BIODIVERSITY INFORMATION FACILITY (2017): Projekt Allearter. DanBIF – Danisch Biodiversity Information Facility. URL: https://allearter-databasen.dk/?artsgruppedk=Tovinger [aufgerufen am: 01.05.2017].

DENNIS, D. S. & BARNES, J. K. (2011): Tentative key to robber fly (Diptera: Asilidae) subfamilies based on pupal cases. Zootaxa 3031: 37–46, Magnolia Press, Auckland.

DENNIS, D. S., BARNES, J. K. & KNUTSON, L. (2013): Review and analysis of information on the biology and morphology of immature stages of robber flies (Diptera: Asilidae). Zootaxa 3673: 1–64, Magnolia Press, Auckland. **[Bio]**

DIKOW, T. (2009): Phylogeny of Adilidae inferred from morphological characters of imagines (Insecta: Diptera: Brachycera: Asiloidea). Bulletin of the American museum of natural history 319: 175 S., New York. **[Syst]**

DREES, M. (2008): Die Raubfliegen des Hagener Raumes (Diptera: Asilidae). Entomologische Zeitschrift 18: 27–32, Stuttgart.

DUNK, K. V. D. (1994): Zweiflügler aus Bayern III (Diptera: Asilidae, Leptogastridae, Bombyliidae, Conopidae). Entomofauna, Zeitschrift für Entomologie 15: 457–466, Ansfelden.

DUNK, K. V. D. (1995): Bemerkenswerte Vorkommen von Fliegenarten im Bereich der Sandgebiete im Regnitztal Mittel- und Oberfrankens (Insecta: Diptera). Beiträge zur bayerischen Entomofaunistik 1: 33–46, Bamberg.

DUNK, K. V. D. (1996): Bestimmungsschlüssel für Raubfliegen (Dipt., Asilidae). Berichte des Kreises Nürnberger Entomologen galathea 12: 131–146, Nürnberg.

DUNK, K. V. D. (2007): Beitrag zum Vorkommen seltener Raubfliegen (Dipt., Asilidae). Berichte des Kreises Nürnberger Entomologen galathea 23: 153–162, Nürnberg.

DUNK, K. V. D. & HABLE, J. (2006): Kommentierte Faunenliste der in Bayern nachgewiesenen Raubfliegen (Insecta: Diptera: Asilidae). Beiträge zur bayerischen Entomofaunistik 8: 89–98, Bamberg.

ENGEL, E. O. (1930): Asilidae. In: LINDNER, E.: Die Fliegen der Paläarktischen Region 4, 491 S., Schweizerbart, Stuttgart. **[Best** wg. ausführlicher Artbeschreibungen, Schlüssel veraltet**]**

ENGEL, E. O. (1932): Asilidae oder Raubfliegen. In: DAHL, F.: Die Tierwelt Deutschlands und der angrenzenden Meeresteile, 26. Teil: 127–204, Gustav Fischer Verlag, Stuttgart.

ESIPENKO, P. A. (1967): Biology of the robber fly Eutolmus rufibarbis MG, (Diptera, Asilidae) in Khabarovsk Territory. Entomological Review 46: 61–62, Washington.

EVENHUIS, N. L. (1994): Catalogue of the fossil flies of the world (Insecta: Diptera). 563 S., Backhuys Publishers Leiden.

FISCHER, H. (1963): Die Tierwelt Schwabens, Teil 7, Raubfliegen. Berichte der Naturforschenden Gesellschaft Augsburg 16: 35–46, Augsburg.

FRAUENFELD, G. (1866): Zoologische Miscellen. Verh. zool.-bot. Ges. Wien 16: 976–977, Wien.

FRISCH, J. L. (1721): Beschreibung von allerley Insecten in Teutschland, nebst nützlichen Anmerckungen und nöthigen Abbildungen von diesem kriechenden und fliegenden inländischen Gewürme, zur Bestätigung und Fortsetzung der gründlichen Entdeckung, so einige von der Natur dieser Creaturen heraus gegeben, und zur Ergäntzung und Verbesserung der andern. Anderer Theil. pp. [1–4], 1–45, Tab. I–XI [= 1–11]. Berlin. (Nicolai).

GELLER-GRIMM (1998): Notes on the biology of Dasypogon diadema (Fabricius, 1781) (Diptera: Asilidae). Mitteilungen des internationalen entomologischen Vereins 23: 17–32, Frankfurt a.M.

GELLER-GRIMM, F. (2003): Fotoatlas und Bestimmungsschlüssel der Raubfliegen Deutschlands. CD-ROM, Ampyx Verlag, Halle (Saale). **[Best]**

GELLER-GRIMM, F., DIKOW, T. & NIEHUIS, M. (2003): Raubfliegen vom Roßstein bei Dörscheid (Mittelrheintal, Rheinland-Pfalz) nebst Anmerkungen zur Verbreitung in Rheinland-Pfalz (Diptera: Asilidae). Fauna und Flora in Rheinland-Pfalz, Zeitschrift für Naturschutz (GNOR) 10: 85–98, Landau.

GOOT, V. V. D. (1979): Eieren leggend vrouwtje van Machimus atricapillus (FALLÉN) (Diptera, Asilidae). Ent. Berichten 3: 50, Amsterdam.

GOOT, V. V. D. (1985): De snavelfliegen (Rhagionidae), roofvliegen (Asilidae) en aanverwante families van Noordwest-Europa. Wetenschappelijke mededelingen koninklijke nederlandse natuurhistorische vereniging 171, 66 S., Hoogwoud.

GUTZEIT, R. & KÄSTNER, T. (2014): Erstnachweis der Kleinen Makelfliege Cyrtopogon lateralis (FALLEN, 1814) in Brandenburg (Diptera: Asilidae). Märkische Entomologische Nachrichten 16: 193–196, Potsdam.

HASBENLI, A., SULUDERE, Z., CANDAN, S. & BAYRAKDAR, F. (2008): Chorionic Structure of the Eggs of Five Laphriinae Species (Diptera: Asilidae) From Turkey. J. Ent. Res. Soc. 10: 47–60.

HEINEKEN, PH. (1834): Die freie Hansestadt Bremen und ihr Gebiet in topographischer, medizinischer und naturhistorischer Hinsicht. [Asilidae: 155]. Bremen.

HERMANN, F. (1920): Beitrag zur allgemeinen Systematik der Asiliden. Zool. Jb. 43, Abt. f. Syst.: 161–194, Jena.

HOLLOWAY, G. J., DICKSON, J. D., HARRIS, P. W. & SMITH, J. (2003): Dynamics and foraging behaviour of adult hornet robberflies, Asilus crabroniformis: Implications for conservation management. Journal for Insect Conservation 7: 127–135. doi:10.1023/A:1027307619376.

HRADSKÝ, M. (1962): Deux Especes Nouvelles d'Asilides de la Tchecoslovaquie. Boll. Ass. Romana Ent., 17: 7–11, Rom.

JACOBS, H.-J. (2005): Die Raubfliegen (Diptera, Asilidae) Mecklenburg-Vorpommerns. Archiv der Freunde der Naturgeschichte in Mecklenburg 44: 111–158, Rostock.

JESSAT, M. (2011): Wiederfund des Kleinen Sandwichts Stichopogon elegantulus (Wiedemann in Meigen, 1820) (Diptera, Asilidae) aus Sachsen-Anhalt. Mauritiana (Altenburg) 22: 264–267, Altenburg.

JOHNSTON, J. (1653): Historiae Naturalis de Insectis Libri III. De Serpentibus et Draconibus Libri II : Cum aeneis Figuris. Impensis Haeredum Merianorum, 1653. 66 S., Frankfurt am Main.

KÄSTNER, T. (2014): Neue und bemerkenswerte Raubfliegenfunde aus Sachsen (Diptera: Asilidae). Sächsische Entomologische Zeitschrift 7 (2012/2013): 39–54, Dresden.

KEISER, F. (1947): Die Fliegen des Schweizerischen Nationalparks und seiner Umgebung. Pars. 1. Brachycera, Orthorapha. Ergebnisse der wissenschaftlichen Untersuchungen des Schweizerischen Nationalparks 18. Lüdin AG, Liestal, 198 S.

KRIVOSHEINA, N. P. & MAMAEV, B. M. (1975): Revision of materials on morphology and ecology of xylophillic assassin fly larvae of the tribes Laphriini (Diptera, Asilidae). Communication II. Genus Laphria Mg. Vestnik Zoologii, 6, 46–50.

KRÖBER, O. (1910): Fauna Hamburgensis. Verzeichnis der in der Umgegend von Hamburg gefundenen Dipteren. Verhandlungen des Vereins für naturwissenschaftliche Unterhaltung zu Hamburg 14: 3–113, Hamburg.

KRÖBER, O. (1931): Dipterenfauna von Schleswig-Holstein und den benachbarten westlichen Nordseegebieten, 1. Teil: Diptera Brachycera bis einschl. Conopidae. Verhandlungen des Vereins für naturwissenschaftliche Heimatforschung zu Hamburg 22: 19–78, Hamburg.

LEHR, P. A. (1965): Robber-Flies of the tribe Dioctrini of Kazakhstan and Middle Asia. Trudy Inst. Zool. 9: 184–199; Alma-Ata [in Russisch].

LEHR, P. A. (1988): Family Asilidae. In: SOÓS, Á. & PAPP, L. (Hrsg.): Catalogue of palaearctic Diptera, Volume 5, Athericidae – Asilidae, 197–326, Akadémiai Kiadó, Budapest.

LEHR, P. A. (1991): Revision of Robberflies of the Genus Choerades Walker, 1851, and Notes on the Structure of the Family Laphriinae (Diptera, Asilidae). Entomological Review 71: 70–93, Washington.

LEHR, P. A. (1992): Smallgenera of robberflies of the subfamily Asilinae (Diptera, Asilidae). 1.Taxonomy and Ecology. Zoologichesky Zhurnal 71(5): 91–105, Moskau.

LOEW, H. (1847): Über die europäischen Raubfliegen (Diptera, Asilica). In: Linnaea entomologica. Band 2, S. 384–568, 585–591, Stettin und Berlin.

LOEW, H. (1848): Ueber die europäischen Raubfliegen (Diptera, Asilica). In: Linnaea entomologica. Band 3, S. 386–495, Stettin und Berlin.

LOEW, H. (1849): Ueber die europäischen Raubfliegen (Diptera, Asilica). In: Linnaea entomologica. Band 4, S. 1–155, Stettin und Berlin.

LOHRENZ, K. (1907): Nützliche und Schädliche Insekten im Walde. Halle (Hermann Gesenius): 117 S.

LUDWIG, G., HAUPT, H., GRUTTKE, H. & BINOT-HAFKE, M. (2006): Methodische Anleitung zur Erstellung Roter Listen gefährdeter Tiere, Pflanzen und Pilze. BfN-Skripten 191, 97 S., Bonn.

LYNEBORG, L. (1968): Notes on two species of Machimus Lw. in Northern Europe (Diptera, Asilidae). Notula Ent. 48: 131–135.

MARON, C. W. (1841): Anleitung für Privatwald-Eigenthümer zur eignen Ermittelung des nachhaltigen Materialertrages einer Forst, so wie zur eignen Bewirthschaftung derselben nach einfachen practischen Regeln. 296 S. E.S. Mittler, Posen.

MEIGEN, J. W. (1803): Versuch einer neuen GattungsEintheilung der europäischen zweiflügligen Insekten. Magazin für Insektenkunde 2: 259–281, Braunschweig.

MEIGEN, J. W. (1804): Klassifikazion und Beschreibung der europäischen zweiflügeligen Insekten (Diptera Linn.), Band 1, Abt. 2: VI + 153–314. Braunschweig.

MEIGEN, J. W. (1820): Systematische Beschreibung der bekannten europäischen zweiflügeligen Insekten, Band 2: X + 1–365. Aachen.

MELIN, D. (1923): Contribution to the knowledge of the biology, metamorphosis and distribution of the Swedish Asilids. Zool. Bid. Uppsala 4: 3 17 S., Uppsala. **[Bio]**

MEYNEN, E. & SCHMITHÜSEN, J. (1953–1962): Handbuch der naturräumlichen Gliederung Deutschlands. Selbstverlag der Bundesanstalt für Landeskunde, Remagen, 1339 S.

MIKSCH, G., DOCZKAL, D. & SCHMID-EGGER, CH. (1993): Faunistische Bearbeitung der Raubfliegen Baden-Württembergs (Diptera: Asilidae). Jahrhefte der Gesellschaft für Naturkunde Württemberg 148: 159–191, Stuttgart.

MOUCHA, J. & HRADSKÝ, M. (1956): The Subfamily Laphriinae (Dip., Asilidae) in Czechoslovakia. Acta Entomologica Musei Nationalis Pragae 1955 (30): 221–234, Prag.

Muffet, Th., Wotton, E., Gessner, C. & Penny, Th. (1634): Insectorum sive minimorum animalium theatrum. 326 S., Thomas Cotes for Benjamin Allen, London.

Musso, J. J. (1978): Recherches sur le developpement, la nutrition et l'ecologie des Asilidae (Diptera – Brachycera). These Universite Marseille: 312 S., Marseille. **[Bio]**

Musso, J. J. (1981): Morphology and development of the immature Stages of some robber flies (Diptera: Brachycera: Asilidae). Entomol. Generalis 2: 89–104. **[Bio]**

Musso, J. J. (1983): Nutritive and ecological requirements of robber flies (Diptera: Brachycera: Asilidae). Entomol. Generalis 9: 35–50. **[Bio]**

Norwegian Biodiversity Information Centre (2017): Norsk rødliste for arter 2015. URL: https://artsdatabanken.no/Rodliste [aufgerufen am: 01.05.2017].

Panzer, G. W. F. (1793): Faunae Insectorum Germanicae Initia oder Deutschlands Insekten. Felseckersche Buchhandlung, Nürnberg.

Panzer, G. W. F. (1798): Faunae Insectorum Germanicae Initia oder Deutschlands Insekten Heft 54. Felseckersche Buchhandlung, Nürnberg.

Parmenter (1952): Diptera – Notes on the Asilidae (Robber Flies). Ent. Record 64: 229–234, 263–266, 295–299.

Peus, F. (1954): Zur Kenntnis der Raubfliegen Deutschlands. Deutsche Entomologische Zeitschrift N.F. 1: 125–137, Berlin.

Puls, J. Ch. (1864): Catalog der Dipteren aus der Berliner Gegend gesammelt von J. F. Ruthe. Berliner Entomologische Zeitschrift 8: 1–14, Berlin.

Rabeler, W. (1951): Über die Raubfliegen nordhannoverscher Pflanzengesellschaften. Beiträge zur Naturkunde Niedersachsens 2: 56–58, Hannover.

Rabeler, W. (1957): Die Tiergesellschaft eines Eichen-Birkenwaldes im nordwestdeutschen Altmoränengebiet. Mitteilungen der Floristisch soziologischen Arbeitsgemeinschaft N.F. 6/7: 297–319, Stolzenau/Weser.

Rapp, O. (1942): Die Fliegen Thüringens unter besonderer Berücksichtigung der faunistisch-oekologischen Geographie. Die Natur der mitteldeutschen Landschaft Thüringen 4: Erfurt.

Ratzeburg, J. Th. Ch. (1844): Die Forst-Insecten oder Abbildung und Beschreibung der in den Wäldern Preussens und der Nachbarstaaten als schädlich oder nützlich bekannt gewordenen Insecten. Dritter Theil. Die Ader-, Zwei-, Halb-, Netz- und Geradflügler. 314 S., Nicolaische Buchhandlung, Berlin.

Reder, G. (2010): Die Raubfliegen Erax barbatus (SCOP.) und Dysmachus praemorsus (LOEW) in der Kaolingrube Monsheim (Diptera: Asilidae). Fauna Flora Rheinland-Pfalz 11: 1319–1323, Landau.

Riecken, U., Finck, P., Raths, U., Schröder, E. & Ssymank, A. (2006): Rote Liste der gefährdeten Biotoptypen in Deutschland. Zweite fortgeschriebene Fassung 2006. Naturschutz und Biologische Vielfalt Heft 34, 318 S., Münster (Landwirtschaftsverlag).

Roser, C. v. (1834): Verzeichniß in Württemberg vorkommender zweiflügliger Insekten. Correspondenzblatt des königlich württembergischen landwirtschaftlichen Vereins 1: 259–277, Stuttgart.

Roser, C. v. (1840): Erster Nachtrag zu dem im Jahre 1834 bekannt gemachten Verzeichnisse in Württemberg vorkommender zweiflügliger Insekten. Correspondenzblatt des landwirtschaftlichen Vereins Württemberg (N.S.) 17: 49–64, Stuttgart.

Roth, A. (1964): Vergleichende biozönotische Untersuchungen über Insekten an Laub- und Nadelfeldgehölzen in der Magdeburger Börde. Hercynia N.F. 1: 51–81, Halle (Saale).

RUTHE, J.F. (1831): Einige Bemerkungen und Nachträge zu Meigen's „Systematischer Beschreibung der europäischen zweyflügeligen Insecten". Isis, Jahrgang 1831: 1203–1222.

SCHINER, J. R. (1862): Fauna Austriaca, Die Fliegen (Diptera). Nach der analytischen Methode bearbeitet, mit der Charakteristik sämmtlicher europäischer Gattungen, der Beschreibung aller in Deutschland vorkommenden Arten und der Aufzählung aller bisher beschriebenen europäischen Arten, I. Theil. 674 S., Verlag von Carl Gerold's Sohn, Wien.

SCHRANK, F. V. P. (1803): Fauna Boica, Durchgedachte Geschichte der in Baiern einheimischen und zahmen Thiere. Dritter Band, erste Abtheilung. 272 S., Philipp Krüll, Landshut.

SCHRÖCKENSTEIN, R. V. (1802): Verzeichniss der Halbkäfer, Netzflügler, Wespen, ungeflügelten Insekten, Wanzen und Fliegen, welche um den Ursprung der Donau und des Nekars, dann um den untern Theil des Bodensees, vorkommen. 70 Seiten, J. G. Cotta'sche Buchhandlung, Tübingen.

SCHUMANN, H., BÄHRMANN, R. & STARK, A. (Hrsg., 1999): Entomofauna Germanica 2. Checkliste der Dipteren Deutschlands. Studia dipterologica. Supplement 2 (1999): 1–354, Halle (Saale).

SMITH, K. G. V. (1989): An Introduction to the Immature Stages of British Flies. Diptera Larvae, with Notes on Eggs, Puparia and Pupae. Handbooks for the Identification of British Insects Vol. 10, Part 14. Royal Entomological Society of London.

SVERIGES LANTBRUKSUNIVERSITET (2017): Artfakta. Artdatabanken. URL: https://artfakta.artdatabanken.se/?&s=Asilidae&v=1 [aufgerufen am: 01.05.2017].

STUBBS, A. & DRAKE, M. (2001): British Soldierflies and their Allies. British Entomological and Natural History Society, London.

SWAMMERDAM, J. (1738): Bybel der natuure of historie der insecten. Deel 2. Issak Severinus, Leiden.

TROST, P. (1801): Kleiner Beytrag zur Entomologie in einem Verzeichnisse der Eichstettischen bekannten und neuentdekten Insekten mit Anmerkungen fur Kenner und Liebhaber, Erster Heft. Antliata: 68–71, Johann Jakob Palm, Erlangen.

WEINBERG, M. & BÄCHLI, G. (1995): Insecta Helvetica Fauna 11 Diptera Asilidae. 124 S., Genf (Schweizerische Entomologische Gesellschaft). **[Best]**

WICHMANN, H. E. (1956): Untersuchungen über Ips typographus L. und seine Umwelt. Asilidae, Raubfliegen. Zeitschrift für angewandte Entomologie 39: 58–62. Berlin, Hamburg.

WIEGMANN, B. M., TRAUTWEIN, M. D., WINKLER, I. S., BARR, N. B., KIM, J.-W., LAMBKIN, CH., BERTONE, M. A., CASSEL, B. K., BAYLESS, K. M., HEIMBERG, A. M., WHEELER, B. M., PETERSON, K. J., PAPE, TH., SINCLAIR, B. J., SKEVINGTON, J. H., BLAGODEROV, V., CARAVAS, J., KUTTY, S. N., SCHMIDT-OTT, U., KAMPMEIER, G. E., THOMPSON, F. CH., GRIMALDI, D. A., BECKENBACH, A. T., COURTNEY, G. W., FRIEDRICH, M., MEIER, R., YEATES, D. K. (2011): Episodic radiations in the fly tree of life. PNAS Vol. 108, Nr. 14: 5690–5695. Url: www.pnas.org/cgi/doi/10.1073/pnas.1012675108. **[Syst]**

WILMANNS, O. (1989): Ökologische Pflanzensoziologie, 4. Auflage. 378 S., Quelle & Meyer, Heidelberg, Wiesbaden.

WOLFF, D. (2003): Raubfliegen (Diptera, Asilidae) aus Deutschland im Museum für Naturkunde der Humboldt Universität zu Berlin. Märkische Entomologische Nachrichten 5: 31–58, Potsdam.

WOLFF, D. (2011): Rote Liste und Gesamtartenliste der Raubfliegen (Diptera: Asilidae)

Deutschlands. In: Binot-Hafke, M.; Balzer, S.; Becker, N.; Gruttke, H.; Haupt, H.; Hofbauer, N.; Ludwig, G.; Matzke-Hajek, G. & Strauch, M. (Red.): Rote Liste gefährdeter Tiere, Pflanzen und Pilze Deutschlands. Band 3: Wirbellose Tiere (Teil 1). Naturschutz und Biologische Vielfalt 70 (3): 143–164, Münster (Landwirtschaftsverlag).

Wolff, D. (2012): Atlas der Raubfliegen Deutschlands, Version: 4.13.2 Online im Internet: URL: http://www.asilidae.de/index.htm [aufgerufen am: 02.11.2012].

Wolff, D. (2017): Kap. 7.6: Asilidae (Diptera). In: Ssymank, A. & Doczkal, D. (Hrsg.): Biodiversität des südwestlichen Dinkelbergrandes und des Rheintals bei Grenzach-Wyhlen. Mauritiana (Altenburg) 34 (2017): 617–630.

Wolff, D. & Doczkal, D. (in Vorb.): Raubfliegenfänge (Diptera: Asilidae) aus Malaisefallen-Untersuchungen in Südwestdeutschland.

Wolff, D. & Degen, G. (2010): Raubfliegen (Diptera, Asilidae) aus Deutschland, Online-Nachweise VII. URL: http://www.asilidae.de/privathp/papers/asil2009.htm [aufgerufen am: 05.01.2010].

Wolff, D., Kästner, T. & Schäfer, M. (2014): Raubfliegen (Diptera, Asilidae) aus Deutschland, Online-Nachweise XI. URL: http://www.asilidae.de/privathp/papers/asil2013.htm [aufgerufen am: 31.05.2014].

Zeller, P. C. (1840): Beytrag zur Kenntnis der Dipteren aus den Familien: Bombylier, Anthracier und Asiliden. Isis von Oken 1840: 10–77, Leipzig.

Zimmermann, C. (1834): Das Harzgebirge in besonderer Beziehung auf Natur- und Gewerbskunde geschildert. Teil 1. Carl-Wilhelm-Leske-Verlag, 500 S., Darmstadt.

Glossar

Die Mehrheit der wissenschaftlichen Fachausdrücke zu Körpermerkmalen ist grafisch im Abschnitt „Körperbau und Bestimmungsmerkmale“ erläutert und deshalb hier nicht ins Glossar aufgenommen.

A

abdominal: den Hinterleib betreffend

abiotisch: unbelebt, im Zusammenhang mit Standortfaktoren physikalische, chemische und teilweise auch strukturelle Aspekte umfassend

Abundanz: Populationsdichte, d.h. die Anzahl der Individuen einer Art in Bezug auf die Fläche des von der Population besiedelten Habitats

adult: „erwachsen“, bei Insekten eine Bezeichnung für ausgereifte (und geschlechtsreife) Imagines (im Gegensatz zu immaturen Exemplaren), teilweise jedoch auch synonym für das Imaginalstadium insgesamt verwendet

Aedeagus: Teil der männlichen Geschlechtsorgane der Insekten, durch den das Sperma während der Kopulation übertragen wird

amphipneustisch: Bezeichnung für ein Tracheensystem, das nur vorne und hinten geöffnet ist

Antennen: hier Synonym für Fühler

anthropogen: vom Menschen beeinflusst, verursacht, hergestellt etc.

Anus: Austrittsöffnung des Verdauungstraktes/Darmes

apikal: im Körperbau der Insekten die weiter vom Körperzentrum (meist Brust) entfernt liegenden Teile einer Struktur bezeichnend

Arthropoden: Gliederfüßer, Stamm des Tierreiches, dem unter anderem die Insekten, Spinnen, Krebstiere etc. angehören

Asilide(n): Raubfliege(n)

Asilidologe: Raubfliegenkundler

B

basal: im Körperbau der Insekten die näher zum Körperzentrum (meist Brust) liegenden Teile einer Struktur bezeichnend

biogeografisch: bezogen auf die aktuelle und geschichtliche (großräumliche) Verbreitung von Tierarten, Pflanzenarten etc. in Abhängigkeit von Umweltfaktoren

Biotoptyp: Bezeichnung für einen abstrahierten Typus von ähnlichen (meist vegetationskundlich beschriebenen) Lebensgemeinschaften mit vergleichbaren Standortbedingungen

boreomontan: Bezeichnung für ein Verbreitungsbild, das sowohl die nördliche boreale Zone des kaltgemäßigten Klimas als auch die montanen azonalen Höhenlagen innerhalb der warmgemäßigten Klimazone umfasst. Die Tieflagen der warmgemäßigten Klimazone, z.B. das Norddeutsche Tiefland, trennen in der Regel (weitgehend) disjunkte Areale boreomontan verbreiteter Arten.

Brachycera: Unterordnung der Zweiflügler, Fliegenartige

C

Carnivora: Raubtiere, Ordnung der Säugetiere mit den Hundeartigen und den Katzenartigen

Clypeus: ein Chitinschild der Kopfkapsel, das oberhalb der Mundwerkzeuge liegt, bei den Raubfliegen zwischen dem Knebelbart und der Basis des Stichrüssels
cyclorrhaph: der Zweiflügler-Unterordnung Cyclorrhapha angehörend

D

Detritus: abgestorbene, in der Regel dem Boden aufliegende, zerfallende organische Substanz
dichotom: zweiteilig, komplementäre Merkmalsausprägung bezeichnend
Diptera, Dipteren: Ordnung der Zweiflügler (Fliegen und Mücken) innerhalb der Insekten
Dipterologie: Zweiflügler-Kunde, wissenschaftliche Beschäftigung mit Fliegenartigen und/oder Mückenartigen
disjunkt: hier im Sinne von räumlich getrennt
distal: vgl. apikal
Dominanz: hier das Vorherrschen einer Art in einer Artengemeinschaft; als Maßstab dient z.B. eine überdurchschnittliche Abundanz bzw. ein hoher Anteil an den Individuen einer Artengemeinschaft (seltener wird die Biomasse als Maßstab herangezogen)
dorsal: bei Insekten im Sinne von „auf der Oberseite gelegen"

E

Entomologe: Insektenkundler
Entomologie: Insektenkunde
Epithelgewebe: Deck- und Drüsengewebe; Gewebe, das innere und äußere Oberflächen von Organismen und deren Organe umschließt
Etablierung: im populationsbiologischen Sinne ein Ausdruck für den Sachverhalt, dass Arten innerhalb eines Bezugsraums dauerhafte (über einen Zeitraum von mindestens 25 Jahren) Populationen gebildet haben, und – vor allem bei langlebigen Arten – neue Tochterpopulationen gründen
euryök: bezeichnet die Fähigkeit einer Art, Lebensräume mit unterschiedlicher Ausprägung von Umweltfaktoren zu besiedeln (z.B. in Bezug auf die Temperatur, die Bodenfeuchte, den Karbonatgehalt, den Lichtgenuss etc.)
Exkursion: hier im Sinne eines Ausflugs/einer Begehung zu Forschungs- bzw. Erfassungszwecken
exponiert: hier im Sinne von „auf eine bestimmte Himmelsrichtung ausgerichtet", bei Asiliden wegen des wärmeren Kleinklimas meist besonders relevant bei Süd-Exposition
extraintestinal: bezeichnet eine Verdauungsweise, die außerhalb des eigenen Verdauungstraktes stattfindet

F

Fauna: die Gesamtheit aller Tierarten in einem Bezugsraum
Faunistik, faunistisch: Forschungszweig, der sich mit der Erfassung von Tierarten und ihrer Verbreitung in einem Bezugsraum befasst
Facettenauge: Komplexauge, das sich aus einer Vielzahl von Einzelaugen zusammensetzt
Fazies: Fazies sind beliebige Artenkombinationen innerhalb einer Pflanzengesellschaft, die z.B. aufgrund von besonderen Bodenverhältnissen oder besonderer Konkurrenzkraft von einzelnen Pflanzenarten dominiert werden.

FFH-Lebensraumtyp: FFH-Lebensraumtypen sind abstrahierte Typen von gleichartigen oder ähnlichen natürlichen Lebensräumen nach der europäischen Flora-Fauna-Habitat-Richtlinie, für die besondere, hohe rechtliche Schutzvorgaben gelten.
Flora: die Gesamtheit aller Pflanzenarten in einem Bezugsraum
fossil: einem früheren erdgeschichtlichen Zeitalter zuzuordnen (in der Regel älter als 10.000 Jahre)
frontal: bei Insekten im Sinne von „auf der Vorderseite gelegen“

G

Gradation: eine vorübergehende Massenvermehrung von Tierarten, oft bei Tierarten verwendet, die vom Menschen als „Schädlinge“ betrachtet werden
Großlandschaft: Bezeichnung für einen Komplex von räumlich zusammenhängenden naturräumlichen Regionen, die ähnliche abiotische Verhältnisse aufweisen

H

Habitat: der von einer einzelnen Art besiedelte Ausschnitt in einem Ökosystem
Hämolymphe: zirkulierende Körperflüssigkeit bei Gliederfüßern, manchmal auch als Blut bezeichnet
holometabol: Bezeichnung für eine Metamorphose-Form bei den Insekten, die mindestens vier grundlegend unterschiedliche Stadien umfasst (Ei, Larve, Puppe, Imago)
Hypopygium (Pl. Hypopygien): das oder die letzten Hinterleibssegmente der Insekten im männlichen Geschlecht, die die zum Kopulationsapparat umgewandelten Körperanhänge beinhalten

I

Imago (Pl. Imagines): letztes (ausgewachsenes) Stadium der Insekten
immatur: noch nicht ausgereift, nicht geschlechtsreif, immature Exemplare bei Insekten äußerlich oft an noch blassen Farben erkennbar
Infraordo: Hierarchie-Ebene in der zoologischen Systematik, zwischen den Hierarchie-Ebenen Unterordnung und Überfamilie stehend
Intersegmentalhäute: häutige Teile des Außenskeletts bei Gliederfüßern, die die stärker chitinisierten Tergite, Sternite, Pleuren und Extremitäten miteinander verbinden und die Beweglichkeit inklusive der Dehnung und des Zusammenziehens des Hinterleibs gewährleisten
intraspezifisch: innerartlich

K

Kalamität: „Schadereignis“ vor allem in Wäldern, verursacht oft durch Massenvermehrung von gemeinhin als Schädlingen klassifizierten Insekten
karbonatisch: basisch bzw. kalkhaltig unter Beteiligung der Ionen der Kohlensäure
Kladistik: phylogenetische Systematik als Teil der evolutiven Abstammungslehre
koprophag: Bezeichnung für eine Ernährungsweise, bei der vor allem die Exkremente anderer Tierarten verwertet werden
Kopulation: Paarung
kopulierend: die Paarung vollziehend

L

Labrum: Teil der Mundwerkzeuge bei Gliederfüßern, im Deutschen oft als Oberlippe bezeichnet

Labium: Teil der Mundwerkzeuge bei Gliederfüßern, im Deutschen oft als Unterlippe bezeichnet

lateral: seitlich

Lectotypus: nachträglich als namenstragender Typus eines Taxons (Art, Unterart etc.) festgelegtes Exemplar

locus typicus (Pl. loci typici): Fundort des namenstragenden Typusexemplars eines Taxons

M

Mandibel: paariger Teil der Mundwerkzeuge der Gliederfüßer, im Deutschen mitunter als Oberkiefer bezeichnet

Maxille: paariger Teil der Mundwerkzeuge der Gliederfüßer, im Deutschen mitunter als Unterkiefer bezeichnet

Metamorphose: hier im Sinne des Entwicklungsprozesses von Gliederfüßern vom Ei bis zum ausgewachsenen geschlechtsreifen Tier

metapneustisch: Bezeichnung für ein Tracheensystem, das nur hinten geöffnet ist

Mimikry: durch natürliche Auswahl bedingte große Ähnlichkeit des gestaltlichen und/oder farblichen Aussehens von Nachahmer-Arten mit den Mustern anderer Vorbilder-Arten; dabei wird postuliert, dass die Nachahmer Überlebens- oder Vermehrungsvorteile genießen, z.B. dadurch, dass die Vorbilder giftig und ungenießbar sind und entsprechend auch die ähnlichen Nachahmer von Fraßfeinden gemieden werden

morphologisch: die äußere Gestalt betreffend

N

nearktisch: Bezeichnung für eine Verbreitung, die sich schwerpunktmäßig auf die Nearktis (vor allem Nordamerika und Grönland) beschränkt

Nematocera: Unterordnung der Zweiflügler, Mückenartige

Nomenklatur: System bzw. Disziplin zur wissenschaftlichen Benennung von Lebewesen. Dabei gibt es jeweils für die Benennung von Pflanzen und Tieren eigenständige und voneinander unabhängige Regelwerke.

O

Oberkreide: erdgeschichtliche Epoche, vor ca. 100–66 Millionen Jahren

Ökologie: Wissenschaft von den Beziehungen von Lebewesen untereinander und mit ihrer unbelebten Umwelt

ökologische Potenz: Grad der Fähigkeit von Arten, Lebensräume mit unterschiedlichen biotischen und abiotischen Bedingungen zu besiedeln

Ökosystem: ein System von untereinander in Beziehung stehenden und räumlich verknüpften Lebensgemeinschaften (belebter Anteil) und Lebensräumen (unbelebter Anteil)

Opportunist: hier im Sinne von Arten, die die Ressourcen ihrer Umwelt, insbesondere das Nahrungsangebot, unspezifisch und vor allem in Abhängigkeit von deren mengenmäßigen Auftreten nutzen

orthorrhaph: der Zweiflügler-Unterordnung Orthorrhapha angehörend

P

parasitisch: Bezeichnung für eine Lebensweise, bei der sich eine Art in der Regel über einen längeren Zeitraum an oder in einem Organismus einer anderen Art entwickelt und sich (meist) von dessen Körperflüssigkeiten ernährt. Die Wirtsart bleibt dabei in der Regel am Leben.

Parasitoide: Arten, die sich in der Regel über einen längeren Zeitraum an oder in einem Organismus einer anderen Art entwickeln und sich (meist) von dessen Körperflüssigkeiten ernähren. Der Organismus der Wirtsart stirbt dabei in der Regel.

paläarktisch: Bezeichnung für eine Verbreitung, die sich schwerpunktmäßig auf die Paläarktis (Europa, Nordafrika und große Teile des nördlichen Asiens) beschränkt

Palpus: paariger Teil der Mundwerkzeuge der Gliederfüßer, im Deutschen mitunter als Taster bezeichnet

Parthenogenese: eingeschlechtliche Fortpflanzung, wobei die Produktion von Nachkommen durch unbefruchtete Eizellen erfolgt

Phylogenie: Disziplin über die stammesgeschichtliche Entwicklung von taxonomischen Einheiten (Arten, Gattungen etc.) durch evolutiv bedingte Aufspaltung gemeinsamer Vorfahren

phylogenetisch: vgl. Phylogenie

Pleistozän, pleistozän: erdgeschichtlicher Zeitabschnitt, der dem aktuellen Zeitabschnitt (Holozän) vorausgeht. In Mitteleuropa ist das Pleistozän vor allem durch den Wechsel von Warm- und Kaltzeiten (Eiszeiten) geprägt.

Population: die Gesamtheit der (im genetischen Austausch stehenden) Individuen einer Art innerhalb eines abgegrenzten Raumes

Prädator: im engeren Sinne eine Tierart, die zum Nahrungserwerb andere (lebende) Tiere oder deren Entwicklungsstadien erbeutet und dabei in der Regel tötet

prädatorisch: vgl. Prädator

Praepupa (Propupa): bei vielen Insektenlarven letzte, der Pupalhäutung vorausgehende larvale Ruhephase, in der sich die Larven durch Ausscheidungen, Einstellung der Nahrungsaufnahme und gegebenenfalls durch Bildung von Puppenwiege/Gespinste etc. auf die Umwandlung zur Puppe vorbereiten

Puparium: Bezeichnung für eine Insektenpuppe, die von der letzten larvalen Haut vollständig umhüllt ist

R

Revision: wissenschaftliche Bearbeitung einer Artengruppe zur Klärung der taxonomischen Abgrenzung von Arten, Unterarten etc. zur Klärung der Nomenklatur und oft auch zur Klärung der phylogenetischen Verwandtschaftsbeziehungen

S

Sammelthread: in Internetforen ein Begriff für einen hierarchisch übergeordneten Diskussionsstrang, in dem mehrere voneinander unabhängige Diskussionsfäden mit jeweils mehreren Beiträgen gebündelt werden

Selektion: der evolutive Prozess, der in Abhängigkeit von biotischen und abiotischen Umweltbedingungen aufgrund unterschiedlicher Merkmalsausprägung von Individuen einer Population (und dadurch unterschiedlichen Anpassung an die jeweils herrschenden Umweltbedingungen) zu unterschiedlichem Fortplanzungserfolg der Individuen und damit zu einer Verschiebung der Verteilung der Merkmalsausprägung in der Population führt

sessil: Tierarten, die sich zumindest über einen längeren Zeitraum – bei Insekten als Larve oder Imago – nicht fortbewegen

Sezierung: Untersuchung des inneren Körperbaus

silikatisch: aus Silikaten (Salze/Ester der Kieselsäure) bestehend, z.B. Feldspat, Glimmer, Quarz

sklerotisiert: hier im Sinne von stärker verfestigt (bezogen auf das Außenskelett der Gliederfüßer)

Stigma: Atemloch, äußere Öffnung des Tracheensystems

Sukzession: die vom Menschen weitgehend nicht unmittelbar beeinflusste zeitliche Abfolge von Lebensgemeinschaften an einem Standort

Synonym: in der wissenschaftlichen Nomenklatur ein Name, der sich auf dasselbe Taxon bezieht wie ein anderer, nach den Nomenklaturregeln als gültig zu betrachtender Name

Systematik: Disziplin von den verwandschaftlichen Beziehungen von Arten oder Artengruppen

T

Taxon (Pl. Taxa): allgemeiner Begriff für eine in der Systematik abgegrenzte Einheit (Unterart, Art oder Artengruppe unterschiedlicher Hierarchie-Ebene)

Taxonomie: in der Biologie die Wissenschaft von der Abgrenzung von Unterarten, Arten oder Artengruppen (Taxa) in einem hierarchischen System (z.B. in aufsteigender Rangordnung Unterart, Art, Untergattung, Gattung, Subtribus, Tribus, Unterfamilie, Familie, Überfamilie etc.)

taxonomisch: vgl. Taxonomie

thermophil: wärmeliebend

toxisch: giftig

Trachee: röhrenförmige Struktur im Inneren des Insektenkörpers, die der Atmung dient

Transpiration: hier im Sinne der Verdunstung von Wasser im Zuge der Atmung

Tribus: Hierarchie-Ebene in der zoologischen Systematik, zwischen den Hierarchie-Ebenen Unterfamilie und Gattung stehend

Typus: das Einzelexemplar einer Unterart oder Art, das als Namensträger (in der Regel in einer wissenschaftlichen Sammlung) archiviert ist und als Referenzexemplar für die Abgrenzung gegenüber anderen Unterarten bzw. Arten dient

V

ventral: bei Insekten im Sinne von „auf der Unterseite eines Körperteils gelegen"

X

xerotherm: trockenwarm, hier auch im Sinne von trockenwarme Umweltbedingungen liebend (xerothermophil)

xylobiont: holzbewohnend, im Holz lebend

xylophag: sich von Holz ernährend

Z

zoogeografisch: bezogen auf die aktuelle und geschichtliche (großräumliche) Verbreitung von Tierarten in Abhängigkeit von Umweltfaktoren

Abkürzungsverzeichnis und Zeichenerklärung

Die in den Verbreitungsangaben der Artporträts verwendeten internationalen KFZ-Länder-Kennzeichen zur Bezeichnung der Staaten, in denen die Arten bisher nachgewiesen sind, sind in den einleitenden Erläuterungen zu den Artporträts aufgeschlüsselt und werden hier deshalb nicht wiederholt.

A	Anfang (bei Flugzeiten) bzw. Alpen (Großlandschaft)
AV	Alpenvorland
BfN	Bundesamt für Naturschutz
bzw.	beziehungsweise
cm	Zentimeter
DNA	Desoxyribonukleinsäure
E	Ende (bei Flugzeiten)
EDV	Elektronische Datenverarbeitung
etc.	et cetera (und andere ...)
FFH	Flora-Fauna-Habitat
gr.	griechisch
inkl.	inklusive
lat.	lateinisch
m	Meter
M	Mitte (bei Flugzeiten)
max.	maximal
mm	Millimeter
MW	Westliche Mittelgebirge
MO	Östliche Mittelgebirge
MSW	Südwestdeutsches Mittelgebirgs-/Stufenland
MV	Mecklenburg-Vorpommern
N-	Nord-
NI	Niedersachsen
NO-	Nordost-
NOT	Nordostdeutsches Tiefland
NWT	Nordwestdeutsches Tiefland
O-	Ost-
S-	Süd-
SDEI	Senckenberg Deutsches Entomologisches Institut (in Müncheberg)
SH	Schleswig-Holstein
SMAS	Society of Messenian Archaeological Studies
SO-	Südost-
SW-	Südwest-
vgl.	vergleiche
W-	West-
z.B.	zum Beispiel
z.T.	zum Teil
♀	Weibchen
♂	Männchen
Ø	durchschnittlich

Register der Artnamen

Sämtliche Heuschrecken in Deutschland und Nordtirol

Mit diesem Buch ist es erstmals möglich, sämtliche Heuschreckenarten in Deutschland und Nordtirol anhand von hervorragenden Bildvergleichen zu bestimmen. Es hebt die Hauptmerkmale durch Vergrößerungen, Hinweistexte und Pfeile präzise hervor und ist damit ausgezeichnet für den Einsatz im Feld geeignet. Auch kleinste Details sind gut zu erkennen und erlauben den direkten Vergleich zwischen ähnlichen Arten.

Fischer / Steinlechner / Zehm / Poniatowski / Fartmann / Beckmann / Stettmer

Die Heuschrecken Deutschlands und Nordtirols

Bestimmen– Beobachten – Schützen

368 Seiten, über 1.000 farb. Abb., 4 Tabellen, 85 Verbreitungskarten, geb., 12 x 19 cm

ISBN 978-3-494-01670-2

Best.-Nr.: 494-01670 € 24,95

Preisstand 2018 · Änderungen vorbehalten

Quelle & Meyer Verlag GmbH & Co.
Industriepark 3 · 56291 Wiebelsheim
vertrieb@quelle-meyer.de · www.quelle-meyer.de
Tel.: 0 67 66 / 903-140 · Fax 0 67 66 / 903-320

Die Libellen Europas

Libellen sind faszinierende und geheimnisvolle Insekten. Hansruedi Wildermuth und Andreas Martens porträtieren in diesem vollständig neu konzipierten Buch alle in Europa vorkommenden Libellenarten. Neben der Erklärung des Namens werden Aussehen, Verhalten und Lebensraum der einzelnen Arten und ihrer Larven detailliert beschrieben. Exzellente Verbreitungskarten und brillante Fotos ergänzen die Porträts.

Hansruedi Wildermuth / Andreas Martens

Die Libellen Europas

Alle Arten von den Azoren bis zum Ural im Porträt
ca. 750 S., ca. 650 farb. Abb., ca. 200 Tab.,
ca. 200 Verbreitungskarten, geb., 14,8 x 21 cm
ISBN 978-3-494-01690-0

Best.-Nr.: 494-01690 **€ 39,95**